华章科技

HZBOOKS | Science & Technology

DevOps 和自动化运维实践

余洪春 著

图书在版编目（CIP）数据

DevOps 和自动化运维实践 / 余洪春著 . —北京：机械工业出版社，2018.10
（Linux/Unix 技术丛书）

ISBN 978-7-111-61002-1

I.D… II. 余… III. Linux 操作系统 IV. TP316.85

中国版本图书馆 CIP 数据核字（2018）第 221119 号

DevOps 和自动化运维实践

出版发行：机械工业出版社（北京市西城区百万庄大街 22 号 邮政编码：100037）

责任编辑：赵亮宇　　责任校对：殷　虹

印　　刷：北京市兆成印刷有限责任公司　　版　　次：2018 年 10 月第 1 版第 1 次印刷

开　　本：186mm × 240mm 1/16　　印　　张：25.75

书　　号：ISBN 978-7-111-61002-1　　定　　价：89.00 元

凡购本书，如有缺页、倒页、脱页，由本社发行部调换

客服热线：（010）88379426 88361066　　投稿热线：（010）88379604

购书热线：（010）68326294 88379649 68995259　　读者信箱：hzit@hzbook.com

Foreword 1 推荐序一

随着互联网业务的高速发展，工作内容更细分化、专业化，所以工作职责也逐渐分出开发（Dev）和运维（Ops）两个完全独立的角色。DevOps 就是为了解决开发团队与运维团队之间存在已久的冲突及矛盾：开发团队责怪运维团队的机器出了问题，运维团队则把问题归咎于开发团队的代码上。

运维人员看重的是保障系统的稳定性、可靠性和安全性，而开发人员则想着如何尽快发布新的版本，增加新的功能，这两者本身就是一种矛盾和冲突，尽管他们的共同目标都是为用户提供软件产品或服务。

那么，如何才能更好地实现 DevOps 工具和文化就变得愈发重要。

洪春恰巧是一位一直在一线奋斗的技术人员，他将结合自己多年的理论与实战经验，教大家如何快速上手实现 DevOps 。

本书以实现 DevOps 为主线，涵盖了实现过程中的核心要素：Shell 应用、Python 应用、基础环境搭建、自动化运维工具、自动化部署管理等。相信无论你是 DevOps 新兵还是老将，都能从书中汲取不少精华，受益良多。

沪江资深架构师　曹林华

2018 年 9 月

推荐序二 Foreword 2

本书作者余洪春先生和我相识于ChinaUnix举办的一次技术交流活动——“千万级PV高性能高并发网站架构与设计交流”，当时他已经在宣传自己的第一本著作——《构建高可用Linux服务器》，该书凝聚并整合了他多年来在一线工作的经验，时至今日，该书仍是一本在国内非常经典的运维原创著作，现在已经更新到第四版。这种对技术不断进行完善的坚持及工匠精神让我深深折服。这次能受邀为本书写推荐序，让我倍感荣幸。

本书覆盖了DevOps中的许多方面，介绍了基于Python语言构建的主流自动化运维工具，包括Ansible、Saltstack、Docker和Jenkins等，这些都是DevOps工具元素周期表中最闪亮的内容，也是运维人员必备的技能。本书中分享的案例是余洪春多年实战经验的精华，具有非常高的参考价值及借鉴意义。

书中内容从互联网业务平台构建及自动运维的场景出发，以常见的业务服务为基础，给出了大量的实战案例，相信会给读者带来不少启发及思考。

更难能可贵的是，作者能从易于理解的角度出发，由浅入深地剖析自动化运维管理之道。这对于不同技术水平的读者来说，有助于其有效地阅读和吸收这些知识，也能根据实际需要各取所需。

最后，感谢余洪春先生给中国互联网从业者带来这么好的图书，我相信阅读本书的每一位读者都能从中获取提升的能量，为企业及行业做出自己的贡献。

腾讯高级工程师　刘天斯

2018年9月

Foreword 3 推荐序三

在全球“互联网+”的大背景下，互联网创业企业如雨后春笋般大量出现并得到了快速发展！很大程度上，对“互联网+”提供有力的支撑就是Linux运维架构师、云计算和大数据工程师，以及自动化开发工程师等。

但是，随着计算机技术的发展，企业对Linux运维人员的能力要求越来越高，这就使得很多想入门运维的新手不知所措，望而却步，甚至努力了很久却仍然徘徊在运维岗位的边缘；而有些已经从事运维工作的人也往往疲于奔命，没有时间和精力去学习企业所需的新知识和新技能，从而使得个人的职业发展前景大大受限。

本书就是在这样的背景下诞生并致力于为上述问题提供解决方案的，本书是余洪春先生10多年来一线工作经验的再结晶，此前余洪春先生已经出版过Linux集群方向的图书（《构建高可用Linux服务器》），本次出版的书是作者对运维行业的再回馈。

书中不仅涵盖企业运维人员需要的大规模集群场景下必备的运维自动化Shell和Python企业开发应用实践案例，还包括热门的自动化运维工具在企业中的应用，以及Docker和Jenkins实践等。

本书能够帮助运维人员掌握业内运维实战专家的网站集群的企业级应用经验的精髓，从而以较高的标准胜任各类企业运维的工作岗位，并提升自己的运维职业发展竞争力，值得一读！

老男孩Linux实战运维培训中心总裁

“跟老男孩学Linux运维”系列图书作者　老男孩

2018年9月

前　言 *Preface*

我的系统架构师之路

从 2006 年接触 Linux 系统并从事 Linux 系统管理员的工作以来，我担任过 Linux 系统工程师、项目实施工程师 / 高级 Linux 系统工程师、运维架构师，到如今的高级系统开发工程师、系统架构师，这一路走来，我深感开源技术和 Linux 系统的强大及魅力。

现阶段我的职务是高级运维开发工程师（DevOps）、系统架构师，主要工作是负责公司的 CDN 业务系统的运维自动化及公司 APP 产品的 CI/CD 工作及自动化部署工作。CDN 系统相对于其他领域而言，海量机器的自动化运维工作是一件比较复杂的事情，关于这项工作，我们可以通过 Python 自动化配置管理管理工具，例如 Ansible 和 SaltStack 来进行二次开发，结合公司的 CMDB 系统，提供稳定的后端 API，方便前端人员或资产人员进行调用，这样大家都可以利用界面来完成自动化运维工作。至今为止，令我印象最为深刻的还是公司的 APP 项目，该项目现在全部部署在云平台（国内云平台）并且 Docker 容器化了，从前端到后端包括大数据接口，全部采用容器化的项目方式部署上线，整个自动化流程跟传统的自动化方式大相径庭。尤其是现在公司正在使用的 Kubernetes，整个架构设计非常复杂，学习成本也是非常高的，但带来的容器的自动化管理也是非常便利的。目前，无论是国外的 AWS、Google 还是国内的阿里云和腾讯云等主流公有云均提供 Kubernetes 的容器服务，可以说 Kubernetes 在当前容器行业是热门的，而 Docker 技术正是 Kubernetes 的基石，建议大家尽快熟练 Docker 的使用方法。

撰写本书的目的

云计算和容器技术是当前的流行技术和发展趋势，云计算和容器技术的流行对于传统的运维知识体系其实也是一种冲击，传统运维工程师的工作性质也在不断地发生变化，要掌握很多新的技能和知识。大家经常会在工作中看到 DevOps 这个词。DevOps 为什么会这么火？

这跟最近几年的云计算和容器技术的快速普及有很大关系 ：云计算平台上（包括 Kubernets）的各种资源，从服务器到网络，再到负载均衡都是由 API 创建和操作的，这就意味着所有的资源都可以由“软件定义”，这给各种自动化运维工具提供了一个非常好的基础环境。而在传统的互联网行业，例如笔者目前正在从事的 CDN 领域，由于机器数量众多、网络环境错综复杂，也需要由 DevOps 人员来设计工具，提供后端的自动化运维 API，结合公司的 CMDB 资产管理系统，提供自动化运维功能，简化运维的操作流程及步骤，提高工作效率。

工作之余，许多读者朋友们也在向我咨询工作中的困惑，比如从事系统运维工作 3 ～ 5 年以后就不知道如何继续学习和规划自己的职业生涯了。我想通过此书，跟大家分享一下这么多年的工作经验和心得（尤其是近几年流行的 DevOps 技术），解决大家工作中的困惑。通过此书的项目实践和线上环境案例，让大家能迅速了解 Linux 运维人员的工作职责和方向，迅速进入工作状态，快速成长，希望大家通过阅读本书，能够掌握 Linux 系统集群和自动化运维及网站架构设计的精髓，轻松而愉快地工作，提升自己的职业技能，这是我非常高兴看到的，也是我编写本书的初衷。

读者对象

本书的读者对象如下所示：

- 系统管理员或系统工程师
- 中高级运维工程师
- 运维开发工程师
- 开发工程师

如何阅读本书

本书的内容是对实际工作经验的总结，涉及大量的 DevOps 及自动化运维知识点和专业术语，建议这方面经验还不是很丰富的读者先了解第 1 章的内容，这章比较基础，如果大家在学习过程中根据这章的讲解进行操作，定会达到事半功倍的效果。

系统管理员和系统工程师们可以通篇阅读本书，并重点关注第 1 章、第 2 章和第 4 章，其他章节的内容可以选择性地阅读，借此来拓宽知识面，确定学习方向。

对于运维工程师而言，除了第 3 章的内容不要求掌握以外，其他章节的内容均可以做深层次的阅读、实践和思考，书中提到的很多自动化案例，读者可以尝试结合自己公司的实际情况来进行应用。

对于运维开发工程师来说，上述章节描述的内容都与运维开发工作息息相关，建议大家多花些精力和时间，抱着一切从线上环境去考虑的态度去学习和思考，实践后多思考一下原理性的内容。

对于开发工程师来说，由于其只需对运维系统知识体系有一个大概的了解，重点可以放在本书的第 1 ～ 3 章。如果想了解自动化运维相关知识体系，建议熟悉本书的第 6 ～ 8 章。

大家可以根据自己的职业发展和工作需要选择不同的阅读顺序和侧重点，同时也可以对其他相关的知识点有一定的了解。

致谢

感谢我的家人，她们在生活上对我无微不至的照顾，让我更有精力和动力去工作和创作。

感觉好友刘天斯、老男孩的支持和鼓励，闲暇之余和你们一起交流开源技术和发展趋势，也是一种享受。

感谢朋友曹林华，与我一起花了大量时间调研并且实践电子商务系统中关于秒杀系统的架构及设计。

感谢机械工业出版社华章公司的编辑杨福川和杨绣国，在你们的信任、支持和帮助下，这本书才能如此顺利地出版。

感谢朋友冯松林，感谢他这么多年来对我的信任和支持，在我苦闷的时候陪我聊天，自始至终对我予以支持和信任。

感谢生活中的朋友们——曹江华、何小玲、郑桦、徐江春、张薇（排名不分顺序），工作之余能一起闲聊和打牌，也是非常开心和快乐的事情。

感谢在工作和生活中给予我帮助的所有人，感谢你们，正是因为有了你们，才有了本书的问世。

关于勘误

尽管我花了大量时间和精力去核对文件和语法，但书中难免还会存在一些错误和纰漏，如果大家发现问题，希望可以反馈给我，相关信息可发到我的邮箱 yuhongchun027@gmail.com。尽管我无法保证每一个问题都会有正确的答案，但我肯定会努力回答并且指出一个正确的方向。

如果大家对本书有任何疑问或想进行 Linux 的技术交流，可以访问我的个人博客与我交流，博客地址为 http://yuhongchun.blog.51cto.com。另外，我在 51CTO 和 CU 社区的用户名均为抚琴煮酒，大家也可以直接通过此用户名在社区与我交流。

余洪春（抚琴煮酒）

2018 年 2 月于武汉

Contents 目　录

第 1 章 Chapter 1

DevOps 与自动化运维的意义

随着近几年云计算的兴起，相信大家对 DevOps 也越来越熟悉了。DevOps（英文 Development 和 Operations 的组合）是一组过程、方法与系统的统称，用于促进开发（应用程序 / 软件工程）、技术运营和质量保障部门之间的沟通、协作与整合。DevOps 其实是一个体系，而不仅仅是某个岗位，其目的是从总体提高企业 IT 部门的运作效率。关于如何提高运作效率这个问题比较复杂也难以抽象，因此很多人就将 DevOps 具象成了建立一套有效率的开发运维工具，通过这个工具提升个体与团队协作的效率。为了建立和使用这些工具，运维人员必须具备一系列的技能，比如会使用 Python、Go 语言进行开发，会使用 Puppet、Ansible、Saltstack 等一系列工具，并能对这些工具进行二次开发。

1.1 DevOps 在企业中存在的意义

DevOps 如今的兴起与最近两年云计算的快速普及有很大的关系：在云计算平台上，各种资源，从服务器到网络、负载均衡都是有 API 可以创建和操作的，这就意味着所有的资源都是可以用“软件定义”的，这就为各种自动化运维工具提供了一个非常好的基础环境。

事实上，需要频繁交付的公司或企业更应该具有 DevOps 能力，大量的互联网在线应用需要根据用户的反馈随时进行迭代开发，持续改进用户体验，这就需要内部支撑部门（一般是运维开发部门）提供每天几十次乃至上百次的从测试环境发布到线上环境的持续发布能力，这种能力称为持续集成（CI）。如下几个因素更加促进了 DevOps 的发展。

- ❑ 虚拟化和云计算基础设施的日益普及。
- ❑ 业务负责人要求加快产品交付的速度。

❑ 数据中心自动化配置管理工具的普及。

DevOps 是一个完整的、面向 IT 运维的工作流，其以 IT 自动化以及持续集成（CI）、持续部署（CD）为基础，用于优化程序开发、测试、系统运维等所有环节。DevOps 一词来自于 Development 和 Operations 的组合，尤其重视软件开发人员和运维人员的沟通合作，通过自动化流程来使得软件构建、测试、发布更加快捷、频繁和可靠。DevOps 可用于填补开发端和运维端之间的信息鸿沟，改善团队之间的协作关系。不过需要澄清的一点是，从开发到运维，中间还有测试环节。DevOps 其实包含了三个部分：开发、测试和运维，如图 1-1 所示。

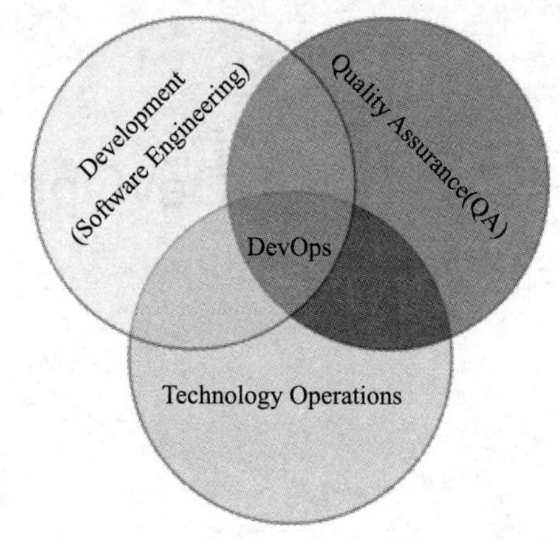

图 1-1 DevOps 工作范畴涵盖了研发、测试及运维三部分图示

我们可以将传统运维的一种极端情况描述为“黑盒运维”。在这种文化中，运维与开发是分开的，相互之间一般不进行合作，就算要合作，也是极不情愿的。“黑盒运维”的特点是开发和运维的目标是相反的。开发团队的任务是为产品增加新功能、不断升级产品，并以此制定绩效；运维团队的目标则是稳定第一。如果没有进行足够的沟通和交流，那么两个团队必然会产生矛盾，当开发人员兴致勃勃地快速开发新功能的时候，运维人员可不情愿部署新功能。对稳定系统实施任何类型的变更，都会导致系统产生隐患，因此运维人员会尽可能地避免变更。这里举个例子说明一下，应用开发人员提交的代码中有一个 Bug，在特定的边界条件下该 Bug 会导致无限循环，而 QA 和测试人员均没有发现这个问题。如果运维人员部署了这个变更，则会导致一些服务器 CPU 使用率飙升至 100%，造成服务不稳定。如果运维人员不去实施变更，那么就不会发生问题，至少是没有新的问题。这就是最左边传统运维的理念。如果我们在这个工作流中引入 DevOps，那么在这里开发和运维是同一个角色。这时，开发就是运维，运维就是开发，团队的共同目标是既要增加新特性，又要确保一定程度的可靠性。所以我们实施 DevOps 就会更加容易，利益也更加明确，结果也是可以预期的。

换句话说，DevOps 希望做到的是打通软件产品交付过程中的 IT 工具链，它的核心理念在于生产团队（研发、运维和 QA）之间的高效沟通和协作，使得各个团队减少时间损耗，从而更加高效地协同工作。

DevOps 早在九年前就已有人提出来，但是，为什么近两年才开始受到越来越多企业的重视和实践呢？因为 DevOps 的发展是独木不成林的，现在具备了越来越多的技术支撑。微服务架构理念、容器技术使得 DevOps 的实施变得更加容易，计算能力的提升和云环境的发展使得快速开发的产品可以立刻获得更广泛的使用。

那么 DevOps 的好处是什么呢？

DevOps 的一个巨大的好处就是可以高效地交付，这也正好是它的初衷。Puppet 和 DevOps Research and Assessment（DORA）主办了 2016 年 DevOps 调查报告，根据全球 4600 位来自各 IT 公司的技术工作者的提交数据统计，可以得知，高效公司平均每年可以完成 1460 次部署。

与低效组织相比，高效组织的部署频繁 200 倍，产品投入使用速度快 2555 倍，服务恢复速度快 24 倍。在工作内容的时间分配上，低效者要多花 22% 的时间用在规划或者重复工作上，而高效者却可以多花 29% 的时间用在新的工作上。所以这里的高效不仅仅是指公司产出的效率得到了提高，还指员工的工作质量得到了提升。

DevOps 的另外一个好处就是其还能改善公司组织文化、提高员工的参与感。员工们变得更高效，也更有满足和成就感；调查显示高效员工的雇员净推荐值（eNPS:employee Net Promoter Score）更高，即对公司更加认同。

快速部署同时还能提高 IT 稳定性。可能有读者会问，这难道不是矛盾的吗？

快速部署其实可以帮助团队更快地发现问题，产品被更快地交付到用户手中，团队就可以更快地得到用户的反馈，从而更快地响应。而且，DevOps 小步快跑的形式所带来的变化也是比较小的，出现问题的偏差每次都不会太大，修复起来相对也会容易一些。因此，认为速度就意味着危险是一种偏见。此外，滞后软件服务的发布也并不一定能够完全地避免问题，在竞争日益激烈的 IT 行业，这反而可能会错失了软件的发布时机。

DevOps 会持续流行下去的原因主要有两点，具体如下。

1）条件成熟：技术配套发展。

技术的发展使得 DevOps 有了更多的配合和技术支撑。早期的时候，大家虽然也意识到了这个问题，但是苦于当时没有完善、丰富的技术工具支持，处于一种“理想很丰满，但是现实很骨感”的情况。DevOps 的实现可以基于新兴的容器技术；也可以进行自动化运维工具 Puppet、SaltStack、Ansible 之后的延伸；还可以构建在传统的 Cloud Foundry、OpenShift 等 PaaS 厂商之上。

2）来自团队的内在动力：工程师也需要。

对于工程师而言，他们也是 DevOps 的受益者。微软资深工程师 Scott Hanselman 说过“对于开发者而言，最有力的工具就是自动化工具”（The most powerful tool we have as developers is automation）。工具链的打通使得开发者们在交付软件时可以完成生产环境的构建、测试和运行；正如 Amazon 的 VP 兼 CTO Werner Vogels 那句让人印象深刻的话：“谁开发谁运行”（You build it，you run it）。

另外，很多时候，我们都必须得关注 CI/CD（持续集成 / 持续部署）。

持续集成（Continuous Integration，CI）是一种软件开发实践，即团队开发成员经常集成它们的工作，通常每个成员每天至少集成一次，这也意味着每天可能会发生多次集成。每次集成都通过自动化的构建（包括编译、发布、自动化测试）来验证，从而尽早地发现集成错误。

持续部署（Continuous Deployment，CD）是通过自动化的构建、测试和部署循环来快速交付高质量的产品。这在某种程度上代表了一个开发团队工程化的程度，毕竟快速运转的互联网公司人力成本会高于机器，投资机器优化开发流程化相对也提高了人的效率，使得 engineering productivity 最大化。

在很多企业或公司里面，这部分的工作都会交付给 DevOps 人员来具体实施。

自动化运维（即自动化配置管理）在某种程序上应该隶属于 DevOps，为什么这么说呢？ DevOps 的范围应该很大，其包含但不局限于自动化运维，但由于自动化运维在公司的业务比重很大（至少在笔者的 CDN 公司，由于业务的原因，绝大多数 DevOps 工作需求其实都是自动化配置管理的），所以很多时候大家提到 DevOps 时就想到了自动化运维。

1.2　为什么企业需要自动化运维

运维团队负责最大限度地提高效率、降低成本，这也意味着他们往往承受着巨大的压力，因此需要解决在不增加员工的情况下，最大限度化产出价值的问题。

想要达成这样的要求，仅靠人工是很难的，采用自动化运维则是靠谱的选择。自动化运维把周期性、重复性、规律性的工作交给自动化平台（或产品）去处理，通过标准化、自动化、架构化、过程优化来降低运维成本、提高运维效率。我们不妨总结一下自动化运维可能带来的好处，具体如下所示。

消除无效率：运维工作的手动工作，如果可以实现自动化，将显著提升效率水平。

减少错误：即使最谨慎的人也会犯错，尤其是面对着重复性的工作时。通过运维自动化工具来完成这样的工作，其结果是显而易见的，错误率将大大降低。

最大化员工使用：通过运维自动化，运维专家们的精力可以集中在更复杂、更有战略意义的业务问题上。同时也避免了雇用更多的员工来应对工作量增加的需求。同样一批人，有自动化运维，就有更大的能量来创造价值。

提高满意度水平：自动化运维工具帮助 IT 运维，可以为内部员工和外部客户提供高水平支持。无论是通过提供自助服务选项，还是大幅缩短时间（最多达 90%）来减少联系和等待服务台的需求，自动化运维使得我们可以更好地拥抱 SLA。

降低成本：系统中断、人为错误、重复工作，会导致不菲的费用和代价，而自动化运维几乎可以将这些成本完全消除。

为了获得最佳的结果，运维应该将自动化作为其“最佳实践”的一部分，尽可能多地实施自动化流程。除了成本和费用上的减少，无数例子证明，其业务敏捷性和整体服务提供也将呈指数级增长。

注意　服务品质协议（service-level agreement，SLA）是服务提供者与客户之间的一个正式合同，用于保证可计量的网络性能达到其所定义的品质。

1.3 Web 编程相关体系知识点

很多时候，我们从事 DevOps（包括自动化运维）的工作就是将运维工作 Web 化、API 化，这往往会牵涉大量后端开发知识，所以我们需要掌握 Web 编程相关的知识体系，了解前后端开发工作的不同，这样才能做好 DevOps 的工作。

1.3.1 为什么要前后端分离

相信大家对前后端分离的开发模式已经不陌生了，其 Web 架构也比较简单，如图 1-2 所示。

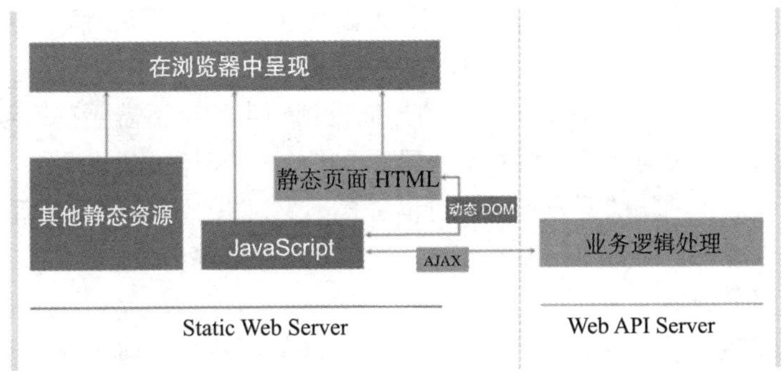

图 1-2　前后端分离的 Web 架构图示

对于传统的一体式 Web 架构，大家会发现，业务逻辑处理单独分离出来了，交由后端统一处理，如果从软件开发的层面上来理解，则前端与后端分别处理如下内容。

前端：负责 View 和 Controller 层。

后端：只负责 Model 层，进行业务处理和数据处理等。

为什么要这样做呢？

下面我就以自己所在公司的研发团队来解释下这个问题，目前公司存在着 PHP 和 Java 技术团队，另外还有 Go/Python 后端研发团队和移动端开发团队，这几个团队虽然是在做不同的产品，但是仍然存在大量重复性的开发。比如用 PHP 编写了组织机构相关的页面，用 JSP 又要再写一遍。在这种情况下，团队就会开始思考这样一个方案：如果前端实现与后端技术无关，那么页面呈现的部分就可以共用，不同的后端技术只需要实现各自的后端业务逻辑就好。

方案要解决的根本问题是将数据和页面剥离开来。应对这种需求的技术是现成的，前端采用静态网页相关的技术，HTML + CSS + JavaScript，通过 AJAX 技术调用后端提供的业务接口（主要是 PHP 研发团队负责）。前后端协商好接口方式，通过 HTTP 来提供实现，统一使用 POST 提交数据。接口数据结构使用 JSON 实现，前端 jQuery 解析 JSON 很方便，后端处理 JSON 的工具就更多了。

这种架构从本质上来说就是SOA（面向服务的架构）。当后端不提供页面，只是纯粹地通过Web API来提供数据和业务的交互能力之后，Web前端就变成了纯粹的客户端角色，与WinForm、移动终端应用属于同样的角色，可以把它们合在一起，统称为前端。以前的一体化架构需要定制页面来实现Web应用，同时还需要定义一套WebService/WSDL来对WinForm和移动终端提供服务。转换为新的架构之后，可以统一使用Web API形式为所有类型的前端提供服务。至于某些类型的前端对该Web API进行的RPC封装，那又是另外一回事了。

通过这样的架构改造，前后端实际上就已经分离开了。抛开其他类型的前端不提，这里只讨论Web前端和后端。由于分离，Web前端在开发的时候完全不需要了解后端使用的是什么技术，只需要知道后端提供的接口及其可以实现的功能即可，而不必去了解Golang/Python、Java/JEE、NoSQL数据库等技术。后端的Go/Python团队和Java团队也脱离了逻辑无关的美学思维，不需要面对美工精细的界面设计约束，也不需要在思考逻辑实现的同时还要去考虑页面上的布局问题，只需要处理自己擅长的逻辑和数据即可。

前后端分离之后，两端的开发人员都可以轻松不少，由于技术和业务都变得更为专注，因此开发的效率也得到了提高。分离带来的好处也会逐渐体现出来，具体如下。

（1）前后职责分离

前端倾向于呈现，着重处理用户体验相关的问题；后端则倾向于处理业务逻辑、数据处理和持久化等相关的问题。在设计清晰的情况下，后端只需要以数据为中心对业务处理算法负责，并按约定为前端提供API；而前端则使用这些接口对用户体验负责即可。

（2）前后技术分离

前端可以不用了解后端技术，也不必关心后端具体的实现技术，只需要会HTML、CSS、JavaScript就能入手；而后端只需要关心后端的开发技术，这样就省去了学习前端技术的麻烦，连Web框架的学习研究都只需要关注Web API即可，而不用去关注基于页面视图的MVC技术（并不是说不需要MVC技术，Web API的数据结构呈现也是View），不用考虑特别复杂的数据组织和呈现。

（3）前后分离带来了用户体验和业务处理解耦

前端可以根据用户不同时期的体验需求迅速改版，对后端毫无影响。同理，后端进行的业务逻辑升级，数据持久方案变更，只要不影响到接口，前端也可以毫不知情。当然如果是需求变更引起了接口变化，那么前后端又需要在一起进行信息同步了。

（4）前后分离，可以分别归约两端的设计

后端只提供API服务，而不必考虑页面呈现的问题。实现SOA架构的API可以服务于各种前端，而不仅仅是Web前端，可以做到一套服务，各端使用。

注意　自动化运维的开发工作很多都会涉及API的封装，所以其更偏后端开发一些。

参考文档：

https://juejin.im/post/5a5380a6518825733365e6za.

1.3.2　什么是 RESTful

RESTful 是目前最为流行的一种互联网软件架构。因为它结构清晰、符合标准、易于理解、扩展方便，所以正得到越来越多网站的采用。本节我们将学习 RESTful 到底是一种什么样的架构。

什么是 REST？

REST（Representational State Transfer）这个概念首次出现是在 2000 年 Roy Thomas Fielding（他是 HTTP 规范的主要编写者之一）的博士论文中，它指的是一组架构约束条件和原则。满足这些约束条件和原则的应用程序或设计就是 RESTful 的。

要理解什么是 REST，我们需要理解如下的几个概念。

REST 是"表现层状态转化"，它省略了主语。其实"表现层"指的是"资源"的"表现层"。

那么什么是资源（Resources）呢？就是我们平常上网访问的一张图片、一个文档、一个视频等。这些资源我们通过 URI 来定位，也就是一个 URI 表示一个资源。

（1）表现层（Representation）

资源是做一个具体的实体信息，其可以有很多种展现方式。而把实体展现出来就是表现层，例如一个 txt 文本信息，可以输出成 html、json、xml 等格式，一个图片可以通过 jpg、png 等方式展现，这个就是表现层的意思。

URI 确定一个资源，但是如何确定它的具体表现形式呢？应该在 HTTP 请求的头信息中用 Accept 和 Content-Type 字段进行指定，这两个字段才是对"表现层"的描述。

（2）状态转化（State Transfer）

访问一个网站，就代表了客户端和服务器的一个互动过程。这个过程肯定会涉及数据和状态的变化。而 HTTP 是无状态的，那么这些状态肯定会保存在服务器端，所以如果客户端想要通知服务器端改变数据和状态的变化，则肯定是需要通过某种方式来通知它。

客户端能通知服务器端的手段，只能是 HTTP。具体来说，就是 HTTP 里面，有几个操作方式的动词。

HTTP 动词具体包括如下几个。

GET：从服务器端取出资源（一项或多项）。

POST：在服务器端新建一个资源。

PUT：在服务器端更新资源（客户端提供改变后的完整资源）。

PATCH：在服务器端更新资源（客户端提供改变的属性）。

DELETE：从服务器端删除资源。

HEAD：获取资源的元数据。

OPTIONS：获取信息，关于资源的哪些属性是客户端可以改变的。

RESTful用一句话可以总结为URL定位资源，用HTTP动词描述操作。符合REST原则的架构方式即称之为RESTful。

综合上面的解释，我们下面来总结一下什么是RESTful架构。

1）每一个URI代表一种资源。

2）在客户端和服务器之间传递这种资源的某种表现层。

3）客户端通过HTTP动词，对服务器端资源进行操作，实现"表现层状态转化"。

（3）HTTP状态码

对于HTTP状态码，大家应该已经很熟了，即服务器向用户返回的状态码和提示信息，常见的HTTP状态码如表1-1所示。

表1-1　HTTP状态码详细定义图表

HTTP状态码	对应的HTTP动词	具体含义
200	GET	服务器成功返回用户请求的数据，该操作是幂等的
201	POST/PUT/PATCH	用户新建或修改数据成功
202	*	表示一个请求已经进入后台排队（异步任务）
204	DELETE	用户删除数据成功
400	POST/PUT/PATCH	用户发出的请求有错误，服务器没有进行新建或修改数据的操作，该操作是幂等的
401	*	表示用户没有权限（令牌、用户名、密码错误）
403	*	表示用户得到授权（与401错误相对），但是访问是被禁止的
404	*	用户发出的请求针对的是不存在的记录，服务器没有进行操作，该操作是幂等的
406	GET	用户请求的格式不可得（比如用户请求的是JSON格式，但是只有XML格式）
410	GET	用户请求的资源被永久删除，且不会再得到
500	*	服务器发生错误，用户将无法判断发出的请求是否成功
501	*	服务器不支持的请求，无法完成请求
503	*	服务器接收到无效的请求

1.3.3　Web后台认证机制

本节将介绍几种常用的认证机制，具体如下。

（1）HTTP Basic Auth

简言之，HTTP Basic Auth简单点说就是每次请求API时都提供用户的username和password，是配合RESTful API使用的最简单的认证方式，只需提供用户名和密码即可，但由于存在将用户名和密码暴露给第三方客户端的风险，因此在生产环境下，HTTP Basic Auth被使用得越来越少。因此，在开发对外开放的RESTful API时，应尽量避免采用HTTP Basic Auth。

(2) OAuth

OAuth（开放授权）是一个开放的授权标准，允许用户让第三方应用访问该用户在某一Web服务上存储的私密的资源（如照片、视频、联系人列表），而无须将用户名和密码提供给第三方应用。

OAuth允许用户提供一个令牌，而不是根据用户名和密码来访问他们存放在特定服务提供者处的数据。每一个令牌授权一个特定的第三方系统（例如，视频编辑网站）在特定的时间段（例如，接下来的2个小时内）内访问特定的资源（例如仅仅是某一相册中的视频）。这样，OAuth就使得用户可以授权第三方网站访问他们存储在另外服务提供者处的某些特定信息，而非所有内容。

如图1-3所示的是OAuth2.0的工作流程。

图1-3 OAuth2.0的工作流程图

这种基于OAuth的认证机制适用于个人消费者类的互联网产品，比如社交类APP等应用，但是其不太适合拥有自有认证权限管理的企业应用。

(3) Cookie Auth

Cookie认证机制就是为一次请求认证在服务器端创建一个Session对象，同时在客户端的浏览器端创建一个Cookie对象；通过客户端发送的Cookie对象与服务器端的Session对象进行匹配来实现状态管理。默认情况下，当我们关闭浏览器的时候，Cookie会被删除，但是可以通过修改Cookie的expire time使Cookie在一定时间内有效。

(4) Token Auth

使用基于Token的身份验证方法时，服务器端不需要存储用户的登录记录。大概的流程如下所示。

1）客户端使用用户名与密码请求登录。

2）服务器端收到请求，去验证用户名与密码。

3）验证成功后，服务器端会签发一个Token，再把这个Token发送给客户端。

4）客户端收到Token之后可以把它存储起来，比如放在Cookie里或者Local Storage里。

5）客户端每次向服务器端请求资源的时候都需要带着服务器端签发的Token。

6）服务器端收到请求，然后去验证客户端请求中所携带的Token，如果验证成功，就向客户端返回请求的数据。

（5）Token Auth的优点

Token机制相对于Cookie机制来说，具有如下好处。

支持跨域访问：Cookie是不允许跨域访问的，这一点对Token机制来说是不存在的，Token机制支持跨域访问的前提是用户认证信息通过HTTP头传输。

无状态（也称服务器端可扩展行）：Token机制在服务器端不需要存储Session信息，因为Token自身包含了所有登录用户的信息，因此只需要在客户端的Cookie或本地介质中存储状态信息即可。

更适用CDN：可以通过内容分发网络请求你服务器端的所有资料（如JavaScript、HTML及图片等），而你的服务器端只要提供API即可。

去耦：不需要绑定到一个特定的身份验证方案。Token可以在任何地方生成，当你的API被调用的时候，直接进行Token生成调用即可。

更适用于移动应用：当我们的客户端是一个原生平台（iOS、Android或Windows 8等）时，Cookie是不被支持的（需要通过Cookie容器进行处理），这时采用Token认证机制就会简单得多。

CSRF：因为不再依赖于Cookie，所以Token机制不需要考虑对CSRF（跨站请求伪造）的防范。

性能：一次网络往返时间（通过数据库查询Session信息）总比做一次HMACSHA256计算的Token验证和解析要费时得多。

不需要为登录页面做特殊处理：如果使用的是Protractor做功能测试，那么我们不再需要为登录页面做特殊处理。

基于标准化：这个标准已经存在多个后端库（如.NET、Ruby、Java、Python和PHP）和多家公司的支持（如Firebase、Google和Microsoft）。

参考文档：

http://www.cnblogs.com/xiekeli/p/5607107.html

1.3.4 同步和异步、阻塞与非阻塞的区别

正如大家所知道的，Nginx的模型是异步非阻塞模型，另外，还有Node.js，这些软件均适用于高性能、高并发场景，事实上，很多DevOps的开发工作都会接触到同步和异步及阻塞与非阻塞，那么我们应该怎么理解它们呢？

（1）同步与异步

同步和异步关注的是消息通信机制。

所谓同步，就是在发出一个“调用”时，在没有得到结果之前，该“调用”不返回；但是一旦调用返回，就会得到返回值了。换句话说，就是由“调用者”主动等待这个“调用”的结果。而异步则正好相反，在发出“调用”之后，这个“调用”就直接返回了，所以没有返回结果。换句话说，当一个异步过程调用发出之后，“调用者”不会立刻得到结果。而是在“调用”发出之后，“被调用者”通过状态、通知来通知调用者，或者通过回调函数来处理这个调用。

举个通俗一点的例子，比如你打电话问书店老板有没有《DevOps 和自动化运维实践》这本书，如果是同步通信机制，则书店老板会说：“你稍等，我查一下”，然后开始进行查找，等到查好了（可能是 5 秒，也可能是一天）告诉你结果（返回结果）。而如果是异步通信机制，则书店老板将会直接告诉你：“我查一下啊，查好了打电话给你”，然后直接挂电话了（不返回结果）。待到查好了，他会主动打电话给你。在这里老板通过“回电”这种方式来进行回调。

（2）阻塞与非阻塞

阻塞与非阻塞关注的是程序在等待调用结果（消息、返回值）时的状态。

阻塞调用是指调用结果返回之前，当前线程会被挂起。调用线程只有在得到结果之后才会返回。非阻塞调用是指在不能立刻得到结果之前，该调用不会阻塞当前线程。还是上面的例子，当你打电话问书店老板有没有《DevOps 和自动化运维实践》这本书时，如果是阻塞式调用，那么你会一直把自己“挂起”，直到得到有没有这本书的结果；如果是非阻塞式调用，那么不管老板有没有告诉你，你自己先去做别的事情，当然你偶尔也要过几分钟检查一下老板有没有返回结果。在这里，阻塞与非阻塞与是否同步异步无关，也与老板回答你结果的方式无关。

参考文档：

https://www.zhihu.com/question/19732473/answer/20851256

1.3.5　WebSocket 双工通信

在了解 WebSocket 协议之前，我们先来了解一下什么是 Socket（套接字）。随着 TCP/IP 的广泛使用，Socket（套接字）也越来越多地被使用在网络应用程序的构建中。实际上，Socket 编程已经成为网络中传送和接收数据的首选方法。套接字相当于应用程序访问下层网络服务的接口，使用套接字，不同的主机之间可以进行通信，从而实现数据交换。Socket 通信则用于在双方建立起连接之后直接进行数据的传输，还可以在连接时实现信息的主动推送，而不需要每次都由客户端向服务器端发送请求。Socket 的主要特点包括数据丢失率低，使用简单且易于移植等。

套接字在工作的时候会将连接的对端分成服务器端和客户端，服务器程序将在一个众所周知的端口上监听服务请求，换句话说，服务进程始终是存在的，直到有客户端的访问请求唤醒服务器进程为止，此时，服务器进程会与客户端进程之间进行通信，交换数据。

Socket 服务器端与客户端通信的流程图如图 1-4 所示。

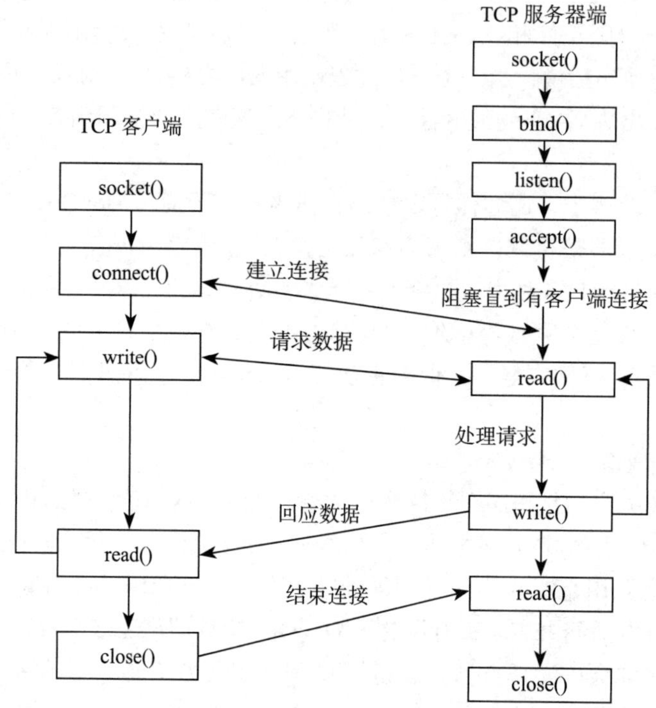

图 1-4 Socket 服务器端与客户端通信过程流程图

接下来我们再来了解什么是 WebSocket。

WebSocket 协议于 2008 年诞生，于 2011 年成为国际标准。基本上所有的浏览器都已经支持了。

WebSocket 的最大特点就是，服务器可以主动向客户端推送信息，客户端也可以主动向服务器发送信息，是真正的双向平等对话，属于服务器推送技术的一种。

WebSocket 是 HTML5 的重要特性，它实现了基于浏览器的远程 Socket，它使浏览器与服务器可以进行全双工通信，许多浏览器（Firefox、Google Chrome 和 Safari）都已对此提供了支持。在 WebSocket 出现之前，为了实现即时通信，采用的技术都是"轮询"，即在特定的时间间隔内，由浏览器对服务器发出 HTTP Request，服务器在收到请求之后，返回最新的数据给浏览器刷新。"轮询"使得浏览器需要向服务器不断发出请求，这样会占用大量的带宽。

WebSocket 采用了一些特殊的报头，使得浏览器和服务器只需要做一个握手的动作，就可以在浏览器和服务器之间建立一条连接通道。且此连接会保持在活动状态，我们可以使用 JavaScript 来向连接写入或从中接收数据，就像在使用一个常规的 TCP Socket 一样。它解决了 Web 实时化的问题，相比传统 HTTP，WebSocket 具有如下好处。

- 一个 Web 客户端只建立一个 TCP 连接。
- WebSocket 服务端可以推送（PUSH）数据到 Web 客户端。
- 具有更加轻量级的头，减少了数据传送量。

提示　了解 WebSocket 可以让我们更方便地进行 DevOps 工作，工作中遇到一个特殊场景时，业务需要我们部署 HTTPS，但证书不能部署在负载均衡器上，而必须部署在后面的 Web 服务器上。如果我们有这些需求，则可以考虑使用 WebSocket：1）多个用户之间需要进行交互；2）需要频繁地向服务端请求更新数据。比如弹幕、消息订阅、多玩家游戏、协同编辑、股票基金实时报价、视频会议、在线教育等需要高实时交互的场景。在这些场景中，我们都可以考虑使用 WebSocket。

1.3.6　了解消息中间件

对于消息中间件，其实很多读者都应该不会陌生了，事实上，无论是我们设计电商系统的秒杀系统，还是设计自动化运维后端的 API 异步任务，还有大数据系统中常用的分布式发布 – 订阅消息系统 Kafka，消息中间件都存在于很多 Web 平台系统或 APP 产品中，所以这里也希望大家花时间和精力来了解一下消息中间件，这里以常见的 RabbitMQ 来进行说明。

1. RabbitMQ 基础介绍

（1）什么是 RabbitMQ

RabbitMQ 是由 Erlang 语言编写的、实现了高级消息队列协议（AMQP）的开源消息代理软件（也可称为面向消息的中间件）。支持 Windows、Linux、Mac OS X 操作系统和包括 Java 在内的多种编程语言。

AMQP（Advanced Message Queuing Protocol）是一个提供统一消息服务的应用层标准高级消息队列协议，是应用层协议的一个开放标准，为面向消息的中间件设计。基于此协议的客户端与消息中间件可传递消息，并且不受“客户端 / 中间件”不同产品、不同开发语言等条件的限制。

（2）RabbitMQ 的基础概念

Broker：经纪人。提供一种传输服务，维护一条从生产者到消费者的传输线路，保证消息数据能够按照指定的方式进行传输。粗略地可以将图 1-5 中的 RabbitMQ Server 当作 Broker。

Exchange：消息交换机。指定消息按照什么规则路由到哪个队列 Queue。

Queue：消息队列。消息的载体，每条消息都会被投送到一个或多个队列中。

Binding：绑定。作用就是将 Exchange 和 Queue 按照某种路由规则绑定起来。

RoutingKey：路由关键字。Exchange 根据 RoutingKey 进行消息投递。

Vhost：虚拟主机。一个 Broker 可以有多个虚拟主机，用于进行不同用户的权限分离。

一个虚拟主机持有一组 Exchange、Queue 和 Binding。

Producer：消息生产者。主要将消息投递到对应的 Exchange 上面，一般是独立的程序。

Consumer：消息消费者。消息的接收者，一般是独立的程序。

Channel：消息通道，也称信道。在客户端的每个连接里可以建立多个 Channel，每个 Channel 代表一个会话任务。

（3）RabbitMQ 的使用流程

AMQP 模型中，消息在 producer 中产生，发送到 MQ 的 Exchange 上，Exchange 根据配置的路由方式投递到相应的 Queue 上，Queue 又将消息发送给已经在此 Queue 上注册的 Consumer，消息从 Queue 到 Consumer 有 push 和 pull 两种方式，如图 1-5 所示。

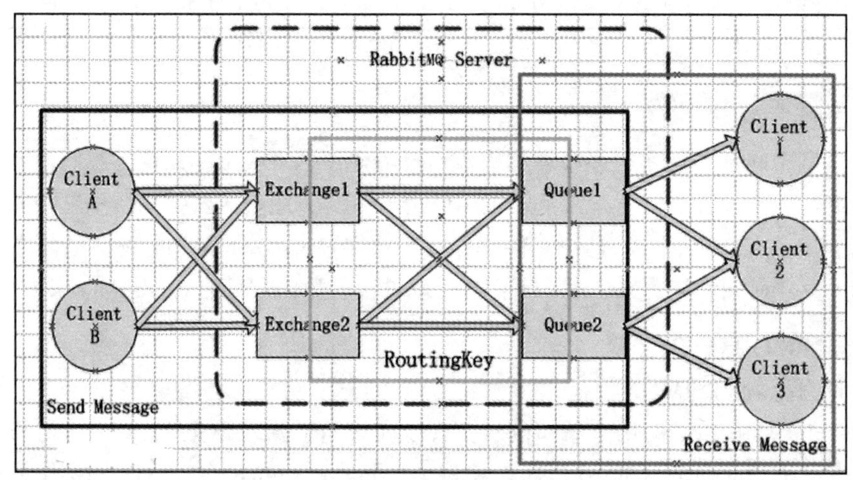

图 1-5 RabbitMQ 的工作流程图示例

消息队列的使用过程具体如下。

1）客户端连接到消息队列服务器，打开一个 Channel。

2）客户端声明一个 Exchange，并设置相关的属性。

3）客户端声明一个 Queue，并设置相关的属性。

4）客户端使用 RoutingKey，在 Exchange 和 Queue 之间建立好 Binding 关系。

5）生产者客户端投递消息到 Exchange。

6）Exchange 接收到消息之后，就根据消息的 RoutingKey 和已经设置好的 Binding，进行消息路由（投递），将消息投递到一个或多个队列里。

7）消费者客户端从对应的队列中获取并处理消息。

（4）RabbitMQ 的优缺点

RabbitMQ 的优点具体如下。

1）由 Erlang 语言开发，支持大量协议：AMQP、XMPP、SMTP、STOMP。

2）支持消息的持久化、负载均衡和集群，且集群易扩展。

3）具有一个 Web 监控界面，易于管理。

4）安装部署简单，容易上手，功能丰富，强大的社区支持。

5）支持消息确认机制、灵活的消息分发机制。

RabbitMQ 的缺点具体如下。

1）由于牺牲了部分性能来换取稳定性，比如消息的持久化功能，使得 RabbitMQ 在大吞吐量性能方面不及 Kafka 和 ZeroMQ。

2）由于支持多种协议，因此 RabbitMQ 非常重量级，比较适合于企业级开发。

2. RabbitMQ 的应用场景

在介绍 RabbitMQ 之前，我们先介绍下常见的发布 – 订阅系统，如图 1-6 所示。

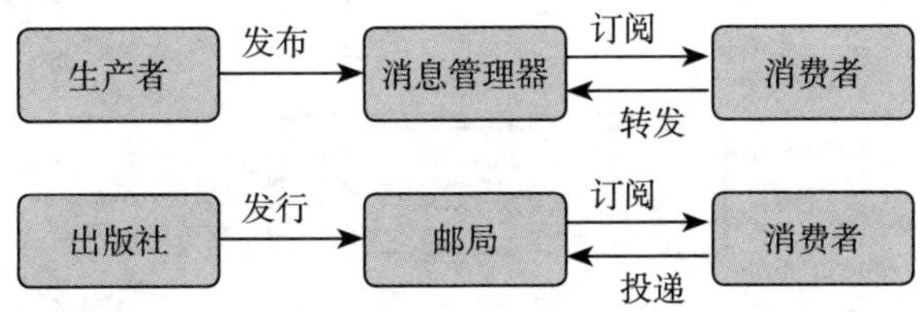

图 1-6　发布 – 订阅消息模型图

我们很多人都订阅过杂志，其过程很简单。只要告诉邮局我们所要订阅的杂志名和投递的地址，然后付款即可。出版社会将所出版的杂志定期交给邮局，邮局会根据订阅的列表，将杂志送达消费者手中。这样我们就可以看到每一期精彩的杂志了。

仔细思考一下订阅杂志的过程，我们会发现其具有如下几个特点。

1）消费者订阅杂志不需要直接找出版社。

2）出版社只需要把杂志交给邮局。

3）邮局将杂志送达给消费者。

邮局在整个过程中扮演了非常重要的中转作用，在出版社和消费者相互不需要知道对方的情况下，邮局完成了杂志的投递工作。好了，在这里大家将出版社想象成生产者，邮件想象成消息管理器，现在是不是很容易就能理解发布 – 订阅消息模型呢？

接下来我们再来说一下 RabbitMQ 在工作中的常用应用场景。

（1）异步处理

场景说明

用户注册后，需要发送注册邮件和注册短信，传统的做法包括两种：串行的方式和并行的方式。

❑ 串行方式

如图 1-7 所示，将注册信息写入数据库后，发送注册邮件，再发送注册短信，以上三个任务全部完成后才返回给客户端。这里有一个问题就是：邮件、短信并不是必需的，它只是一个通知，而这种做法会让客户端等待没有必要等待的东西。

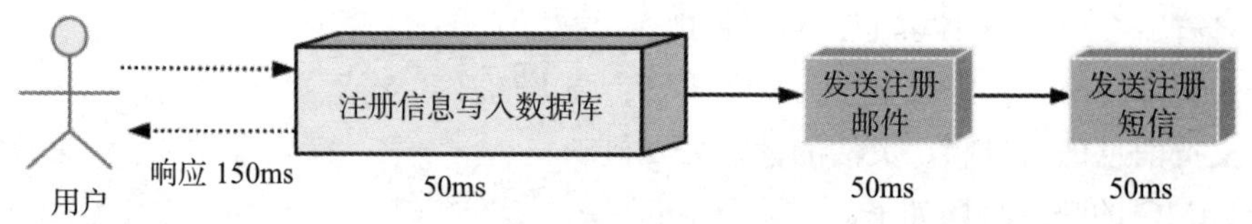

图 1-7　串行工作方式的图示

- **并行方式**

如图 1-8 所示，将注册信息写入数据库后，在发送邮件的同时发送短信，以上三个任务完成后，返回给客户端，并行的方式能够节省处理的时间。

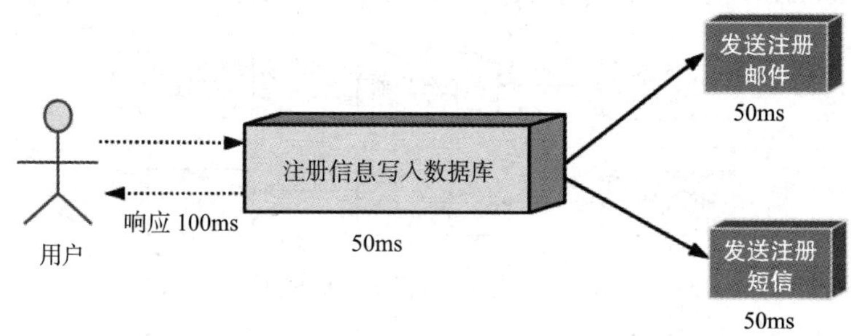

图 1-8　并行工作方式图示

假设三个业务节点使用时间均为 50ms，那么串行方式使用时间为 150ms，并行方式使用时间为 100ms。虽然并行方式已经降低了处理时间，但是，前面说过，邮件和短信对正常的使用网站没有任何影响，客户端没有必要等待其发送完成才显示注册成功，应该是写入数据库后就返回。

- **消息队列**

引入消息队列后，消息队列可以对发送邮件、短信这类非必需的业务逻辑进行异步处理，如图 1-9 所示。

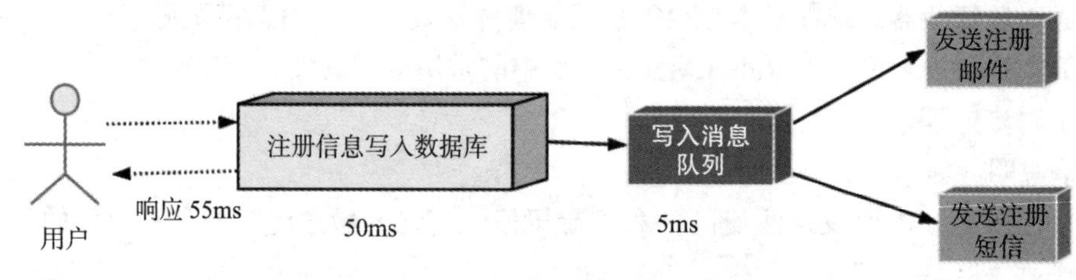

图 1-9　引入消息队列后的工作图示

由此可以看出，引入消息队列后，用户的响应时间就等于写入数据库的时间加上写入消息队列的时间（可以忽略不计），引入消息队列后处理的响应时间是串行的$\frac{1}{3}$，是并行的$\frac{1}{2}$。

(2) 流量削峰

流量削峰一般广泛应用于秒杀活动中。

场景说明

秒杀活动一般会因为流量过大而导致应用挂掉，为了解决这个问题，一般在应用前端加入消息队列，如图 1-10 所示。

图 1-10　消息队列在秒杀活动中的应用图示

作用

1）可以控制活动的人数，超过一定阈值的订单将被直接丢弃。

2）可以缓解短时间的高流量压垮应用（应用程序按照自己的最大处理能力获取订单）。

使用 MQ 消息队列，这就好比是为了防汛而建造葛洲坝，具有堆积大量数据的能力，然后可靠地进行异步输出。

(3) 应用解耦

场景说明

双 11 是购物狂欢节，用户下单后，订单系统需要通知库存系统。传统的做法就是订单系统调用库存系统的接口，如图 1-11 所示。

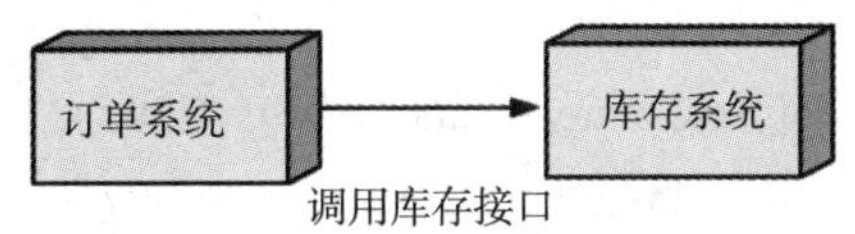

图 1-11　传统的订单系统和库存系统的工作流程图示

这种做法有一个缺点，那就是当库存系统出现故障时，订单就会失败。为了使得订单系统与库存系统高耦合，我们在此引入消息队列，如图 1-12 所示。

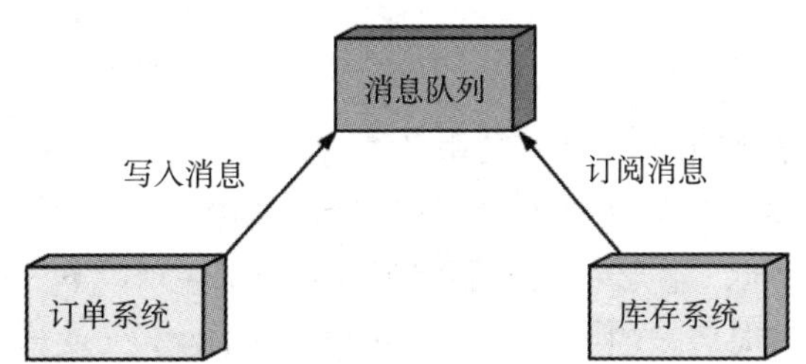

图 1-12　引入消息队列后的订单系统和库存系统的工作图示

在这里我们可以参考下前面的发布 - 订阅消息模型。

订单系统：用户下单后，订单系统完成持久化处理，将消息写入消息队列，返回用户订单下单成功信息。

库存系统：订阅下单的消息，获取下单的消息，进行库操作。

就算库存系统出现故障，消息队列也能保证消息的可靠投递，而不会导致消息丢失。

事实上，RabbitMQ 的应用场景并不只有以上三种常见场景，还有很多种场景都适合应用 RabbitMQ，最后我们总结下 RabbitMQ 在工作中的应用场景，具体包括以下几种。

1）跨系统的异步通信，所有需要异步交互的地方都可以使用消息队列。就像我们除了打电话（同步）以外，还需要有发短信、发电子邮件（异步）的通信方式。

2）多个应用之间的耦合，由于消息是平台无关和语言无关的，而且语义上也不再是函数调用，因此其更适合作为多个应用之间的松耦合的接口。基于消息队列的耦合，不需要发送方和接收方同时在线。在企业应用集成（EAI）中，文件传输、共享数据库、消息队列、远程过程调用都可以作为集成的方法。

3）应用内的同步变异步，比如订单处理就可以由前端应用将订单信息放到队列中，后端应用从队列里依次获得消息处理，高峰时的大量订单可以积压在队列里慢慢处理掉。由于同步通常意味着阻塞，而大量线程的阻塞会降低计算机的性能。

4）消息驱动的架构（EDA），系统可分解为消息队列、消息制造者和消息消费者，一个处理流程可以根据需要拆成多个阶段（Stage），各阶段之间可用队列连接起来，将前一个阶段处理的结果放入队列，后一个阶段从队列中获取消息然后继续处理。

5）应用需要更灵活的耦合方式，比如发布订阅，比如可以指定路由规则等。

6）跨局域网，甚至跨城市的通信，比如北京机房与广州机房的应用程序间的通信。

参考文档：

http://blog.csdn.net/whoamiyang/article/details/54954780

https://blog.csdn.net/leixiaotao_java/article/details/78909760

1.3.7 了解负载均衡高可用

在 Web 的架构设计工作中，我们经常接触到的是 Linux 集群，即负载均衡高可用，所以了解其基本知识点也是很重要的。

1. 服务器健康检测

负载均衡器现如今都使用了非常多的服务器健康检测技术，主要方法是通过发送不同类型的协议包并检查能否接收到正确的应答来判断后端的服务器是否存活，如果后端的服务器出现故障就会自动剔除。主要的服务器健康检测技术包括以下三种。

ICMP：负载均衡器向后端的服务器发送 ICMP ECHO 包（就是我们俗称的“ping”），如果能正解收到 ICMP REPLY，则证明服务器 ICMP 处理正常，即服务器是“活着”的。

TCP：负载均衡器向后端的某个端口发起 TCP 连接请求，如果成功完成三次握手，则证明服务器 TCP 处理正常。

HTTP：负载均衡器向后端的服务器发送 HTTP 请求，如果收到的 HTTP 应答内容是正确的，则证明服务器 HTTP 处理正常。

下面以 Nginx 为例来简单说明一下，具体如下所示。

upstream 模块是 Nginx 负载均衡的主要模块，其提供了简单的办法用于实现在轮询和客户端 IP 之间的后端服务器上进行负载均衡，并且还可以对服务器进行健康检查。upstream 并不处理请求，而是通过请求后端服务器得到用户的请求内容。在转发给后端时，默认是轮询方式，代码如下所示。下面是一组服务器负载均衡的集合：

```
upstream php_pool {
    server 192.168.1.7:80 max_fails=2 fail_timeout=5s;
    server 192.168.1.8:80 max_fails=2 fail_timeout=5s;
    server 192.168.1.9:80 max_fails=2 fail_timeout=5s;
    }
```

upstream 模块的相关指令其解释具体如下。

max_fails：定义可以发生错误的最大次数。

fail_timeout：若 Nginx 在 fail_timeout 设定的时间内与后端服务器通信失败的次数超过了 max_fails 设定的次数，则认为这个服务器不再起作用；在接下来的 fail_timeout 时间内，Nginx 不再将请求分发给失效的机器。

down：把后端标记为离线，仅限于 ip_hash。

backup：标记后端为备份服务器，当后端服务器全部无效时才启用。

Nginx 的健康检查主要体现在对后端服务提供健康检查，且功能被集成在 upstream 模块中，其包含两个指令：max_fails 和 fail_timeout。

健康检查机制具体如下。

在检测到后端服务器故障之后，Nginx 依然会把请求转向该服务器，当 Nginx 发现 timeout 或者 refused 后，则会把该请求会分发到 upstream 的其他节点，直到获得正常数据之后，Nginx 才会将数据返回给用户，这也体现了 Nginx 的异步传输。这一点与 LVS/HAProxy 区别很大，在 LVS/HAProxy 里，每个请求都只有一次机会，假如用户发起一个请求，结果该请求分到的后端服务器刚好出现了故障，那么这个请求就失败了。

2. 会话保持及其具体实现

会话保持并非 Session 共享。

在大多数的电子商务应用系统中，或者需要进行用户身份认证的在线系统中，一个客户与服务器经常需要经过好几次的交互过程才能完成一笔交易或一个请求。由于这几次交互过程是密切相关的，因此服务器在进行这些交互的过程中，要完成某一个交互步骤往往需要了解上一次交互的处理结果，或者上几步的交互结果，这就要求所有相关的交互过程都必须由一台服务器来完成，而不能被负载均衡器分散到不同的服务器上。

而这一系列相关的交互过程可能是由客户端到服务器端的一个连接的多次会话完成的，

也可能是在客户端与服务器端之间的多个不同连接里的多次会话完成的。关于不同连接的多次会话，最典型的例子就是基于 HTTP 的访问，一个客户完成一笔交易可能需要多次点击，而一个新的点击所产生的请求，可能会重用上一次点击建立起来的连接，也可能是一个新建的连接。

会话保持是指在负载均衡器上存在这么一种机制，可以识别客户与服务器之间交互过程的关联性，在进行负载均衡的同时，还能保证一系列相关联的访问请求被分配到同一台服务器上。

负载均衡器的会话保持机制

会话保持机制的目的是保证在一定时间内某个用户与系统会话只交给同一台服务器进行处理，这一点在满足网银、网购等应用场景的需求时格处重要。负载均衡器实现会话保持一般包含如下几种方案。

1）**基于源 IP 地址的持续性保持**：主要用于四层负载均衡，这种方案应该是大家最为熟悉的会话保持方案，LVS/HAProxy、Nginx 都有类似的外理机制，Nginx 具有 ip_hash 算法，HAProxy 具有 source 算法。

2）**基于 Cookie 数据的持续性保持**：主要用于七层负载均衡，用于确保同一会话的报文能够被分配到同一台服务器中。其中，根据服务器的应答报文中是否携带含有服务器信息的 Set_Cookie 字段，又可以分为 Cookie 插入保持和 Cookie 截取保持。

3）**基于 HTTP 报文头的持续性保持**：主要用于七层负载均衡，当负载均衡器接收到某一个客户端的首次请求时，会根据 HTTP 报文头关键字建立持续性表项，记录下为该客户端分配的服务器情况，在会话表项的生存期内，后续具有相同 HTTP 报文头信息的连接都将发往该服务器进行处理。

3. 什么是 Session

Session 在网络应用中常称为"会话"，借助它可以提供服务器端与客户端系统之间必要的交互。因为 HTTP 协议本身是无状态的，所以经常需要通过 Session 来解决服务器端和浏览端的保持状态的解决方案。Session 是由应用服务器维持的一个服务器端的存储空间，用户在连接服务器时，会由服务器生成一个唯一的 SessionID，该 SessionID 可作为标识符用于存取服务器端的 Session 存储空间。

SessionID 这一数据是保存到客户端的，用 Cookie 进行保存，用户提交页面时，会将这一 SessionID 提交到服务器端，来存取 Session 数据。服务器端也可以通过 URL 重写的方式来传递 SessionID 的值，因此它不是完全依赖于 Cookie 的。如果客户端 Cookie 禁用，则服务器端可以通过重写 URL 的方式来自动保存 Session 的值，并且这个过程对程序员是透明的。

什么是 Session 共享？

随着网站业务规模和访问量的逐步增大，原本由单台服务器、单个域名组成的迷你网站架构可能已经无法满足发展的需要了。

此时我们可能会购买更多的服务器，并且以频道化的方式启用多个二级子域名，然后根据业务功能将网站分别部署在独立的服务器上，或者通过负载均衡技术（如 Haproxy、Nginx）使得多个频道共享一组服务器。

如果我们把网站程序分别部署到多台服务器上，而且独立为几个二级域名，由于 Session 存在实现原理上的局限性（PHP 中 Session 默认以文件的形式保存在本地服务器的硬盘上），这就使得网站用户不得不经常在几个频道之间来回输入用户名和密码登录，导致用户体验大打折扣；另外，原本程序可以直接从用户 Session 变量中读取的资料（例如昵称、积分、登入时间等），因为无法跨服务器同步更新 Session 变量，因此开发人员必须实时读写数据库，从而增加了数据库的负担。于是，解决网站跨服务器的 Session 共享问题的需求变得迫切起来，最终催生了多种解决方案，下面列举 3 种较为可行的方案来进行对比和探讨。

（1）基于 Cookie 的 Session 共享

对于这个方案我们可能会比较陌生，但它在大型网站中应用普遍。其原理是对全站用户的 Session 信息加密、序列化后以 Cookie 的方式统一种植在根域名下（如“.host.com”）。当浏览器访问该根域名下的所有二级域名站点时，与域名相对应的所有 Cookie 内容的特性都将传递给它，从而实现用户的 Cookie 化 Session 在多服务器间的共享访问。

这个方案的优点是无须额外的服务器资源；缺点是由于受 HTTP 协议头信息长度的限制，其仅能够存储小部分的用户信息，同时 Cookie 化的 Session 内容需要进行安全加解密（如采用 DES、RSA 等进行明文加解密；再由 MD5、SHA-1 等算法进行防伪认证），另外它也会占用一定的带宽资源，因为浏览器会在请求当前域名下的任何资源时将本地 Cookie 附加在 HTTP 头中传递到服务器上。

（2）基于数据库的 Session 共享

数据库的首选当然是大名鼎鼎的 MySQL 数据库，这里建议使用内存表 Heap，以提高 Session 操作的读写效率。这个方案的实用性比较强，相信大家普遍都在使用。它的缺点在于 Session 的并发读写能力取决于 MySQL 数据库的性能；同时还需要我们自己来实现 Session 淘汰逻辑，以便定时地从数据表中更新、删除 Session 记录；当并发过高时容易出现表锁，虽然我们可以选择行级锁的表引擎，但不可否认的是，使用数据库存储 Session 还是有些杀鸡用牛刀的架势。

（3）Session 复制

熟悉 Tomcat 或 Weblogic 的朋友对 Session 复制应该是非常熟悉和了解了，仅从字面意义上也非常好理解。Session 复制就是将用户的 Session 复制到 Web 集群内的所有服务器上，Tomcat 或 Weblogic 自身都携带了这种处理机制。但其缺点也很明显：随着机器数量的增加，网络负担成指数级上升，性能也将随着服务器数量的增加而急剧下降，而且很容易引起网络风暴。

（4）基于 Memcache/Redis 的 Session 共享

Memcache 是一款基于 Libevent 的多路异步 I/O 技术的内存共享系统，简单的 Key +

Value 数据存储模式使其代码逻辑小巧高效，因此在并发处理能力上其占据了绝对优势。

另外值得一提的是，Memcache 的内存 hash 表所特有的 Expires 数据过期淘汰机制，正好与 Session 的过期机制不谋而合，这就降低了删除过期 Session 数据的代码复杂度。但对比"基于数据库的存储方案"，仅逻辑这块就给数据表带来了巨大的查询压力。

redis 作为 NoSQL 的后起之秀，经常拿来与 memcached 作对比。redis 作为一种缓存，或者干脆称之为 NoSQL 数据库，提供了丰富的数据类型（list、set 等），可以将大量数据的排序从单机内存解放到 redis 集群中进行处理，并且可以用于实现轻量级消息中间件。在性能比较方面，redis 在小于 100KB 的数据读写上其速度优于 memcached。在我们所用的系统中，redis 已经取代了 memcached 存放 Session 数据。

4. 了解其常见算法

工作中，负载均衡器的算法还是很多的，例如 LVS 的 rr、wrr 及 wlc 等，还有 Nginx 的 rr、weight、ip_hash 及一致性 Hash 算法，这里以 Nginx 的常见算法为例来进行说明。

Nginx 的常见算法，具体如下所示。

- **轮询（默认）**

各个请求按时间顺序逐一分配到不同的后端服务器，如果后端服务器出现故障，则会跳过该服务器分配至下一个监控的服务器，并且它无须记录当前所有连接的状态，所以它是一种无状态调度。

- **weight**

指定在轮询的基础上加上权重，weight 和访问比率成正比，即用于表明后端服务器性能的好坏，这种情况特别适合于后端服务器性能不一致的工作场景。

- **ip_hash**

每个请求均按访问 IP 的 Hash 结果进行分配，当新的请求到达时，先将其客户端 IP 通过哈希算法进行计算得出一个值，在随后的请求中，客户端 IP 的哈希值只要是相同的，就会分配至同一个后端服务器，该调度算法可以解决 Session 的问题，但有时也会导致分配不均，即无法保证负载均衡。

- **fair（第三方）**

按后端服务器的响应时间来分配请求，响应时间短的将会优先分配。

- **url_hash（第三方）**

按访问 URL 的 Hash 结果来分配请求，使每个 URL 都定向到同一个后端服务器，后端服务器为缓存时会比较有效。

在 upstream 中加入 Hash 语句，server 语句中不能写入 weight 等其他的参数，hash_method 表示所使用的 Hash 算法，如下所示：

```
upstream web_pool {
    server squid1:3128;
    server squid2:3128;
```

```
    hash $request_uri;
    hash_method crc32;
}
```

❑ **Tengine 增加的一致性 Hash 算法**

Tengine 增加的一致性 Hash 算法应该是借鉴了目前最为流行的一致性 Hash 算法思路，其具体实现如下。

将各个 Server 虚拟成 N 个节点，均匀分布到 Hash 环上，每次请求都将根据配置的参数计算出一个 Hash 值，在 Hash 环上查找离这个 Hash 值最近的虚拟节点，对应的 server 将作为该次请求的后端机器，这样做的好处是如果动态地增加机器，或者某台 Web 机器发生崩溃情况，则对整个集群的影响最小。

Nginx 作为负载均衡机器，其所提供的 upstream 模块的 ip_hash 算法机制（操持会话）能够将某个 IP 的请求定向到同一台后端服务器上，这样一来，该 IP 下的某个客户端和某个后端服务器就能建立起稳固的连接了。在 Nginx 的各种算法中，ip_hash 也是我们应用得最多的算法之一。我们可以利用其保持会话的特性来提高缓存命中（在 CDN 体系中这是一个很重要的技术指标）。图 1-13 所示的是 ip_hash 在某小型安全 CDN 项目中的应用，Cache 主要由两层缓存层组成，包括边缘 CDN 及父层 CDN 缓存机器，缓存这块所利用的就是 Nginx 本身的 Cache 机制。

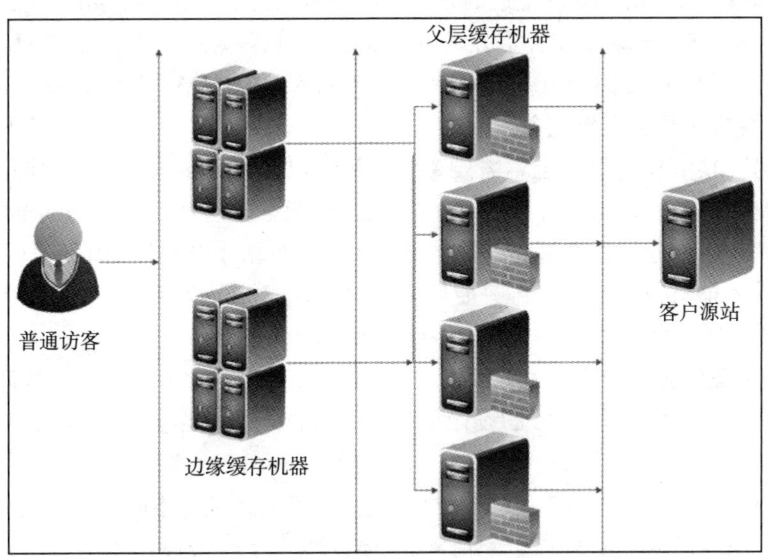

图 1-13　边缘缓存机器及父层缓存机器架构图示

边缘 CDN 机器 nginx.conf 的相关配置文件如下所示：

```
upstream parent {
    ip_hash;
    server 119.90.1.2 max_fails=3 fail_timeout=20s;
```

```
    server 119.90.1.3 max_fails=3 fail_timeout=20s;
    server 61.163.1.2 max_fails=3 fail_timeout=20s;
    server 61.163.1.3 max_fails=3 fail_timeout=20s;
}
```

由上述可知，大家可以发现边缘 CDN 机器利用了 ip_hash 算法来保持会话，每一台边缘的机器都会固定回源到父层 CDN 机器上获取所需要的 Cache 内容；这里如果不是采用 ip_hash 算法，而是采用默认的 round-robin 算法，那么当客户端在边缘 CDN 机器上漏掉了（miss），则边缘机器向父层回源时获取的 Cache 内容将是随机的，理论上，每一台父层机器都必须要有边缘机器所需要的 Cache 内容，如果没有，则父层 Cache 将向源站进一步回源（即缓存命中率低），从而造成源站回源压力过大，这样的架构设计也是有问题的（后续这里改成了一致性 Hash 算法）。

1.4 从事 DevOps 工作应该掌握的语言

如果要从事 DevOps 工作，那么除了我们所熟悉的 Shell 和 Python 之外，建议在此基础上熟悉下 Go（Golang）的特性和语法，如果团队都喜欢用 Go 语言来开发，则建议继续深入研究。这里我们可以先比较下 Python 和 Go 语言，看看 Go 语言的优势在哪里。

1）**部署简单**。Go 语言编译生成的是一个静态可执行文件，除了 glibc 之外再没有其他的外部依赖。这也使得部署变得异常方便：目标机器上只需要一个基础的系统和必要的管理、监控工具，完全不需要操心应用所需的各种包、库的依赖关系，这就大大减轻了维护的负担。

2）**并发性好，天生支持高并发**。Goroutine 和 Channel 使得编写高并发的服务端软件变得相当容易，很多情况下完全不需要考虑锁机制以及由此带来的各种问题。单个 Go 应用也能有效地利用多个 CPU 核，其并行执行的性能很好。这一点与 Python 也是天壤之别。多线程和多进程的服务端程序编写起来并不简单，而且由于全局锁 GIL 的原因，多线程的 Python 程序并不能有效利用多核，只能用多进程的方式进行部署，其实在很多场景中这样并不能有效地利用计算机资源，这也是饱受 Python 爱好者诟病的地方。

3）**良好的语言设计**。从学术的角度讲，Go 语言其实非常平庸，不支持许多高级的语言特性；但从工程的角度讲，Go 的设计是非常优秀的：规范足够简单灵活，具有其他语言基础的程序员都能迅速上手。更重要的是 Go 自带完善的工具链，大大提高了团队协作的一致性，比如 gofmt 自动排版 Go 代码，这在很大程度上杜绝了不同人编写代码排版风格不一致的问题。把编辑器配置成在编辑存档的时候自动运行 gofmt，这样在编写代码的时候就可以随意摆放位置了，存档的时候 gofmt 会将它们自动变成正确排版的代码。此外，还有 gofix、govet 等非常有用的工具。

4）**执行性能好**。Go 语言虽然不如 C 和 Java，但其通常比原生 Python 应用还是高一个数量级的，适合编写一些瓶颈业务，内存占用也非常低。

下面再来看看 Go 语言适用的场景，具体如下。

1）服务器编程，如果大家以前习惯使用C或者C++来进行服务器编程，那么用Go来做也是很合适的，例如日志处理系统、数据打包、虚拟机处理、文件系统等。

2）分布式存储、数据库代理器等。

3）Key-Value存储，例如工作中常见的etcd。

4）网络编程，目前这一块应用得最广，包括Web应用、API应用、下载应用等。

5）内存数据库，前一段时间Google开发的groupcache等。

6）游戏服务端的开发。

7）云平台，目前国内外很多云平台都在采用Go开发，例如国外的CloudFoundy、Apcera云平台和国内的青云、七牛云等。

建议大家在平常的DevOps中，除了使用Python之外，还可以用Go语言来编写些项目需求或自动化运维的API，这样来加深理解，熟悉其语法特性，相信大家最终会被其大道至简的设计哲学所折服。

1.5　从事DevOps工作应该掌握的工具

为了更好地从事DevOps工作，我们必须得掌握一些常用的工具，尤其是一些对DevOps工作有帮助的工具是需要重点掌握的，现罗列如下。

版本控制管理（SCM）：GitHub、GitLab、SubVersion，考虑到汉化和网络方面的原因，国内企业在GitLab和GitHub之间进行选择的时候，一般是选择GitLab。

构建工具：Ant、Gradle、Maven。Maven除了以程序构建能力为特色之外，还提供了高级项目管理工具。

持续集成（CI）：Jenkins，大名鼎鼎的软件，基本上是CI的代名词了。Jenkins是全球最流行的持续集成工具，国内某社区曾经调研Jenkins在国内的使用率为70%左右。

配置管理：Ansible、Chef、Puppet、SaltStack，这些都是自动化运维工作中常见的工具，大家应该都不陌生了。

虚拟化：Xen或KVM、Vagrant。

容器：Docker、LXC、第三方厂商如AWS，这里需要注意Docker与Vagrant的区别。

服务注册与发现：Zookeeper、etcd。

日志管理：大家都很熟悉的ELK。

日志收集系统：Fluentd、Heka。

压力测试：JMeter、Blaze Meter、loader.io。

消息中间件：ActiveMQ、RabbitMQ。

事实上，很多DevOps工具在这里尚未罗列出来（重要的工具在本书后面会以附录或章节内容的形式显示出来）。在工具的选择上，需要结合公司业务需求和技术团队情况而定，毕竟适合自己的才是最好的。

1.6 了解网站系统架构设计和高并发场景

事实上，DevOps 人员也需要了解公司的网站架构设计，如果牵涉了具体的高流量高并发的场景，那么，此时也需要提供实际的解决方案，所以了解网站的分层系统架构设计是非常有必要的。

1.6.1 网站性能评估指标

网站设计得好还是不好，我们可以参考吞吐量、每秒查询率（QPS）、响应时间（Response Time）、并发用户数，PV 等作为辅助指标，但它们并不能真实地反映网站的性能。

QPS：每秒响应请求数。

吞吐量：单位时间内处理的请求数量，在互联网领域，这个指标与 QPS 的区分并没有那么明显。

响应时间：系统对请求做出的响应时间，例如系统处理一个 HTTP 请求需要 200ms，那么这里的 200ms 就是系统的响应时间。

并发用户数：同时承载正常使用系统功能的用户数量。

1.6.2 细分五层解说网站架构

具体的网站系统架构图可以参考下面的图 1-14（此网站系统架构图中，注意云主机和物理主机）。

网站到底是自建 CDN 还是租售 CDN 这个问题需要结合公司的实际业务而定，如果使用的是租售 CDN，那么我们一般会将网站的解析交给租售 CDN 的业务公司。

目前，网站架构一般分成网页缓存层、负载均衡层、Web 服务器层、数据缓存层及数据库层，其实一般还会多加一层，即文件服务器层，这样在后面的讨论过程中，就可以利用这五层对网站架构依次进行讨论。为了具有更强的说服力，下面将以笔者维护过的较大的电商网站来举例说明。

1. 网页缓存层

首先说网页缓存层，比如 CDN 的租赁，专业 CDN 公司的 Cache 缓存服务都是自研的（底层开发一般是 C 语言），还需要区分磁盘缓存或内存缓存，另外还有针对小文件所做的优化，其效果比公司自行部署 Squid、Varnish 更好、更专业，Bind View 也需要精准细分，而且价格相当低廉，所覆盖的边缘节点也比较多，所以这里推荐采用 CDN 租赁的方式。

很多朋友喜欢尝试自建 CDN，这是一个比较吃力不讨好的活儿，未必能够达到预期目标，关于这点，架构师在架设网站初期就应该规划好，而不要等到网站流量及压力巨大时才去规划。事实上，这一层有很多优秀的开源软件都能胜任这项工作，比如传统的 Squid。另外，后起之秀 Nginx 和 Varnish 因为性能优异，越来越多的开发者都在尝试在自己的网站使用 Nginx 和 Varnish 作为自己的网页缓存。事实上，Nginx 已经具备 Squid 所拥有的 Web

缓存加速功能。此外，Nginx 对多核 CPU 的利用也胜过了 Squid，现在越来越多的架构师都喜欢将 Nginx 同时作为“负载均衡服务器”与“ Web 缓存服务器”来使用，大家可以根据自己网站的情况，来决定究竟应该使用哪种软件来对自己的网站提供反向代理加速服务。

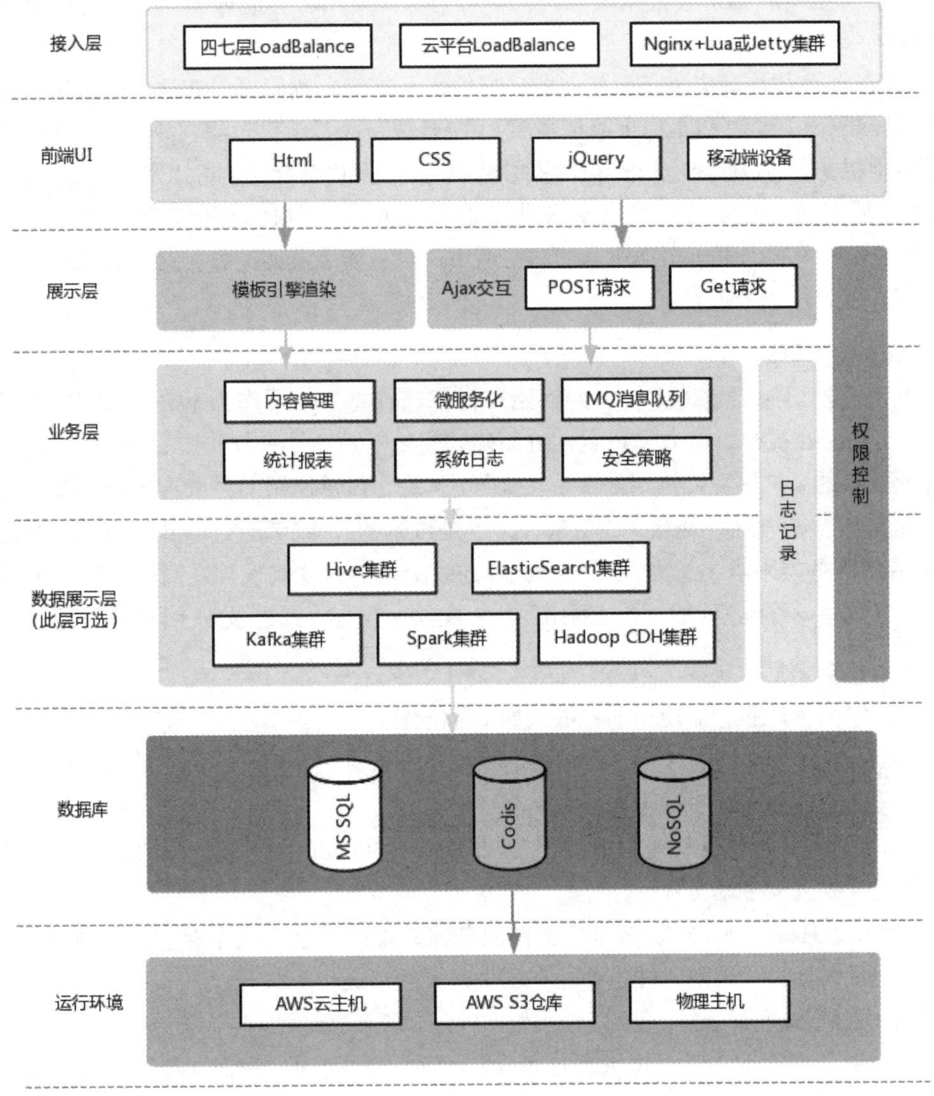

图 1-14　网站系统架构设计图

2. 负载均衡层

我们所熟悉的开源软件技术包括 LVS、HAProxy、Nginx，它们的性能全都非常优异。HAProxy 在生产环境下表现优异，具有强大的吞吐能力，其稳定性比之硬件有过之而无不及，并且淘宝网也在大规模地推广使用 HAProxy，有兴趣的朋友可以关注一下。

建议将负载均衡分成两级来处理，一级是流量四层分发，二级是应用层面七层转发（即业务层面）。首先我们可以通过LVS或HAProxy将流量转发给二层负载均衡（一般为Nginx），即实现了流量的负载均衡，此处可以使用如轮询、权重等调度算法来实现负载的转发；然后二层负载均衡会根据请求特征再将请求分发出去。此处为什么要将负载均衡分为两层呢？

1）第一层负载均衡应该是无状态的，方便水平扩容。我们可以在这一层实现流量分组（内网和外网隔离、爬虫和非爬虫流量隔离）、内容缓存、请求头过滤、故障切换（机房故障切换到其他机房）、限流、防火墙等一些通用型功能，无状态设计，可以水平扩容。

2）二层Nginx负载均衡可以实现业务逻辑，或者反向代理到如Tomcat，这一层的Nginx与业务相关联，可以实现业务的一些通用逻辑。如果可能的话，这一层也应尽量设计成无状态，以方便水平扩容。

3. Web服务器层

Web服务器层压力比较大，大的网站现在都选择将Nginx作为Web主要应用服务器，事实上，Nginx在抗并发能力和稳定性方面确实超过了预期。另外，Linux集群还有一个优势，那就是它的高扩展性，特别是水平（横向）扩展。就算网站的并发连接数有10万以上，也无非是多加Web机器（廉价的PC Server也是可行的），或者通过Nginx+lua这种高性能的Web应用服务器来承担压力。在进行实际的线上维护时我们发现在高峰期间，实际上每台Web的并发并不算特别大，所以网站的压力在这一层也能通过技术手段加以克服。

4. 文件服务器层

现在大家的生产服务器使用的一般是如下的方案。

1）单NFS作为文件服务器，这样做的好处是维护方便，但存在单点故障的问题，NFS机器出现故障时需要人为手动干预。

2）NFS分组，虽然这样可以分摊压力，但这样做也会存在单点故障的问题，NFS机器出现故障时需要人为手动干预。

3）DRBD+Heartbeat+NFS高可用文件服务器，维护方便，也不存在单点故障的问题，但随着访问量的增大，后期一样也会存在压力过大的情况。

4）采用分布式文件系统。

文件服务器磁盘I/O压力过大，这也是一个常见的问题，我们在维护自己的网站时，通常采取的做法具体如下。

对于静态内容，如CSS、JS、HTML还有图片文件，可以通过租赁CDN的方式来进行处理。

将图片服务器独立出来，并分配独立域名，这里就不要再用二级域名了，原因有如下三点。

1）避免Cookie的多次传输和Cookie的跨域安全问题。

2）多个域名可以增加浏览器并行下载条数，因为浏览器对同一个域的域名下载条数是有限制的，所以多个域会增加并行下载条数，从而加快加载速度。当然二级域名也不能使用得太多，因为二级域名太多时还要考虑到 DNS 的解析所花费的时间。

3）方便管理，一般来说，图片在站点的加载中是最占带宽的，可以采用独立服务器以方便后期管理；还可以使用异步加载的方式，提升用户体验。同时，图片大多是静态内容，可以更好地使用 CDN 加速。

磁盘的优化：将程序的读写 Buffer 设置得尽可能大一些。这样做的好处是，程序不必每次调用都直接写磁盘，而是先缓存到内存中，等 Buffer 满了再写入磁盘。

在适当的场景采用分布式文件系统，例如 MooseFS。MooseFS 易用、稳定，对于海量小文件的处理很高效，而且新版的 MooseFS 解决了 Master Server 存在单点故障的问题，文档和社区也非常成熟，国内越来越多的公司也在使用 MFS。事实上，分布式文件系统是解决文件服务器压力过大的最终途径。但是凡事总是有利就有弊，越是功能强大就越是复杂。随着网站功能的增多，摊子越来越大，机器越来越多，维护起来也会越来越复杂，这样会极大地增加运维人员的工作难度。在这里我们推荐性价比比较高的国产商业存储，比如说龙存。

大家可以尝试根据自己网站的情况，来决定究竟选择哪一种开源软件作为自己的文件服务器。

5. 数据库层

数据库的压力，网站的 PV、UV、QPS 和并发连接数增加以后，数据库这块的压力就是最大的，归根结底还是磁盘的 I/O 压力大。

Oracle RAC 是很成熟的商业分布式方案，它保证了数据的高可用性，当然了，其价格也是非常昂贵的（如果使用的是高配置的 PC 服务器，那么 Oracle 一般按照 CPU 个数进行收费）；那么如果使用免费的开源方案，例如 MySQL 数据库，面对这种数据库磁盘 I/O 压力很大的情况，应该如何处理呢？

首先应在业务逻辑上将数据分离。很多读写频繁的业务数据，比如 ip list 和频繁读取的配置等信息都没有必要使用 MySQL 数据库来保存，我们完全可以利用 redis 分布式缓存来保存这些数据，这样读取速度也能得到保证，后端 MySQL 数据库的压力也可以得到缓解。

电子商务网站一般的场景包括签到、商品的订单系统等，这些在技术层面很容易实现；另外还有一种常见的场景——秒抢红包，像这种用户在瞬间涌入产生高并发请求的场景，这个时候我们需要引入消息中间件，例如 RabbitMQ，此时 RabbitMQ 机器数量将视实际的应用而定。

场景中的红包定时领取是一个高并发的业务，活动用户会在到点的时间大量涌入，DB（即后端的 MySQL 层，这次简写为 DB）瞬间就会受到一记暴击，支撑不住就会宕机，然后影响整个业务。

像这种不是只有查询的操作，并且会有高并发的插入或者更新数据的业务，前面提到的通用方案就会无法支撑，并发的时候都是直接击中 DB；设计这块业务的时候需要使用消息队列，可以将参与用户的信息添加到消息队列中，然后再编写一个多线程程序去消耗队列，为队列中的用户发放红包。具体流程可以参考图 1-15。

图 1-15 所示的方案具体如下所示。

一般习惯于使用 redis 的 List（列表）类型 → 当用户参与活动时，将用户参与信息 push 到队列中 → 然后写个多线程程序去 pop 数据，进行发放红包的业务 → 这样就可以支持高并发下的用户正常地参与活动，并且避免数据库服务器发生宕机的危险。

下面我们再来讲解一下 MySQL 数据库的优化。

数据库服务器的硬件方面可以考虑投入磁盘阵列做成 RAID 10，如果资金充裕，可以用 SSD（固定硬盘）来代替 SAS 硬盘。

必须合理地设计 MySQL 数据库的架构，事实上，在生产环境下，一主多从、读写分离是比较靠谱的设计方案，对于 MySQL 的负载均衡，这里推荐大家使用 LVS/DR，这是因为当从机 MySQL 节点机器超过十台时，HAProxy 的性能便会不如 LVS/DR。

如果网站的业务量过大，还可以采用分库的方法，比如将网站的业务量分成 Web、Blog、Mall 等几组，每一组均采用主从架构，这样设计的话就避免了单组数据库压力过大的情况。

最后，还应该配合公司的 MySQL DBA，在数据库参数优化、SQL 语句优化、数据切分上多下功夫，避免让 MySQL 数据库成为网站的瓶颈。必要的时候，还要考虑分布式 SQL 解决方案，例如 Redshift 及 Hbase 等。

希望大家能够根据上文对网站进行的五层分解，结合自己网站的情况，了解每一层在网站设计中的作用和重要性，找出网站瓶颈并加以优化，将自己的网站打造成高可用、高可扩展性的网站。

此外，如果我们在业务中遇到了秒杀这种极端场景，那么我们应该如何进行处理呢？

比如说京东秒杀，就是一种定时定量秒杀，在规定的时间内，无论商品是否秒杀完毕，该场次的秒杀活动都会结束。这种秒杀，对时间的要求不是特别严格，只要下手快点，秒中的概率还是比较大的。

（1）业务特点

1）瞬时并发量大：秒杀时会有大量的用户在同一时间进行抢购，瞬时并发访问量突增 10 倍，甚至 100 倍以上都有。

2）库存量少：秒杀活动商品量一般很少，这就导致了只有极少量的用户才能够成功购买。

3）业务简单：流程比较简单，一般都是下订单、扣库存、支付订单。

（2）技术难点

1）现有业务的冲击：秒杀是营销活动

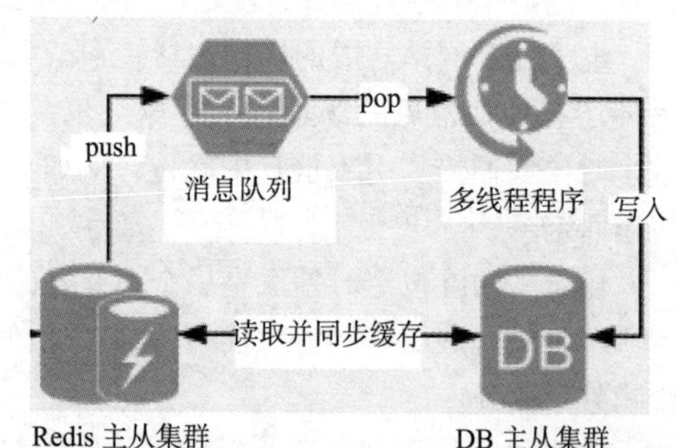

图 1-15 消息队列在抢红包业务中的工作流程图

中的一种，如果将其与其他营销活动应用部署在同一服务器上，那么秒杀肯定会对现有的其他活动造成冲击，极端情况下，可能会导致整个电商系统服务宕机。

2）直接下订单：下单页面是一个正常的URL地址，需要控制在秒杀开始前，不能下订单，只能浏览对应活动商品的信息。简单来说，需要让订单按钮失效。

3）页面流量突增：秒杀活动开始前后，会有很多用户请求对应商品的页面，这会造成后台服务器流量的突增，同时增加对应的网络带宽，需要控制商品页面的流量不会对后台服务器、DB、redis 等组件造成过大的压力。

（3）架构设计思想

关于架构设计思想，大家可以参考图1-16，具体如下所示。

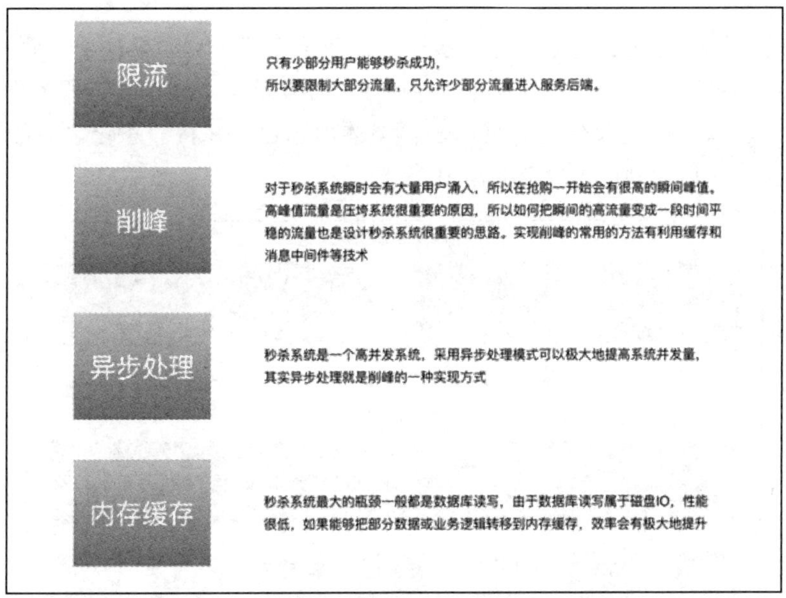

图1-16　秒杀活动中的架构设计思想图示

❑ 限流

由于活动的库存量一般都很少，对应的只有少部分用户才能秒杀成功。所以我们需要限制大部分用户流量，只准许少量用户流量进入后端服务器。

❑ 削峰

秒杀活动开始的那一瞬间，会有大量用户冲击进来，所以在开始的时候会有一个瞬间流量峰值。如何把瞬间的流量峰值变得更加平缓，是能否成功设计好秒杀系统的关键因素。实现流量削峰填谷，一般是采用缓存和MQ中间件来解决。

❑ 异步

秒杀其实可以当作高并发系统来处理，这个时候，可以考虑从业务上做兼容，将同步的业务设计成异步处理的任务，以提高网站的整体可用性。

- 缓存

秒杀系统的瓶颈主要体现在下订单、扣减库存流程中。这些流程主要会用到OLTP的数据库，类似于MySQL、Oracle。由于数据库底层采用B+树的储存结构，对应地我们随机写入与读取的效率也会相对较低。如果我们把这部分业务逻辑迁移到redis中，则会极大地提高并发效率。

（4）整体架构

如图1-17所示的是秒杀活动的整体架构。

（5）客户端优化

客户端优化主要包括如下两个问题。

- 秒杀页面

秒杀活动开始前，其实就已经有很多用户访问该页面了。如果这个页面的一些资源，比如CSS、JS、图片、商品详情等，都访问后端服务器甚至DB的话，服务肯定会出现不可用的情况。所以我们一般会对该页面进行整体静态化，并将静态化之后的页面分发到CDN边缘节点上，以起到压力分散的作用。

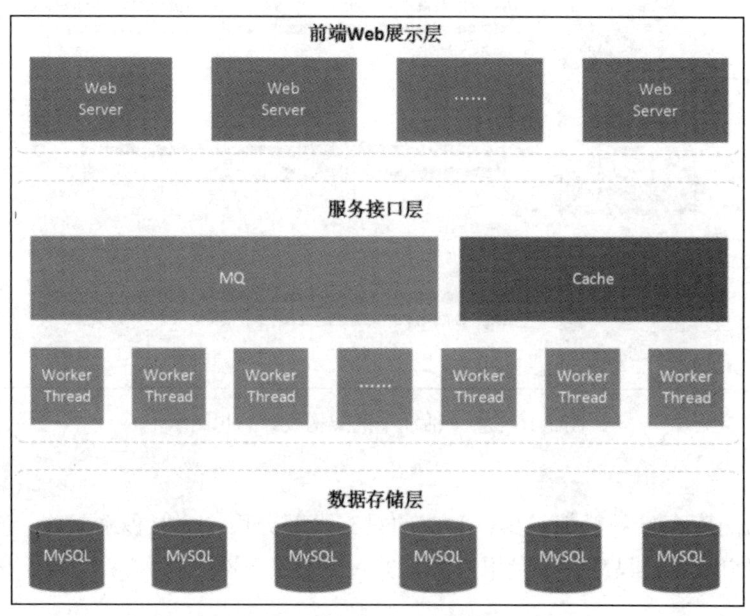

图1-17 秒杀活动的整体架构

- 防止提前下单

防止提前下单主要是在静态化页面中加入一个JS文件引用，该JS文件包含活动是否开始的标记以及开始时动态下单页面的URL参数。同时，CDN系统是不会缓存这个JS文件的，CDIV系统会一直请求后端服务，所以该JS文件一定要很小。当活动快开始的时候（比如提前0.5小时～2小时），需要通过后台接口修改该JS文件使之生效。

（6）API 接入层优化

客户端优化，对于不是从事计算机行业的用户还是可以防止得住的，但是对于稍有一定网络基础的用户就起不到作用了，因此服务器端也需要加入一些对应的控制，不能信任01111111 客户端的任何操作。控制一般分为如下两类。

- 限制用户维度的访问频率

针对同一个用户（ Userid 维度），做页面级别缓存，单元时间内的请求，统一进行缓存，然后返回同一个页面。其实就这一个工作而言，如果需要深化的话，还有很多工作需要做。

- 限制商品维度的访问频率

大量请求在同一个时间段查询同一个商品时，可以做页面级别缓存，不管接下来是谁来访问，只要是访问这个页面就直接返回。

（7）SOA 服务层优化

上面两层只能限制异常用户的访问，如果秒杀活动运营得比较好，很多用户都参加了，就会造成系统压力过大甚至宕机，因此需要在后端也进行流量控制。

对于后端系统的控制，可以通过消息队列、异步处理、提高并发等方式来解决。对于超过系统水位线的请求，直接采取“Fail-Fast（快速失败）”原则，拒绝即可。

（8）秒杀整体流程图

秒杀整体流程图如图 1-18 所示。

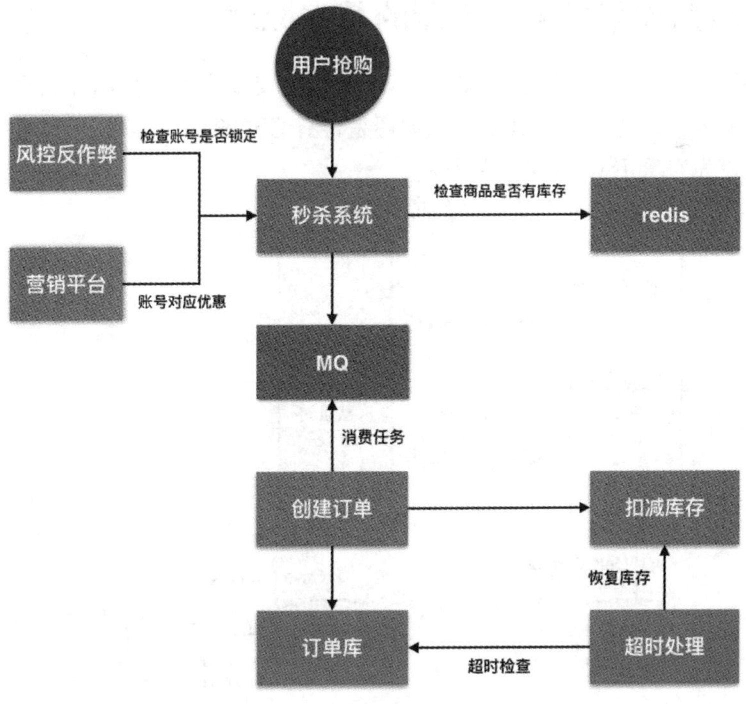

图 1-18　秒杀整体流程图

秒杀系统的核心在于层层过滤，逐渐递减瞬时访问压力，减少对数据库的最终冲击。通过如图 1-18 所示的流程图，我们看一下压力最大的地方在哪里？

答案是 MQ 排队服务，只要 MQ 排队服务能顶住压力，后面下订单与扣减库存的压力就都可以控制得住，根据数据库的压力，可以定制化创建订单消费者的数量，避免出现消费者数据量过多，导致数据库压力过大或者直接宕机的问题。

库存服务专门为秒杀的商品提供库存管理，实现提前锁定库存，避免出现超卖的问题。同时，通过超时处理任务发现已抢到商品但未付款的订单，并在规定的付款时间之后处理这些订单，同时恢复订单商品对应的库存量。

这里先总结下秒杀系统的核心思想，具体如下。

核心思想：层层过滤。

- 尽量将请求拦截在上游，以降低下游的压力。
- 充分利用缓存与消息队列，提高请求处理的速度及削峰填谷的作用。

参考文档：

http://blog.51cto.com/13527416/2085258

http://blog.csdn.net/fayeyiwang/article/details/51234457

https://blog.thankbabe.com/2016/09/14/high-concurrency-scheme/

1.7 了解数据库集群主从复制的基本原理

数据库层面上，我们一般使用 redis + MySQL 比较多，主从复制在项目或网站设计中都是比较成熟的方案，所以了解其基本原理还是很有必要的。

下面我们首先来看下 redis 的主从复制。

如图 1-19 所示的是 redis 主从复制的原理。

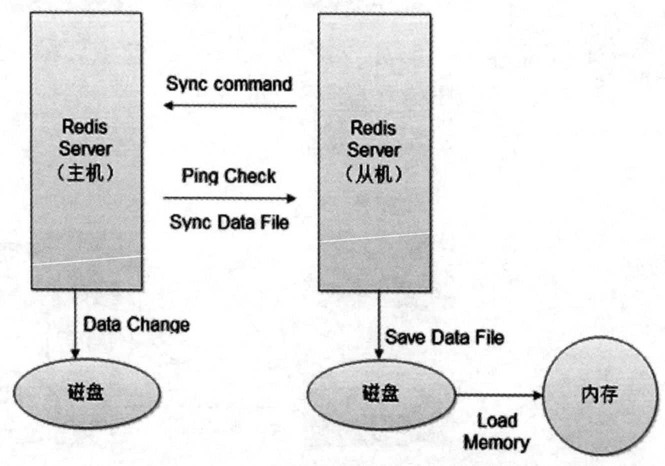

图 1-19 redis 主从复制的原理图

redis 主从复制的具体流程如下。

1）若启动一个 Slave 机器进程，则它会向 Master 机器发送一个“sync command”命令，请求同步连接。

2）无论是第一次连接还是重新连接，Master 机器都会启动一个后台进程，将数据快照保存到数据文件中（执行 rdb 操作），同时 Master 还会记录修改数据的所有命令并缓存在数据文件中。

3）后台进程完成缓存操作之后，Maste 机器就会向 Slave 机器发送数据文件，Slave 端机器将数据文件保存到硬盘上，然后将其加载到内存中，接着 Master 机器就会将修改数据的所有操作一并发送给 Slave 端机器。若 Slave 出现故障导致宕机，则恢复正常后会自动重新连接。

4）Master 机器收到 Slave 端机器的连接后，将其完整的数据文件发送给 Slave 端机器，如果 Mater 同时收到多个 Slave 发来的同步请求，则 Master 会在后台启动一个进程以保存数据文件，然后将其发送给所有的 Slave 端机器，确保所有的 Slave 端机器都正常。

支持断点续传吗？

从 redis 2.8 开始，如果在主从复制过程中遭遇连接断开，则重新连接之后可以从中断处继续进行复制，而不必重新同步。

断点续传的工作原理具体如下。

主服务器端为复制流维护一个内存缓冲区（in-memory backlog）。主从服务器都维护一个复制偏移量（replication offset）和 master run id。当连接断开时，从服务器会重新连接上主服务器，然后请求继续复制，假如主从服务器的两个 master run id 相同，并且指定的偏移量在内存缓冲区中还有效，则复制就会从上次中断的点开始继续。如果其中一个条件不满足，就会进行完全重新同步（在 2.8 版本之前就是直接进行完全重新同步）。

因为主运行 id 不保存在磁盘中，因此如果从服务器重启了的话就只能进行完全同步了。

对于部分重新同步这个新特性，redis 2.8 版本内部使用 PSYNC 命令，旧版本的实现中使用的是 SYNC 命令。redis2.8 版本可以检测出它所连接的服务器是否支持 PSYNC 命令，若不支持则使用 SYNC 命令。

redis 主从复制的效果是很不错的，在很多跨机房的业务中其稳定性也很不错。另外，如果业务需要采用 redis 集群的话，则生产环境下不建议使用 redis-cluster，建议采用 codis、zookeeper 来保证各节点之间的数据一致性。

1. MySQL 数据库主从 Replication 同步

MySQL 数据库的主从 Replication 同步（又称为主从复制）是一个很成熟的架构，笔者的许多电商平台线上环境采用的都是这种方案。

MySQL 的主从 Replication 同步的优点具体如下。

1）在业务繁忙阶段，我们可以在从服务器上执行查询工作（即我们常说的读写分离），降低主服务器的压力。

2）在从服务器上进行备份，以避免备份期间影响主服务器服务。

3）当主服务器出现问题时，可以迅速切换到从服务器，这样就不会影响线上环境了。

4）数据分布。由于 MySQL 复制并不需要很大的带宽，因此可以在不同的数据中心实现数据的复制。如图 1-20 所示的是 MySQL 主从复制同步原理图。

2. 主从复制同步的原理

主从复制是 MySQL 数据库提供的一种高可用、高性能的解决方案，其原理其实并不复杂，它并不是完全的实时，其实际上是一种异步的实时过程，如果由于网络的原因而导致延迟比较严重，这时候就需要考虑将其延迟时间作为报警系统的选项参数了，主从复制同步的具体工作步骤如下。

1）主服务器将数据更新记录到二进制日志中。

2）从服务器会开启两个线程，即 I/O 线程和 SQL 线程。

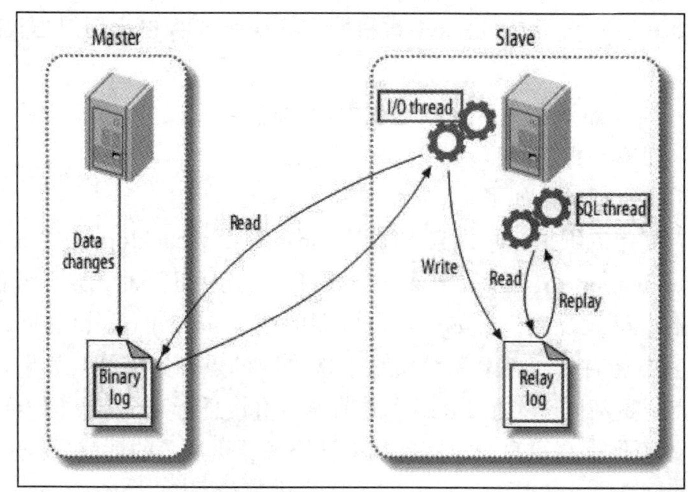

图 1-20 MySQL 主从复制原理图

3）从服务器将主服务器的二进制日志（Binary log）复制到自己的中继日志（Relay log）中，这个是由从服务器的 I/O 线程来负责的。

4）从服务器执行中继日志，将其更新应用到自己的数据库上，这个是由从服务器的 SQL 线程来负责的。

MySQL 主从 Replication 复制非常快，加上我们一般是将其同时置于同一机房的同一交换机之上，因此网络方面的影响非常小，小数据量的改变几乎感觉不到延迟（但还是属于异步同步），通常在 Master 端发生改动以后，Slave 端也会立即改动，非常方便；不过，MySQL 的 Replication 也有其弊端，如果 Master 端进行误操作，Slave 也会进行误操作，这样就会非常麻烦。所以，如果是作为备份机使用，我们应该采取延时 Replication 的方法，通常是延迟一天，这种工作的具体需求大家可以自行研究。

另外，对于跨机房的MySQL主从复制，如果是数据量比较大的情况，那将是一件非常具有挑战性的工作，大家可以关注下阿里巴巴的开源项目otter。我们在很多业务场景中都遇到过在不改动代码的前提下实施MySQL读写分离的操作，这个时候我们可以考虑使用开源的数据库中间件Mycat，它不仅能实现此需求，还能支持分库分表，自带强大的Web监控，大家在有此业务需求时可以考虑下它。

参考文档：

http://www.cnblogs.com/kenkofox/p/4919668.html

1.8　Linux服务器的安全防护

DevOps的开发工作很多时候都涉及后端开发，所以了解Linux服务器的系统安全是非常有必要的，比如说常见的iptables防火墙和Tcp_wrapper应用防火墙也是非常有必要的，大家也不希望自己辛辛苦苦写的API在测试的时候因为防火墙的原因，访问被拒绝吧。事实上，Linux的系统安全其实是一项重要而且不可忽视的问题，那么我们平时在Linux系统的运维工作中，应该如何进行安全防护工作呢？

1.8.1　DDoS攻击和运营商劫持

在笔者完稿的这段时间内，WannaCry（比特币敲诈病毒）正在全球泛滥，给大家带来了巨大的麻烦和损失。而在笔者从事的CDN行业，DDoS攻击和劫持攻击出现的频率也很高，此外，还有之前的暴力破解和针对Web层的攻击，所以系统安全是一项非常重要的环节和技术手段。

对于DDoS攻击，这里就不多说了，大家应该很熟悉其的攻击手段，引用知乎上的例子大家应该就能明白了。

某饭店可以容纳100人同时就餐，某日有个商家恶意竞争，雇用了200人来这个饭店坐着不吃不喝，导致饭店满满当当无法正常营业（DDoS攻击成功）。

老板当即大怒，派人把不吃不喝影响正常营业的人全都轰了出去，且不再让他们进来捣乱，饭店恢复了正常营业（添加规则和黑名单进行DDoS防御，防御成功）。

主动攻击的商家心存不满，这次请了五千人逐批次来捣乱，导致该饭店再次无法正常营业（增加DDoS流量，改变攻击方式）。

饭店把那些捣乱的人轰出去之后，另一批接踵而来。此时老板将饭店营业规模扩大，该饭店可同时容纳1万人就餐，即使5000人同时来捣乱饭店营业也不会受到影响（增加硬防与其抗衡）。

一般普通的网站是很难防御DDoS攻击的，像笔者目前所在的公司，由于带宽资源与机房资源实力比较雄厚，所以一般会通过前端LVS切量的方式来转移DDoS流量，从而减少 DDoS 攻击所带来的损失。

下面我们主要说下运营商劫持。

运营商劫持主要分 DNS 劫持和 HTTP 劫持两种。

简单介绍一下 DNS 劫持和 HTTP 劫持的概念，即运营商通过某些方式篡改了用户正常访问的网页，插入广告或者其他内容。

首先我们对运营商的劫持行为做一些分析，他们的目的无非就是赚钱和节约成本（即减少出网流量，降低成本），而赚钱的方式有两种，具体如下。

- ❑ 向正常网站加入额外的广告，包括网页内浮层或弹出广告窗口。
- ❑ 针对一些广告联盟或带推广链接的网站，加入推广尾巴。

在具体的做法上，运营商劫持一般分为 DNS 劫持和 HTTP 劫持。

1. DNS 劫持

一般而言，用户上网的 DNS 服务器都是运营商分配的，所以，在这个节点上，运营商可以为所欲为。

例如，访问 http://jiankang.qq.com/index.html，正常 DNS 应该返回腾讯的 IP，而遭到 DNS 劫持后，其会返回一个运营商的中间服务器 IP。访问该服务器会一致性地返回 302，使用户浏览器跳转到预处理好的带广告的网页，在该网页中再通过 iframe 打开用户原来访问的地址。

这种情况在小 ISP 运营商处比较常见，这种情况比较难以处理，尤其是托管了 DNS 服务的，一般的做法是更改我们 DNS 设备的常规服务端口，比如将常规的 53 改成 5353。最直接有效的措施是直接进行投诉处理，一般情况下，运营商是会处理的（投诉到工信部，这也是 ISP 运营商最不愿意看到的）。

2. HTTP 劫持

在运营商的路由器节点上，设置协议检测，一旦发现是 HTTP 请求，而且是 HTTP 类型请求，则进行拦截处理。后续做法往往分为两种，第一种是类似 DNS 劫持返回 302 让用户浏览器跳转到另外的地址，另外一种做法是在服务器返回的 HTML 数据中插入 JS 或 DOM 节点（广告）。

从用户的角度出发，这些劫持的表现具体如下。

- ❑ 网址无辜跳转，多了推广尾巴。
- ❑ 页面出现额外的广告（IFRAM 模式或者直接同页面插入了 DOM 节点）。

解决方法：最根本解决办法是使用 HTTPS，不过这将会涉及很多业务的修改，成本很高。

1.8.2 Linux 服务器基础防护篇

现在很多生产服务器都是放置在 IDC 机房的，有的并没有专业的硬件防火墙保护，那么我们应该如何做好基础的安全措施呢？个人觉得应该从如下几个方面着手。

1）首先要保证自己的 Linux 服务器的密码绝对安全，笔者一般将 root 密码设置为 28 位以上，而且某些重要的服务器只有几个人知道 root 密码，这将根据公司管理层的权限来进行设置，如果有系统管理员级别的相关人员离职，那么一定要更改 root 密码。现在我们的做法一般是禁止 root 远程登录，只分配一个具有 sudo 权限的用户。服务器的账号管理一定要严格，服务器上除了 root 账号之外，系统用户越少越好，如果非要添加用户来作为应用程序的执行者，那么请将他的登录 Shell 设为 nologin，即此用户是没有权利登录服务器的。终止未授权用户，定期检查系统有无多余的用户都是必要的工作。另外，对 vsftpd、Samba 及 MySQL 的账号也要进行严格控制，尽可能地只为其提供基本工作需求的权限，而像 MySQL 等的账号，不要向任何用户提供 grant 权限。而针对公司运营人员所提出的查询报表功能，可以在跳板机上开启 SSH 隧道，从而达到访问后端 MySQL 数据库的目的。如果公司有条件的话，则可以配合前端人员提供相关的界面功能，尽量减小非运维人员登录 Linux 服务器的概率。

2）防止 SSH 暴力破解是一个老生常谈的问题，解决这问题的方法有许多种：有的朋友喜欢用 iptables 的 recent 模块来限制单位时间内 SSH 的连接数，有的则用 DenyHost 防 SSH 暴力破解工具，尽可能地采用部署服务器密钥登录的方式，这样就算是对外开放 SSH 端口，暴力破解也完全没有用武之地。

3）分析系统的日志文件，寻找入侵者曾经试图入侵系统的蛛丝马迹。last 命令是另外一个可以用来查找非授权用户登录事件的工具。last 命令输入的信息来自 /var/log/wtmp。这个文件详细地记录着各个系统用户的访问活动。但是有经验的入侵者往往会删掉 /var/log/wtmp 以清除自己非法行为的证据，但是这种清除行为还是会露出蛛丝马迹的：在日志文件里留下一个没有退出的操作和与之对应的登录操作（虽然在删除 wtmp 的时候登录记录已经没有了，但是待其退出的时候，系统还是会把它记录下来），不过高明的入侵者会用 at 或 crontab 等自己退出之后再删除文件。

4）建议不定期使用 grep error /var/log/messages 检查自己的服务器是否存在硬件损坏的情况。以笔者之前的运维经验而言，由于 Linux 服务器长年搁置在机房之中，最容易损坏的就是硬盘和风扇，因此在进行这些方面的日常维护时需要特别注意，最好是组织运维同事定期巡视 IDC 托管机房，出现相关问题及时进行处理。

5）建议不定期使用 Chkrootkit 应用程序对 rootkit 的踪迹和特征进行查找，从它的报告中我们可以分析服务器是否已经感染木马。

6）推荐使用 Tiprwire 开源软件来检查文件系统的完整性，并做好相应的日志分析工作。

7）停掉一些系统不必要的服务，强化内核。多关注一下服务器的内核漏洞，现在 Linux 的很多攻击都是针对内核的，因此应尽量保证内核版本是最新的。

1.8.3 Linux 服务器高级防护篇

另外，我们还可以设计代码级别的 WAF 软件防火墙，主要是通过 ngx_lua 模块来实现的，由于 LUA 语言的性能是接近于 C 的，而且 ngx_lua 模块本身就是基于为 Nginx 开发的高性能的模块，所以性能方面表现良好。其可以实现如下功能的安全防护，具体如下。

- 支持 IP 白名单和黑名单功能，直接拒绝黑名单的 IP 访问。
- 支持 URL 白名单，对不需要过滤的 URL 进行定义。
- 支持 User-Agent 的过滤，匹配自定义规则中的条目，然后进行处理，返回 403。
- 支持 CC 攻击防护，若单个 URL 指定时间内的访问次数，超过了设定值，则直接返回 403。
- 支持 Cookie 过滤，匹配自定义规则中的条目，然后进行处理，返回 403。
- 支持 URL 过滤，匹配自定义规则中的条目，如果用户请求的 URL 包含了这些，则返回 403。
- 支持 URL 参数过滤，原理同上。
- 支持日志记录，将所有拒绝的操作记录到日志中去。

1. WAF 的特点

WAF 级 Web 应用防护系统，又称网站应用级入侵防御系统，英文为 Web Application Firewall。借用国际上公认的一种说法就是，Web 应用防火墙是通过执行一系列针对 HTTP/HTTPS 的安全策略来为 Web 应用提供专门保护的一款产品。

WAF 具有如下特点。

- **异常检测协议**：Web 应用防火墙会对 HTTP 的请求进行异常检测，拒绝不符合 HTTP 标准的请求。并且，其可以只允许 HTTP 的部分选项通过，从而减少攻击的影响范围。甚至，一些 Web 应用防火墙还可以严格限定 HTTP 中那些过于松散或未被完全制定的选项。
- **增强的输入验证**：增强输入验证，可以有效防止网页篡改、信息泄露、木马植入等恶意的网络入侵行为，从而减小 Web 服务器被攻击的可能性。
- **及时补丁**：修补 Web 安全漏洞，是 Web 应用开发者最为头痛的问题，没人知道下一秒会出现什么样的漏洞，会为 Web 应用带来什么样的危害。WAF 可以为我们做这项工作了——只要有全面的漏洞信息，WAF 就能在不到一个小时的时间内屏蔽掉这个漏洞。当然，这种屏蔽漏洞的方式并不是非常完美的，并且没有安装对应的补丁其本身就是一种安全威胁，但我们在没有选择的情况下，任何保护措施都比没有保护措施更好。
- **基于规则的保护和基于异常的保护**：基于规则的保护可以提供各种 Web 应用的安全规则，WAF 生产商会维护这个规则库，并时时为其更新。用户可以按照这些规则对应用进行全方面检测。还有一些产品可以基于合法应用数据建立模型，并以此为依据判断应用数据是否异常。但这需要对用户企业的应用具有十分透彻的了解才可能做到，这在现实中是一件十分困难的事情。

- 状态管理：WAF 能够判断用户是否第一次访问，并且将请求重定向到默认登录页面并记录事件。通过检测用户的整个操作行为，我们可以更容易地识别出攻击行为。状态管理模式还能检测出异常事件（比如登录失败），并且在达到极限值时进行处理。这对暴力攻击的识别和响应是十分有利的。
- 其他防护技术：WAF 还具有一些安全增强的功能，可以用来解决 Web 程序员过分信任输入数据所带来的问题。比如，隐藏表单域保护、抗入侵规避技术、响应监视和信息泄露保护。

2. WAF 与网络防火墙的区别

网络防火墙作为访问控制设备，主要工作在 OSI 模型的三、四层，基于 IP 报文进行检测。只对端口做限制，对 TCP 做封堵。其产品设计无须理解 HTTP 会话，这也就决定了其无法理解 Web 应用程序语言，如 HTML、SQL 等。因此，它不可能对 HTTP 通信进行输入验证或攻击规则分析。针对 Web 网站的恶意攻击，绝大部分都将封装为 HTTP 请求，从 80 或 443 端口顺利通过防火墙检测。

一些定位比较综合、提供功能比较丰富的防火墙，也具备一定程度的应用层防御能力，如果能够根据 TCP 会话异常性及攻击特征阻止网络层的攻击，那么通过 IP 分拆和组合也能够判断是否有攻击隐藏在多个数据包中，但从根本上说其仍然无法理解 HTTP 会话，难以应对如 SQL 注入、跨站脚本、Cookie 窃取、网页篡改等应用层攻击。

Web 应用防火墙能在应用层理解分析 HTTP 会话，因此其能有效地防止各类应用层攻击，同时它还向下兼容，具备网络防火墙的功能。

1.9 小结

本章主要介绍了 DevOps 与自动化运维在企业中存在的意义，并简单介绍了两者之间的关联；然后介绍了如果从事 DevOps 开发工作我们需要掌握的 Web 常用知识体系及其工具；最后介绍了网络架构设计的基本知识点（包括网站系统架构设计及秒杀系统设计）和 Linux 系统安全知识点。掌握这些知识对于 DevOps 工作是非常有帮助的，希望大家能够熟悉本章内容并掌握其中的重要知识点以提升 DevOps 的技能点。

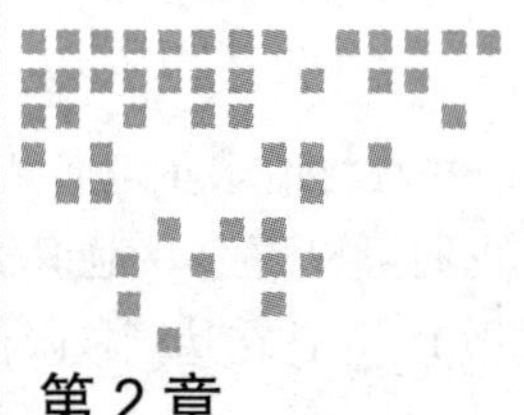

Chapter 2 第2章

Shell 脚本在 DevOps 下的应用

在笔者目前工作的CDN平台中，Shell脚本正发挥着巨大的作用，无论是在应用运维部、运维开发部还是在大数据平台组内部的GitLab中，Shell脚本的代码所占比重都很高。Shell除了最常规的Cron备份作用之外，还能处理业务逻辑、日志切分上传、系统性能和状态监控及系统初始化等操作。此外，Shell脚本具有很好的可移植性，有时跨越UNIX与POSIX兼容的系统，仅需略做修改，甚至不必修改即可使用Shell脚本。相比较于C或C++语言，Shell脚本能够更快捷地解决相同的问题。在CDN的各个子平台中，Shell脚本也能起到耦合的作用，成为运维开发人员的"瑞士军刀"。所以不管是系统管理员，还是运维开发人员或者开发人员，掌握Shell脚本语言，对我们的工作能够起到很大的帮助作用。另外，考虑到本书的读者群，这里没有介绍Shell的基础命令和基本操作，对于这些基础知识，大家可以参考下网上的资料。

2.1 Shell 编程基础

Shell是核心程序Kernel之外的命令解析器，其既是一个程序，同时也是一种命令语言和程序设计语言。

作为一种命令语言，Shell可以交互式地解析用户输入的命令。

作为一种程序设计语言，Shell定义了各种参数，并且提供了只有高级语言才有的程序控制结构，虽然它不是Linux核心系统的一部分，但是它调用了Linux核心的大部分功能来执行程序建立文件并以并行的方式来协调程序的运行。

比如输入ls命令之后，Shell就会解析ls这个字符并且向内核发出请求，内核执行这个命令之后，将把结果告诉 Shell，Shell 则将结果输出到屏幕。

Shell 相当于是 Windows 系统下的 command.com，在 Windows 中这样的解析器只有一个，但是在 Linux 中这样的解析器有很多个，比如 sh、bash 和 ksh 等。

可以通过"echo $SHELL"查看自己运行的 Shell，命令显示结果如下所示：

```
/bin/bash
```

在 Shell 中还可以运行子 Shell，直接输入 csh 命令之后就可以进入 csh 界面了。

Linux 默认的 Shell 是 bash，下面的内容主要以此为主（另外，系统环境为 CentOS 6.8 x86_64）。

2.1.1　Shell 脚本的基本元素

Shell 脚本的第一行内容通常如下：

```
#!/bin/bash  //第一行
#            //表示单行注释
```

如果是多行注释呢，应该如何操作？如下所示：

```
:<<BLOCK
中间部分为要省略的内容
BLOCK
```

Shell 脚本的第一行均会包含一个以"#!"为起始标志的文本行，这个特殊的起始标志表示当前文件包含一组命令，需要提交给指定的 Shell 解释执行。紧随"#!"标志的是一个路径名，指向执行当前 Shell 脚本文件的命令解释程序。示例代码如下所示：

```
#!/bin/bash
```

再比如：

```
#!/usr/bin/ruby
```

如果 Shell 脚本中包含了多个特殊的标志行，那么只有一个标志行会起作用。

2.1.2　Shell 基础正则表达式

正则表达式是操作字符串的一种逻辑公式，其是用事先定义好的一些特定字符及这些特定字符的组合，组成一个"规则字符串"，这个"规则字符串"用于表达对字符串进行一种过滤操作的逻辑。正则表达式规定一些特殊语法表示字符类、数量限定符和位置关系，然后用这些特殊语法和普通字符一起表示一个模式，这就是正则表达式（Regular Expression）。

给定一个正则表达式和另一个字符串，我们可以达到如下的目的。

1）给定的字符串是否符合正则表达式的过滤逻辑（称作"匹配"）；

2）可以通过正则表达式，从字符串中获取我们想要的特定部分。

注意 如无特殊说明，下面的系统环境均为 CentOS 6.8 x86_64。

Shell 正则表达式的基础元字符如下所示。

\

表示下一个字符标记符、一个向后引用或一个八进制转义符。例如，“\\n”匹配“\n”。“\n”匹配换行符。序列“\\”匹配“\”，而“\(”则匹配“(”。即相当于多种编程语言中都有的“转义字符”的概念。

^

匹配输入字符串的开始位置。如果设置了 RegExp 对象的 Multiline 属性，则“^”匹配“\n”或“\r”之后的位置。

$

匹配输入字符串的结束位置。如果设置了 RegExp 对象的 Multiline 属性，则“$”匹配“\n”或“\r”之前的位置。

*

匹配前面的子表达式任意次。例如，“zo*”能匹配“z”“zo”以及“zoo”。“*”等价于 {0,}。

注意 在 bash 中，“*”代表通配符，用来表示任意个字符，但是在正则表达式中，其含义则不同，“*”表示 0 个或多个字符，请注意区分。

+

匹配前面的子表达式一次或多次（大于等于 1 次）。例如，“zo+”能匹配“zo”以及“zoo”，但不能匹配“z”。“+”等价于 {1,}。

?

匹配前面的子表达式零次或一次。例如，“do(es)?”可以匹配“do”或“does”中的“do”。“?”等价于 {0,1}。

将两个匹配条件进行逻辑“或”运算。例如，正则表达式“(him|her)”匹配“it belongs to him”和“it belongs to her”，但是不能匹配“it belongs to them”。

{n}

n 是一个非负整数。匹配确定的 n 次。例如，“o{2}”不能匹配“Bob”中的“o”，但是能匹配“food”中的 2 个“o”。

{n,}

n 是一个非负整数。至少匹配 n 次。例如，“o{2,}”不能匹配“Bob”中的“o”，但能匹配“fooood”中的所有“o”。“o{1,}”等价于“o+”。“o{0,}”则等价于“o*”。

{n,m}

m 和 n 均为非负整数，其中 n ≤ m。最少匹配 n 次且最多匹配 m 次。例如，“o{1,3}”将匹配“fooooood”中的前 3 个“o”。“o{0,1}”等价于“o?”。请注意在逗号和两个数之间不能有空格。

? 组合

当该字符紧跟在任何一个其他限制符（如 *、+、?、{n}、{n,}、{n,m}）后面时，匹配模式是非贪婪的。非贪婪模式应尽可能少地匹配所搜索的字符串，而默认的贪婪模式则是尽可能多地匹配所搜索的字符串。例如，对于字符串“oooo”，“o+?”将匹配单个“o”，而“o+”则将匹配所有“o”。

.

匹配除了“\r\n”之外的任何单个字符。若要匹配包括“\r\n”在内的任何字符，请使用类似于“[\s\S]”的模式。

()

将正则表达式的一部分括起来组成一个单元，可以对整个单元使用数量限定符。例如，要搜索“glad”或“good”，可以采用“g(la|oo)d”这种方式。() 的好处是可以对小组使用“+”“?”“*”等。再例如，可以使用“([0-9]{1,3}\.){3}[0-9]{1,3}”来匹配 IP 地址，示例代码如下所示：

```
echo "192.168.1.1" | grep -E --color "([0-9]{1,3}\.){3}[0-9]{1,3}"
```

命令以红色字体来显示如下内容：

```
192.168.1.1
```

x|y

匹配 x 或 y。例如，“z|food”能够匹配“z”或“food”或“zood”（此处请谨慎）。“(z|f) ood”则匹配“zood”或“food”。

[xyz]

字符集合。匹配所包含的任意一个字符。例如，“[abc]”可以匹配“plain”中的“a”。

[^xyz]

负值字符集合。匹配未包含的任意字符。例如，“[^abc]”可以匹配“plain”中的“plin”。

[a-z]

字符范围。匹配指定范围内的任意字符。例如，“[a-z]”可以匹配“a”到“z”范围内的任意小写字母字符。

> **注意** 只有连字符在字符组内部，并且出现在两个字符之间时，才能表示字符的范围；如果出现在字符组的开头，则只能表示连字符本身。

[^a-z]

负值字符范围。匹配任何不在指定范围内的任意字符。例如，“[^a-z]”可以匹配任何不在“a”到“z”范围内的任意字符。

\b

匹配一个单词边界，也就是单词和空格之间的位置（正则表达式的“匹配”有两种概念，一种是匹配字符，一种是匹配位置，这里的“\b”就是匹配位置的）。例如，“er\b”可以匹配“never”中的“er”，但不能匹配“verb”中的“er”。

\B

匹配非单词边界。“er\B”能匹配“verb”中的“er”，但不能匹配“never”中的“er”。

\d

匹配一个数字字符。等价于“[0-9]”。

\D

匹配一个非数字字符。等价于“[^0-9]”。

\f

匹配一个换页符。等价于“\x0c”和“\cL”。

\n

匹配一个换行符。等价于“\x0a”和“\cJ”。

\r

匹配一个回车符。等价于“\x0d”和“\cM”。

\s

匹配任何不可见的字符，包括空格、制表符、换页符，等等。等价于“[\f\n\r\t\v]”。

\S

匹配任何可见的字符。等价于“[^ \f\n\r\t\v]”。

\t

匹配一个制表符。

\v

匹配一个垂直制表符。

\w

匹配包括下划线的任何单词字符。类似但不等价于“[A-Za-z0-9_]”。

\W

匹配任何非单词字符。等价于“[^A-Za-z0-9_]”。

2.1.3 Shell 特殊字符

Shell 特殊字符及其作用，具体如表 2-1 所示。

表 2-1　Shell 特殊字符及其作用

名　称	字　符	实 际 作 用
双引号	“	用来使 Shell 无法认出除字符 “$” “`” “\” 之外的任何字符或字符串，也称之为弱引用
单引号	‘	用来使 Shell 无法认出所有特殊字符，也称之为强引用
反引号	`	用来替换命令，优先执行当前命令
分号	;	允许在一行上放多个命令
	&	后台执行命令，建议带上 nohup
大括号	{}	创建命令块
	<>&	重定向
	*? [] !	表示模式匹配
	$	变量名的开头
	#	表示注释（第一行除外）
制表符、换行符		当作空白

2.1.4　变量和运算符

变量是放置在内存中的一定的存储单元，这个存储单元里所存放的是这个单元的值，该值是可以改变的，我们将其称之为变量。

其中，本地变量是在用户现有的 Shell 生命周期的脚本中使用的，用户退出后变量就不存在了，该变量只用于该用户。

下面是与变量相关的命令，这里只进行大致说明，后面的内容会详细说明，命令如下所示：

```
变量名 =" 变量 "
readonly 变量名 =" 变量 " 设置该变量为只读变量，则这个变量不能被改变
echo $ 变量名
set  显示本地所有的变量
unset 变量名清除变量
readonly 显示当前 Shell 下有哪些只读变量
```

环境变量用于所有用户进程（包括子进程）。Shell 中执行的用户进程均称为子进程。不像本地变量只用于现在的 Shell，环境变量可用于所有子进程，其包括编辑器、脚本和应用。

环境变量的主目录如下：

```
$HOME/.bash_profile(/etc/profile)
```

设置环境变量，例句如下所示：

```
export test="123"
```

查看环境变量，命令如下所示：

```
env
```

或者使用如下命令：

```
export
```

本地变量中包含环境变量。环境变量既可以运行于父进程，也可以运行于子进程中。本地变量则不能运行于所有的子进程中。

变量清除命令如下：

```
unset 变量名
```

下面再来看看位置变量，在运行某些程序时，程序中会携带一系列的参数，若我们要用到这些参数，则会采用位置来表示，这些变量则称为位置变量，目前在 Shell 中，位置变量有 10 个（\$0 ～ \$9），若超过 10 个则用其他方式表示，其中，“\$0”表示整个 Shell 脚本，这点请记住。

下面我们举例来说明位置变量的用法。比如，有如下 test.sh 脚本内容：

```
#!/bin/bash
echo " 第一个参数为 " $0
echo " 第二个参数为 " $1
echo " 第三个参数为 " $2
echo " 第四个参数为 " $3
echo " 第五个参数为 " $4
echo " 第六个参数为 " $5
echo " 第七个参数为 " $6
```

现在给予 test.sh 执行权限，命令如下：

```
chmod +x test.sh
./test.sh  1 2 3 4 5 6
```

命令结果显示如下：

```
第一个参数为 ./test.sh
第二个参数为 1
第三个参数为 2
第四个参数为 3
第五个参数为 4
第六个参数为 5
第七个参数为 6
```

值得注意的是，从第 10 个位置参数开始，必须使用花括号将编号括起来。如“\${10}”。

特殊变量“\$*”和“\$@”表示所有的位置参数。

特殊变量“\$#”表示位置参数的总数。

另外，下面介绍一下工作场景中关于位置参数 shift 的常见用法，例如，脚本 publishconf 依次对后面的 IP 进行操作，代码如下所示：

```
publishconf -p 192.168.11.2 192.168.11.3 192.168.11.4 192.168.11.5
```

我们的需求是依次对后面的 IP 进行操作，此时不需要保留“-p”参数，那么究竟应该如何实现呢？这个时候我们可以利用 shift 命令，此 shift 命令可用于对参数进行移动（左移），此时，原先的“$4”会变成“$3”，“$3”会变成“$2”，“$2”会变成“$1”。部分代码摘录如下：

```
if [ $# >=3 ];then
    shift 1
    #echo "此次需要更新的机器 IP 为 $@"
    for flat in $@
    do
    echo "此次需要更新的机器 IP 为 $flat"
    操作动作相关的代码
done
```

下面进一步详细说明一下 Shell 的知识要点。

1. 运行 Shell 脚本

Shell 脚本有两种运行方式，第一种方式是利用 sh 命令，将 Shell 脚本文件名作为参数。这种执行方式要求 Shell 脚本文件具有“可读”的访问权限，然后输入“sh test.sh”即可执行。

第二种执行方式是利用 chmod 命令设置 Shell 脚本文件，使 Shell 脚本具有“可执行”的访问权限，然后直接在命令提示符下输入 Shell 脚本文件名，例如“./test.sh”。

2. 调试 Shell 脚本

Shell 是支持命令参数进行调试的，具体如下所示。

-n：不会执行该脚本，仅查询脚本语法是否有问题，并给出错误提示。

-v：在执行脚本时，先将脚本的内容输出到屏幕上，然后执行脚本。如果有错误，也会给出错误提示。

-x：将执行的脚本内容及输出显示到屏幕上，这是对调试很有用的参数。

参数 -x 是追踪脚本执行过程的一种非常好的方法，其可以在执行前列出所执行的所有程序段。

如果是输出程序段落，则最前面会加上“+”符号，表示输出的是程序代码。如果是执行脚本发生了问题（非语法问题时），利用“-x”参数，就可以知道问题出在哪一行。一般情况下，如果是调试逻辑错误的脚本，则使用“-x”的参数效果更佳。

缺点：加载系统函数库等很多我们不想查看其整个过程的脚本时，会有太多的输出，导致很难查看所需要的内容。

我们一般使用“bash -x”调试 Shell 脚本，bash 会先打印出每行脚本，再打印出每行脚本的执行结果，如果只想调试其中几行脚本，可以采用“set -x”和“set +x”把要调试的部分包含进来，示例代码如下：

```
set -x
脚本部分内容
set +x
```

这个时候可以直接运行脚本，不需要再执行“bash -x”了。set命令的最大优点是，与“bash -x”相比，“set -x”可以缩小调试的作用域，这个功能在工作中是非常有用的功能，可以帮助我们调试变量，找出Bug的位置并打印，此调试功能在编写Shell时是非常有用的功能，希望大家熟练掌握。

3. 退出或出口状态

一个Unix进程或命令终止运行时，将会自动向父进程返回一个出口状态。如果进程成功执行完毕，则会返回一个数值为0的出口状态。如果进程在执行过程中出现异常而未能正常结束时，将会返回一个非零值的出错代码。

在Shell脚本中，可以利用“exit[n]”命令在终止执行Shell脚本的同时，向调用脚本的父进程返回一个数值为n的Shell脚本出口状态。其中，n必须是一个位于0～255范围之内的整数值。如果Shell脚本是以不带参数的exit语句结束执行的，则Shell脚本的出口状态就是脚本中执行的最后一条命令的出口状态。

在Unix系统中，为了测试一个命令或Shell脚本的执行结果，“$?”内部变量将返回之前执行的最后一条命令的出口状态，这其中，0才是正确值，其他非零的值都是错误的。

4. Shell变量

Shell变量名可以由字母、数字和下划线等字符组成，但第一个字符必须是字母或下划线。

Shell中所有的变量都是字符串类型的，它并不区分变量的类型，如果变量中包含下划线（_）的话，就要注意了，有些脚本的区别就大了，比如脚本中“$PROJECT_svn_$DATE.tar.gz”与“${PROJECT}_svn_${DATE}.tar.gz”的区别就很大，注意变量“${PROJECT_svn}”，如果不用“{}”将变量全部包括的话，Shell则会将其理解成变量“$PROJECT”，后面再接着“_svn”。

从用途上考虑，变量可以分为内部变量、本地变量、环境变量、参数变量和用户自定义的变量，下面就来说明下它们各自的定义。

- 内部变量是为了便于Shell编程而由Shell设定的变量。如错误类型的ERRNO变量。
- 本地变量是在代码块或函数中定义的变量，且仅在定义的范围内有效的变量。
- 参数变量是调用Shell脚本或函数时传递的变量。
- 环境变量是为系统内核、系统命令和用户命令提供运行环境而设定的变量。
- 用户自定义的变量是为运行用户程序或完成某种特定的任务而设定的普通变量或临时变量。

5. 变量的赋值

变量的赋值可以采用赋值运算符“=”来实现，其语法格式如下：

```
variable=value
```

注意，赋值运算符前后不能有空格，否则会报错，习惯了 Python 代码的编写之后再回头写 Shell 脚本就会经常犯这种错误；未初始化的变量的值为 null，使用下列变量赋值的形式，即可声明一个未初始化的变量。

如果“variable=value”赋值运算符前后有空格，则报错信息如下：

```
err = 72
-bash: err: command not found
```

习惯了 Python 代码的编写之后再回头写 Shell，笔者也经常会犯这种错误，大家不要忘了，Shell 的语法其实也是很严谨的。

6. 内部变量

Shell 提供了丰富的内部变量，为用户的 Shell 编程提供支持，具体如下。

- PWD：表示当前的工作目录，其变量值等同于 pwd 内部命令的输出。
- RANDOM：每次引用这个变量时，将会生成一个均匀分布的 0 ～ 32 767 范围内的随机整数。
- SCONDS：脚本已经运行的时间（秒）。
- PPID：当前进程的父进程的进程 ID。
- $?：表示最近一次执行的命令或 Shell 脚本的出口状态。

7. 环境变量

Shell 提供的主要环境变量如下所示。

- EDITOR：用于确定命令行编辑所用的编辑程序，通常为 vim。
- HOME：用户主目录。
- PATH：指定命令的检索路径。

例如，要将 /usr/local/mysql/bin 目录添加进系统默读的 PATH 变量中，应该如何操作呢？

```
PATH=$PATH:/usr/local/mysql/bin
export PATH
echo $PATH
```

如果想让其重启或重开一个 Shell 也生效，又该如何操作呢？

Linux 中含有两个重要的文件，“/etc/profile”和“$HOME/.bash_profile”，每当系统登录时都要读取这两个文件，用来初始化系统所用到的变量，其中“/etc/profile”是超级用户所用，“$HOME/.bash_profile”是每个用户自己独立的，可以通过修改该文件来设置 PATH 变量。

注意 这种方法也只能使当前用户生效，而并非所有用户。

如果要让所有用户都能够用到此 PATH 变量，则可以用 vim 命令打开“/etc/profile”文件，在适当位置添加“PATH=$PATH:/usr/local/mysql/bin”，然后执行“source /etc/profile”使其生效。

8. 变量的引用和替换

假定 variable 是一个变量，在变量名字前加上“$”前缀符号，即可引用变量的值，表示使用变量中存储的值来替换变量名字本身。

引用变量包括两种形式：“$variable”与“${variable}”。

注意 位于双引号中的变量可以进行替换，但位于单引号中的变量不能进行替换。

9. 变量的间接引用

假定一个变量的值是另一个变量的名字，那么根据第一个变量可以取得第三个变量的值。举例说明如下：

```
a=123
b=a
eval c=\${$b}
echo $b
echo $c
```

注意 工作中不推荐使用这种用法，写出来的脚本容易产生歧义，让人混淆，而且也不方便在团队里面交流工作。

10. 变量声明与类型定义

尽管 Shell 并未严格地区分变量的类型，但在 bash 中，可以使用 typeset 或 declare 命令定义变量的类型，并可以在定义时进行初始化。

11. 部分常用命令介绍

这里介绍工作中经常会用到的部分 Shell 命令，具体如下所示。

（1）冒号

冒号（：）与 true 语句不执行任何实际的处理动作，但可用于返回一个出口状态为 0 的测试条件。这两个语句常用于 While 循环结构的无限循环测试条件，脚本中经常会见到这样的使用：

```
while :
```

这表示其是一个无限循环的过程，所以使用的时候要特别注意，不要形成死循环，所以一般会定义一个 sleep 时间，可以实现秒级别的 cron 任务，其语法格式如下：

```
while :
do
命令语句
sleep 自己定义的秒数
done
```

（2）echo 与 print 命令

print 的功能与 echo 的功能完全一样，主要用于显示各种信息。

（3）read 命令

read 语句的主要功能是读取标准输入的数据，然后存储到变量参数中。如果 read 命令后面有多个变量参数，则输入的数据会按空格分隔单词顺序依次为每个变量赋值。read 在交互式脚本中相当有用，建议大家熟练掌握。

read 命令用于接收标准输入（键盘）的输入，或其他文件描述符的输入（后面会讲到）。得到输入后，read 命令会将数据放入一个标准变量中。下面是 read 命令的最简单形式：

```
#!/bin/bash
echo -n "Enter your name:"
#参数 -n 的作用是不换行，echo 默认是换行
read  name                       #从键盘输入
echo "hello $name,welcome to my program"   #显示信息
exit 0                           #退出 Shell 程序
```

由于 read 命令提供了“-p”参数，允许在 read 命令行中直接指定一个提示，因此上面的脚本可以简写成下面的脚本：

```
#!/bin/bash
read -p "Enter your name:" yhc
echo "hello $name, welcome to my program"
exit 0
```

显示结果如下所示：

```
hello yhc, welcome to my program
```

（4）set 与 unset 命令

set 命令用于修改或重新设置位置参数的值。Shell 规定，用户不能直接为位置参数赋值。使用不带参数的 set 将会输出所有内部变量。

（5）unset 命令

该命令用于清除 Shell 变量，把变量的值设置为 null。这个命令并不影响位置参数。

（6）expr 命令

expr 命令是一个手工命令行计数器，用于在 Linux 下求表达式变量的值，一般用于整

数值，也可用于字符串，其格式如下：

expr Expression（命令读入 Expression 参数，计算它的值，然后将结果写入标准输出）

参数应用规则具体如下。

- 用空格隔开每个项。
- 用“/”(反斜杠) 放在 Shell 特定的字符前面。
- 对于包含空格和其他特殊字符的字符串要用引号括起来。

expr 命令支持的整数算术运算表达式具体如下。

- exp1+exp2，计算表达式 exp1 和 exp2 的和。
- exp1-exp2，计算表达式 exp1 和 exp2 的差。
- exp1/*exp2，计算表达式 exp1 和 exp2 的乘积。
- exp1/exp2，计算表达式 exp1 和 exp2 的商。
- exp1%exp2，计算表达式 exp1 与 exp2 的余数。

expr 命令另外还支持字符串比较表达式，代码如下：

```
str1=str2
```

上述代码表示比较字符串 str1 和 str2 是否相等，如果计算结果为真，则输出 1，返回值为 0。反之计算结果为假，则输出 0，返回 1。

需要说明的是，expr 默认是不支持浮点运算的，比如我们想在 expr 下面输出 echo “1.2*7.8” 的运算结果就是不可能的，那么应该怎么办呢？这里可以用到 bc 计算器，示例代码如下：

```
echo "scale=2;1.2*7.8" |bc
# 这里用 scale 来控制小数点精度，默认为 1
```

输出结果如下：

```
9.36
```

（7）let 命令

let 命令取代并扩展了 expr 命令的整数算术运算。let 命令除了支持 expr 支持的五种算术运算之外，还支持“+=”“-=”“*=”“/=”“%=”。

12. 数值常数

Shell 脚本默认按十进制解释字符串中的数字字符，除非数字前有特殊的前缀或记号，若数字前有一个 0 则表示是一个八进制的数，0x 或 0X 则表示是一个十六进制的数。

13. 命令替换

命令替换的目的是获取命令的输出，且为变量赋值或对命令的输出作进一步的处理。命令替换实现的方法为采用“$(...)”形式引用命令，代码如下，或使用反向引号引用命令，如 `command`。

```
today=$(date)
echo $today
```

删除文件 filename 中包含需要删除的文件列表时，则采用如下命令：

```
rm $(cat filename)
```

14. test 语句

test 语句与 if/then 和 case 结构的语句一起，构成了 Shell 编程的控制转移结构。

test 命令的主要功能是计算紧随其后的表达式，检查文件的属性、比较字符串或比较字符串内含的整数值，然后以表达式的计算结果作为 test 命令的出口状态。如果 test 命令的出口状态为真，则返回 0；如果为假，则返回一个非 0 的数值。

test 命令的语法格式为 test expression 或 [expression]，注意方括号内侧的两边必须各有一个空格。

[[expression]] 是一种比 [expression] 更通用的测试结构，也用于扩展 test 命令。

15. 文件测试运算符

文件测试主要是指文件的状态和属性测试，其中包括文件是否存在、文件的类型、文件的访问权限以及其他属性等。

下面是文件属性测试表达式。

- -e file：如果给定的文件存在，则条件测试的结果为真。
- -r file：如果给定的文件存在，且其访问权限是当前用户可读的，则条件测试的结果为真。
- -w file：如果给定的文件存在，且其访问权限是当前用户可写的，则条件测试的结果为真。
- -x file：如果给定的文件存在，且其访问权限是当前用户可执行的，则条件测试的结果为真。
- -s file：如果给定的文件存在，且其大小大于 0，则条件测试的结果为真。
- -f file：如果给定的文件存在，且是一个普通文件，则条件测试的结果为真。
- -d file：如果给定的文件存在，且是一个目录，则条件测试的结果为真。
- -L file：如果给定的文件存在，且是一个符号链接文件，则条件测试的结果为真（注意：此处的 L 为大写）。
- -c file：如果给定的文件存在，且是字符特殊文件，则条件测试的结果为真。
- -b file：如果给定的文件存在，且是块特殊文件，则条件测试的结果为真。
- -p file：如果给定的文件存在，且是命名的管道文件，则条件测试的结果为真。

文件测试运算符常见代码举例如下：

```
BACKDIR=/data/backup
```

```
[ -d ${BACKDIR} ] || mkdir -p ${BACKDIR}
[ -d ${BACKDIR}/${DATE} ] || mkdir ${BACKDIR}/${DATE}
[ ! -d ${BACKDIR}/${OLDDATE} ] || rm -rf ${BACKDIR}/${OLDDATE}
```

下面是字符串测试运算符。

- -z str：如果给定的字符串的长度为 0，则条件测试的结果为真。
- -n str ：如果给定的字符串的长度大于 0，则条件测试的结果为真。要求字符串必须加引号。
- s1=s2：如果给定的字符串 s1 等同于字符串 s2，则条件测试的结果为真。
- s1!=s2：如果给定的字符串 s1 不等同于字符串 s2，则条件测试的结果为真。
- s1<s2，如果给定的字符串 s1 小于字符串 s2，则条件测试的结果为真。例如：

  if[["$a"<"Sb"]]

  注意，if["$a"/<"$b"]，在单方括号情况下，字符“<”和“>”前须必加转义符号“\”。
- s1>s2：若给定的字符串 s1 大于字符串 s2，则条件测试的结果为真。

在比较字符串的 test 语句中，变量或字符串表达式的前后一定要加双引号。

下面再来看看整数值测试运算符。test 语句中整数值的比较会自动采用 C 语言中的 atoi() 函数把字符转换成等价的 ASC 整数值，所以可以使用数字字符串和整数值进行比较。整数测试表达式为“-eq”（等于）、“-ne”（不等于）、“-gt”（大于）、“-lt”（小于）、“-ge”（大于等于）、“-le”（小于等于）。

16. 逻辑运算符

Shell 中的逻辑运算符，具体说明如下所示。

- (expression)：用于计算括号中的组合表达式，如果整个表达式的计算结果都为真，则测试结果也为真。
- !exp：可对表达式进行逻辑非运算，即对测试结果求反。例如“test ! -f file1”。
- 符号 -a 或 &&：表示逻辑与运算。
- 符号 -o 或 ||：表示逻辑或运算。

Shell 脚本中的用法如图 2-1 所示。

指令下达情况	说明
cmd1 && cmd2	1. 若 cmd1 执行完毕且正确执行($?=0)，则开始执行 cmd2。 2. 若 cmd1 执行完毕且为错误 ($?≠0)，则 cmd2 不执行。
cmd1 || cmd2	1. 若 cmd1 执行完毕且正确执行($?=0)，则 cmd2 不执行。 2. 若 cmd1 执行完毕且为错误 ($?≠0)，则开始执行 cmd2。

图 2-1　&& 与 || 指令说明

17. Shell 中的自定义函数

自定义语法比较简单，语法结构如下：

```
function 函数名 ()
{
    action;
    [return 数值 ;]
}
```

自定义函数语法说明具体如下：

- 自定义函数既可以带 function 函数名 () 定义，也可以直接用函数名 () 定义，不带任何参数。
- 参数返回时，可以显式加 return 返回；如果不加，则将以最后一条命令的运行结果作为返回值。 return 后跟数值，取值范围为 0 ～ 255。

示例代码如下，下面自定义一个函数 traverse，作用为遍历 /usr/local/src 目录里面包含的所有文件（包括子目录），其脚本内容如下：

```
#!/bin/bash
function traverse(){
for file in `ls $1`
      do
          if [ -d $1"/"$file ]
          then
              traverse $1"/"$file
          else
              echo $1"/"$file
          fi
      done
    }
traverse "/usr/local/src"
```

另外，Shell 不像 Python 及 Go 语言，其没有 OOP 的概念，因此 Shell 肯定也是没有 Class（类）的，所以我们若想以 Class 的方式来封装多个 Shell 函数，那是不可能实现的。但是我们在编写 Shell 需求工作时会有一种很常见的需求：比如说，我们编写了很多基础函数，现在为了减少代码复用，各业务功能需求就是多个函数的组合，具体应该怎么实现呢？这里其实可以结合 case 语句来实现，具体实现代码如下所示（业务脚本名字为 automanage.sh，部分内容摘录如下所示）：

```
--mirror-interac)
    rg_ChkRelease
    rg_RebootCheck && rg_BasicCheck &&
    rg_InitBasic && rg_mkpart &&
    rg_mkfs_interac && rg_info 0 '完成'
    ;;
```

事实上，我们执行以下命令：

```
automanage.sh --mirror-interac
```

此命令会依次调用 rg_ChkRelease()、rg_RebootCheck()、rg_BasicCheck()、rg_InitBasic()、 rg_mkpart()、rg_mkfs_interac() 及 rg info 一系列函数，实现工作需求。

18. Shell 中的字符串截取

Shell 截取字符串的方法有很多，一般常用的方法有以下几种。

先来看第一种方法，从不同的方向截取。

从左向右截取最后一个 string 后的字符串，命令如下：

```
${varible##*string}
```

从左向右截取第一个 string 后的字符串，命令如下：

```
${varible#*string}
```

从右向左截取最后一个 string 后的字符串，命令如下：

```
${varible%%string*}
```

从右向左截取第一个 string 后的字符串，命令如下：

```
${varible%string*}
```

下面是第二种方法。

${ 变量 :n1:n2}：截取变量从 n1 开始的 n2 个字符，组成一个子字符串。可以根据特定字符偏移和长度，使用另一种形式的变量扩展方式来选择特定的子字符串，例如下面的命令：

```
${2:0:4}
```

这种形式的字符串截断非常简便，只需要用冒号分开指定起始字符和子字符串的长度即可，工作中用得最多的也是这种方式。

还有第三种方法。

这里利用 cut 命令来获取后缀名，命令如下：

```
ls -al | cut -d "." -f2
```

19. Shell 中的数组

Shell 支持数组，但仅支持一维数组（不支持多维数组），并且没有限定数组的大小。其类似于 C 语言，数组元素的下标由 0 开始编号。获取数组中的元素要利用下标，下标可以是整数或算术表达式，其值应大于或等于 0。

（1）定义数组

在 Shell 中，用括号来表示数组，数组元素用“空格”符号分隔开。定义数组的一般形式为：

```
array_name=(value1 ... valuen)
```

例如：

```
array_name=(value0 value1 value2 value3)
```

或者：

```
array_name=(
value0
value1
value2
value3
)
```

还可以单独定义数组的各个分量：

```
array_name[0]=value0
array_name[1]=value1
array_name[2]=value2
```

也可以不使用连续的下标，而且下标的范围没有限制。

（2）读取数组

读取数组元素值的一般格式为：

```
${array_name[index]}
```

例如：

```
valuen=${array_name[2]}
```

下面用一个 Shell 脚本举例说明上面的用法，脚本内容如下所示：

```
#!/bin/bash
NAME[0]="yhc"
NAME[1]="cc"
NAME[2]="gl"
NAME[3]="wendy"
echo "First Index: ${NAME[0]}"
echo "Second Index: ${NAME[1]}"
```

运行脚本，命令如下所示：

```
bash ./test.sh
```

输出结果如下所示：

```
First Index: yhc
Second Index: cc
```

使用“@”或“*”可以获取数组中的所有元素，例如：

```
${array_name[*]}
${array_name[@]}
```

我们在上面的代码中加上最后两行，如下所示：

```
echo "${NAME[*]}"
echo "${NAME[@]}"
```

运行脚本，输出：

```
First Index: yhc
Second Index: cc
yhc cc gl wendy
yhc cc gl wendy
```

（3）获取数组的长度

获取数组长度的方法与获取字符串长度的方法相同，下面举例说明。

取得数组元素的个数，命令如下所示：

```
length=${#array_name[@]}
```

取得数组单个元素的长度，命令如下所示：

```
length=${#array_name[*]}
```

20. Shell 中的字典

（1）定义字典

Shell 也是支持字典的，不过需要提前定义声明，然后再进行定义，Shell 定义字典的语法如下所示：

```
# 必须先声明，然后再定义，这里定义了一个名为 dic 的字典
declare -A dic
dic=([key1]="value1" [key2]="value2" [key3]="value3")
```

示例代码如下所示：

```
declare -A dic
dic=([no1]="yhc" [no2]="yht" [no3]="cc")
```

（2）打印字典

打印指定 key 的 value，示例代码如下所示：

```
echo ${dic[no3]}
```

打印所有 key 值，示例代码如下所示：

```
echo ${!dic[*]}
```

打印所有 value，示例代码如下所示：

```
echo ${dic[*]}
```

遍历 key 值，代码如下：

```
for key in $(echo ${!dic[*]})
```

```
do
    echo "$key : ${dic[$key]}"
done
```

打印结果如下所示：

```
no3 : cc
no2 : yht
no1 : yhc
```

注意 当字典比较小时，使用 Shell 和 Python 两者差别不大。但是，当字典比较大时，Shell 的效率就会明显差于 Python。根源在于 Shell 在查字典时会采取遍历的算法，而 Python 所用的则是哈希算法。在数据量较大的情况下，不推荐使用 Shell 来处理字典结构。

2.2 Shell 中的控制流结构

Shell 中的控制结构也比较清晰，具体如下所示。

- if ...then... else...fi 语句
- case 语句
- for 循环
- until 循环
- while 循环
- break 控制
- continue 控制

工作中用得最多的就是 if 语句、for 循环、while 循环，以及 case 选择，大家可以将这几个作为重点对象来学习。

if 语句语法如下：

```
if 条件
then
    命令 1
else
    命令 2
fi
```

if 语句的进阶用法如下：

```
if 条件 1
then
命令 1
    else if 条件 2
```

```
    then
    命令 2
else
命令 3
fi
```

下面举例说明 if 语句的用法，示例代码如下：

```
#!/bin/bash
if [ "10" -lt "12" ]
then
    echo  "10 确实比 12 小 "
else
    echo  "10 不小于 12"
fi
```

case 语句语法如下：

```
case 值 in
模式 1)
    命令 1
;;
模式 2)
    命令 2
;;
*)
    默认执行的命令 3
;;
esac
```

case 取值后面必须为单词 in，每一种模式都必须以右括号结束。取值既可以为变量也可以为常数。若匹配发现取值符号为某一模式后，那么其间所有的命令都开始执行直至“;;”。模式匹配符“*”表示任意字符。

case 语句适合打印成绩或用于 /etc/init.d/ 服务类脚本，下面举例说明，示例代码如下：

```
#!/bin/bash
#case select
echo -n "Enter a number from 1 to 3:"
read ANS
case $ANS in
1)
    echo "you select 1"
    ;;
2)
    echo "you select 2"
    ;;
3)
    echo "you select 3"
    ;;
*)
```

```
        echo "`basename $0`: this is not between 1 and 3"
        exit;
        ;;
esac
```

大家需要注意case语句的用法，可以以此为参考编写自己的case脚本，上面已有示例代码说明，此处不再列举示例代码了。

for循环语句的语法如下所示：

```
for 变量名 in 列表
do
    命令
done
```

若变量值在列表中，则for循环执行一次所有命令，并使用变量名访问列表然后取值。命令可以是任何有效的Shell命令和语句，变量名可以是任意单词。in列表可以包含字符串和文件名，还可以是数值范围，例如{100..200}，比如下面的小脚本就是测试一段公网IP地址机器，看看有哪些机器是up的，哪些机器是down的，举例说明如下：

```
#!/bin/bash
for n in {100..200}
do
    host=45.249.95.$n
    ping -c2 $host &>/dev/null
    if [ $? = 0 ]; then
        echo "$host is UP"
    else
        echo "$host is DOWN"
    fi
done
```

while循环的语法格式如下所示：

```
while 条件
do
    命令
done
```

Linux中包含了很多逐行读取一个文件的方法，其中最常用的就是下面脚本里的方法（管道法），而且这也是效率最高、使用最多的方法。为了给大家一个直观的感受，这里将通过生成一个大文件的方式来检验各种方法的执行效率，笔者最喜欢采用的就是管道法。

在脚本里，LINE这个变量是预定义的，并不需要重新定义，“$FILENAME”后面接系统中实际存在的文件名。

管道方法的命令语句具体如下：

```
cat $FILENAME | while read LINE
```

脚本举例说明如下：

```
#! /bin/bash
cattest.txt | while read LINE
do
    echo $LINE
done
```

2.3 sed 的基础用法及实用举例

sed 是 Linux 平台下的轻量级流编辑器，一般可用于处理文本文件。sed 有许多很好的特性。首先，它相当小巧；其次，它可以配合强大的 Shell 来完成许多复杂的功能。在笔者看来，完全可以把 sed 当作一个脚本解释器，其可用类似于编程的手段来完成许多事情。我们也完全可以用 sed 的方式来处理日常工作中的大多数文档。sed 与 vim 最大的区别是，sed 不需要像 vim 一样打开文件，可以在脚本里面直接操作文档，所以大家将会发现它在 Shell 脚本里的使用频率是很高的。

2.3.1 sed 的基础语法格式

sed 的基础语法格式如下所示：

```
sed [-nefr] [n1,n2] 动作
```

其中各参数及说明具体如下。

- -n：安静模式，只有经过 sed 处理过的行才会显示出来，其他不显示。
- -e：表示直接在命令行模式上进行 sed 的操作。貌似是默认选项，不用写。
- -f：将 sed 的操作写在一个文件里，用的时候使用“ -f filename”就可以按照内容进行 sed 操作了。
- -r：表示使 sed 支持扩展正则表达式。
- -i：直接修改读取的文件内容，而不是输出到终端。
- n1,n2：不一定需要，选择要进行处理的行。“10,20 ”表示在 10 ～ 20 行之间进行处理。

sed 格式中的动作支持如下参数。

- a：表示添加，后接字符串，添加到当前行的下一行。
- c：表示替换，后接字符串，可用它替换 n1 到 n2 之间的行。
- d：表示删除符合模式的行，其语法为“ sed '/regexp/d' ”，“ //”之间是正则表达式，模式在 d 前面，d 后面一般不接任何内容。
- i：表示插入，后接字符串，添加到当前行的上一行。
- p：表示打印，打印选择的某个数据，通常与“-n”（安静模式）一起使用。

- s：表示搜索，还可以替换，类似与 vim 里的搜索替换功能。例如“1,20s/old/new/g”表示替换 1 ~ 20 行的 old 为 new，g 在这里表示处理这一行所有匹配的内容。

注意 动作最好用''括起来，防止因空格导致错误。

---

sed 的基础实例具体如下（下面所有的实例均已在 CentOS 6.8 x_x64 下测试通过，这里提前将 /etc/passwd 复制到 /tmp 目录下）。

1）显示 passwd 内容，将 2 ～ 5 行删除后显示，命令如下所示：

```
cat -n /tmp/passwd |sed '2,5d'
```

结果显示如下所示：

```
     1	root:x:0:0:root:/root:/bin/bash
     6	sync:x:5:0:sync:/sbin:/bin/sync
     7	shutdown:x:6:0:shutdown:/sbin:/sbin/shutdown
     8	halt:x:7:0:halt:/sbin:/sbin/halt
     9	mail:x:8:12:mail:/var/spool/mail:/sbin/nologin
    10	uucp:x:10:14:uucp:/var/spool/uucp:/sbin/nologin
    11	operator:x:11:0:operator:/root:/sbin/nologin
    12	games:x:12:100:games:/usr/games:/sbin/nologin
    13	gopher:x:13:30:gopher:/var/gopher:/sbin/nologin
    14	ftp:x:14:50:FTP User:/var/ftp:/sbin/nologin
    15	nobody:x:99:99:Nobody:/:/sbin/nologin
    16	vcsa:x:69:69:virtual console memory owner:/dev:/sbin/nologin
    17	saslauth:x:499:76:Saslauthd user:/var/empty/saslauth:/sbin/nologin
    18	postfix:x:89:89::/var/spool/postfix:/sbin/nologin
    19	sshd:x:74:74:Privilege-separated SSH:/var/empty/sshd:/sbin/nologin
    20	vagrant:x:500:500:vagrant:/home/vagrant:/bin/bash
    21	vboxadd:x:498:1::/var/run/vboxadd:/bin/false
```

2）在第 2 行后面的一行中加上“hello,world”字符串，命令如下所示：

```
cat -n /tmp/passwd |sed '2a hello,world'
```

显示结果如下所示：

```
     1	root:x:0:0:root:/root:/bin/bash
     2	bin:x:1:1:bin:/bin:/sbin/nologin
hello,world
     3	daemon:x:2:2:daemon:/sbin:/sbin/nologin
     4	adm:x:3:4:adm:/var/adm:/sbin/nologin
     5	lp:x:4:7:lp:/var/spool/lpd:/sbin/nologin
     6	sync:x:5:0:sync:/sbin:/bin/sync
     7	shutdown:x:6:0:shutdown:/sbin:/sbin/shutdown
     8	halt:x:7:0:halt:/sbin:/sbin/halt
     9	mail:x:8:12:mail:/var/spool/mail:/sbin/nologin
    10	uucp:x:10:14:uucp:/var/spool/uucp:/sbin/nologin
    11	operator:x:11:0:operator:/root:/sbin/nologin
```

```
    12	games:x:12:100:games:/usr/games:/sbin/nologin
    13	gopher:x:13:30:gopher:/var/gopher:/sbin/nologin
    14	ftp:x:14:50:FTP User:/var/ftp:/sbin/nologin
    15	nobody:x:99:99:Nobody:/:/sbin/nologin
    16	vcsa:x:69:69:virtual console memory owner:/dev:/sbin/nologin
    17	saslauth:x:499:76:Saslauthd user:/var/empty/saslauth:/sbin/nologin
    18	postfix:x:89:89::/var/spool/postfix:/sbin/nologin
    19	sshd:x:74:74:Privilege-separated SSH:/var/empty/sshd:/sbin/nologin
    20	vagrant:x:500:500:vagrant:/home/vagrant:/bin/bash
    21	vboxadd:x:498:1::/var/run/vboxadd:/bin/false
```

3）在第2行后面的一行中加上两行字，例如“this is first line!”和“this is second line!”，命令如下所示：

```
cat -n /tmp/passwd |sed '2a this is first line! \   #使用续航符\后按回车输入后续行
>this is second line!'
```

命令显示结果如下所示：

```
     1	root:x:0:0:root:/root:/bin/bash
     2	bin:x:1:1:bin:/bin:/sbin/nologin
this is first line!
this is second line!
     3	daemon:x:2:2:daemon:/sbin:/sbin/nologin
     4	adm:x:3:4:adm:/var/adm:/sbin/nologin
     5	lp:x:4:7:lp:/var/spool/lpd:/sbin/nologin
     6	sync:x:5:0:sync:/sbin:/bin/sync
     7	shutdown:x:6:0:shutdown:/sbin:/sbin/shutdown
     8	halt:x:7:0:halt:/sbin:/sbin/halt
     9	mail:x:8:12:mail:/var/spool/mail:/sbin/nologin
    10	uucp:x:10:14:uucp:/var/spool/uucp:/sbin/nologin
    11	operator:x:11:0:operator:/root:/sbin/nologin
    12	games:x:12:100:games:/usr/games:/sbin/nologin
    13	gopher:x:13:30:gopher:/var/gopher:/sbin/nologin
    14	ftp:x:14:50:FTP User:/var/ftp:/sbin/nologin
    15	nobody:x:99:99:Nobody:/:/sbin/nologin
    16	vcsa:x:69:69:virtual console memory owner:/dev:/sbin/nologin
    17	saslauth:x:499:76:Saslauthd user:/var/empty/saslauth:/sbin/nologin
    18	postfix:x:89:89::/var/spool/postfix:/sbin/nologin
    19	sshd:x:74:74:Privilege-separated SSH:/var/empty/sshd:/sbin/nologin
    20	vagrant:x:500:500:vagrant:/home/vagrant:/bin/bash
    21	vboxadd:x:498:1::/var/run/vboxadd:/bin/false
```

4）将2～5行的内容替换成“I am a good man!”：

```
cat -n /tmp/passwd | sed '2,5c I am a good man!'
```

显示结果如下所示：

```
     1	root:x:0:0:root:/root:/bin/bash
I am a good man!
```

```
     6	sync:x:5:0:sync:/sbin:/bin/sync
     7	shutdown:x:6:0:shutdown:/sbin:/sbin/shutdown
     8	halt:x:7:0:halt:/sbin:/sbin/halt
     9	mail:x:8:12:mail:/var/spool/mail:/sbin/nologin
    10	uucp:x:10:14:uucp:/var/spool/uucp:/sbin/nologin
    11	operator:x:11:0:operator:/root:/sbin/nologin
    12	games:x:12:100:games:/usr/games:/sbin/nologin
    13	gopher:x:13:30:gopher:/var/gopher:/sbin/nologin
    14	ftp:x:14:50:FTP User:/var/ftp:/sbin/nologin
    15	nobody:x:99:99:Nobody:/:/sbin/nologin
    16	dbus:x:81:81:System message bus:/:/sbin/nologin
    17	usbmuxd:x:113:113:usbmuxd user:/:/sbin/nologin
    18	rtkit:x:499:499:RealtimeKit:/proc:/sbin/nologin
    19	avahi-autoipd:x:170:170:Avahi IPv4LL Stack:/var/lib/avahi-autoipd:/
sbin/nologin
    20	vcsa:x:69:69:virtual console memory owner:/dev:/sbin/nologin
    21	abrt:x:173:173::/etc/abrt:/sbin/nologin
    22	haldaemon:x:68:68:HAL daemon:/:/sbin/nologin
    23	ntp:x:38:38::/etc/ntp:/sbin/nologin
    24	apache:x:48:48:Apache:/var/www:/sbin/nologin
    25	saslauth:x:498:76:Saslauthd user:/var/empty/saslauth:/sbin/nologin
    26	postfix:x:89:89::/var/spool/postfix:/sbin/nologin
    27	gdm:x:42:42::/var/lib/gdm:/sbin/nologin
    28	pulse:x:497:496:PulseAudio System Daemon:/var/run/pulse:/sbin/nologin
    29	sshd:x:74:74:Privilege-separated SSH:/var/empty/sshd:/sbin/nologin
    30	tcpdump:x:72:72::/:/sbin/nologin
    31	yhc:x:500:500:yhc:/home/yhc:/bin/bash
```

5）只显示 5 ～ 7 行，注意参数“p”与“-n”的配合使用，命令如下：

```
cat -n /tmp/passwd |sed -n '5,7p'
```

显示结果如下所示：

```
     5	lp:x:4:7:lp:/var/spool/lpd:/sbin/nologin
     6	sync:x:5:0:sync:/sbin:/bin/sync
     7	shutdown:x:6:0:shutdown:/sbin:/sbin/shutdown
```

6）使用 ifconfig 和 sed 组合来列出特定网卡的 IP，这里我们以一台线上的阿里云 ECS 机器进行举例说明。

如果我们只想要获取 eth0 的 IP 地址（即内网 IP 地址），那么我们可以先用“ifconfig eth0”查看网卡 eth0 的地址，代码如下：

```
ifconfig eth0
```

命令显示结果如下：

```
eth0      Link encap:Ethernet  HWaddr 00:16:3E:00:42:27
inet addr:10.168.26.245  Bcast:10.168.31.255  Mask:255.255.248.0
          UP BROADCAST RUNNING MULTICAST  MTU:1500  Metric:1
```

```
          RX packets:636577 errors:0 dropped:0 overruns:0 frame:0
          TX packets:644337 errors:0 dropped:0 overruns:0 carrier:0
collisions:0 txqueuelen:1000
          RX bytes:102512163 (97.7 MiB)  TX bytes:43675898 (41.6 MiB)
```

我们可以先用grep 取出有IP 的那一行，然后用sed 去掉（替换成空）IP 前面和后面的内容，命令如下：

```
ifconfig eth0 | grep "inet addr" | sed 's/^.*addr://g' | sed 's/Bcast.*$//g'
```

命令显示结果如下所示：

```
10.168.26.245
```

下面就来解释一下这行组合命令。

grep 后面紧跟“"inet addr"”是为了单独捕获包含IPv4 的那行内容，“^.*addr:”表示从开头到“addr:”的字符串，将它替换为空；“Bcast.*$”表示从Bcast 到结尾的串，也将它替换为空，然后就只剩下IPv4 地址了。

另外一种更简便的方法是使用awk 编辑器，命令如下：

```
ifconfig eth0 | grep "inet addr:"|awk -F[:" "]+ '{print $4}'
```

命令显示结果如下所示：

```
10.168.26.245
```

“awk -F[:""]”的意思就是以“:”或空格符作为分隔符，然后打印出第四列，这里可能会有读者疑惑，问为什么不直接以如下方法来获取IP 呢？

```
ifconfig eth0 | grep "inet addr:" | awk -F: '{print $2}'
```

大家可以看下结果，得出的结果如下：

```
10.168.26.245  Bcast
```

所以还需要再进行进一步的操作，代码如下：

```
ifconfig eth0 | grep "inet addr:" | awk -F: '{print $2}' | awk '{print $1}'
```

7）在/etc/man.config 中，将有man 的设置取出，但不要说明内容（即在抓取特定内容的同时，去掉以“#”号开头的内容和空行）。命令如下：

```
cat /etc/man.config |grep 'MAN'|sed 's/#.*$//g'|sed '/^$/d'
```

显示结果如下：

```
MANPATH     /usr/man
MANPATH     /usr/share/man
MANPATH     /usr/local/man
```

```
MANPATH     /usr/local/share/man
MANPATH     /usr/X11R6/man
MANPATH_MAP/bin                    /usr/share/man
MANPATH_MAP/sbin                   /usr/share/man
MANPATH_MAP/usr/bin                /usr/share/man
MANPATH_MAP/usr/sbin               /usr/share/man
MANPATH_MAP/usr/local/bin          /usr/local/share/man
MANPATH_MAP/usr/local/sbin         /usr/local/share/man
MANPATH_MAP/usr/X11R6/bin          /usr/X11R6/man
MANPATH_MAP/usr/bin/X11            /usr/X11R6/man
MANPATH_MAP/usr/bin/mh             /usr/share/man
MANSECT1:1p:8:2:3:3p:4:5:6:7:9:0p:n:l:p:o:1x:2x:3x:4x:5x:6x:7x:8x
```

注意　“#”不一定出现在行首。因此，“/#.*$/”表示“#”和后面的数据（直到行尾）是一行注释，将它们替换成空。“/^$/”表示空行，后接“d”表示删除空行。

希望大家通过这个例子好好总结一下sed的经典用法，第二种方法其实是awk的方法，它也是一种优秀的编辑器，现在多用于对文本字段列的截取。

以上就是sed的几种常见的语法命令，希望大家结合下面的实例，多在自己的机器上进行演示，尽快熟练掌握其用法。

2.3.2　sed的用法举例说明

1.sed的基础用法

1）删除行首空格，命令如下所示：

```
sed 's/^[[:space:]]*//g' filename
```

2）在行后和行前添加新行（这里的pattern是指输入特定的正则表达式来指定的内容，其中，“&”代表pattern）。

在特定行后添加新行的命令如下所示：

```
sed 's/pattern/&\n/g' filename
```

在特定行前添加新行的命令如下所示：

```
sed 's/pattern/\n&/g' filename
```

3）使用变量替换（使用双引号），代码如下所示：

```
sed -e "s/$var1/$var2/g" filename
```

4）在第一行前插入文本，代码如下所示：

```
sed -i '1 i\插入字符串' filename
```

5）在最后一行插入字符串，代码如下所示：

```
sed -i '$ a\ 插入字符串 ' filename
```

6）在匹配行前插入字符串，代码如下所示：

```
sed -i '/pattern/i "插入字符串"' filename
```

7）在匹配行后插入字符串，代码如下所示：

```
sed -i '/pattern/a "插入字符串"' filename
```

8）删除文本中空行和空格组成的行及“#”号注释的行，代码如下所示：

```
grep -v ^# filename | sed /^[[:space:]]*$/d | sed /^$/d
```

9）通过如下命令将目录 /home/yhc 下面所有文件中的 zhangsan 都修改成 list（注意备份原文件），代码如下所示：

```
sed -i 's/zhangsan/list/g' `grep zhangsan -rl /modules`
```

2. sed 结合正则表达式批量修改文件名

笔者曾在工作中遇到了更改文件的需求，原来某文件 test.txt 中的链接地址如下：

```
http://www.5566.com/produce/2007080412/315613171.shtml
http://bz.5566.com/produce/20080808/311217.shtml
http://gz.5566.com/produce/20090909/311412.shtml
```

现要求将“http://*.5566.com”更改为“/home/html/www.5566.com”，于是笔者用 sed 结合正则表达示解决之，代码如下所示：

```
sed -i 's/http.*\.com/home\/html\/www.5566.com/g' test.txt
```

如果是用纯 sed 命令，方法更简单，代码如下所示：

```
sed -i 's@http://[^.]*.5566.com@/home/html/www.5566.com@g' test.txt
```

注意 sed 是完全支持正则表达式的，在正则表达式里，“[^.]”表示非“.”的所有字符，换成“[^/]”也可以；另外，“@”是 sed 的分隔符，我们也可以使用其他符号，比如“/”，但是如果要用到“/”的话，就得表示为“\/”了，所以笔者在工作中常用的方法是采用“@”作为分隔符，大家可以根据自己的习惯来进行选择。

---

3. 在配置 .conf 文件时，为相邻的几行添加 # 号

例如，我们要将 test.txt 文件中的 31 ～ 36 行加上“#”号，使这部分内容暂时失效，这该如何实现呢？

在 vim 中，可以执行如下代码：

```
:31,36 s/^/#/
```

而用 sed 的话则执行起来更加方便，代码如下所示：

```
sed -i '31,36s/^/#/' test.txt
```

反之，如果要将 31 ～ 36 行带“#”号的全删除，用 sed 又该如何实现呢？方法如下：

```
sed -i '31,36s/^#//' test.txt
```

许多人习惯在这个方法后面带个 g，这里的 g 代表的是全局（global）的意思。事实上，如果没有 g，则表示从行的左端开始匹配，每一行第一个与之匹配的都会被换掉，如果有 g，则表示每一行所有与之匹配的都会被换掉。

4. 利用 sed 分析日志

利用 sed 还可以很方便地分析日志。例如，在以下的 secure 日志文件中，利用 sed 抓取 12:48:48 至 12:48:55 的日志，具体如下：

```
    Apr 17 05:01:20 localhost sshd[16375]: pam_unix(sshd:auth): authentication
failure; logname= uid=0 euid=0 tty=ssh ruser= rhost=222.186.37.226  user=root
    Apr 17 05:01:22 localhost sshd[16375]: Failed password for root from
222.186.37.226 port 60700 ssh2
    Apr 17 05:01:22 localhost sshd[16376]: Received disconnect from 222.186.37.226:
11: Bye Bye
    Apr 17 05:01:22 localhost sshd[16377]: pam_unix(sshd:auth): authentication
failure; logname= uid=0 euid=0 tty=ssh ruser= rhost=222.186.37.226  user=root
    Apr 17 05:01:24 localhost sshd[16377]: Failed password for root from
222.186.37.226 port 60933 ssh2
    Apr 17 05:01:24 localhost sshd[16378]: Received disconnect from 222.186.37.226:
11: Bye Bye
    Apr 17 05:01:24 localhost sshd[16379]: pam_unix(sshd:auth): authentication
failure; logname= uid=0 euid=0 tty=ssh ruser= rhost=222.186.37.226  user=root
    Apr 17 05:01:26 localhost sshd[16379]: Failed password for root from
222.186.37.226 port 32944 ssh2
    Apr 17 05:01:26 localhost sshd[16380]: Received disconnect from 222.186.37.226:
11: Bye Bye
    Apr 17 05:01:27 localhost sshd[16381]: pam_unix(sshd:auth): authentication
failure; logname= uid=0 euid=0 tty=ssh ruser= rhost=222.186.37.226  user=root
    Apr 17 05:01:29 localhost sshd[16381]: Failed password for root from
222.186.37.226 port 33174 ssh2
    Apr 17 05:01:29 localhost sshd[16382]: Received disconnect from 222.186.37.226:
11: Bye Bye
    Apr 17 05:01:29 localhost sshd[16383]: pam_unix(sshd:auth): authentication
failure; logname= uid=0 euid=0 tty=ssh ruser= rhost=222.186.37.226  user=root
    Apr 17 05:01:31 localhost sshd[16383]: Failed password for root from
222.186.37.226 port 33474 ssh2
    Apr 17 05:01:31 localhost sshd[16384]: Received disconnect from 222.186.37.226:
11: Bye Bye
    Apr 17 05:01:32 localhost sshd[16385]: pam_unix(sshd:auth): authentication
failure; logname= uid=0 euid=0 tty=ssh ruser= rhost=222.186.37.226  user=root
```

可以利用sed截取日志命令，代码如下所示：

```
cat /var/log/secure | sed -n '/12:48:48/,/12:48:55/p'
```

脚本显示结果如下所示：

```
Apr 23 12:48:48 localhost sshd[20570]: Accepted password for root from 220.249.72.138 port 27177 ssh2
Apr 23 12:48:48 localhost sshd[20570]: pam_unix(sshd:session): session opened for user root by (uid=0)
Apr 23 12:48:55 localhost sshd[20601]: Accepted password for root from 220.249.72.138 port 59754 ssh2
```

sed的用法还有许多，这就需要大家在日常工作中多进行归纳总结了。有兴趣的朋友还可以多了解下awk的用法，我们在工作中需要频繁地分析日志文件，awk+sed是比较好的选择，下面就来介绍下awk的基本使用方法。

2.4 awk的基础用法及实用案例

1.awk工具简介

awk是一个强大的文本分析工具，相对于grep的查找、sed的编辑，awk在对数据进行分析并生成报告时显得尤为强大。简单来说，awk就是逐行读入文件，以空格为默认分隔符对每行进行切片，切开的部分再进行各种分析处理。awk的名称得自它的创始人Alfred Aho、Peter Weinberger和Brian Kernighan姓氏的首个字母。实际上awk的确拥有自己的语言：awk程序设计语言，三位创建者已将它正式定义为“样式扫描和处理语言”。

它允许我们创建简短的程序，这些程序可读取输入文件、为数据排序、处理数据、对输入执行计算以及生成报表，还有无数其他的功能。

2.使用方法

awk的命令格式如下：

```
awk'pattern {action}' filename
```

其中，pattern就是要表示的正则表达式，它表示awk在数据中查找的内容，而action是在找到匹配内容时所执行的一系列命令。

awk语言的最基本功能是在文件或字符串中基于指定规则浏览和抽取信息，抽取信息之后才能进行其他的文本操作。完整的awk脚本通常用于格式化文本文件中的信息。

通常，awk是以文件的一行为单位进行处理的。awk每接收文件的一行，就会执行相应的命令来处理文本。

下面介绍一下awk的程序设计模型。

awk程序由三部分组成，分别如下。

- 初始化（处理输入前所做的准备，放在 BEGIN 块中）
- 数据处理（处理输入数据）
- 收尾处理（处理输入完成后要进行的处理，放到 END 块中）

其中，在“数据处理”过程中，指令被写成了一系列的模式 / 动作过程，模式是用于测试输入行的规则，以确定是否将指令应用于这些输入行。

3. awk 调用方式

awk 主要有三种调用方式，具体如下。

（1）命令行方式

```
awk [-F  field-separator] 'commands' filename
```

其中，commands 是真正的 awk 命令，[-F 域分隔符] 是可选的，filename 是待处理的文件。

在 awk 文件的各行中，由域分隔符分开的每一项都称为一个域。通常，在不指明 [-F 域分隔符] 的情况下，默认的域分隔符是空格。

（2）使用“-f”选项调用 awk 程序

awk 允许将一段 awk 程序写入一个文本文件，然后在 awk 命令行中用“ -f”选项调用并执行这段程序，代码如下：

```
awk -f awk-script-file filename
```

其中，“-f”选项加载 awk-script-file 中的 awk 脚本，filename 表示文件名。

（3）利用命令解释器调用 awk 程序

利用 Linux 系统支持的命令解释器功能可以将一段 awk 程序写入文本文件，然后在它的第一行加上下面的代码，如下所示：

```
#!/bin/awk -f
```

4. awk 详细语法

与其他 Linux 命令一样，awk 也拥有自己的语法，具体如下：

```
awk [ -F re] [parameter...] ['prog'] [-f progfile][in_file...]
```

- -F re：允许 awk 更改其字段分隔符。
- parameter：该参数可为不同的变量赋值。
- prog：awk 的程序语句段。这个语句段必须用单引号“'”和“'”括起，以防被 Shell 解释。

前面已经提到过这个程序语句段的标准形式，如下所示：

```
awk 'pattern {action}' filename
```

其中，pattern 参数可以是 egrep 正则表达式中的任何一个，它可以使用语法“ /re/”再加上一些样式匹配技巧构成。与 sed 类似，也可以使用“,”分开两种样式以选择某个范围。

action 参数总是被大括号包围，它由一系列 awk 语句组成，各语句之间用“;”分隔。awk 会解释它们，并在 pattern 给定的样式匹配记录上执行相关的操作。

事实上，在使用该命令时可以省略 pattern 和 action 之一，但不能两者同时省略。省略 pattern 时会没有样式匹配，表示对所有行（记录）均执行操作；省略 action 时会执行默认的操作，即在标准输出上显示。

- -f progfile：允许 awk 调用并执行 progfile 指定有程序文件。progfile 是一个文本文件，它必须符合 awk 的语法。
- in_file：那么 awk 的输入文件，awk 允许对多个输入文件进行处理。值得注意的是，awk 不会修改输入文件。

如果未指定输入文件，那么 awk 将接受标准输入，并将结果显示在标准输出上。

5. awk 脚本编写

(1) awk 的内置变量

awk 的主要内置变量具体如下。

- FS：输入数据的字段分隔符。
- RS：输入数据的记录分隔符。
- OFS：输出数据的字段分隔符。
- ORS：输出数据的记录分隔符；另一类是系统自动改变的，比如，NF 表示当前记录的字段个数，NR 表示当前记录的编号等。

举个例子，可用如下命令打印 passwd 中的第 1 个和第 3 个字段，这里用空格分隔开，代码如下所示：

```
awk -F ":"'{ print $1 "" $3 }'  /tmp/passwd
```

(2) pattern/action 模式

awk 程序部分采用了 pattern/action 模式，即针对匹配 pattern 的数据，使用 action 逻辑进行处理。下面来看两个例子。

判断当前是不是空格，命令如下：

```
/^$/ {print "This is a blank line!"}
```

判断第 5 个字段是不是含有“MA”，命令如下：

```
$5 ~ /MA/ {print $1 "," $3}
```

(3) awk 与 Shell 混用

因为 awk 可以作为一个 Shell 命令使用，因此 awk 能与 Shell 脚本程序很好地融合在一起，这就给实现 awk 与 Shell 程序的混合编程提供了可能。实现混合编程的关键是 awk 与 Shell 脚本之间的对话，换言之，就是 awk 与 Shell 脚本之间的信息交流：awk 从 Shell 脚本中获取所需要的信息（通常是变量的值）、在 awk 中执行 Shell 命令行、Shell 脚本将命令执行的结果发送给 awk 处理，以及 Shell 脚本读取 awk 的执行结果等。另外需要注意的是，在 Shell 脚本中读取 awk 变量的方式，一般会通过“ '$ 变量名 ' ”的方式来读取 Shell 程序中的变量。

这里还可以采用“awk -v”的方式来让 awk 采用 Shell 变量，如下所示：

```
TIMEOUT=60
awk -v time="$TIMEOUT" 'BEGIN{print time}'
```

结果显示如下：

```
60
```

6.awk 内置变量

awk 有许多内置变量都可以用来设置环境信息，这些变量可以被改变，下面给出了工作中最常用的一些 awk 变量，如下所示：

- ARGC：命令行参数个数。
- ARGV：命令行参数排列。
- ENVIRON：支持队列中系统环境变量的使用。
- FILENAME：awk 浏览的文件名。
- FNR：浏览文件的记录数。
- FS：设置输入域分隔符，等价于命令行“-F”选项。
- NF：浏览记录域的个数。
- NR：已读的记录数。
- OFS：输出域分隔符。
- ORS：输出记录分隔符。
- RS：控制记录分隔符。

此外，“ $0”变量是指整条记录。“ $1”表示当前行的第一个域，“ $2”表示当前行的第二个域……以此类推。

7.awk 中的 print 和 printf

awk 中同时提供了 print 和 printf 两种打印输出的函数。

其中 print 函数的参数可以是变量、数值或字符串。字符串必须用双引号引用，参数用逗号分隔。如果没有逗号，参数就会串联在一起而无法区分。这里，逗号的作用与输出文件的分隔符的作用是一样的，只是后者是空格而已。

printf 函数，其用法与 C 语言中的 printf 基本相似，可以格式化字符串，输出比较复杂时，printf 的结果更加人性化。

使用示例如下：

```
awk -F ':' '{printf("filename:%10s,linenumber:%s,columns:%s,linecontent:%s\
n",FILENAME,NR,NF,$0)}' /tmp/passwd
```

命令显示结果如下所示：

```
filename:/tmp/passwd,linenumber:1,columns:7,linecontent:root:x:0:0:root:/root:/
bin/bash
filename:/tmp/passwd,linenumber:2,columns:7,linecontent:bin:x:1:1:bin:/bin:/
sbin/nologin
filename:/tmp/passwd,linenumber:3,columns:7,linecontent:daemon:x:2:2:daemon:/
sbin:/sbin/nologin
filename:/tmp/passwd,linenumber:4,columns:7,linecontent:adm:x:3:4:adm:/var/adm:/
sbin/nologin
filename:/tmp/passwd,linenumber:5,columns:7,linecontent:lp:x:4:7:lp:/var/spool/
lpd:/sbin/nologin
filename:/tmp/passwd,linenumber:6,columns:7,linecontent:sync:x:5:0:sync:/sbin:/
bin/sync
filename:/tmp/passwd,linenumber:7,columns:7,linecontent:shutdown:x:6:0:shutdo
wn:/sbin:/sbin/shutdown
filename:/tmp/passwd,linenumber:8,columns:7,linecontent:halt:x:7:0:halt:/sbin:/
sbin/halt
filename:/tmp/passwd,linenumber:9,columns:7,linecontent:mail:x:8:12:mail:/var/
spool/mail:/sbin/nologin
filename:/tmp/passwd,linenumber:10,columns:7,linecontent:uucp:x:10:14:uucp:/var/
spool/uucp:/sbin/nologin
filename:/tmp/passwd,linenumber:11,columns:7,linecontent:operator:x:11:0:operat
or:/root:/sbin/nologin
filename:/tmp/passwd,linenumber:12,columns:7,linecontent:games:x:12:100:games:/
usr/games:/sbin/nologin
filename:/tmp/passwd,linenumber:13,columns:7,linecontent:gopher:x:13:30:gopher:/
var/gopher:/sbin/nologin
filename:/tmp/passwd,linenumber:14,columns:7,linecontent:ftp:x:14:50:FTP User:/
var/ftp:/sbin/nologin
filename:/tmp/passwd,linenumber:15,columns:7,linecontent:nobody:x:99:99:Nobo
dy:/:/sbin/nologin
filename:/tmp/passwd,linenumber:16,columns:7,linecontent:vcsa:x:69:69:virtual
console memory owner:/dev:/sbin/nologin
filename:/tmp/passwd,linenumber:17,columns:7,linecontent:saslauth:x:499:76:Sasla
uthd user:/var/empty/saslauth:/sbin/nologin
filename:/tmp/passwd,linenumber:18,columns:7,linecontent:postfix:x:89:89::/var/
spool/postfix:/sbin/nologin
filename:/tmp/passwd,linenumber:19,columns:7,linecontent:sshd:x:74:74:Privilege-
separated SSH:/var/empty/sshd:/sbin/nologin
filename:/tmp/passwd,linenumber:20,columns:7,linecontent:vagrant:x:500:500:vagra
nt:/home/vagrant:/bin/bash
filename:/tmp/passwd,linenumber:21,columns:7,linecontent:vboxadd:x:498:1::/var/
run/vboxadd:/bin/false
```

8. 工作示例

1）截取出 init 中 PID 号的示例命令如下：

```
ps aux | grep init | grep -v grep | awk '{print $2}'
```

2）截取网卡ethp的IPv4地址，示例命令如下：

```
ifconfig eth0 |grep "inet addr:" | awk -F: '{print $2}' |awk '{print $1}'
```

3）找出当前系统的自启动服务，示例命令如下：

```
chkconfig --list |grep 3:on | awk '{print $1}'
```

4）取出vmstart第四项的平均值，示例命令如下：

```
vmstat 1 4 | awk '{sum+=$4} END{print sum/4}'
```

5）以“|”为分隔符，汇总/yundisk/log/hadoop/下的Hadoop第9项日志并打印，示例命令如下：

```
cat /yundisk/log/hadoop/hadoop_clk_*.log | awk -F '|' 'BEGIN{count=0} $2>0 {count=count+$9} END {print count}'
```

参考文档：
http://blog.pengduncun.com/?p=876
http://www.gnu.org/software/gawk/manual/gawk.html

2.5 Shell应用于DevOps开发中应掌握的系统知识点

1. Shell多进程并发

如果逻辑控制在时间上是重叠的，那么它们就是并发的（concurrent），这种常见的现象称为并发（concurrency），Shell多进程并发常出现在计算机系统的许多不同层面上。

使用应用级并发的应用程序称为并发程序。现代操作系统提供了三种基本的构造并发程序的方法，具体如下所示。

1）**进程**。若采用这种方法，则每个逻辑控制流都是一个进程，由内核来调度和维护。因为进程有独立的虚拟地址空间，因此要想与其他流进行通信，控制流必须使用进程间通信（IPC）。

2）**I/O多路复用**。若采用这种形式的并发，则应用程序在一个进程的上下文中显式地调度它们自己的逻辑流。逻辑流被模拟为“状态机”，数据到达文件描述符之后，主程序显式地从一个状态转换到另一个状态。因为程序是一个单独的进程，所以所有的流都共享一个地址空间。

3）**线程**。线程是运行在一个单一进程上下文中的逻辑流，由内核进行调度。线程可以看作是进程和I/O多路复用的合体，像进程一样由内核调度，像I/O多路复用一样共享一个虚拟地址空间。

默认的情况下，Shell 脚本中的命令是串行执行的，必须等到前一条命令执行完毕之后才执行接下来的命令，但是如果有一大批的的命令需要执行，而且互相之间又没有影响的情况下，那么此时就要使用命令的并发执行了。

正常的程序 echo_hello.sh 代码如下所示：

```
#!/bin/bash
for ((i=0;i<5;i++));do
    {
    sleep 3
    echo "hello,world">>aa && echo "done!"
}
done
cat aa | wc -l
rm aa
```

下面用 time 命令统计下此脚本的执行时间，命令结果如下所示：

```
done!
done!
done!
done!
done!
5

real        0m15.016s
user        0m0.004s
sys        0m0.005s
```

并发执行的代码如下所示：

```
#!/bin/bash
for ((i=0;i<5;i++));do
    {
    sleep 3
    echo "hello,world">>aa && echo "done!"
}&
done
wait
cat aa | wc -l
rm aa
```

wait 命令有一个很重要的用途就是在 Shell 的并发编程中，可以在 Shell 脚本中启动多个后台进程（使用“&”），然后调用 wait 命令，等待所有后台进程都运行完毕，Shell 脚本再继续向下执行。我们继续用 time 命令进行统计，命令结果如下所示：

```
done!
done!
done!
```

```
done!
done!
10

real        0m3.007s
user        0m0.002s
sys         0m0.007s
```

当多个进程可能会对同样的数据执行操作时，这些进程需要保证其他进程没有在操作，以免损坏数据。通常，这样的进程会使用一个“锁文件”，也就是建立一个文件来告诉别的进程自己在运行，如果检测到存在那个文件，则认为有操作同样数据的进程在工作。这样做的问题是，如果进程不小心意外死亡了，都没有清理掉那个锁文件，那么只能由用户手动来清理了。

2. Shell 脚本中执行另一个 Shell 脚本

在运行 Shell 脚本的时候，可采用下面两种方式来调用外部的脚本，即 exec 方式和 source 方式。

（1）exec 方式

使用 exec 方式来调用脚本，被执行的脚本会继承当前 Shell 的环境变量。但事实上，exec 产生了新的进程，其会占用主 Shell 的进程资源并替换脚本内容，继承原主 Shell 的 PID 号，即原主 Shell 剩下的内容不会再执行。

（2）source 方式

使用 source 或者“.”来调用外部脚本，不会产生新的进程继承当前 Shell 环境变量，而且被调用的脚本运行结束之后，它所拥有的环境变量和声明变量会被当前 Shell 保留，这点类似于将调用脚本的内容复制过来直接执行，执行完毕后原主 Shell 将继续运行。

（3）fork 方式

直接运行脚本会以当前 Shell 为父进程产生新的进程，并且继承主脚本的环境变量和声明变量。执行完毕后，主脚本不会保留其环境变量和声明变量。

工作中推荐使用 source 的方式来调用外部的 Shell 脚本，该方式稳定性高，不会出现一些诡异的问题和 bug，从而影响主程序的业务逻辑（大家也可以参考下 Linux 系统中的 Shell 脚本，如 /etc/init.d/network 等，基本上采用的都是这种处理方式）。

3. flock 文件锁

Linux 中的例行性工作排程 Crontab 会定时执行一些脚本，但脚本的执行时间往往会无法控制，若脚本执行时间过长，则可能会导致上一次任务的脚本还没执行完毕，下一次任务的脚本又开始执行了。这种情况下可能会出现一些并发问题，严重时还会导致出现脏数据、性能瓶颈的恶性循环。

使用 flock 建立排它锁可以规避这个问题，如果一个进程对某个任务加持了独占锁（排他锁），则其他进程会无法加锁，可以选择等待超时或马上返回。脚本 file_lock.sh 的内容如下：

```
#!/bin/bash
echo "----------------------------------"
echo "start at `date '+%Y-%m-%d %H:%M:%S'` ..."
sleep 140s
echo "finished at `date '+%Y-%m-%d %H:%M:%S'` ..."
```

创建定时任务，测试排它锁，执行 crontab -e，编辑代码如下：

```
*/1  * * * * flock -xn /dev/shm/test.lock -c "sh /home/yuhongchun/file_lock.sh
>> /tmptest_tmp.log"
```

每隔一分钟执行一次该脚本，并将输出信息写入到 /tmp/test_tmp.log，下面简单介绍下 flock 在这里用到的选项，具体如下所示。

- -x, --exclusive：获得一个独占锁。
- -n, --nonblock：如果没有立即获得锁，则直接失败而不是等待。
- -c, --command：在 Shell 中运行一个单独的命令。

查看输出日志如下：

```
----------------------------------
start at 2018-02-25 11:30:01 ...
finished at 2018-02-25 11:32:21 ...
----------------------------------
start at 2018-02-25 11:33:01 ...
finished at 2018-02-25 11:35:22 ...
----------------------------------
start at 2018-02-25 11:36:01 ...
finished at 2018-02-25 11:38:21 ...
----------------------------------
start at 2018-02-25 11:39:01 ...
finished at 2018-02-25 11:41:21 ...
----------------------------------
start at 2018-02-25 11:42:01 ...
finished at 2018-02-25 11:44:21 ...
----------------------------------
start at 2018-02-25 11:45:01 ...
finished at 2018-02-25 11:47:21 ...
```

大家观察下输出日志可以得知，11:34:01 和 11:35:01 诸如此类的时间点应该是想要启动定时任务，但由于无法获取锁而以失败退出执行，直到 11:36:01 才获取到锁，然后正常执行脚本。

大家在工作中如果有类似的需求，可以参考下这种 Crontab 的写法。

4. 文件描述符限制

在 Linux 系统中，一切皆可以看成文件，文件又可分为普通文件、目录文件、链接文件和设备文件。文件描述符是内核为了高效管理已被打开的文件所创建的索引，其是一个

非负整数（通常是小整数），用于指代被打开的文件，执行I/O操作的所有系统调用都通过文件描述符来进行。程序刚刚启动的时候，0是标准输入，1是标准输出，2是标准错误。如果此时去打开一个新的文件，那么它的文件描述符将会是3。大家在运行Linux系统时，若打开的文件太多则会提示“Too many open files”，出现这句提示的原因是程序打开的文件/socket连接数量超过了系统的设定值。这主要是因为文件描述符是系统的一个重要资源，虽然说系统内存有多少就可以打开多少的文件描述符，但是在实际实现过程中，内核是会做相应处理的，一般最大打开文件数会是系统内存的10%（以KB来计算）(这称为系统级限制，比如4GB内存的机器可以为419 430)，查看系统级别的最大打开文件数可以使用“sysctl -a | grep fs.file-max”命令查看。与此同时，内核为了不让某一个进程消耗掉所有的文件资源，其也会对单个进程的最大打开文件数做默认值处理（称为用户级限制），默认值一般是1024，使用“ulimit -n”命令即可查看。

如何修改文件描述符限制的值呢？我们可以参考下面的步骤。

1）修改用户级限制。

在/etc/security/limits.conf文件里添加如下内容：

```
* soft nofile 65535
* hard nofile 65535
```

 soft的数值应该是小于或等于hard值，soft的限制不能比hard限制高。

2）修改系统限制可以把“fs.file-max=419430”添加到/etc/sysctl.conf中，使用“sysctl -p”即使不需要重启系统也可以生效。

用户级限制：ulimit命令所看到的是用户级的最大文件描述符限制，也就是说每个用户登录后执行的程序所占用的文件描述符的总数不能超过这个限制。

系统级限制：sysctl命令和proc文件系统中查看到的数值是一样的，这属于系统级限制，它是限制所有用户打开文件描述符的总和。

5. Linux中的信号及捕获

在Linux下查看支持的信号列表，命令如下所示：

```
kill -l
```

结果如下所示：

```
1) SIGHUP 2) SIGINT 3) SIGQUIT 4) SIGILL
5) SIGTRAP 6) SIGABRT 7) SIGBUS 8) SIGFPE
9) SIGKILL 10) SIGUSR1 11) SIGSEGV 12) SIGUSR2
13) SIGPIPE 14) SIGALRM 15) SIGTERM 17) SIGCHLD
18) SIGCONT 19) SIGSTOP 20) SIGTSTP 21) SIGTTIN
22) SIGTTOU 23) SIGURG 24) SIGXCPU 25) SIGXFSZ
26) SIGVTALRM 27) SIGPROF 28) SIGWINCH 29) SIGIO
```

```
30) SIGPWR 31) SIGSYS 34) SIGRTMIN 35) SIGRTMIN+1
36) SIGRTMIN+2 37) SIGRTMIN+3 38) SIGRTMIN+4 39) SIGRTMIN+5
40) SIGRTMIN+6 41) SIGRTMIN+7 42) SIGRTMIN+8 43) SIGRTMIN+9
44) SIGRTMIN+10 45) SIGRTMIN+11 46) SIGRTMIN+12 47) SIGRTMIN+13
48) SIGRTMIN+14 49) SIGRTMIN+15 50) SIGRTMAX-14 51) SIGRTMAX-13
52) SIGRTMAX-12 53) SIGRTMAX-11 54) SIGRTMAX-10 55) SIGRTMAX-9
56) SIGRTMAX-8 57) SIGRTMAX-7 58) SIGRTMAX-6 59) SIGRTMAX-5
60) SIGRTMAX-4 61) SIGRTMAX-3 62) SIGRTMAX-2 63) SIGRTMAX-1
64) SIGRTMAX
```

工作中常见信号的详细说明如下。

1）SIGHUP：本信号在用户终端连接（正常或非正常）结束时发出，通常是在终端的控制进程结束时，通知同一 Session 内的各个作业，这时它们与控制终端不再关联。登录 Linux 时，系统会分配给登录用户一个终端 S（Session）。在这个终端运行的所有程序，包括前台进程组和后台进程组，一般都属于这个 Session。当用户退出 Linux 登录时，前台进程组和后台有终端输出的进程都将会收到 SIGHUP 信号。这个信号的默认操作为终止进程，因此前台进程组和后台有终端输出的进程都会中止。对于与终端脱离了关系的守护进程，这个信号可用于通知它重新读取配置文件。

2）SIGINT：程序终止（interrupt）信号，在用户输入 INTR 字符（通常是 Ctrl+C）时发出。

3）SIGQUIT：和 SIGINT 类似也由 QUIT 字符（通常是 Ctrl+/）来控制。进程在收到 SIGQUIT 退出时会产生 Core 文件，SIGQUIT 在这个意义上类似于一个程序错误信号。

8）SIGFPE：在发生致命的算术运算错误时发出，其不仅包括浮点运算错误，还包括溢出及除数为 0 等其他所有的算术错误。

9）SIGKILL：用来立即结束程序的运行，本信号不能被阻塞、处理和忽略。

14）SIGALRM：时钟定时信号，计算的是实际的时间或时钟时间。

15）SIGTERM：程序结束（terminate）信号，与 SIGKILL 不同的是，该信号可以被阻塞和处理。通常用来要求程序自己正常退出，Shell 命令 kill 默认产生这个信号。

Linux 中用 trap 来捕获信号，trap 是一个 Shell 内建命令，用于在脚本中指定信号应如何处理。比如，按 Ctrl+C 会使脚本终止执行，实际上系统发送了 SIGINT 信号给脚本进程，SIGINT 信号的默认处理方式就是退出程序。如果要在按 Ctrl+C 时不退出程序，那么就得使用 trap 命令来指定 SIGINT 的处理方式了。

trap 命令不仅仅处理 Linux 信号，还能对脚本退出、调试、错误、返回等情况指定处理方式，其命令格式如下所示：

```
trap "commands" signals
```

当 Shell 接收到 signals 指定的信号时，执行 commands 命令。下面是工作中的举例说明，部分 Shell 脚本逻辑摘录如下：

```
#此临时文件$tmp_file的作用是防止多个脚本同时产生逻辑错误。如果出现中止进程的情况，则捕捉异常
```

```
信号，清理临时文件；另外，程序在正常退出时（包括终端正常退出）也清理此临时文件
    trap "echo '程序被中止，开始清理临时文件';rm -rf $tmp_file;exit" 1 2 3
    rm -rf $tmp_file
    trap "rm -rf $tmp_file" exit
```

6. 什么是并行（parallellism）

就当前计算机的技术来讲，目前大部分的语言都能够满足并发执行，但是，直到现在的多核 CPU 或者多 CPU 场景下才开始产生并行的概念。

（1）总体概念

在单 CPU 系统中，系统调度在某一时刻只能让一个线程运行，虽然这种调试机制具有多种形式（大多数是以时间片轮巡为主），但无论如何，需要通过不断切换需要运行的线程让其运行的方式就称为并发（concurrent）。而在多 CPU 系统中，可以让两个以上的线程同时运行，这种可以让两个以上的线程同时运行的方式称为并行（parallel）。

（2）并发编程

"并发" 在微观上并不是同时执行的，其只是把时间分成若干段，使多个进程快速交替地执行，从宏观上来看，就好像是这些进程都在同时执行。

使用多个线程可以帮助我们在单个处理系统中实现更高的吞吐量，如果一个程序是单线程的，那么这个处理器在等待一个同步 I/O 操作完成的时候，它仍然是空闲的。在多线程系统中，当一个线程在等待 I/O 的同时，其他的线程也可以执行。

这个有点像一个厨师在做麻辣鸡丝的时候同时做香辣土豆条，这样总比先做麻辣鸡丝然后再做香辣土豆条效率要高，因为这样可以交替着做。

上面这种情况是在单处理器（厨师）的系统中处理任务（做菜）的情况，厨师只有一个，他在一个微观的时间点上，只能做一件事情，这种情况就是虽然是多个线程，但是都是在同一个处理器上运行的。

但是，多线程并不一定就能提高程序的执行效率，比如，你的项目经理给你分配了 10 个 Bug 让你修改，你应该会逐个地去修改，而不会每个 Bug 修改 5 分钟轮流修改，直到改完为止，如果这样操作的话，上次改到什么地方都记不得了。在这种情况下，并发并没有提高程序的执行效率，反而因为过多的上下文切换引入了一些额外的开销。

因此在单 CPU 下只能实现程序的并发，而无法实现程序的并行。

现在 CPU 到了多核的时代，那么就出现了新的概念：并行。

并行是真正的细粒度上的同时进行，即同一时间点上同时发生着多个并发；更加确切并且简单地讲就是，每个 CPU 上运行一个程序，以达到同一时间点上各个 CPU 上均在运行一个程序。

并行和并发的区别具体如下。

1）并行是指两个或者多个事件在同一时刻发生，而并发是指两个或多个事件在同一时间间隔发生。

2）并行是在不同实体上的多个事件，而并发是在同一实体上的多个事件。

3）在一台处理器上“同时”处理多个任务，在多台处理器上同时处理多个任务。

7. 什么是管道

管道（pipe）是 Linux 支持的最初的 Unix IPC 形式之一，具有以下特点。

1）管道是半双工的，数据只能向一个方向流动；双方需要进行通信时，需要建立起两个管道。

2）只能用于父子进程或者兄弟进程之间（具有亲缘关系的进程）。

3）单独构成一种独立的文件系统：管道对于管道两端的进程而言，就是一个文件，但它不是普通的文件，它不属于某种文件系统，而是自立门户，单独构成一种文件系统，并且只存在于内存之中。

4）数据的读出和写入：一个进程向管道中写的内容被管道另一端的进程读出。写入的内容每次都添加在管道缓冲区的末尾，并且每次都是从缓冲区的头部读出数据。

管道的实现机制

管道是由内核管理的一个缓冲区，相当于我们向内存中放入的一个纸条。管道的一端连接一个进程的输出，这个进程将会向管道中放入信息。管道的另一端连接一个进程的输入，这个进程将取出被放入管道中的信息。一个缓冲区不需要很大，它被设计成环形的数据结构，以便管道可以被循环利用。当管道中没有信息的时候，从管道中读取的进程会等待，直到另一端的进程放入信息。当管道中放满了信息的时候，尝试放入信息的进程会等待，直到另一端的进程取出信息。当两个进程都终结的时候，管道就会自动消失。

管道在 Linux 下最常用的命令格式如下所示：

```
command1 | command2
```

那么，command1 的标准输出将会被绑定到管道的写端，而 command2 的标准输入将会绑定到管道的读端，所以当 command1 一有输出时，就会马上通过管道传给 command2，示例代码如下所示：

```
echo 'hello' | cat
```

输出结果如下所示：

```
hello
```

我们需要注意以下几点。

1）管道命令只处理前一个命令的正确输出，不处理错误输出。

2）管道右边的命令，必须能够接收标准输入流命令才行。

3）管道触发两个子进程执行“|”两边的程序。

参考文档：

http://www.xue163.com/exploit/92/928818.html

http://blog.csdn.net/ljianhui/article/details/10168031

2.6　生产环境下的 Shell 脚本

生产环境下的 Shell 脚本作用还是很多的，这里根据 2.1 节所介绍的日常工作中 Shell 脚本的作用，将生产环境下的 Shell 脚本分为备份类、统计类、监控类、运维开发类和自动化运维类。前面 4 类从字面意义上看都比较容易理解，后面的运维开发类和自动化运维类在这里稍微解释一下，运维开发类脚本是利用 Shell 或 Python 来实现一些非系统类的管理工作，比如 SVN 的发布程序（即预开发环境和正式开发环境的切换实现）等；而自动化运维类脚本则利用 Shell 自动为我们做一些烦琐的工作，比如系统上线前的初始化或自动安装 LNMP 环境等。下面就为这些分类列举一些具体的实例，以便于大家理解。另外值得说明的一点是，这些实例都源自于笔者的线上环境；大家稍微改动一下 IP 或备份目录基本上就可以直接使用了。

另外，因为现在线上部分的业务采用的是 AWS EC2 机器，采用的基本上都是 Amazon Linux 系统，所以这里先跟大家简单介绍下 Amazon Linux 系统。

Amazon Linux 由 Amazon Web Services（AWS）提供，其旨在为 Amazon EC2 上运行的应用程序提供稳定、安全和高性能的执行环境。此外，它还包括能够与 AWS 轻松集成的软件包，比如启动配置工具和许多常见的 AWS 库及工具等。AWS 为运行 Amazon Linux 的所有实例提供了持续的安全性和维护更新。

（1）启动并连接到 Amazon Linux 实例

若要启动 Amazon Linux 实例，请使用 Amazon Linux AMI（映像）。AWS 向 Amazon EC2 用户提供 Amazon Linux AMI，而无须额外费用。找到所需要的 AMI 之后，记下 AMI ID。然后就可以使用 AMI ID 来启动，并连接到相应的实例了。

默认情况下，Amazon Linux 不支持远程根 SSH。此外，密码验证已禁用，以防止强力（brute-force）密码攻击。要在 Amazon Linux 实例上启用 SSH 登录，必须在实例启动时为其提供密钥对，还必须设置用于启动实例的安全组以允许 SSH 访问。默认情况下，唯一可以使用 SSH 进行远程登录的账户是 ec2-user；此账户还拥有 sudo 特权。如果希望启动远程根登录，请注意，其安全性尚不及依赖密钥对和二级用户。

有关启动和使用 Amazon Linux 实例的信息，请参阅启动实例。有关连接到 Amazon Linux 实例的更多信息，请参阅连接到 Linux 实例。

（2）识别 Amazon Linux AMI 映像

每个映像都包含唯一的 /etc/image-id，用于识别 AMI。此文件包含了有关映像的信息。下面是 /etc/image-id 文件示例，命令如下：

```
cat /etc/image-id
```

命令显示结果如下所示：

```
image_name="amzn-ami-hvm"
```

```
image_version="2015.03"
image_arch="x86_64"
image_file="amzn-ami-hvm-2015.03.0.x86_64.ext4.gpt"
image_stamp="366c-fff6"
image_date="20150318153038"
recipe_name="amzn ami"
recipe_id="1c207c1f-6186-b5c9-4e1b-9400-c2d8-a3b2-3d11fdf8"
```

其中，image_name、image_version 和 image_arch 项目来自 Amazon 用于构建映像的配方。image_stamp 只是映像创建期间随机生成的唯一十六进制值。image_date 项目的格式为 YYYYMMDDhhmmss，是映像创建时的 UTC 时间。recipe_name 和 recipe_id 是 Amazon 用于构建映像的构建配方的名称和 ID，用于识别当前运行的 Amazon Linux 的版本。当从 yum 存储库安装更新时，此文件不会更改。

Amazon Linux 包含 /etc/system-release 文件，用于指定当前安装的版本。此文件通过 yum 进行更新，是 system-release RPM 的一部分。

下面是 /etc/system-release 文件示例，命令如下：

```
cat /etc/system-release
```

命令显示结果如下所示：

```
Amazon Linux AMI release 2015.03
```

说明 Amazon Linux 系统的这部分内容摘录自 http://docs.aws.amazon.com/zh_cn/AWSEC2/latest/UserGuide/AmazonLinuxAMIBasics.html#IdentifyingLinuxAMI_Images

---

2.6.1 生产环境下的备份类脚本

俗话说得好，备份是救命的稻草。特别是重要的数据和代码，这些都是公司的重要资产，所以备份是必须的。备份能在我们执行了一些毁灭性的工作之后（比如不小心删除了数据），进行灾后恢复工作。许多有实力的公司在国内几个地方都有灾备机房，而且用的都是价格不菲的 EMC 高端存储。可能会有读者要问：如果我们没有存储怎么办？这种情况可以参考一下笔者公司的备份策略，即在执行本地备份的同时，让 Shell 脚本自动上传数据到另一台 FTP 备份服务器中，这种异地备份策略成本比较小，无须存储，而且安全系数高，相当于双备份，本地和异地同时出现数据损坏的概率几乎为 0。

另外还可以将需要备份的数据备份至 AWS 的 S3 分布式文件系统里面（S3 的资料会在后文中介绍）。

此双备策略的具体步骤如下。

首先，做好准备工作。先安装一台 CentOS 6.4 x86_64 的备份服务器，并安装 vsftpd 服务，稍微改动一下配置后启动。另外，关于 vsftpd 的备份目录，可以选择做 RAID1 或

RAID5 的分区或存储。

vsftpd 服务的安装代码如下，CentOS6.8 x86_64 下自带的 yum 极为方便：

```
yum -y install vsftpd
service vsftpd start
chkconfig vsftpd on
```

vsftpd 的配置比较简单，详细语法在此略过，这里只给出配置文件，我们可以通过组合使用如下命令直接得出 vsftpd.conf 中有效的文件内容：

```
grep -v "^#" /etc/vsftpd/vsftpd.conf | grep -v '^$'
local_enable=YES
write_enable=YES
local_umask=022
dirmessage_enable=YES
xferlog_enable=YES
connect_from_port_20=YES
xferlog_std_format=YES
listen=YES
chroot_local_user=YES
pam_service_name=vsftpd
userlist_enable=YES
tcp_wrappers=YES
```

“chroot_local_user=YES”这句话需要重点强调一下。它的作用是对用户登录权限进行限制，即所有本地用户登录 vsftpd 服务器时只能在自己的家目录下，这是基于安全的考虑，笔者在编写脚本的过程中也考虑到了这点，如果大家要将此脚本移植到自己的工作环境中，不要忘了这句语法，不然的话异地备份极有可能会失效。

另外，我们在备份服务器上应该建立备份用户，例如 SVN，并为其分配密码，还应该将其家目录更改为备份目录，即 /data/backup/svn-bakcup，这样的话更便于进行备份工作，以下备份脚本以此类推。

1. 版本控制软件 SVN 的代码库的备份脚本

版本控制软件 SVN 的重要性在这里就不多说了，现在很多公司基本上还是利用 SVN 作为提交代码集中管理的工具，所以做好其备份工作的重要性就不言而喻了。这里的轮询周期为 30 天一次，Shell 会自动删除 30 天以前的文件。在 vsftpd 服务器上建立相应备份用户 SVN 的脚本内容如下（此脚本已在 CentOS 6.8 x86_64 下测试通过）：

```
#!/bin/sh
SVNDIR=/data/svn
SVNADMIN=/usr/bin/svnadmin
DATE=`date +%Y-%m-%d`
OLDDATE=`date +%Y-%m-%d -d '30 days'`
BACKDIR=/data/backup/svn-backup
```

```
[ -d ${BACKDIR} ] || mkdir -p ${BACKDIR}
LogFile=${BACKDIR}/svnbak.log
[ -f ${LogFile} ] || touch ${LogFile}
mkdir ${BACKDIR}/${DATE}


for PROJECT in myproject official analysis mypharma
do
  cd $SVNDIR
  $SVNADMIN hotcopy $PROJECT  $BACKDIR/$DATE/$PROJECT --clean-logs
  cd $BACKDIR/$DATE
  tar zcvf ${PROJECT}_svn_${DATE}.tar.gz $PROJECT> /dev/null
  rm -rf $PROJECT
sleep 2
done

HOST=192.168.2.112
FTP_USERNAME=svn
FTP_PASSWORD=svn101

cd ${BACKDIR}/${DATE}

ftp -i -n -v << !
open ${HOST}
user ${FTP_USERNAME} ${FTP_PASSWORD}
bin
cd ${OLDDATE}
mdelete *
cd ..
rmdir ${OLDDATE}
mkdir ${DATE}
cd ${DATE}
mput *
bye
!
```

2. MySQL 数据备份至 S3 文件系统

这里首先为大家介绍下亚马逊的分布式文件系统 S3，S3 为开发人员提供了一个高度扩展（Scalability）、高持久性（Durability）和高可用（Availability）的分布式数据存储服务。它是一个完全针对互联网的数据存储服务，应用程序通过一个简单的 Web 服务接口就可以通过互联网在任何时候访问 S3 上的数据。当然存放在 S3 上的数据可以进行访问控制以保障数据的安全性。这里所说的访问 S3 包括读、写、删除等多种操作。在脚本的最后，采用 SES S3 命令中的 cp 可将 MySQL 上传至 s3://example-shar 这个 bucket 上面（关于 S3 的更多详细资料请参考官方文档 http://aws.amazon.com/cn/s3/），脚本内容如下所示（此脚本已在 Amazon Linux AMI x86_64 下测试通过）：

```
#!/bin/bash
```

```
#
# Filename:
# backupdatabase.sh
# Description:
# backup cms database and remove backup data before 7 days
# crontab
# 55 23 * * * /bin/sh /yundisk/cms/crontab/backupdatabase.sh >> /yundisk/cms/
crontab/backupdatabase.log 2>&1

DATE=`date +%Y-%m-%d`
OLDDATE=`date +%Y-%m-%d -d '-7 days'`

#MYSQL=/usr/local/mysql/bin/mysql
#MYSQLDUMP=/usr/local/mysql/bin/mysqldump
#MYSQLADMIN=/usr/local/mysql/bin/mysqladmin

BACKDIR=/yundisk/cms/database
[ -d ${BACKDIR} ] || mkdir -p ${BACKDIR}
[ -d ${BACKDIR}/${DATE} ] || mkdir ${BACKDIR}/${DATE}
[ ! -d ${BACKDIR}/${OLDDATE} ] || rm -rf ${BACKDIR}/${OLDDATE}

mysqldump --default-character-set=utf8 --no-autocommit --quick --hex-blob
--single-transaction -uroot  cms_production  | gzip > ${BACKDIR}/${DATE}/cms-backup-
${DATE}.sql.gz
echo "Database cms_production and bbs has been backup successful"
/bin/sleep 5

aws s3 cp ${BACKDIR}/${DATE}/* s3://example-share/cms/databackup/
```

2.6.2　生产环境下的统计类脚本

统计工作是一直是 Shell 的强项，对于海量日志，我们需要引入 ElasticSearch（Kibana）等大数据开源组件，但对于一般的系统日志或应用日志我们完全可以通过 Shell 命令，如 awk 和 sed 来完成工作。除此之外，其他方面的统计工作，Shell 完成起来也很得心应手。

1. 统计设备资产明细脚本

下面的脚本是我们统计 IDC 机房设备的详细信息，输出结果较为详细，我们比较关注的地方是机器有几块 SSD、有几块万兆网卡、是否符合高配标准、能否适配负载高的平台，事实上，我们还可以使用 Python 或 Golang 封装此 Shell 脚本，以后端 API 的形式提供更好的数据展示结构，例如 JSON，脚本内容如下所示：

```
#!/bin/bash

#####get cpu info#####
cpu_num=`cat /proc/cpuinfo| grep "physical id"| sort| uniq| wc -l`
cpu_sum=`cat /proc/cpuinfo |grep processor |wc -l`
cpu_hz=`cat /proc/cpuinfo |grep 'model name' |uniq -c |awk '{print $NF}'`
```

```
#####get mem info#####
mem_m=0
for i in `dmidecode -t memory |grep Size: |grep -v "No Module Installed" |awk
'{print $2}'`
do
mem_m=`expr $mem_m + $i`
done
mem_sum=`echo $mem_m / 1024 |bc`

#####get nic info#####
qian_num=`lspci |grep Ethernet |egrep -v '10-Gigabit|10 Gigabit' |wc -l`
wan_num=`lspci |grep Ethernet |egrep  '10-Gigabit|10 Gigabit' |wc -l`

#####get disk num#####
B=`date +%s`
ssd_num=0=
sata_num=0
for i in `lsblk |grep "disk"|awk '{print $1}'|egrep -v "ram"|sort`;
do
    code=`cat /sys/block/$i/queue/rotational`
    if [ "$code" = "0" ];then
       ssd_num=`expr $ssd_num + 1` && echo $i >>/tmp/$B.ssd
    else
       sata_num=`expr $sata_num + 1` && echo $i >>/tmp/$B.sata
    fi
done

#####get disk sum#####
C=`date +%N`
ssd_sum=0
sata_sum=0
if [ -f /tmp/$B.ssd ];then
    for n in `cat /tmp/$B.ssd`;do
            fdisk -l /dev/$n >>/tmp/$C.ssd 2>&1
            for x in `grep "Disk /dev" /tmp/$C.ssd |awk '{print $3}'`;do
            u=`echo $x / 1|bc`
            done
    ssd_sum=`expr $ssd_sum + $u + 1`
            done
fi

for m in `cat /tmp/$B.sata`;do
   fdisk -l /dev/$m >>/tmp/$C.sata 2>&1
   for y in `grep "Disk /dev" /tmp/$C.sata |awk '{print $3}'`;do
      v=`echo $y / 1|bc`
   done
   sata_sum=`expr $sata_sum + $v + 1`
done

#####show dev info#####
```

```
    echo -n "$ip `hostname` $plat $pop $prov "
    echo -n "CPU(物理核数,逻辑核数,频率): $cpu_num $cpu_sum $cpu_hz "
    echo -n " 内存(GB): $mem_sum "
    echo -n " 网卡数量(千兆,万兆): $qian_num $wan_num "
    echo "SSD数量: ${ssd_num} SSD容量: ${ssd_sum}GB SATA数量: ${sata_num} SATA容量
${sata_sum}GB "
```

2. 统计重要业务程序是否正常运行

统计重要业务程序是否正常运行的需求比较简单，主要是统计（或监测）业务进程rsync_redis.py的数量是否为1（即正常运行），有没有发生崩溃的情况。另外，建议将类似于rsync_redis.py的重要业务进程交由Superviored守护进程托管。脚本内容如下所示（此脚本已在Amazon Linux AMI x86_64下测试通过）：

```
#!/bin/bash
sync_redis_status=`ps aux | grep sync_redis.py | grep -v grep | wc -l `
if [ ${sync_redis_status} != 1 ]; then
    echo "Critical! sync_redis is Died"
    exit 2
else
    echo "OK! sync_redis is Alive"
    exit 0
fi
```

3. 统计机器的IP连接数

统计机器的IP连接数的需求其实比较简单，先统计IP连接数，如果ip_conns的值小于15 000则显示为正常，介于15 000～20 000之间为警告，如果超过20 000则报警，脚本内容如下所示（此脚本已在Amazon Linux AMI x86_64下测试通过）：

```
#!/bin/bash
#脚本的$1和$2报警阈值可以根据业务的实际情况进行调整
#$1 = 15000，$2 = 20000
ip_conns=`netstat -an | grep tcp | grep EST | wc -l`
messages=`netstat -ant | awk '/^tcp/ {++S[$NF]} END {for(a in S) print a,
S[a]}'|tr -s '\n' ',' | sed -r 's/(.*),/\1\n/g' `

if [ $ip_conns -lt $1 ]
then
    echo "$messages,OK -connect counts is $ip_conns"
    exit 0
fi
if [ $ip_conns -gt $1 -a $ip_conns -lt $2 ]
then
    echo "$messages,Warning -connect counts is $ip_conns"
    exit 1
fi
if [ $ip_conns -gt $2 ]
then
    echo "$messages,Critical -connect counts is $ip_conns"
```

```
    exit 2
fi
```

2.6.3 生产环境下的监控类脚本

在生产环境下，服务器的稳定情况将会直接影响公司的生意和信誉，可见其有多重要。所以，我们需要即时掌握服务器的状态，我们一般会在机房部署 Nagios、Zabbix 或者自己公司独立研发的监控系统来进行实时监控，然后用 Shell、Perl 或 Python 等脚本语言根据业务需求开发监控插件，实时监控线上业务。

1. 在 Nginx 负载均衡服务器上监控 Nginx 进程的脚本

由于笔者公司电子商务业务网站前端的负载均衡机制用到了 Nginx+keepalived 架构，而 keepalived 无法进行 Nginx 服务的实时切换，所以又用了一个监控脚本 nginx_pid.sh，每隔 5 秒钟就监控一次 Nginx 的运行状态（也可以由 Superviored 守护进程托管），如果发现有问题就关闭本机的 keepalived 程序，让 VIP 切换到从 Nginx 负载均衡器上。在对线上环境进行操作的时候，人为地重启主 Master 的 Nginx 机器，从 Nginx 机器将在很短的时间内接管 VIP 地址，即网站的实际内网地址（此内网地址能通过防火墙映射为公网 IP），这又进一步证实了此脚本的有效性，脚本内容如下（此脚本已在 CentOS6.8x86_64 下测试通过）：

```
#!/bin/bash
while :
do
  nginxpid=`ps -C nginx --no-header | wc -l`
  if [ $nginxpid -eq 0 ];then
    ulimit -SHn 65535
    /usr/local/nginx/sbin/nginx
    sleep 5
  if [ $nginxpid -eq 0 ];then
    /etc/init.d/keepalived stop
    fi
  fi
  sleep 5
done
```

2. 系统文件打开数监测脚本

这个脚本比较方便，可用来查看 Nginx 进程下的最大文件打开数，脚本代码如下（此脚本已在 CentOS 6.4 | 6.8 x86_x64、Amazon Linux AMI x86_64 下测试通过）：

```
#!/bin/bash
for pid in `ps aux |grep nginx |grep -v grep|awk '{print $2}'`
do
    cat /proc/${pid}/limits |grep 'Max open files'
done
```

脚本的运行结果如下所示：

```
Max open files           65535           65535           files
Max open files           65535           65535           files
Max open files           65535           65535           files
Max open files           65535           65535           files
Max open files           65535           65535           files
```

3. 监测机器的 CPU 利用率脚本

线上的 bidder 业务机器，在业务繁忙的高峰期会出现 CPU 利用率超过 99.99%（sys%+user%）的情况，从而导致出现后面的流量完全进不来的情况，但此时机器系统负载及 Nginx+Lua 进程都是完全正常的，均能对外提供服务。所以需要开发一个 CPU 利用率脚本，在超过自定义阈值时报警，以方便运维人员批量添加 bidder 机器应对峰值，AWS EC2 实例机器是可以以小时（现在已经优化到了秒）来计费的，大家在这里需要注意系统负载和 CPU 利用率之间的区别。脚本内容如下所示（脚本已在 Amazon Linux AMI x86_64 下测试通过）：

```
#!/bin/bash
# CPU Utilization Statistics plugin for Nagios
#
# USAGE      :    ./check_cpu_utili.sh [-w <user,system,iowait>] [-c <user,system,iowait>] ( [ -i <intervals in second> ] [ -n <report number> ])
#
# Exemple: ./check_cpu_utili.sh
#          ./check_cpu_utili.sh -w 70,40,30 -c 90,60,40
#          ./check_cpu_utili.sh -w 70,40,30 -c 90,60,40 -i 3 -n 5
# Paths to commands used in this script.  These may have to be modified to match your system setup.
IOSTAT="/usr/bin/iostat"

# Nagios return codes
STATE_OK=0
STATE_WARNING=1
STATE_CRITICAL=2
STATE_UNKNOWN=3

# Plugin parameters value if not define
LIST_WARNING_THRESHOLD="70,40,30"
LIST_CRITICAL_THRESHOLD="90,60,40"
INTERVAL_SEC=1
NUM_REPORT=1
# Plugin variable description
PROGNAME=$(basename $0)

if [ ! -x $IOSTAT ]; then
    echo "UNKNOWN: iostat not found or is not executable by the nagios user."
    exit $STATE_UNKNOWN
```

```
fi

print_usage() {
        echo ""
        echo "$PROGNAME $RELEASE - CPU Utilization check script for Nagios"
        echo ""
        echo "Usage: check_cpu_utili.sh -w -c (-i -n)"
        echo ""
        echo "  -w  Warning threshold in % for warn_user,warn_system,warn_iowait
CPU (default : 70,40,30)"
        echo "  Exit with WARNING status if cpu exceeds warn_n"
          echo "   -c  Critical threshold in % for crit_user,crit_system,crit_
iowait CPU (default : 90,60,40)"
        echo "  Exit with CRITICAL status if cpu exceeds crit_n"
        echo "  -i  Interval in seconds for iostat (default : 1)"
        echo "  -n  Number report for iostat (default : 3)"
        echo "  -h  Show this page"
        echo ""
    echo "Usage: $PROGNAME"
    echo "Usage: $PROGNAME --help"
    echo ""
    exit 0
}

print_help() {
    print_usage
        echo ""
        echo "This plugin will check cpu utilization  (user,system,CPU_Iowait in
%)"
        echo ""
    exit 0
}

# Parse parameters
while [ $# -gt 0 ]; do
    case "$1" in
        -h | --help)
            print_help
            exit $STATE_OK
            ;;
        -v | --version)
                print_release
                exit $STATE_OK
                ;;
        -w | --warning)
                shift
                LIST_WARNING_THRESHOLD=$1
                ;;
        -c | --critical)
                shift
```

```
                LIST_CRITICAL_THRESHOLD=$1
                ;;
        -i | --interval)
                shift
               INTERVAL_SEC=$1
                ;;
        -n | --number)
                shift
               NUM_REPORT=$1
                ;;
        *)  echo "Unknown argument: $1"
            print_usage
                exit $STATE_UNKNOWN
            ;;
        esac
    shift
    done

    # List to Table for warning threshold (compatibility with
    TAB_WARNING_THRESHOLD=(`echo $LIST_WARNING_THRESHOLD | sed 's/,/ /g'`)
    if [ "${#TAB_WARNING_THRESHOLD[@]}" -ne "3" ]; then
      echo "ERROR : Bad count parameter in Warning Threshold"
      exit $STATE_WARNING
    else
    USER_WARNING_THRESHOLD=`echo ${TAB_WARNING_THRESHOLD[0]}`
    SYSTEM_WARNING_THRESHOLD=`echo ${TAB_WARNING_THRESHOLD[1]}`
    IOWAIT_WARNING_THRESHOLD=`echo ${TAB_WARNING_THRESHOLD[2]}`
    fi

    # List to Table for critical threshold
    TAB_CRITICAL_THRESHOLD=(`echo $LIST_CRITICAL_THRESHOLD | sed 's/,/ /g'`)
    if [ "${#TAB_CRITICAL_THRESHOLD[@]}" -ne "3" ]; then
      echo "ERROR : Bad count parameter in CRITICAL Threshold"
      exit $STATE_WARNING
    else
    USER_CRITICAL_THRESHOLD=`echo ${TAB_CRITICAL_THRESHOLD[0]}`
    SYSTEM_CRITICAL_THRESHOLD=`echo ${TAB_CRITICAL_THRESHOLD[1]}`
    IOWAIT_CRITICAL_THRESHOLD=`echo ${TAB_CRITICAL_THRESHOLD[2]}`
    fi

    if [ ${TAB_WARNING_THRESHOLD[0]} -ge ${TAB_CRITICAL_THRESHOLD[0]} -o ${TAB_
WARNING_THRESHOLD[1]} -ge ${TAB_CRITICAL_THRESHOLD[1]} -o ${TAB_WARNING_THRESHOLD[2]}
-ge ${TAB_CRITICAL_THRESHOLD[2]} ]; then
      echo "ERROR : Critical CPU Threshold lower as Warning CPU Threshold "
      exit $STATE_WARNING
    fi

    CPU_REPORT=`iostat -c $INTERVAL_SEC $NUM_REPORT | sed -e 's/,/./g' | tr -s ' ' ';'
| sed '/^$/d' | tail -1`
    CPU_REPORT_SECTIONS=`echo ${CPU_REPORT} | grep ';' -o | wc -l`
```

```
    CPU_USER=`echo $CPU_REPORT | cut -d ";" -f 2`
    CPU_SYSTEM=`echo $CPU_REPORT | cut -d ";" -f 4`
    CPU_IOWAIT=`echo $CPU_REPORT | cut -d ";" -f 5`
    CPU_STEAL=`echo $CPU_REPORT | cut -d ";" -f 6`
    CPU_IDLE=`echo $CPU_REPORT | cut -d ";" -f 7`
    NAGIOS_STATUS="user=${CPU_USER}%,system=${CPU_SYSTEM}%,iowait=${CPU_
IOWAIT}%,idle=${CPU_IDLE}%"
    NAGIOS_DATA="CpuUser=${CPU_USER};${TAB_WARNING_THRESHOLD[0]};${TAB_CRITICAL_
THRESHOLD[0]};0"

    CPU_USER_MAJOR=`echo $CPU_USER| cut -d "." -f 1`
    CPU_SYSTEM_MAJOR=`echo $CPU_SYSTEM | cut -d "." -f 1`
    CPU_IOWAIT_MAJOR=`echo $CPU_IOWAIT | cut -d "." -f 1`
    CPU_IDLE_MAJOR=`echo $CPU_IDLE | cut -d "." -f 1`



    # Return
    if [ ${CPU_USER_MAJOR} -ge $USER_CRITICAL_THRESHOLD ]; then
            echo "CPU STATISTICS OK:${NAGIOS_STATUS} | CPU_USER=${CPU_
USER}%;70;90;0;100"
            exit $STATE_CRITICAL
        elif [ ${CPU_SYSTEM_MAJOR} -ge $SYSTEM_CRITICAL_THRESHOLD ]; then
                echo "CPU STATISTICS OK:${NAGIOS_STATUS} | CPU_USER=${CPU_
USER}%;70;90;0;100"
            exit $STATE_CRITICAL
        elif [ ${CPU_IOWAIT_MAJOR} -ge $IOWAIT_CRITICAL_THRESHOLD ]; then
            echo "CPU STATISTICS OK:${NAGIOS_STATUS} | CPU_USER=${CPU_
USER}%;70;90;0;100"
            exit $STATE_CRITICAL
         elif [ ${CPU_USER_MAJOR} -ge $USER_WARNING_THRESHOLD ] && [ ${CPU_USER_
MAJOR} -lt $USER_CRITICAL_THRESHOLD ]; then
            echo "CPU STATISTICS OK:${NAGIOS_STATUS} | CPU_USER=${CPU_
USER}%;70;90;0;100"
            exit $STATE_WARNING
         elif [ ${CPU_SYSTEM_MAJOR} -ge $SYSTEM_WARNING_THRESHOLD ] && [ ${CPU_
SYSTEM_MAJOR} -lt $SYSTEM_CRITICAL_THRESHOLD ]; then
            echo "CPU STATISTICS OK:${NAGIOS_STATUS} | CPU_USER=${CPU_
USER}%;70;90;0;100"
            exit $STATE_WARNING
        elif  [ ${CPU_IOWAIT_MAJOR} -ge $IOWAIT_WARNING_THRESHOLD ] && [ ${CPU_
IOWAIT_MAJOR} -lt $IOWAIT_CRITICAL_THRESHOLD ]; then
                echo "CPU STATISTICS OK:${NAGIOS_STATUS} | CPU_USER=${CPU_
USER}%;70;90;0;100"
            exit $STATE_WARNING
    else

            echo "CPU STATISTICS OK:${NAGIOS_STATUS} | CPU_USER=${CPU_
USER}%;70;90;0;100"
```

```
        exit $STATE_OK
fi
```

此脚本参考了 Nagios 的官方文档 https://exchange.nagios.org/，并进行了代码精简和移植，原代码是运行在 ksh 下面的，这里将其移植到了 bash 下面，ksh 下定义数组的方式与 bash 下的方式还是有区别的；另外还有一点也要引起大家的注意，Shell 本身是不支持浮点运算的，但其可以通过 bc 或 awk 的方式来处理。

2.6.4　生产环境下的运维开发类脚本

1. 系统初始化脚本

系统初始化脚本用于新装 Linux 的相关配置工作，比如禁掉 iptables 和 SELinux 及 IPv6、优化系统内核、停掉一些没必要启动的系统服务等。我们将系统初始化脚本应用于公司内部的运维开发机器的批量部署（比如用 Ansible 来下发）上。事实上，复杂的系统业务初始化 initial 脚本由于涉及了多条产品线和多个业务平台，因此远比这里列出的开发环境下的初始化脚本复杂得多，而且其代码量也极大，基本上都是 6000 ～ 7000 行的 Shell 脚本，各功能模块以函数的形式进行封装。下面的脚本只是涉及一些基础部分，希望大家注意这点。脚本代码如下所示（此脚本已在 CentOS 6.8 x86_x64 下测试通过）：

```
#!/bin/bash
#添加epel外部yum扩展源
cd /usr/local/src
wget http://dl.fedoraproject.org/pub/epel/6/x86_64/epel-release-6-8.noarch.rpm
rpm -ivh epel-release-6-8.noarch.rpm
#安装gcc基础库文件以及sysstat工具
yum -y install gcc gcc-c++ vim-enhanced unzip unrar sysstat
#配置ntpdate自动对时
yum -y install ntp
echo "01 01 * * * /usr/sbin/ntpdate ntp.api.bz     >> /dev/null 2>&1" >> /etc/
crontab
ntpdate ntp.api.bz
service crond restart
#配置文件的ulimit值
ulimit -SHn 65535
echo "ulimit -SHn 65535" >> /etc/rc.local
cat>> /etc/security/limits.conf << EOF
*                      soft     nofile              65535
*                      hard     nofile              65535
EOF

#基础系统内核优化
cat>> /etc/sysctl.conf << EOF
fs.file-max=419430
net.ipv4.tcp_syncookies = 1
net.ipv4.tcp_syn_retries = 1
```

```
net.ipv4.tcp_tw_recycle = 1
net.ipv4.tcp_tw_reuse = 1
net.ipv4.tcp_fin_timeout = 1
net.ipv4.tcp_keepalive_time = 1200
net.ipv4.ip_local_port_range = 1024 65535
net.ipv4.tcp_max_syn_backlog = 16384
net.ipv4.tcp_max_tw_buckets = 36000
net.ipv4.route.gc_timeout = 100
net.ipv4.tcp_syn_retries = 1
net.ipv4.tcp_synack_retries = 1
net.core.somaxconn = 16384
net.core.netdev_max_backlog = 16384
net.ipv4.tcp_max_orphans = 16384
EOF
/sbin/sysctl -p

#禁用control-alt-delete组合键以防止误操作
sed -i 's@ca::ctrlaltdel:/sbin/shutdown -t3 -r now@#ca::ctrlaltdel:/sbin/shutdown -t3 -r now@' /etc/inittab
#关闭SELinux
sed -i 's@SELINUX=enforcing@SELINUX=disabled@' /etc/selinux/config
#关闭iptables
service iptables stop
chkconfig iptables off
#ssh服务配置优化，请保持机器中有一个具有sudo权限的用户，下面的配置会禁止root远程登录
sed -i 's@#PermitRootLogin yes@PermitRootLogin no@' /etc/ssh/sshd_config #禁止root远程登录
sed -i 's@#PermitEmptyPasswords no@PermitEmptyPasswords no@' /etc/ssh/sshd_config #禁止空密码登录
sed -i 's@#UseDNS yes@UseDNS no@' /etc/ssh/sshd_config/etc/ssh/sshd_config
service sshd restart
#禁用IPv6地址
echo "alias net-pf-10 off" >> /etc/modprobe.d/dist.conf
echo "alias ipv6 off" >> /etc/modprobe.d/dist.conf
chkconfig ip6tables off
#vim基础语法优化
echo "syntax on" >> /root/.vimrc
echo "set nohlsearch" >> /root/.vimrc
#精简开机自启动服务，安装最小化服务的机器初始可以只保留crond、network、rsyslog、sshd这四个服务
for i in `chkconfig --list|grep 3:on|awk '{print $1}'`;do chkconfig --level 3 $i off;done
for CURSRV  in crond rsyslog sshd network;do chkconfig --level 3 $CURSRV on;done
#重启服务器
reboot
```

2. 控制Shell多进程数量的脚本

下面的run.py是爬虫程序，经测试，在机器上运行8个run.py进程是机器性能最好的时候，该进程数量既能充分发挥机器的性能又不会导致机器响度速度过慢。而且有时为了避免并发进程数过多导致机器卡死，需要限制并发的数量。下面的脚本可以实现这个需求，

其代码如下所示：

```
#!/bin/bash
#每5分钟运行一次脚本

CE_HOME='/data/ContentEngine'
LOG_PATH='/data/logs'

# 控制爬虫数量为8
MAX_SPIDER_COUNT=8

# current count of spider
count=`ps -ef | grep -v grep | grep run.py | wc -l`
# 下面的代码逻辑是控制run.py进程数量始终为8，以充分挖掘机器的性能，并且为了防止形成死循环，这里没有采用while语句
try_time=0
cd $CE_HOME
while [ $count -lt $MAX_SPIDER_COUNT -a $try_time -lt $MAX_SPIDER_COUNT ];do
    let try_time+=1
    python run.py >> ${LOG_PATH}/spider.log 2>&1 &
    count=`ps -ef | grep -v grep | grep run.py | wc -l`
done
```

3. 调用Ansible来分发多条线路的配置

这里的publishconf.sh文件为总控制逻辑文件，会调用Ansible来进行电信、联通及移动线路的配置下发工作（每条线路的配置文件都是不一样的，会根据线路的不同而有所调整），由于牵涉的业务较多，因此这里只摘录部分内容。另外，这里生成的hosts文件也是通过Python程序调用公司的CMDB资产管理系统的接口来自动生成hosts文件的，文件格式内容如下所示（机器IP应该为公网IP，此处已做了无害处理）：

```
[yd]
1.1.1.1
2.2.2.2
[wt]
3.3.3.3
4.4.4.4
[dx]
5.5.5.5
6.6.6.6
```

publishconf.sh部分内容如下所示：

```
#如果hosts文件不存在，就调用touch命令建立；另外，这里需要增加一个逻辑判断，即如果已经有人在发布平台了，那么第二个运维人员在发布的时候，一定要强制退出，等待前面的发布人员发布结束
if [ ! -f "$hosts" ]
then
    touch "$hosts"
else
    echo "此平台已经有运维小伙伴在发布了，请耐心等待！"
```

```
        exit
    fi
    # 如果出现中止进程的情况，则需要捕捉异常信号，清理临时文件
    trap "echo '程序被中止，开始清理临时文件';rm -rf $hosts;exit" 1 2 3
    # 进入 public_conf 目录，通过 git pull 获取 Gitlab 上最新的相关文件配置
    cd /data/conf /public_conf/
    git pull origin master:master
    # 配置文件在这里也是通过内部的 GitLab 进行管理的，这里没有简化操作，主要是为了防止在执行 git 
pull origin master 或 git pull 的时候，可能会存在多分支的情况从而导致运行报错
    if [ $? == 0 ];then
        echo "当前配置文件为最新版本，可以发布！"
    else
        echo "当前配置文件不是最新的，请检查后再发布"
        exit
    fi
    # 此为发布单平台多 IP 的逻辑，"$#" 用于判断参数个数，这里的逻辑判断为参数大于或等于 3 时就是单平台
多 IP 发布
    if [ $# >=3 ];then
      shift 1
      # 这里通过 shift 命令往左偏移一个位置参数，从而获取全部的 IP
      echo "此次需要更新的机器 IP 为 $@"
      for flat in $@
      do
      echo "此次需要更新的机器 IP 为 $flat"
      platform=`awk '/\[/{a=$0}/'"$flat"'/{print a}' $hosts | head -n1`
      # 通过这段 awk 命令组合来获取当前的机器 IP 属于哪条线路，例如是移动还是网通或者电信，后续应有相
应的措施
    if  [[ $platform =~ "yd" ]];then
        /usr/local/bin/ansible -i $hosts $flat -m shell -a "/home/fastcache_conf/
publish_fastcache.sh ${public_conf}_yd"
       elif  [[ $platform =~ "wt" ]];then
        /usr/local/bin/ansible -i $hosts $flat -m shell -a "/home/fastcache_conf/
publish_fastcache.sh ${public_conf}_wt"
        else
        /usr/local/bin/ansible -i $hosts $flat -m shell -a "/home/fastcache_conf/
publish_fastcache.sh ${public_conf}_dx"
      fi
      done
    fi
    # 程序正常运行之后，需要清理此临时文件，以方便下次任务发布
    rm -rf $hosts
    trap "rm -rf $hosts" exit
```

4. 手动建立软 RAID 级别需求

因为笔者公司的主营业务是 CDN 业务，而磁盘作为 Cache 的重要介质经常会出现单块硬盘损坏的问题，而如果走报修流程的话，流程较为复杂而且周期时间也比较长，还不如重做 RAID 级别（一般是 RAID5），当然，其他级别的 RAID 脚本也必须支持；这样机器上线恢复的时间就会较快，业务影响也会较小，这里只摘录了问题代码，其代码内容如下所示：

```
function rg_mkfs_interac(){
    read -p "请输入您要做的RAID级别，可选择项为0|1|5|10:" raid
    read -p "请输入哪些磁盘需要并进RAID，磁盘之间请用空格格开，例如sdb sdc等" mydev
    echo $raid
    echo $mydev
    # create md0
        rg_info "Create RAID..."
        mdadm -Ss
        yes | mdadm -C /dev/md0 --level=$raid --auto=yes $mydev >/dev/null
        mdadm -D /dev/md0 >/dev/null || rg_info 58 "Create RAID /dev/md0 failed."
            # public
            partprobe /dev/$DISK_SYS 2>/dev/null
            sleep 3
            # mkfs
            for i in {${DISK_SYS}4,md0}; do
                echo -n "$MKFS /dev/$i... "
                if $MKFS /dev/$i &>/dev/null; then
                echo OK
                else
                echo failed && rg_info 55 "mkfs $i failed"
                fi
            done
            rg_info "Create cache direcotry..." && mkdir -p /cache/{cache,logs}
            echo -e "/dev/${DISK_SYS}4 \t\t/cache/logs \t\t$FS \tdefaults \t0 0"
>>/etc/fstab
            echo -e "/dev/md0 \t\t/cache/cache \t\t$FS \t$MOUNT_OPTS \t0 0" >>/
etc/fstab
            echo "--"
        #save mdadm.conf
            if (mdadm -Ds 2>/dev/null |grep -q .); then
               [ -f /etc/mdadm.conf ] && rg_info "Backup old mdadm.conf..." && /
bin/cp /etc/mdadm.conf /etc/mdadm.conf.bak
               rg_info "Save RAID configration (mdadm.conf)..."
                  if [ "$VER6" == 'yes' ]; then
                     mdadm -Ds |sed 's!/dev/md[^ ]*:\([0-9]\)!/dev/md\1!;
s!metadata[^ ]* !!; s/$/ auto=yes/' >/etc/mdadm.conf
                  else
                     mdadm -Ds |sed 's/$/ auto=yes/' >/etc/mdadm.conf
                  fi
        fi
    #mount all
        fgrep -q /cache /etc/fstab || rg_info 48 "Internal error: f_mkfs has BUG!"
        rg_info "挂载所有分区..."
        if mount -a; then
            rg_info "创建mkpart锁..."
            echo "$VERSION" >$MKFS_LOCK 2>/dev/null && chattr +i $MKFS_LOCK
            ret=0
        else
            rg_info 49 "mount -a 出错"
        fi
```

```
        return $ret
    }
```

5. 重载或更新机器路由配置

此设计思路其实参考了 Git 的思想，配置文件分成 3 种：分别对应 Git 的工作区、Git 本地版本库和 Git 远程版本库。对应的动作其思路也很明确：reload 和 updata 动作都会作差异性对比，然后根据实际需求获取真正有用的 rules 配置文件。这里只列举了 update_rules() 函数，reload() 函数的设计思路与此类似，其内容如下所示：

```
function update_rules() {
# 使用的是内部 SVN 服务器，所以这里的账号和密码是明文的，这里没有考虑太多安全性所带来的问题
svn co svn://192.168.10.68/route_auto /tmp/route_auto --username=testyum
--password=123456 --force --no-auth-cache

if [ $? -eq 0 ]; then
    echo "[INFO]: 成功获取最新 rules，检测下载的 rules 库文件是否为空 ..."
if !(test -s $LOCAL_TMP_RULES); then
        echo "获取到的最新 rules 库文件为空，请检查远端 rules 库文件！"
        exit 1
    else
    cp -rf $LOCAL_TMP_RULES $RULES_ENV_FILE
    cp -rf $LOCAL_TMP_RULES $TMPFILES
    echo "获取到的最新 rules 库文件非空，程序继续 ..."
    fi

    echo "[INFO]: 将最新 rules 库文件与本地 rules 库文件比对看其是否有差异 ..."
    if ! (diff $RULES_ENV_FILE $LOCAL_TMP_RULES &>/dev/null); then
        echo "有差异的 rules，加载最新 rules 库配置 ..."
        . $LOCAL_TMP_RULES
        cp -rf $LOCAL_TMP_RULES $RULES_ENV_FILE
    else
        echo "无差异的 rules，加载本地 rules 库配置 ..."
        . $RULES_ENV_FILE
fi
fi
}
```

2.7 小结

本章详细说明了 Shell 的基础语法和系统的相关知识点，以及 sed 和 awk 在日常工作中的使用案例，并用 Shell 命令 grep 结合正则表达式说明了 Shell 正则表达式的基础用法。在后面的实例中，又根据备份类、统计类、监控类、运维开发类向大家演示了在 DevOps 生产环境下我们经常用到的 Shell 脚本。希望大家可以结合本文提到的系统相关知识点，深入了解和掌握 Shell 脚本的用法，这样我们的 DevOps 工作才会更加得心应手。

第 3 章 Chapter 3

Python 在 DevOps 与自动化运维中的应用

Python 是一种动态解释型的编程语言。Python 功能强大，支持面向对象编程、函数式编程，同时还可以在 Windows、Linux 和 Unix 等多个操作系统上使用，因此 Python 也称为“胶水语言”。Python 的简洁性、易用性使得开发过程变得非常简练，特别适用于快速应用开发。笔者也发现，Python 代码在其所在公司的核心系统中无处不在，在线上环境的 GitLab 版本管理库中的代码比重也长期占据第二的位置（Java 排名第一），为什么 Python 应用会这么火呢，接下来我们看看 Python 的应用领域及其流行的原因。

3.1 Python 语言的应用领域

1. 云计算基础设施

云计算平台分为私有云和公有云。私有云平台中大名鼎鼎、如日中天的 OpenStack，就是以 Python 编程语言编写的。公有云，不论是 AWS、Azure、GCE（Google Compute Engine）、阿里云还是青云，都提供了 Python SDK，其中 GCE 只提供 Python 和 JavaScript 的 SDK，而青云则只提供 Python SDK。可见各家云平台对 Python 的重视。

> 说明　软件开发工具包（Software Development Kit，SDK），是软件工程师用于为特定的软件包、软件框架、硬件平台、操作系统等创建应用软件的开发工具的集合。

2. DevOps

互联网时代，只有能够快速试验新想法，并在第一时间，安全、可靠地交付业务价值，才能保持竞争力。DevOps 所推崇的自动化构建、测试和部署，以及系统度量等技术实践，都是互联网时代所必不可少的。

自动化构建（即持续集成CI）是因应用而易的，如果是Python应用，因为有setup-tools、pip、virtualenv及tox等工具的存在，自动化构建非常简单。而且，因为几乎所有的Linux版本都内置了Python解释器，所以用Python做自动化，不需要系统预安装相关软件。

自动化测试方面，基于Python的Robot Framework是企业级应用最喜欢的自动化测试框架，而且和语言无关。Cucumber也有很多支持者，Python中对应的Lettuce可以做到与Cucumber完全一样的事情。Locust（Locust是一个基于Python开发的开源负载测试工具）在自动化性能测试方面也开始受到越来越多的关注。此外，后起之秀Selenium，作为现在最火的Web自动化测试的轻量级框架现已在越来越多的公司中得到应用。Selenium的主要特点是其开源性、跨平台性以及受到众多编程语言的支持，我们除了可以用Python编写测试用例之外，还可以用Java、PHP甚至Shell来编写测试用例。

自动化运维（自动化配置管理）工具，新生代Ansible、SaltStack，以及轻量级的自动化运维工具Fabric，均为Python所开发。因为较之前两者，Fabric的设计更为轻量化和模块化，而且很容易就能进行二次开发，因此Fabric受到越来越多开发者的欢迎，很多公司同时使用它们来完成自动化运维工作。

3. 网络爬虫

大数据的数据从哪里来？除了部分企业有能力自己产生大量的数据，大部分时候，企业需要依靠爬虫来抓取互联网数据做分析。

网络爬虫是Python的传统强势领域，最流行的爬虫框架Scrapy、HTTP工具包urllib+urllib2、HTML解析工具Beautiful Soup 4、XML解析器lxml等都是能够独当一面的类库。笔者目前所在公司的分布式网络爬虫系统也是基于Scrapy开发的。不过，网络爬虫并不仅仅是打开网页、解析HTML这么简单。高效的爬虫需要能够支持大量灵活的并发操作，常常需要能够同时抓取几千甚至上万个网页，传统的线程池方式资源浪费比较大，线程数达到上千之后系统资源基本上就全浪费在线程调度上了。Python由于能够很好地支持协程（Coroutine）操作，基于此发展了很多并发库，如Gevent、Eventlet，还有Celery之类的分布式任务框架。被认为是比AMQP更高效的ZeroMQ，也是最早就提供了Python版本。有了对高并发的支持，网络爬虫才真正可以达到大数据的规模。

4. 数据处理

从统计理论，到数据挖掘、机器学习，再到最近几年提出来的深度学习理论，数据科学正处于百花齐放的时代。数据科学家们都用什么语言进行编程呢？ Python是数据科学家最喜欢的语言之一。与R语言不同，Python本身就是一门工程性语言，数据科学家用Python实现的算法，可以直接用在产品中，这对于大数据初创公司节省成本来说是非常有帮助的。正是因为数据科学家对Python和R的热爱，Spark因此对这两种语言都提供了非常好的支持。

Python 进行数据处理的相关类库非常多。高性能的科学计算类库 NumPy 和 SciPy，为其他高级算法打下了非常好的基础，Matploglib 让 Python 画图变得像 Matlab 一样简单。Scikit-learn 和 Milk 实现了很多机器学习算法，基于这两个库实现的 Pylearn2，是深度学习领域的重要成员。Theano 利用 GPU 加速，实现了高性能数学符号计算和多维矩阵计算。当然，还有 Pandas，一个在工程领域已经广泛使用的大数据处理类库，其 DataFrame 的设计借鉴自 R 语言，后来又启发了 Spark 项目实现了类似机制。

除了这些领域之外，Python 还广泛应用于 Web 开发、游戏开发、手机开发、数据库开发等众多领域。

3.2 选择 Python 的原因

对于研发工程师而言，Python 的优雅和简洁无疑是最大的吸引力，在 Python 交互式环境中，执行 import this，读一读“ Python 之禅”，你就会明白 Python 为什么如此吸引人。Python 社区一直非常有活力，与 Node.js 社区软件包爆炸式的增长不同，Python 的软件包增长速度一直比较稳定，同时软件包的质量也相对较高。也有很多人诟病 Python 对于空格的要求过于苛刻，但正是因为这个要求，才使得 Python 在做大型项目时比其他语言更有优势。OpenStack 项目总共超过 200 万行代码，也证明了这一点。

对于运维工程师而言，Python 的最大优势在于，几乎所有的 Linux 发行版都内置了 Python 解释器。Shell 虽然功能强大，但缺点很多：语法不够优雅，不支持面向对象、没有丰富的第三方库支持，写复杂的系统任务（尤其是涉及网络 HTTP 和并发任务方面）时会很痛苦。用 Python 替代 Shell，做一些 Shell 实现不了的复杂任务，对于运维工程师来说，是一次解放。

对于运维开发人员而言，Python 的优势在于它是一门强大的“胶水语言”，特别适用于 Web 后端、服务器开发，其优点具体如下。

1）Python 的代码风格简洁、易懂且易于维护，其语法优势为不用写大括号，代码注释风格统一，强调做一个事情只有一种方法。

2）有着丰富的 Web 开源框架，主流的框架包括 Web2py、web.py、Zope2、Pyramid、Django、CherryPy，另外还有轻量级框架 Flask 等。

3）跨平台能力，支持 Mac、Linux、Windows 等。

4）Python 可用的第三方库和模块比较多，适用于各种工作场景需求，使用起来非常方便。

5）Python 社区非常活跃，在其社区里面你基本上能够找到一切你所需要的答案。

基于以上原因，我们还有什么理由不选择 Python 呢？

3.3 Python的版本说明

这个情况需要重点说明下，Python 2.x 版本和 Python 3 版本的差异是很大的，语法也有很多是完全不一样的，下面将以线上环境说明，这里我们暂时还是只用 Python 2.7 版本，而且开发环境和线上环境多数是 Python 2.7.9 版本。

Python 3 的主要细节包括如下几个方面。

1. 性能

Python 3 的性能比 Python 2.x 慢，不过 Python 3.4 全部重写了 GIL（Python 全局锁），性能方面应该有所提升。

2. 编码

Python 3 源码文件默认使用 UTF-8 编码，而 Python 2.x 默认使用的则是 Unicode 编码。

3. 语法

1）去除了“<>”，全部改用“!=”。

2）去除“``”，全部改用 repr()。

3）关键词加入了 as 和 with，还有 True、False、None。

4）整型除法返回浮点数，要得到整型结果，请使用“//”。

5）加入 nonlocal 语句。使用“noclocal x”可以直接指派外围（非全局）变量。

6）去除了 print 语句，加入了 print() 函数以实现相同的功能。同样的还有 exec 语句，已经改为 exec() 函数。

其他方面还有很大改动，这里就不一一罗列了。

我们最终决定还是采用 Python 2.7 的原因具体如下。

1）由于历史原因，核心系统及运维开发系统的 Python 代码都是基于 Python 2.7 版本开发的，如果向 Python 3 移植的话则工作量会很大，而且为了保证系统的稳定性，暂时不考虑采用 Python 3。

2）工作中现在用的很多第三方类库都只提供了 Python 2 版本，而没有提供 Python 3 版本。同理，如果考虑向 Python 3 移植的话，那么将不能保证系统的稳定性。

3）开发环境为了保持与线上环境一致，也主要是 Python 2.7 版本，一般情况下是 Python 2.7.9 版，所以这里建议大家将学习环境也配置为 Python 2.7.9 版本。

基于上面的原因，本章内容也以 Python 2.7.9 为主，所有有关 Python 的代码都是基于 Python 2.7.9，并没有涉及 Python 3 及更高级的版本，这一点也请大家注意。

3.4 Python基础学习工具

考虑到本书的读者朋友们从事的如果是编码工作，则绝大多数是 PHP 开发或 Java 开发，因此在这里也向大家推荐一下笔者学习和工作中常用的 Python 的开发包和编辑器，方便大家进行 Python 程序相关的学习和编码工作。

3.4.1　Python(x,y) 简单介绍

Python(x,y) 是一个免费的科学和工程开发包，提供了数学计算、数据分析和可视化展示。从名字就能看出来这个发行版附带了科学计算方面的很多常用库，另外还有大量常用库比如用于桌面软件界面制作的 PyQt，还有文档处理、EXE 文件生成等常用库。另外，还有大量的工具，如 IDE、制图制表工具、加强的互动 Shell 之类。下文提到的很多软件在此发行版中都有附带。其他方面，Python(x,y) 还附带了手工整理出的所有库的离线文档，每个小版本升级都提供了单独的补丁。

Python(x,y) 安装以后，就默认自带了 IPython、PyDev（Python IDE）这些软件包，而且集成了很多第三方库，感觉使用起来非常方便，推荐大家安装此软件包来学习 Python 的基础语法。Python(x,y) 中包含的软件如图 3-1 所示。

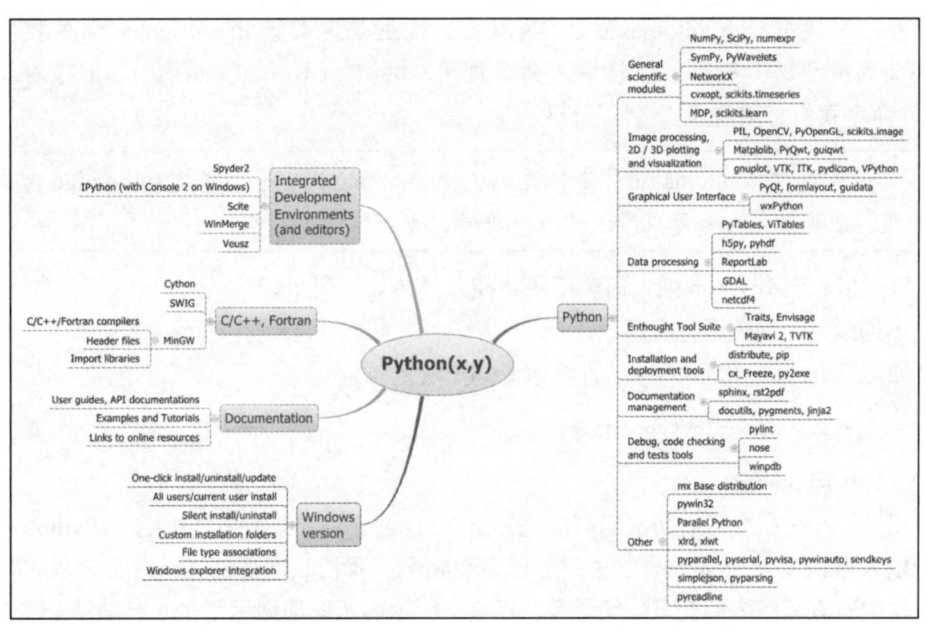

图 3-1　Python(x,y) 包含软件图示

注意　为了与 Python 版本兼容，所以这里的 Python(x,y) 版本也推荐采用 2.7.9。

3.4.2　IPython 详细介绍

IPython 提供了改进的交互式 Python Shell，我们可以利用 IPython 来执行 Python 语句，

并且能够立刻看到结果，这一点与 Python 自带的 Shell 工具没有什么不同，但是 IPython 额外提供了很多实用的功能是 Python 自带的 Shell 所没有的，正是这些功能，使得 IPython 成为众多 IPtyhon 使用人员的首选 Shell。

本节以 CentOS 6.8 x86_64 下的 IPython 演示（Windows 下的 IPython 用法略有差异）为例进行说明，这里请大家注意。

魔术（magic）函数

魔术函数（也可以称为命令）是 IPython 提供的一整套命令，使用这些命令可以操作 IPython 本身，以及提供一些系统功能。魔术命令分为两种：一种是基于行的（line-oriented），命令只针对一行；另一种是基于单元的（cell-oriented），命令可以针对多行，均作为其参数。

IPython 提供了很多类似的魔术命令，如果你想查看都有哪些魔术命令，则可以通过“%lsmagic”来查询；如果想查询某个命令的详细信息，则可以通过“%cmd?”来获取，例如“%run?”。

另外，默认情况下 automagic 是 ON 状态，也就是说对于 line-oriented 命令我们不需要使用前面的“%”符号，直接输入命令即可（例如，cd /root/pythton），但是对于 cell-oriented 命令我们必须输入“%%”符号。

注意 可以通过“%automagic”来打开或关闭 automagic 功能，打开 automaigc 功能的时候，我们输入命令可以带上“%”符号，也可以不带。

大家可以看看 IPython 强大而实用的功能，具体如下所示。

（1）通过 run 直接运行程序

比如运行 /root/python/tt.py 文件，命令如下所示：

```
In [31]: run /root/python/tt.py
```

（2）Tab 自动补全

使用过 Linux 命令行的朋友们都应该知道 TAB 键自动补全有多实用吧，IPython 可以针对之前输入过的变量、对象的方法等进行自动补全。我们只需要输入一部分，就可以看到命名空间中所有相匹配的变量、函数等，图 3-2 所示的截图即展示了 Tab 自动补全的功能。

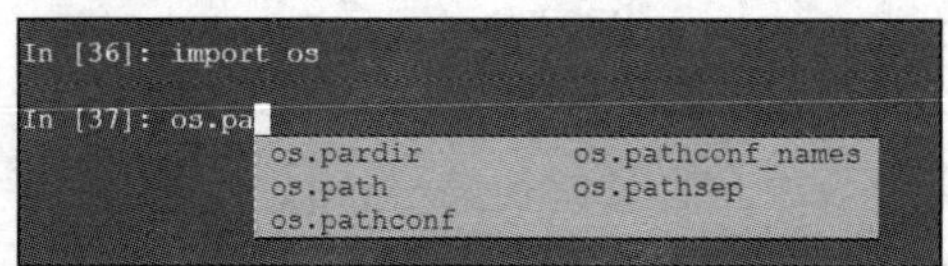

图 3-2　IPython 演示 Tab 自动补全功能图示

Tab 键自动补全功能既可以针对文件路径进行补全，还可以针对我们输入的路径补全可选路径。

（3）内省

在变量的前面或后面加问号“?”就可以查询和修改对象相关的信息（简要信息，大家可以理解成帮助文档），有的时候，对象的描述信息较多时，需要用两个问号“??”来显示全部信息，这点特别适用于查看文件的源代码，比如我们要查看os模块的源码信息，操作如下所示：

```
In [57]: import os
In [58]: os??
```

结果显示如下所示：

```
Type:        module
String form: <module 'os' from '/usr/local/python/lib/python2.7/os.pyc'>
File:        /usr/local/python/lib/python2.7/os.py
Source:
r"""OS routines for NT or Posix depending on what system we're on.

This exports:
  - all functions from posix, nt, os2, or ce, e.g. unlink, stat, etc.
  - os.path is one of the modules posixpath, or ntpath
  - os.name is 'posix', 'nt', 'os2', 'ce' or 'riscos'
  - os.curdir is a string representing the current directory ('.' or ':')
  - os.pardir is a string representing the parent directory ('..' or '::')
  - os.sep is the (or a most common) pathname separator ('/' or ':' or '\\')
  - os.extsep is the extension separator ('.' or '/')
  - os.altsep is the alternate pathname separator (None or '/')
  - os.pathsep is the component separator used in $PATH etc
  - os.linesep is the line separator in text files ('\r' or '\n' or '\r\n')
  - os.defpath is the default search path for executables
  - os.devnull is the file path of the null device ('/dev/null', etc.)

Programs that import and use 'os' stand a better chance of being
portable between different platforms.  Of course, they must then
only use functions that are defined by all platforms (e.g., unlink
and opendir), and leave all pathname manipulation to os.path
(e.g., split and join).
"""
```

如果我们想要查看os.path函数的使用说明，则操作如下所示：

```
In [60]: os.path?
```

结果显示如下所示：

```
Type:        module
String form: <module 'posixpath' from '/usr/local/python/lib/python2.7/posixpath.
pyc'>
File:        /usr/local/python/lib/python2.7/posixpath.py
Docstring:
```

```
Common operations on Posix pathnames.
Instead of importing this module directly, import os and refer to
this module as os.path.  The "os.path" name is an alias for this
module on Posix systems; on other systems (e.g. Mac, Windows),
os.path provides the same operations in a manner specific to that
platform, and is an alias to another module (e.g. macpath, ntpath).
Some of this can actually be useful on non-Posix systems too, e.g.
for manipulation of the pathname component of URLs.
```

（4）执行外部系统命令和运行外部文件

在 IPython 中，可以很容易地执行外部系统命令和运行文件。

1）使用“!”符号执行外部系统命令，比如下面要用系统命令 ls 来查看当前目录中的所有以 py 结尾的文件，代码如下所示：

```
In [70]: !ls *.py
```

显示结果如下所示：

```
download_mm.pyrequests_moniyoudao.pytest11.py   test2.py   test4.py   test9.py
tt.py
get_xun.pytest0.pytest1.py   test3.py  test8.py  test.py unicode_test.py
```

2）运行外部文件，例如要执行 /root/python/test.py 文件，可以使用如下命令来执行：

```
!python /root/python/test.py
```

（5）直接编辑代码

我们可以在 IPython 命令行下输入 edit 命令。

edit 命令用于启动一个编辑器。在 Linux 系统中，edit 命令会启动 vim 编辑器，在 Windows 系统中会启动 notepad 编辑器。我们可以在编辑器上编辑代码，保存退出后就会执行相应的代码。

比如，我们在 vim 编辑器中输入了如下内容：

```
print 'hello,yhc!'
```

保存以后关掉编辑器，IPython 将会立即执行这段代码，结果如下所示：

```
"/tmp/ipython_edit_DOOzvg/ipython_edit_Jm0cSY.py" 1L, 19C written
done. Executing edited code...
hello,yhc!
Out[7]: "print 'hello,yhc!'\n"
```

如果我们只想编辑或修改而不执行代码呢？那么可以使用如下命令：

```
edit -x
```

（6）pdb 功能开启或关闭

用于打开或关闭自动 pdb 唤出功能，当我们打开这个功能的时候（通过“%pdb on”或者“%pdb 1”），程序一旦遇到Exception就会自动调用pdb，进入pdb交互界面（如果要关闭该功能，则使用命令“%pdb off”或者“%pdb 0”）。

（7）对象信息的收集

IPython不仅可以用来管理系统，而且其还提供了多种方法来对Python对象的信息进行查看和收集。

1）查看系统环境变量信息。

我们可以用env命令来查看当前的系统环境配置，命令显示结果如下所示：

```
Out[75]:
{'CVS_RSH': 'ssh',
 'EDITOR': 'vim',
 'GOBIN': '/usr/local/go/bin',
 'GOPATH': '/root/GoProjects',
 'GOROOT': '/usr/local/go',
 'G_BROKEN_FILENAMES': '1',
 'HISTCONTROL': 'ignoredups',
 'HISTSIZE': '5000',
 'HISTTIMEFORMAT': '%F %T ',
 'HOME': '/root',
 'HOSTNAME': 'localhost.localdomain',
 'LANG': 'en_US.UTF-8',
 'LESSOPEN': '||/usr/bin/lesspipe.sh %s',
 'LOGNAME': 'root',
 'LS_COLORS':
'rs=0:di=01;34:ln=01;36:mh=00:pi=40;33:so=01;35:do=01;35:bd=40;33;01:cd=40;
33;01:or=40;31;01:mi=01;05;37;41:su=37;41:sg=30;43:ca=30;41:tw=30;42:ow=34;
42:st=37;44:ex=01;32:*.tar=01;31:*.tgz=01;31:*.arj=01;31:*.taz=01;31:*.lzh=01;31:*.
lzma=01;31:*.tlz=01;31:*.txz=01;31:*.zip=01;31:*.z=01;31:*.Z=01;31:*.dz=01;31:*.
gz=01;31:*.lz=01;31:*.xz=01;31:*.bz2=01;31:*.tbz=01;31:*.tbz2=01;31:*.bz=01;31:*.
tz=01;31:*.deb=01;31:*.rpm=01;31:*.jar=01;31:*.rar=01;31:*.ace=01;31:*.zoo=01;31:*.
cpio=01;31:*.7z=01;31:*.rz=01;31:*.jpg=01;35:*.jpeg=01;35:*.gif=01;35:*.bmp=01;35:*.
pbm=01;35:*.pgm=01;35:*.ppm=01;35:*.tga=01;35:*.xbm=01;35:*.xpm=01;35:*.tif=01;35:*.
tiff=01;35:*.png=01;35:*.svg=01;35:*.svgz=01;35:*.mng=01;35:*.pcx=01;35:*.
mov=01;35:*.mpg=01;35:*.mpeg=01;35:*.m2v=01;35:*.mkv=01;35:*.ogm=01;35:*.
mp4=01;35:*.m4v=01;35:*.mp4v=01;35:*.vob=01;35:*.qt=01;35:*.nuv=01;35:*.wmv=01;35:*.
asf=01;35:*.rm=01;35:*.rmvb=01;35:*.flc=01;35:*.avi=01;35:*.fli=01;35:*.flv=01;35:*.
gl=01;35:*.dl=01;35:*.xcf=01;35:*.xwd=01;35:*.yuv=01;35:*.cgm=01;35:*.emf=01;35:*.
axv=01;35:*.anx=01;35:*.ogv=01;35:*.ogx=01;35:*.aac=01;36:*.au=01;36:*.flac=01;36:*.
mid=01;36:*.midi=01;36:*.mka=01;36:*.mp3=01;36:*.mpc=01;36:*.ogg=01;36:*.ra=01;36:*.
wav=01;36:*.axa=01;36:*.oga=01;36:*.spx=01;36:*.xspf=01;36:',
 'MAIL': '/var/spool/mail/root',
 'PATH': '/usr/lib64/qt-3.3/bin:/usr/local/sbin:/usr/local/bin:/sbin:/bin:/usr/
sbin:/usr/bin:/usr/local/go/bin:/FastwebApp/fwutils/bin:/root/bin',
 'PWD': '/root',
 'QTDIR': '/usr/lib64/qt-3.3',
 'QTINC': '/usr/lib64/qt-3.3/include',
 'QTLIB': '/usr/lib64/qt-3.3/lib',
 'SHELL': '/bin/bash',
 'SHLVL': '1',
```

```
 'SSH_CLIENT': '192.168.184.36 55248 22',
 'SSH_CONNECTION': '192.168.184.36 55248 192.168.185.159 22',
 'SSH_TTY': '/dev/pts/0',
 'TERM': 'linux',
 'USER': 'root',
 '_': '/usr/bin/ipython'}
```

2）执行完 Python 程序之后，可以用 who 或 whos 来打印所有的 Python 变量，例如，有如下的程序：

```
#!/usr/bin/python
import json
jsonData = '{"a":1,"b":2,"c":3,"d":4,"e":5}';

text = json.loads(jsonData)
print text
```

我们用 run 执行此程序以后，就可以用 who 或 whos 来打印所有的 Python 变量了，who_ls 以列表的形式进行输出。

3）使用 psearch 查找当前命名空间（namespace）中已有的 Python 对象。例如我们要查找以 json 开头的 Python 对象，命令如下所示：

```
In [90]: psearch json*
```

命令显示结果如下所示：

```
json
jsonData
```

（8）IPython 中常用的其他 magic 函数

IPython 中常用的 magic 函数及其作用如表 3-1 所示。

表 3-1 IPython 中常用的 magic 函数及其作用

magic 函数	函数作用
lsmagic	显示所有的 magic 函数
magic	显示当前的 magic 系统帮助
pycat	使用语法高亮显示一个 Python 文件
R	重复执行上次的命令
Time	计算一段代码的执行时间
Pdoc	显示对象文档字符串
bookmark	定义书签目录，用于存储常用路径
history	显示历史记录
Reset	清空命名空间（namespace）

IPython 在工作中常用的快捷键操作，与 Linux 下的 Bash 比较类似，熟悉 Bash 操作的读者应该很容易上手，IPython 常用的快捷键操作如表 3-2 所示。

表 3-2 IPython 常用的快捷键操作

快捷键组合	快捷键作用
Ctrl+A	光标移动到行首
Ctrl+E	光标移动到行尾
Ctrl+K	删除从光标开始到行尾的字符
Ctrl+U	删除从光标开始到行首的字符
Ctrl+R	搜索匹配的历史命令
Ctrl + P 或上箭头	搜索之前的历史命令
Ctrl + N 或下箭头	搜索之后的历史命令
Ctrl+L	清屏

参考文档：

https://www.jianshu.com/p/61f8f7a68bbe

3.4.3 Sublime Text3 简单介绍

工作中笔者除了使用 VIM 编辑器之外，Sublime Text3（以下简称为 ST3）是笔者用得最多的编辑器了。ST3 主要用于 Python 项目和 Golang 项目的编辑开发工作，除此之外还有 Shell 脚本的编辑工作，再配合 ST3 的 SFTP 插件，很容易就能在开发服务器上面直接编辑项目文件，SFTP 插件也是笔者在 ST3 中用得最多的插件之一。

1. ST3 简介

ST3 是一款具有代码高亮显示、语法提示、自动完成且反应快速的编辑器软件，其不仅具有华丽的界面，还支持插件扩展机制，用 ST3 来写代码，绝对是一种享受。相比于难于上手的 VIM，臃肿沉重的 Eclipse、VS，即便是体积轻巧、启动迅速的 Editplus、Notepad++ 等，在 ST3 面前也大显失色，毫无疑问，这款轻快无比的编辑器是 Coding 和 Writing 最佳的选择，没有之一。另外无论是多大代码量的项目，ST3 都能在 0.5 秒内瞬间打开，这点也是其他编辑器所不能比拟的。

作为 DevOps 开发人员，大家应该清楚，平时的开发工作不仅仅是像开发 Shell 那样只有几个文件需要编辑，以笔者的 Golang 项目为例，除了要调用自己的几十个 package 以外，还得调用 github.com 的几十个 package，所以开发工作需要直观好用的导航以及快捷的编辑及查找模式，这里向大家推荐 ST3，其工作界面如图 3-3 所示。

那么，我们为什么需要 FTP/SFTP 插件呢？

有时候修改一些网站上的文件，通常是按照下面这样的流程来进行：使用 FTP/SFTP 连接到远程服务器 → 下载要修改的文件 → 使用 ST3 修改文件 → 保存然后拖进 SFTP 中 → 刷新网站或运行程序。

很明显，这样的工作流程效率很低，特别是当你修改一句代码的时候，为了即时生效，需要重复切换几个窗口以重复这个过程，于是就有了 SFTP 插件。

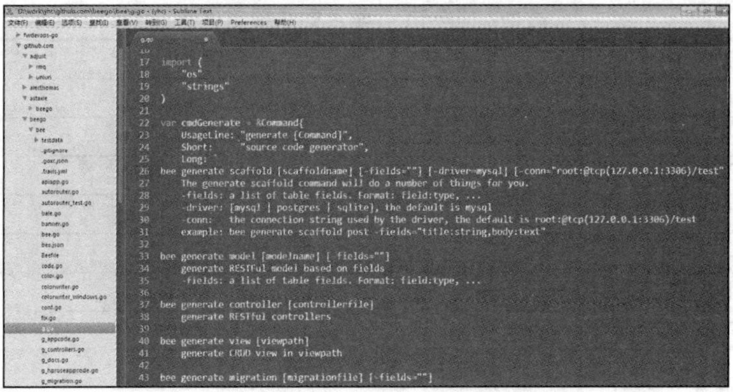

图 3-3　Sublime Text 3 工作界面图示

SFTP 插件的主要功能就是通过 FTP/SFTP 连接远程服务器并获取文件列表，可以选择下载编辑、重命名、删除等操作，单击下载编辑之后，可以打开这个文件进行修改。修改完成之后，保存一下会自动上传到远程的服务器上面。

使用了 SFTP 插件之后，工作流程就变成了使用 SFTP 插件打开文件 → 使用 ST3 编辑修改文件 → 保存文件 → 刷新页面或运行程序。效率提升了至少一倍以上，下面就来介绍一下具体的使用方法。

安装 SFTP 插件比较简单，这里将其略过。由于笔者在本地已经配置好了 Vagrant 的开发环境，所以一般只需要要与本地的 Vagrant 虚拟开发机器进行交互就行了。

打开 ST3 的“文件”菜单，然后选择“FTP/SFTP”菜单，再选择“Setup Server”，如果信息正确，则此时就可以编辑要进行连接 SFTP 服务器的一切信息了，如图 3-4 所示。

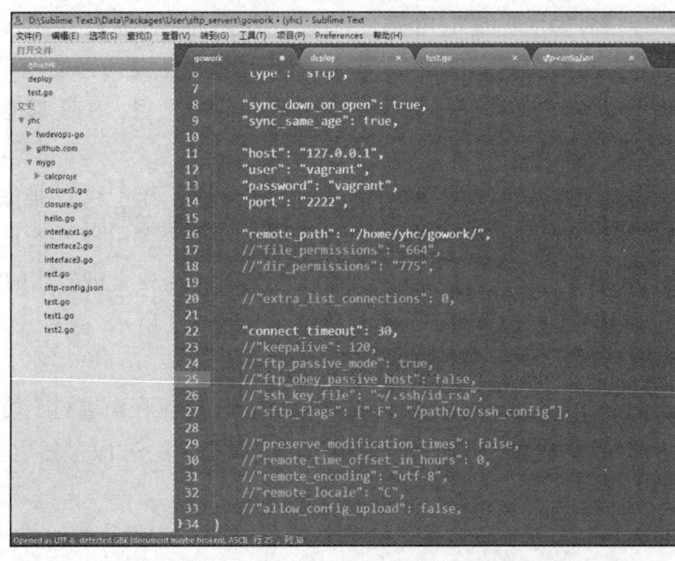

图 3-4　ST3 配置 FTP/SFTP 详细说明图示

大家注意下 ssh_key_file 的选项，说明 SFTP 插件不仅仅是只支持账号和密码登录，同样，其也支持 SSH 私钥登录。

然后我们将其保存，命名为“deploy”即可，如果此时一切顺利，则我们可以连到 SFTP Server 端进行相关文件的查看、编辑和删除工作，如图 3-5 所示。

```
success
Downloading "/home/yhc/closure.go" to "c:\users\admini~1\appdata\local\temp\sublime-sftp-browse-1496066510\deploy\home\yhc\closure.go"
 .. success
Downloading "/home/yhc/test3.go" to "c:\users\admini~1\appdata\local\temp\sublime-sftp-browse-1496066549\deploy\home\yhc\test3.go" ..
success
Downloading "/home/yhc/test2.go" to "c:\users\admini~1\appdata\local\temp\sublime-sftp-browse-1496066569\deploy\home\yhc\test2.go" ..
success
```

图 3-5　ST3 成功由 FTP/SFTP 服务器下载文件图示

此外，SFTP 插件还支持将当前编辑的文件上传到 Server 端的功能，即“Upload File”，相对而言，笔者更喜欢这种在本地编辑，然后上传的方式，感觉这样更方便、更人性化。具体操作步骤如下。

我们在自己的工作机上编辑完成了一个本地文件，比如 hello.go 文件以后，这时若想上传到远端的服务器上面，则可以先选中此文件，再单击鼠标右键，然后选择“FTP/SFTP”→“Map to Remote”，最后根据实际情况进行配置，如图 3-6 所示。

```

    // sftp, ftp or ftps
    "type": "sftp",

    "save_before_upload": true,
    "upload_on_save": false,
    "sync_down_on_open": false,
    "sync_skip_deletes": false,
    "sync_same_age": true,
    "confirm_downloads": false,
    "confirm_sync": true,
    "confirm_overwrite_newer": false,

    "host": "127.0.0.1",
    "user": "yhc",
    "password": "redhat",
    "port": "2222",

    "remote_path": "/home/yhc/",
    "ignore_regexes": [
        "\\.sublime-(project|workspace)", "sftp-config(-alt\\d?)?\\.json",
        "sftp-settings\\.json", "/venv/", "\\.svn/", "\\.hg/", "\\.git/",
        "\\.bzr", "_darcs", "CVS", "\\.DS_Store", "Thumbs\\.db", "desktop\\.ini"
    ],
    //"file_permissions": "664",
    //"dir_permissions": "775",
```

图 3-6　ST3 直接配置运端 sftp-config.json 文件图示

这个时候我们选择 CTRL+S 进行保存，此时会在本地保存一个名为“sftp-config.json”的文件，如果以后需要进行编辑更改，则直接编辑此文件即可。

保证此信息配置正确以后，我们单击此文件，然后选择“Upload File”文件选项即可将此文件迅速上传到指定远端服务器的目录中，一般是指定用户的家目录，比如 yhc 用户的家目录，即 /home/yhc 里面。

另外，如果有些特殊文件想要直接上传到正式服务器，则此时我们可以选择“Add

Alternate Remote Mapping”再增加一个 SFTP 服务器，也可以手动选择此时的 SFTP 服务器，这样的设计确实更加人性化。

除此之外，其他好用的 ST3 插件具体如下。

❑ SublimeREPL

没有 SublimeREPL 插件支持的 ST3 是不支持交互功能的，比如 raw_input()，我们可以通过安装此插件使 ST3 功能更加丰富。我们可以通过菜单“ Preferences”→“按键绑定 - 用户”来绑定此插件的快捷键方式，粘贴内容如下所示：

```
[
{ "keys":["f5"], "caption": "SublimeREPL: Python - RUN current file", "command": "run_existing_window_command", "args":{"id": "repl_python_run","file": "config/Python/Main.sublime-menu"}}
]
```

❑ SublimeLinter

SublimeLinter 是少数几个能在 ST3 工作的代码检查插件，SublimeLinter 支持 JavaScript、CSS、HTML、Java、PHP、Python、Ruby 等十多种开发语言，但前提是需要配置相应语言的运行环境，若要检查 JavaScript 代码则需要安装 Node.js，若要检查 PHP 代码，则需要安装 PHP 并配置环境等。SublimeLinter 可以及时提示编写代码中存在的不规范和错误的写法，并培养我们良好的编码习惯和风格。

❑ SublimeCodeIntel

SublimeCodeIntel 作为一个代码提示和补全插件，支持 JavaScript、Mason、XBL、XUL、RHTML、SCSS、Python、HTML、Ruby、Python3、XML、Sass、XSLT、Django、HTML5、Perl、CSS、Twig、Less、Smarty、Node.js、TCL、TemplateToolkit 和 PHP 等所有语言，是 ST3 自带代码提示功能基础上一个更好的扩展，自带代码提示功能只可提示系统代码，而 SublimeCodeIntel 则可以提示用户自定义代码。SublimeCodeIntel 支持跳转到变量、函数定义等功能，另外还有自动补全的功能，十分方便。

其他插件大家可以结合自己的编码习惯来安装，毕竟在 ST3 中安装插件是一件非常简单和方便的事情。

❑ BracketHighlighter

从 ST2 起就支持标签的高亮效果，同样 ST3 也支持，大家可以结合自己的编码习惯来考虑是否采用。

其他插件大家可以结合自己的编码习惯来安装，毕竟在 ST3 中安装插件是一件非常简单和方便的事情。

下面继续向大家介绍 ST3 的快捷键操作吧。

2. 常用操作

❑ Ctrl+Shift+P：打开命令面板。

- Ctrl+P：搜索项目中的文件。
- Ctrl+G：跳转到第几行。
- Ctrl+W：关闭当前打开的文件。
- Ctrl+Shift+W：关闭所有打开的文件。
- Ctrl+Shift+V：粘贴并格式化。
- Ctrl+D：选择单词，重复操作可增加选择下一个相同的单词。
- Ctrl+L：选择行，重复操作可依次增加选择下一行。
- Ctrl+Shift+L：选择多行。
- Ctrl+Shift+Enter：在当前行前插入新行。
- Ctrl+X：删除当前行。
- Ctrl+M：跳转到对应括号。
- Ctrl+U：软撤销，撤销光标位置。
- Ctrl+J：选择标签内容。
- Ctrl+F：查找内容。
- Ctrl+Shift+F：查找并替换。
- Ctrl+H：替换。
- Ctrl+R：前往程序中的方法。
- Ctrl+N：新建窗口。
- Ctrl+K+B：开关侧栏。
- Ctrl+Shift+M：选中当前括号中的内容，重复操作可选中括号本身。
- Ctrl+F2：设置 / 删除标记。
- Ctrl+/：注释当前行。
- Ctrl+Shift+/：当前位置插入注释。
- Ctrl+Alt+/：块注释，并将光标移至首行，用于写注释说明。
- Ctrl+Shift+A：选择当前标签前后，用于修改标签。
- F11：全屏。
- Shift+F11：全屏免打扰模式，只编辑当前文件。
- Alt+F3：选择所有相同的词。
- Alt+.：闭合标签。
- Alt+Shift+ 数字：分屏显示。
- Alt+ 数字：切换打开第 N 个文件。
- Shift+ 右键拖动：用于更改或插入列内容。
- 鼠标的前进后退键：可切换 Tab 文件。
- 按 Ctrl，依次点击或选取：可选择需要编辑的多个位置。
- 按 Ctrl+Shift+ 上下键：可替换行。

3. 选择类

- Ctrl+D：选中光标所占的文本，继续操作则会选中下一个相同的文本。
- Alt+F3：选中文本按下快捷键，即可一次性选择全部的相同文本同时进行编辑。举个例子，可快速选中并更改所有相同的变量名、函数名等。
- Ctrl+L：选中整行，继续操作则继续选择下一行，效果与“Shift+↓”的效果一样。
- Ctrl+Shift+L：先选中多行，再按下快捷键，会在每行的行尾插入光标，即可同时编辑这些行。
- Ctrl+Shift+M：选择括号内的内容（继续选择父括号）。举个例子，快速选中删除函数中的代码，重写函数体代码或重写括号中的内容。
- Ctrl+M：光标移动至括号内结束或开始时的位置。
- Ctrl+Enter：在下一行插入新行。举个例子，即使光标不在行尾，也能快速向下插入一行。
- Ctrl+Shift+Enter：在上一行插入新行。举个例子，即使光标不在行首，也能快速向上插入一行。
- Ctrl+Shift+[：选中代码，按下快捷键，折叠代码。
- Ctrl+Shift+]：选中代码，按下快捷键，展开代码。
- Ctrl+K+0：展开所有折叠的代码。
- Ctrl+←：向左单位性地移动光标，快速移动光标。
- Ctrl+→：向右单位性地移动光标，快速移动光标。
- shift+↑：向上选中多行。
- shift+↓：向下选中多行。
- Shift+←：向左选中文本。
- Shift+→：向右选中文本。
- Ctrl+Shift+←：向左单位性地选中文本。
- Ctrl+Shift+→：向右单位性地选中文本。
- Ctrl+Shift+↑：将光标所在行和上一行代码互换（将光标所在行插入到上一行之前）。
- Ctrl+Shift+↓：将光标所在行和下一行代码互换（将光标所在行插入到下一行之后）。
- Ctrl+Alt+↑：向上添加多行光标，可同时编辑多行。
- Ctrl+Alt+↓：向下添加多行光标，可同时编辑多行。

4. 编辑类

- Ctrl+J：将选中的多行代码合并为一行。举个例子，将多行格式的 CSS 属性合并为一行。
- Ctrl+Shift+D：复制光标所在的一整行，插入下一行。
- Tab：向右缩进。

- Shift+Tab：向左缩进。
- Ctrl+K+K：从光标处开始删除代码至行尾。
- Ctrl+Shift+K：删除整行。
- Ctrl+/：注释单行。
- Ctrl+Shift+/：注释多行。
- Ctrl+K+U：转换为大写。
- Ctrl+K+L：转换为小写。
- Ctrl+Z：撤销。
- Ctrl+Y：恢复撤销。
- Ctrl+U：软撤销，感觉和 Ctrl+Z 一样。
- Ctrl+F2：设置书签。
- Ctrl+T：左右字母互换。
- F6：单词检测拼写。

5. 搜索类

- Ctrl+F：打开底部搜索框，查找关键字，此时只能查找单个文件。F3 会查找下一个关键字。
- Shift+F3：为上一个关键字。
- Ctrl+Shift+F：在文件夹内查找，与普通编辑器不同的是，ST3 会在当前打开的文件夹下的多个文件夹中进行关键字查找，并输出“Find Result”结果。
- Ctrl+P：打开搜索框。举例说明如下。
  - 输入当前项目中的文件名，快速搜索文件。
  - 输入“@”和关键字，查找文件中的函数名。
  - 输入“:”和数字，跳转到文件中该行代码处。
  - 输入“#”和关键字，查找变量名。
- Ctrl+G：打开搜索框，自动带“:”，输入数字即可跳转到该行代码处。举个例子，在页面代码比较长的文件中快速定位。
- Ctrl+R：打开搜索框，自动带“@”，输入关键字，即可查找文件中的函数名。举个例子，在函数较多的页面快速查找某个函数。
- Ctrl+:（冒号）：打开搜索框，自动带“#”，输入关键字，即可查找文件中的变量名、属性名等。
- Ctrl+Shift+P：打开命令框。场景例子，打开命名框，输入关键字，调用 ST3 的插件功能，例如，使用 package 安装插件。
- Esc：退出光标多行选择，退出搜索框、命令框等。

6. 显示类

- Ctrl+Tab：按文件浏览过的顺序，切换当前窗口的标签页。

- Ctrl+PageDown：向左切换当前窗口的标签页。
- Ctrl+PageUp：向右切换当前窗口的标签页。
- Alt+Shift+1：窗口分屏，恢复默认的 1 屏（非小键盘的数字）。
- Alt+Shift+2：左右分屏 2 列。
- Alt+Shift+3：左右分屏 3 列。
- Alt+Shift+4：左右分屏 4 列。
- Alt+Shift+5：等分 4 屏。
- Alt+Shift+8：垂直分屏 2 屏。
- Alt+Shift+9：垂直分屏 3 屏。
- Ctrl+K+B：开启 / 关闭侧边栏。
- F11：全屏模式。
- Shift+F11：免打扰模式。

另外，除了 ST3 以外，Python 还有一款编辑神器，那就是 PyCharm。PyCharm 是一种 Python IDE，带有一整套可以帮助用户在使用 Python 语言开发时提高其效率的工具，比如调试、语法高亮、项目管理、代码跳转、智能提示、自动完成、单元测试、版本控制等。此外，该 IDE 提供了一些高级功能，以用于支持 Django 框架下的专业 Web 开发，建议大家在 DevOps 工作中熟练掌握。

参考文档：

https://segmentfault.com/a/1190000002570753

3.5 Python 基础知识进阶

有关 Python 基础知识的资料和书籍非常多，这里就不再作详细介绍和说明了，本节主要罗列的是工作中常用的 Python 基础知识点，大家可以重点关注下。

3.5.1 正则表达式应用

正则表达式主要用于搜索、替换和解析字符串。正则表达式遵循一定的语法规则，使用起来非常灵活，其功能非常强大。使用正则表达式编写一些逻辑验证非常方便，例如，可用于电子邮件格式或 IP 地址的验证。正则表达式在 Python 爬虫中的作用也相当于是必不可少的神兵利器。Python 自 1.5 版本起增加了 re 模块，其提供 Perl 风格的正则表达式模式。re 模块使 Python 语言拥有了全部的正则表达式功能。

1. 正则表达式简介

正则表达式是由字母、数字和特殊字符（括号、星号和问号等）组成的。正则表达式中有许多特殊的字符（也称为元字符），这些特殊字符是构成正则表达式的要素。表 3-3 说明了正则表达式中特殊字符的含义。

表 3-3　Python 元字符及其作用说明

符号（元字符）	符号（元字符）作用	符号（元字符）	符号（元字符）作用
^	开始字符	[m]	匹配单个字符串
$	结束字符	[m-n]	匹配 m ～ n 之间的字符
\w	匹配字母、数字和下划线的字符	[m1m2..n1n2]	匹配多个字符串
\W	匹配不是字母、数字和下划线的字符	[^m]	匹配除 m 之外的字符串
\s	匹配空白字符	()	对正则表达式进行分组，一对圆括号表示一组
\S	匹配不是空白的字符	{ m }	重重 m 次
\d	匹配数字	{ m,n }	重复 m ～ n 次
\D	匹配非数字的字符	*	匹配零次或多次
\b	匹配单词的开始和结束位置	+	匹配一次或多次
\B	匹配非单词开始和结束的位置	?	匹配零次或一次
.	匹配任意字符，包括汉字	*?	匹配零次或多次，且最短匹配
{m,n}	重复 m 次，且最短匹配	+?	匹配一次或多次，且最短匹配
??	匹配一次或零次，且最短匹配	(?P<name>)	为分组命名，name 表示分组的名称
m | n	匹配 m 或 n	(?P=name)	使用名为 name 的分组

注意　“^”与“[^m]”中的定义完全不同，后者的“^”表示“除了……”的意思；另外，表中的“(?P<name>)”与“(?P=name)”是 Python 中独有的写法，其他的符号在各种编程语言中都是通用的。

（1）原子

原子是正则表达式中最基本的组成单位，每个正则表达式中至少要包含一个原子，常见的原子是由普通字符或通用字符和原子表构成的。

原子表是由一组地位平等的原子组成的，匹配的时候会获取该原子表中的任意一个原子来进行匹配。在 Python 中，原子表由“[]”表示，“[xyz]”就是一个原子表，这个原子表中定义了 3 个原子，这 3 个原子的地位是平等的。

如果我们要对正则表达式进行嵌套，就需要使用分组“()”。即我们可以使用“()”将一些原子组合成一个大原子使用，小括号括起来的那部分会被当作一个整体来使用。

（2）贪婪模式与懒惰模式

其实仅从字面意义上来看就能很好地理解了，贪婪模式就是尽可能多地匹配，而懒惰模式就是尽可能少地匹配。下面通过一个实例来理解，代码如下所示：

```
#-*-encoding:utf-8-*-
import re

string = 'helolomypythonhistorypythonourpythonend'
```

```
p1 = "p.*y"  #贪婪模式
p2 = "p.*?y" #懒惰模式

r1 = re.search(p1,string)
r2 = re.search(p2,string)
print r1.group()
print r2.group()
```

代码输出结果如下所示：

```
pythonhistorypythonourpy
py
```

我们通过对比可以发现，懒惰模式下面采用的是就近匹配原则，可以让匹配更为精确；而贪婪模式下，就算已经找到一个最近的结尾 y 字符了，也仍然不会停止搜索，直到找不到结尾字符 y 为止才停止搜索，此时结尾的 y 字符为源字符串中最右边的 y 字符。

例如，对 3 位数字重复 3 次，可以使用下面的正则表达式，命令如下所示：

```
(\d\d\d){2}
```

请注意与下面的正则表达式进行区分，具体如下：

```
\d\d\d{2}
```

该表达式相当于“\d\d\d\d”，匹配的结果为“1234”和“5678”。

正则表达式的每个分组会自动拥有一个组号。从左往右第 1 个出现的圆括号为第 1 个分组，表示为“\1”；第 2 个出现的圆括号为第 2 个分组，表示为“\2”，以此类推。组号可以重复匹配某个分组。例如，对字符串“abc”重复两次可以表示为如下的正则表达式：

```
(abc)\1
```

如果对字符串 "abcabcabc" 进行匹配的话，则匹配的结果为 "abcabc"。

如果要匹配电话号码，例如匹配“010-12345678”，我们一般会采用“ \d\d\d-\d\d\d\d\d\d\d\d”这样的正则表达式，其中出现了 11 次“\d”，表达方式极为烦琐。而且不同地区电话号码的区号也有可能是 3 位数字或 4 位数字，因此这个正则表达式就不能满足需求了。另外，电话号码还有很多种写法，例如 01012345678，或者 (010)12345668 等，所以我们需要设计一个通用的正则表达式，如下所示：

```
[\(]?\d{3}[\)-]?\d{8}|[\(]?\d{4}[\)-]?\d{7}
```

有兴趣的朋友可以关注下电话号码相关的正则表达式的代码，如下所示：

```
import re
#coding:utf-8

tel = "027-86912233"
print re.findall(r'\d{3}-\d{8}|\d{4}-\d{7}',tel)
```

```
te2 = "0755-1234567"
print re.findall(r'\d{3}-\d{8}|\d{4}-\d{7}',te2)

te3= "(010)12345678"
print re.findall(r'[\(]?\d{3}[\)-]?\d{8}',te3)

te4 = "010-12345678"
print re.findall(r'[\(]?\d{3}[\)-]?\d{8}',te4)
```

2. 使用 re 模块处理正则表达式

Python 的 re 模块具有正则表达式的功能。re 模块提供了一些函数可根据正则表达式进行查找、替换和分隔字符串，这些函数使用正则表达式作为第一个参数。re 模块常用的函数如表 3-4 所示。

表 3-4 re 模块常用的函数及其作用说明

函 数	作用描述
math(pattern,string,flags=0)	根据 pattern 从 string 的头部开始匹配字符串，只返回第 1 次匹配的对象；否则返回 None
search(pattern,string,flags=0)	根据 pattern 从 string 中匹配字符串，只返回第 1 次匹配的对象；否则返回 None
findall(pattern,string,flags=0)	根据 pattern 在 string 中匹配字符串。如果匹配成功，则返回包含匹配结果的列表
sub(pattern,repl,string,count=0)	根据指定的正则表达式，替换源字符串的子串。repl 是用于替换的字符串，string 是源字符串，如果 count 等于 0，则返回 string 中匹配的所有结果；如果 count 大于 0，则返回相应的次数
split(pattern,string,maxsplit=0)	根据 pattern 分隔 string，maxsplit 表示最大的分隔数
compile(patten,flags=0)	编译正则表达式 pattern，返回 1 个 pattern 对象

re 模块的很多函数中都有一个 flags 标志位，该参数用于设置匹配的附加选项。例如，是否忽略大小写、是否支持多行匹配等，如表 3-5 所示。

表 3-5 re 模块的 flags 标志位作用描述

选 项	作用描述
re.I	忽略大小写
re.L	字符集本地化，用于多语言环境
re.M	多行匹配
re.S	使“.”匹配包括“\n”在内的所有字符
re.X	忽略正则表达式中的空白、换行，以方便添加注释

正则表达式的解析非常费时，需要使用 compile() 函数进行预编译，该函数返回 1 个 pattern 对象。该对象拥有一系列的方法用于查找、替换或扩展字符串，从而提高字符串的匹配速度。此函数通常与 match() 和 search() 一起使用，对含有分组的正则表达式进行解

析。正则表达式的分组是从左往右开始计数的，第 1 个出现的为第 1 组，依次类似。此外还有 0 号组，0 号组用于存储匹配整个正则表达式的结果。

（1）常见函数说明

❑ **re.match() 函数**

re.match() 函数的使用格式如下所示：

```
math(pattern,string,flags=0)
```

第一个参数代表对应的正则表达式，第二个参数代表对应的源字符，第三个参数是可选的 flag 标志位。

❑ **re.search() 函数**

re.search() 函数的使用格式如下所示：

```
search(pattern,string,flags=0)
```

第一个参数代表对应的正则表达式，第二个参数代表对应的源字符，第三个参数是可选的 flag 标志位。

大家可以发现，re.match() 和 re.search() 的基本语法是一模一样的，那么，它们的区别在哪里呢？ re.match 只匹配字符串的开始，如果字符串开始不符合正则表达式，则匹配失败，函数返回 None；而 re.search 则匹配整个字符串（全文搜索），直到找到一个匹配。下面举例说明：

```
#-*-encoding:utf-8-*-
import re

string = 'helolomypythonhistorypythonourpythonend'
patt = ".python."
r1 = re.match(patt,string)
r2 = re.search(patt,string)

print r1          #r1 打印值为空
print r2
print r2.span()  # 在起始位置匹配
print r2.group() # 匹配的整个表达式的字符串
```

运行结果如下所示：

```
None
<_sre.SRE_Match object at 0x0048EA30>
(7, 15)
ypythonh
```

❑ **全局匹配函数**

在上面的例子中我们可以发现，即使源字符串中有多个结果符合模式，也只能提取一个结果。那么，我们如何将符合模式的内容全部匹配出来呢？

解决思路具体如下。

1）使用 re.compile() 对正则表达式进行预编译，实现更加高效的匹配。

2）编译后再使用 findall() 函数根据正则表达式从源字符串中将匹配的结果全部找出。

代码如下所示：

```
#-*-encoding:utf-8-*-
import re

string = 'helolomypythonhistorypythonourpythonend'
pattern = re.compile('.python.') # 预编译
result = pattern.findall(string)
print result
```

运行结果如下所示：

```
['ypython', 'ypython', 'rpython']
```

❑ re.sub() 函数

很多时候，我们需要根据正则表达式来实现替换某些字符串的功能，此时就可以使用 re.sub() 函数来实现，函数格式如下所示：

```
sub(pattern,repl,string,count)
```

其中第一个参数为正则表达式，第二个参数为要替换的字符串，第三个参数为源字符串，第四个参数为可选项，代表最多替换的次数。如果忽略不写，那么默认会将符合模式的结果全部替换。

这里举个简单的例子说明下，如下所示：

```
#-*-coding:utf-8-*-
import re
string = 'helolomypythonhistorypythonourpythonend'
patt = "python."
r1 = re.sub(patt,'php',string)
r2 = re.sub(patt,'php',string,2)
print r1
print r2
```

输出结果如下所示：

```
helolomyphpistoryphpurphpnd
helolomyphpistoryphpurpythonend
```

（2）Python 正则表达式的常见应用

❑ 匹配电话号码

这里先用前面介绍的“()”元字符相关知识点来整理下数字，例如，对 3 位数字重复 2 次，可以使用下面的正则表达式，命令如下所示：

```
(\d\d\d){2}
```

接下来看一个简单的例子，代码如下所示：

```
import re

patt = '(\d\d\d){2}'
num='1245987967967867789'
result = re.search(patt,num)
print result.group()
```

请注意与下面的正则表达式进行区分，代码如下所示：

```
\d\d\d{2}
```

该表达式相当于“\d\d\d\d”，匹配的结果为“1234”和“5678”。

如果要匹配电话号码，例如“010-12345678”这样的电话号码，我们一般会采用“\d\d\d-\d\d\d\d\d\d\d\d”这样的正则表达式，其中出现了11次“\d”，表达方式极为烦琐。而且有些地区的电话号码的区号有可能是3位数字也有可能是4位数字，因此这个正则表达式就不能满足需求了。另外，电话号码还有很多种写法，例如01012345678，或者(010)12345678等，所以我们需要设计一个通用的正则表达式，具体如下所示：

```
[\(]?\d{3}[\)-]?\d{8}|[\(]?\d{4}[\)-]?\d{7}
```

下面就来测试下这个通用的适合电话号码的正则表达式，代码如下所示：

```
#coding:utf-8
import re

telre = "[\(]?\d{3}[\)-]?\d{8}|[\(]?\d{4}[\)-]?\d{7}"
te1 = "027-86912233"
te2 = "02786912233"
te3 = "(027)86912233"
te4 = "(0278)6912233"

print re.search(telre,te1).group()
print re.search(telre,te2).group()
print re.search(telre,te3).group()
print re.search(telre,te4).group()
```

例子中的te1-te4所代表的电话号码全都能正常打印出来，结果如下所示：

```
027-86912233
02786912233
(027)86912233
(0278)6912233
```

❑ 匹配以.com或.cn结尾的uRL网址

若用Python正则表达式来实现，则代码并不复杂，具体如下所示：

```
#-*- encoding:utf-8 -*-
import re
pattern = "[a-zA-Z]+://[^\s]*[.com|.cn]"
string = "<a 'http://www.163.com/' 网易首页 </a>"
result = re.search(pattern,string)
print result.group()
```

我们在这里主要分析pattern的写法，首先“://”是固定的，最后要以“.com”或“.cn”结尾，所以最后应该是“[.com|.cn]”，在“://”与“[.com|.cn]”之间是不能出现空格的，所以这里是“[^\s]”，而且也应该是有内容的，所以至少是一次重复，所以这里应该是“[^\s]+”而非“[^\s]*”；同理，前面出现的“[a-zA-Z]”代表的是任意的字母组合，也必须是有内容的，所以后面得跟上“+”号组合起来，因此整体的正则表达式就是“[a-zA-Z]+://[^\s]*[.com|.cn]”。

- **匹配电子邮件**

```
#-*- encoding:utf-8 -*-
import re
pattern = "^[0-9a-zA-Z_-]{0,19}@[0-9a-zA-Z._-]{1,13}\.[com,cn,net]{1,3}$"
string = "yuhongchun-027@gmail.com"
result = re.search(pattern,string)
print result.group()
```

这个例子也很容易理解，大家需要注意这里的{0,19}及{1,13}代表的是位数。

Python正则表达式在工作中的应用非常多，我们还可以用它来写简单的爬虫需求代码，比如抓取某网站的图片或CSS等，这样就可以加深对其的理解和认识，从而在DevOps开发工作中得心应手地编写需求代码。

3.5.2 Python程序构成

Python程序是由包、模块和函数组成的。

Python的包和Java的包其作用是相同的，都是为了实现程序的代码复用。包必须含有“__init__.py”文件，其用于标识当前文件夹是一个包。

在Python的定义中，一个文件就是一个模块，模块是由类、函数及程序组成的，文件名是不能重复的，所以大家在命名的时候要注意这个问题。

模块是Python中的重要的概念，Python的程序是由多个模块（即文件）组成的。模块的导入和Java中包导入的概念类似，都是使用import语句。在Python中，如果需要在程序中调用标准库或其他第三方库的类，需要先使用import或“from...import...”语句导入相关的模块。

它们的区别在哪里呢？

1）Python中import后面紧接的是模块名（即文件名），示例代码如下所示：

```
import time
```

调用模块的函数或类时，程序需要以模块名作为前缀，例如 time.time() 等。

可以被 import 语句导入的模块其实包含以下四类，具体如下所示。

- 使用 Python 编写的程序（.py 文件）。
- C 或 C++ 扩展（已编译为共享库或 DLL 文件）。
- 包（包含多个模块）。
- 内建模块（使用 C 编写并已链接到 Python 解释器内）。

用逗号分隔模块名称就可以同时导入多个模块，示例代码如下所示：

```
import os,sys,time
```

模块导入时可以使用 as 关键字来改变模块的引用对象名字，示例代码如下所示：

```
import os as system
```

2）from 模块名 import 函数名，使用这种方式是不需要使用模块名作为前缀的，示例代码如下所示：

```
from time import time,ctime
```

然后我们就可以直接调用 time() 函数了。

事实上，最完整的导入语法如下所示：

```
from 包名 . 模块名 import 函数名
```

模块搜索路径

导入模块时，解释器会搜索 sys.path 列表，这个列表中保存着一系列的目录。一个典型的 sys.path 列表的值如下所示：

```
['', '/usr/local/python/lib/python27.zip', '/usr/local/python/lib/python2.7', '/usr/local/python/lib/python2.7/plat-linux2', '/usr/local/python/lib/python2.7/lib-tk', '/usr/local/python/lib/python2.7/lib-old', '/usr/local/python/lib/python2.7/lib-dynload', '/usr/local/python/lib/python2.7/site-packages']
```

如果需要添加额外的路径，那么我们应该如何操作呢？

这里我们可以用 sys.path.append()，例如 sys.path.append('/data/python\')。

如何从包中导入模块呢？例如我们要从包 mypack 中导入模块 my1、my2 和 my3 模块，我们可以使用如下命令全部导入，代码如下所示：

```
from mypack import *
```

但是，如果 mypack 包的“__init__.py”文件有限制，例如定义“__all__”内容的代码如下所示：

```
__all__ = ['my1','my2']
# 定义使用 “*” 可以导入的对象，那么，上面的语句是不能够导入 my3.py 文件的
```

另外，我们经常在 Python 程序中看到如下面所示的用法：

```
if __name__ == '__main__':
main()
```

其中，“__name__”用于判断当前模块是否为程序的入口。如果当前程序正在被使用，“__name__”的值为“__main__”，则程序主动执行此程序中的函数；否则，就说明函数正被另外的模块调用。

3.5.3 Python 编码问题

我们首先来认识 Python 编程过程中的常见编码，具体包括如下几种。

- GB2312：中国规定的汉字编码，也可以说是简体中文的字符集编码。
- GBK：GB2312 的扩展，除了兼容 GB2312 之外，它还能显示繁体中文，还有日文的假名。
- cp936：中文本地系统是 Windows 中的 cmd，默认 codepage 是 CP936，CP936 是指系统里第 936 号编码格式，即 GB2312 的编码。
- Unicode 是国际组织制定的可以容纳世界上所有文字和符号的字符编码方案。UTF-8、UTF-16、UTF-32 都是将数字转换到程序数据的编码方案。

UTF-8（8-bit Unicode Transformation Format）是一种对 Unicode 进行传播和存储的最流行的编码方式。UTF-8 用不同的 Bytes 来表示每一个代码点。每个 ASCII 字符只需要用一个 Byte，与 ASCII 的编码是一样的。所以说 ASCII 是 UTF-8 的一个子集。

在开发 Python 程序的过程中，会涉及如下三个方面的编码。

- Python 程序文件的编码。
- Python 程序运行时环境的编码。
- Python 程序读取外部文件、网页的编码。

1. Python 程序文件的编码

我们首先来看下 Python 程序文件的编辑问题，系统环境为 Windows 8.1 x86_64，IDE 为 Sublime Text3（以下简称为 ST3）。我们先用 ST3 写一段测试代码，内容如下所示：

```
print 'hello,余江洪！'
```

- 然后执行，程序报错如下所示：

```
File "C:\Users\Administrator.SKY-20171029XJU\Desktop\test4.py", line 1
SyntaxError: Non-ASCII character '\xe4' in file C:\Users\Administrator.SKY-
20171029XJU\Desktop\test4.py on line 1, but no encoding declared; see http://python.
org/dev/peps/pep-0263/ for details
```

这是因为 ST3 编辑器默认的编码是 ASCII，它是无法识别中文的，所以会弹出这样的提示。这也是我们在大多情况下写 Python 程序时习惯在程序的第一行加上以下语句的原因：

```
#-*- encoding:utf-8 -*-
```

声明文件编码，这样即可解决问题。

2. Python 程序运行时环境的编码

我们接下来看看 Python 程序运行时系统环境或 IDE 的编辑问题。

我们这里有 IPython，输入命令如下所示：

```
In [1]: import sys
In [2]: sys.getdefaultencoding()
```

显示结果如下所示：

```
Out[2]: 'ascii'
```

那么我们应该如何将上述代码修改成 UTF-8 编码呢？我们需要在程序前面加上如下所示的三行命令：

```
import sys
reload(sys)
sys.setdefaultencoding('utf-8')
```

对应 C/C++ 的 char 和 wchar_t，Python 中也包含了两种字符串类型 str 与 Unicode。那么，我们应该如何来区别和理解它们呢？

如同密码领域一样，从明文到密码是加密，从密码到明文是解密。在 Python 语言的设计中，编码即为 Unicode → str，解码即为 str → Unicode。既然是编码，那么就与密码领域一样，编码和解码自然都会涉及编码 / 解码方案（对应加密 / 解密算法），Unicode 相当于明文，其他编码则相当于密码。在 Python 中，编码函数是 encode()，解码函数是 decode()。

所以，从 Unicode 转成 str 是 encode()，而反过来则为 decode()。

注意 Python 认为 16 位的 Unicode 才是字符的唯一内码。

下面我们写一个小程序来验证，程序代码如下所示：

```
#-*- encoding:utf-8 -*-
import sys
import string
# 设置 sys.getdefaultencoding() 的值为 'utf-8'
reload(sys)                          #reload 才能调用 setdefaultencoding 方法
sys.setdefaultencoding('utf-8')  # 设置 'utf-8'

# 这个是 str 的字符串
s = ' 新年快乐 '
# 这个是 unicode 的字符串
u = u' 新年快乐 '

print isinstance(s, str)      #True
print isinstance(u, unicode)  #True
# 从 str 转换成 unicode
```

```
print s.decode('utf-8')
#从unicode转换成str
print u.encode('utf-8')
```

输出结果如下所示：

```
True
True
新年快乐
新年快乐
```

3. Python程序读取外部文件，网页的编码

接下来，我们就来看下外部文件或网页的编码问题，我们可以利用chardet模块。chardet是一个非常优秀的编码识别模块。另外，由于它是Python的第三方库，需要下载和安装，因此这里我们就直接用pip来安装了，代码如下所示：

```
pip install chardet
```

下面通过笔者的个人技术博客来举例说明，我们如何利用chardet来得知其网页编辑，代码如下所示：

```
#!/usr/bin/env python
import chardet
import urllib

myweb = urllib.urlopen('http://yuhongchun.blog.51cto.com').read()
char = chardet.detect(myweb)
print char
```

代码运行结果如下所示：

```
{'confidence': 0.99, 'encoding': 'utf-8'}
```

上述运行结果表示有99%的概率认为这段代码是UTF-8的编码方式。

3.5.4 使用Python解析JSON

JSON（JavaScript Object Notation）是一种轻量级的数据交换格式，易于阅读和编写。前面已经向大家介绍过了，JSON现在是我们工作中用得最多的一种数据文件。本节就为大家介绍如何使用Python语言来编码和解码JSON对象。

首先我们得导入JSON模块，命令代码如下所示：

```
import json
```

编码和解码的具体函数及作用如表3-6所示。

表3-6 json函数具体作用描述

函　　数	具体作用描述
json.dumps	将Python对象编码成JSON字符串
json.loads	将已编码的JSON字符串编码为Python对象

json.dumps 是将 Python 对象编码成 JSON 字符串，我们先列举一个简单的例子说明下，代码如下所示：

```
#!/usr/bin/python
import json
data = [ { 'a' : 1, 'b' : 2, 'c' : 3, 'd' : 4, 'e' : 5 } ]
j = json.dumps(data,indent=4)
print j
```

如果没有 indent=4 这样的参数，那么输出格式一般都不会优美，当数据很多的时候，运行结果看起来就不会很直观、方便，所以需要用 indent 参数来对 JSON 进行数据格式化输出。输出结果如下所示：

```
[
    {
        "a": 1,
        "c": 3,
        "b": 2,
        "e": 5,
        "d": 4
    }
]
```

Python 类型向 JSON 类型的转化对照表，如表 3-7 所示。

json.loads 是将 JSON 对象解码成 Python 对象，我们这里还是列举一个简单的例子，代码如下所示：

```
#!/usr/bin/python
import json
data = '{"a":1,"b":2,"c":3,"d":4,"e":5}';
text = json.loads(data)
print text
```

输出结果如下所示：

```
{u'a': 1, u'c': 3, u'b': 2, u'e': 5, u'd': 4}
```

JSON 类型向 Python 类型的转化对照表，如表 3-8 所示。

表 3-7　Python 类型向 JSON 类型转化对照表

Python 类型	JSON 类型
Dict	object
list 和 tuple	array
string 和 unicode	string
int、log 和 float	number
True	true
False	false
None	null

表 3-8　JSON 类型向 Python 类型转化对照表

JSON 类型	Python 对象
object	dict
array	list
string	unicode
int	int、long
true	True
false	False
null	None

3.5.5 Python 异常处理与程序调试

异常（Exception）是任何语言都必不可少的一部分。Python 提供了强大的异常处理机制，通过捕获异常可以提高程序的健壮性。异常处理还具有释放对象、中止循环的运行等作用。在程序运行的过程中，如果发生了错误，可以事先约定返回一个错误代码，这样，就可以知道是否有错，以及出错的原因。在操作系统提供的调用中，返回错误码非常常见。比如打开文件的函数 open()，成功时返回文件描述符（就是一个整数），出错时返回 -1 值。用错误码来表示是否出错十分不便，因为函数本身应该返回的正常结果与错误码混在了一起，以致调用者必须使用大量的代码来判断是否出错。一旦出错，还要一级一级上报，直到某个函数可以处理该错误（比如，向用户输出一个错误信息为止）。所以高级语言通常都内置了一套“try...except...finally...”的错误处理机制，Python 也不例外。

“try...except”语句的使用

“try...except”语句用于处理问题语句，捕获可能存在的异常。try 子句的代码块中放置的是可能出现异常的语句，except 子句中的代码块用于处理异常。当异常出现时，Python 会自动生成一个异常对象。该对象包括异常的具体信息，以及异常的种类和错误位置。下面列举一个简单的例子，如下所示：

```
#!/usr/bin/env python
#-*- coding:utf-8 -*-

try:
    open('test.txt','r')
    print "该文件是正常的"
except IOError:
#捕获I/O异常
    print "该文件不存在"
except
    print "程序异常"
#其他异常情况
```

“try...except”语句后面还可以添加一个 finally 语句，这种方式主要用于如下这种情况：无论异常是否发生，finally 子句都会被执行。所有 finally 子句均用于关闭因异常而不能释放的系统资源。下面在上述例子后面加上 finally 子句，代码如下所示：

```
#!/usr/bin/env python
#-*- coding:utf-8 -*-


try:
    f = open('test1.py','r')
    try:
            print f.read()
    except:
```

```
            print "该文件是正常的"
    finally:
            print "释放资源"
            f.close()
except IOError:
    print "文件不存在! "
```

我们使用finally语句的本意是想要关闭因异常而不能释放的系统资源，比如关闭文件。但随着语句的增多，“try...finally”显然不够简洁，用“with...as”（上下文管器 ）语句可以很简洁地实现以上功能，代码如下所示：

```
with open('test1.py','w') as f:
    f.write('Hello ')
    f.write('World')
```

这样不仅能够处理出现异常的情况，而且还避免了在open()一个文件后忘记了写close()方法的情况发生。

此外，当程序中出现错误时，Python会自动引发异常，也可以通过raise语句显示引发的异常。一旦执行了raise语句，raise语句后的代码将不能被执行。下面列举一个简单的例子说明一下，代码如下所示：

```
#!/usr/bin/env python
#-*- encoding:utf-8 -*-

try:
    s = None
    if s is None:
        print "s是对空对象"
    print len(s)
except TypeError:
    print "空对象是没有长度的"
```

上述代码中，第三行程序可用于判断变量s的值是否为空，如果为空，则抛出异常NameError；由于执行了NameEorror异常，所以该代码之后的代码将不再执行。

当程序中出现异常或错误时，我们最后的解决方法就是调试程序，那么我们一般会用哪些办法呢？具体如下。

- print方法
- 断言（assert）方法
- logging模块
- pdb
- 编辑器自带的调试功能

像Python的编程器，如Sublime Text3和PyCharm本身就自带了程序的Debug（调试）功能，我们在这里就不作详细说明了，下面我们就其余几种情况分别进行说明。

1）print 方法很好理解，这也是我们写程序时经常用到的一种方法，即我们认为某变量有问题或需要知道某变量时，就将它打印出来，这种方法虽然简单粗暴，但确实很有效。

2）断言（assert）方法。assert 语句用于检测某个条件表达式是否为真。

用 assert 代替 print 是不是一种好的选择？想想我们的程序里到处都是 print，运行结果也会包含很多垃圾信息。理论上，程序中有 print 出现的地方，我们都可以用 assert 来代替。如果 assert 语句断言失败，则会引发 AssertionError 异常。

下面列举一个简单的例子，代码如下所示：

```
a = 'hello'
assert len(a) == 1
```

执行这段代码，则程序报错信息如下所示：

```
AssertionError                            Traceback (most recent call last)
<ipython-input-4-ce3ea8375b99> in <module>()
----> 1 assert len(t) <= 1
AssertionError:
```

3）当我们的 Python 程序代码量到达一定的数量时，使用 logging 就是一种很好的选择。并且 logging 不仅能输出到控制台，而且能写入文件，还能使用 TCP 将日志信息发送到网络等，功能十分强大。

```
#!/usr/bin/env python
import logging

logging.debug('debug message')
logging.info('info message')
logging.warn('warn message')
logging.error('error message')
logging.critical('critical message')
```

执行上述代码，结果如下所示：

```
WARNING:root:warn message
ERROR:root:error message
CRITICAL:root:critical message
```

默认情况下，logging 模块将日志信息打印到屏幕上（stdout），日志级别为 WARNING（即只有日级别高于 WARNING 的日志信息才会输出），我们可以在程序中合理地使用 logging 模块代替 print 命令，这样写出来的程序将会更有效率。

4）第四种方法是 Python 的调试器 pdb，pdb 让程序以单步的方法运行，其可以随时查看程序的执行状态。

我们先故意编写一个有问题的 Python 程序，名字叫 err.py，内容如下所示：

```
#!/usr/bin/env python
s = '0'
```

```
n = int(s)
print 10/n
```

然后我们在 Linux 环境下以 pdb 模式来执行程序，代码如下所示：

```
python -m pdb test0.py
```

“l”表示可以查看代码的完整内容，“n”表示是一步一步地执行代码，“p + 变量名”表示可以随时打印程序中的变量名，这里请大家自行演示。

虽然各种方法都有其各自的好处，但当我们程序的代码量越来越大时，大家会发现，logging 模块方法才是最好的。

3.5.6 Python 函数

函数是组织好的、可重复使用的、用来实现单一或相关联功能的代码段。

函数能够提高应用的模块性和代码的重复利用率。大家应该知道 Python 提供了许多内建函数，比如 print()。但是我们也可以自己创建函数，这称为用户自定义函数。

那么如何定义一个用户自定义函数呢？

你可以定义一个由自己想要的功能组成的函数，以下是简单的规则。

- 函数代码块以 def 关键词开头，后接函数标识符名称和圆括号 ()。
- 传入的任何参数和自变量都必须放在圆括号中间。圆括号之间可以用于定义参数。
- 函数的第一行语句可以选择性地使用文档字符串——用于存放函数说明。
- 函数内容以冒号起始，并且缩进。
- return [表达式] 结束函数，选择性地返回一个值给调用方。不带表达式的 return 相当于返回 None。

例如，我们可以定义一个函数，命名为 MyFirstFun()，内容如下所示：

```
# -*- coding: UTF-8 -*-
def MyFirstFun(name):
    ''' 函数定义过程中的 name 称为形参 '''
    print 'My name is:' + name

MyFirstFun(' 余洪春 ')
```

运行结果如下所示：

```
My name is: 余洪春
```

MyFirstFun 后面的 name 称为形参，它只是一个形式，表示占据了一个参数值，在 print 后面传递进来的 name 称为实参。

Python 函数的参数传递可分为如下两种形式。

- 不可变类型：类似于 C ++ 的值传递，如整数、字符串、元组。如 fun(a)，传递的只是 a 的值，不会影响到对象 a 本身。比如在 fun(a) 内部修改 a 的值，只是修改了另一个复制的对象，而不会影响 a 本身。

- 可变类型：类似于 C++ 的引用传递，如列表、字典。如 fun(list1) 是将 list1 真正值的传过去，修改后 fun 外部的 list1 也会受到影响。

不可变类型的举例说明：

```
# -*- coding: UTF-8 -*-
def ChangeInt(a):
    a = 10
    print "a 的值为 ",a

b = 2
ChangeInt(b)
print "b 的值为 ",b
```

结果如下所示：

```
a 的值为 10
b 的值为 2
```

可变类型的举例说明：

```
# -*- coding: UTF-8 -*-

# 可写函数说明
def changeme(mylist):
   " 修改传入的列表 "
   mylist.append([1,2,3,4]);
   print " 函数内取值 :", mylist
   return

# 调用 changeme 函数
mylist = [10,20,30];
changeme(mylist);
print " 函数外取值 :", mylist
```

输出结果如下所示：

```
函数内取值 :  [10, 20, 30, [1, 2, 3, 4]]
函数外取值 :  [10, 20, 30, [1, 2, 3, 4]]
```

大家在实际工作中需要注意，传可变参数和不可变参数的区别。

Python 的参数包括以下几种类型。以下所列的是调用函数时可使用的正式参数类型。

- 必备参数
- 关键字参数
- 默认参数
- 不定长参数

(1)必备参数

必备参数必须以正确的顺序传入函数。调用时的数量必须与声明时的一样。例如在上面的函数中，如果我们不传入一个实参的话，则会有如下报错：

```
TypeError: MyFirstFun() takes exactly 1 argument (0 given)
```

报错信息其实很明显，就是告诉我们需要传入一个参数进来。

(2)关键字参数

关键字参数和函数调用关系紧密，函数调用一般使用关键字参数来确定所传入的参数值。使用关键字参数允许函数调用时参数的顺序与声明时不一致，因为 Python 解释器能够用参数名匹配参数值。

下面列举一个简单的函数例子，代码如下所示：

```
# -*- coding: UTF-8 -*-
def SaySomething(name,word):
      print name + '→' + word

SaySomething('余洪春','一个码农')
```

执行这段代码的结果如下所示：

```
余洪春 → 一个码农
```

如果我们把 SaySomething() 函数中的内容调换一下呢，例如调换成如下所示的代码：

```
SaySomething('一个码农','余洪春')
```

则输出结果如下所示：

```
一个码农 → 余洪春
```

很明显，这个结果不是我们想要的，此时我们就可以利用关键字参数来确定传入的参数值，代码如下所示：

```
SaySomething(word='一个码农',name='余洪春')
```

大家可以发现，即使顺序改变了，也能达到我们想要的结果，输出结果如下所示：

```
余洪春一个码农
```

(3)默认参数

调用函数时，默认参数的值如果没有传入，则其值被认为是默认值。

下面列举一个简单的函数例子，代码如下所示：

```
# -*- coding: UTF-8 -*-

#可写函数说明
def printinfo(name, age = 35):
```

```
    print "Name: ", name;
    print "Age ", age;
    return;

#调用printinfo函数
printinfo(age=50, name="cc")
printinfo(name="cc")
```

执行这段代码的结果如下所示：

```
Name:  cc
Age  50
Name:  cc
Age  35
```

我们通过观察可以得知，在printinfo(name="cc")中，我们是没有输入age参数值的，但在执行代码的时候，“name=cc”一样输出了默认的age值，就是之前设定的age=35。

（4）不定长参数

大家可能需要一个函数用于处理比当初声明时更多的参数。这些参数称为不定长参数，和上述几种参数不同的是，不定长参数在声明时不会命名，其基本语法如下所示：

```
def functionname( *var):
    函数体
    return [expression]
```

加了星号（*）的变量名会存放所有未命名的变量参数，下面列举一个简单的函数例子来说明一下，具体如下所示：

```
# -*- coding: UTF-8 -*-
def testparams(*params):
        print "参数的长度是",len(params)
        print "第一个参数是",params[0]
        print "第二个参数是",params[1]
        print "打印所有的输入实参：",params

testparams('cc',1,2,3)
```

此段代码的输出结果如下所示：

```
参数的长度是 4
第一个参数是 cc
第二个参数是 1
打印所有的输入实参：('cc', 1, 2, 3)
```

大家可以清楚地发现，我们输入的实参，'cc'，1，2，3已经全部赋值给params变量了并且被正确地打印出来了。

1. 函数返回值（return语句）

return语句是从Python函数中返回一个值，在讲到定义函数的时候曾讲过，每个函数都要有一个返回值。下面我们将详细讲解一下 Python 中 return 语句的作用。

Python 函数返回值 return，函数中一定要有 return 返回值才是完整的函数。如果 Python 中没有定义函数返回值，那么会得到一个结果是 None 的对象，而 None 表示没有任何值。

return 是返回数值的意思，比如定义两个函数，一个是有返回值，另一个使用 print 语句，下面就来看看结果有什么不同。

```
# -*- coding: UTF-8 -*-
def func1(x,y):
      print x+y
result = func1(2,3)
result is None
```

当函数没有显式 return 时，默认返回 None 值，大家可以观察下此段代码的返回结果，如下所示：

```
True
```

另一个有返回值 return 的函数：

```
# -*- coding: UTF-8 -*-
def func2(x,y):
      return x + y
#Python 函数返回值
result = func2(2,3)
result is None
```

传入参数后得到的结果不是 None 值，这里可以用同样的方法进行测试，大家可以继续观察下输出结果，如下所示：

```
False
```

另外，Python 的 return 是支持多返回值的，这里可以列举一个简单的例子说明一下：

```
def func(a,b):
    c = a + b
    return a,b,c

x,y,z = func(1,2)
print x,y,z
```

大家可以观察输出结果，x、y、z 的值都正确输出了，结果如下所示：

```
1,2,3
```

2. 变量作用域

一个程序的所有变量并不是在哪个位置都可以访问的。访问权限决定于这个变量是在哪里赋值的。

变量的作用域决定了在哪一部分程序中你可以访问哪个特定的变量名称。两种最基本的变量作用域具体如下。

❑ 全局变量

❑ 局部变量

定义在函数内部的变量拥有一个局部作用域，定义在函数外部的变量拥有全局作用域。

局部变量只能在其被声明的函数内部访问，而全局变量则可以在整个程序范围内访问。调用函数时，在函数内声明的所有变量名称都将加入到作用域中。

如果我们要在函数内部使用全局变量，那么这个时候我们可以使用 global 来实现这一功能，详细代码如下所示：

```
# -*- coding: UTF-8 -*-
def func():
    global x

    print 'x:', x
    x = 2
    y = 1
    print 'Changed local x to:', x
    print 'global',globals()
    print 'local',locals()

x = 50
func()
print 'Value of x is:', x
```

程序输出结果如下所示：

```
x: 50
Changed local x to: 2
global {'__builtins__': <module '__builtin__' (built-in)>, '__file__': 'test8.
py', '__package__': None, 'func': <function func at 0x7fb2b6196668>, 'x': 2, '__
name__': '__main__', '__doc__': None}
local {}
Value of x is: 2
```

另外，这里有个概念需要理解，即 Python 的 Namespace（命名空间）。

Namespace（命名空间）只是从名字到对象的一个映射。大部分 Namespace 都是按 Python 中的字典来实现的。从某种意义上来说，一个对象（Object）的所有属性（attribute）也构成了一个 Namespace。在程序执行期间，可能（其实是肯定的）会有多个命名空间同时存在。不同的 Namespace 的创建 / 销毁时间也不相同。

此外，两个不同的 Namespace 中两个相同名字的变量之间没有任何联系。

接下来我们来看下 Python 中 Namespace 的查找顺序。

Python 提供了 Namespace 来实现重名函数 / 方法、变量等信息的识别，其一共包括三种 Namespace，具体如下。

- ❑ local Namespace：作用范围为当前函数或类方法。
- ❑ Global Namespace：作用范围为当前模块。
- ❑ Build-In Namespace：作用范围为所有模块。

当函数 / 方法、变量等信息发生重名时，Python 会按照“Local Namespace → Global Namespace → Build-In Namespace”的顺序搜索用户所需的元素，并且以第一个找到此元素的 Namespace 为准。

3. Python 内部函数和闭包

Python 内部函数和闭包的共同之处在于它们都是以函数作为参数传递到函数，不同之处在于返回与调用有所区别。

（1）Python 内部函数

当需要在函数内部多次执行复杂任务时，内部函数非常有用，其能避免循环和代码的堆叠重复。下面举个简单的例子说明一下，代码如下：

```
#encoding:utf-8
def test(*args):
    def add(*args):          # 显示调用外部函数的参数
      return args
    return add(*args)        # 返回内部函数的直接调用

print test(1,2,3,4)
print test(1)
```

输出结果如下所示：

```
(1, 2, 3, 4)
(1,)
```

（2）Python 闭包（Closer）

内部函数可以看作是一个闭包（Closer）。闭包是一个可以由另一个函数动态生成的函数，并且其可以改变和存储函数之外创建的变量的值。下面列举示例代码如下所示：

```
def greeting_conf(prefix):
    def greeting(name):
        print prefix, name
    return greeting

mGreeting = greeting_conf("Good Morning")
mGreeting("Wilber")
mGreeting("Will")
```

输出结果如下所示：

```
Good Morning Wilber
Good Morning Will
```

在 Python 中创建一个闭包的前提条件可以归结为以下 3 点。

1）闭包函数必须有内嵌函数。

2）内嵌函数需要引用该嵌套函数的上一级 Namespace 中的变量。

3）闭包函数必须返回内嵌函数。

通过这 3 点，就可以创建一个 Python 闭包了。

4. 匿名函数

Python 使用 lambda 来创建匿名函数，其语法如下：

```
lambda 变量1，变量2：表达式
```

这里可以列举一个简单的例子来说明其用法，代码如下所示：

```
sum = lambda x,y:x+y
print sum(1,11)
print sum(7,18)
```

输出结果如下：

```
12
25
```

匿名函数的特征具体如下。

1）lambda 的主体是一个表达式，仅在 lambda 中封装有限的逻辑。

2）lambda 只是一个表达式，函数体比 def 简单很多。

3）lambda 的目的是在调用小函数时不占用栈内存从而提高运算效率。

4）lambda 并不会带来程序运行效率的提高，只会使代码更简洁。

事实上，既然这里提到了 lambda，就不得不提 Python 的函数式编程，因为 lambda 函数在函数式编程中经常用到。这里先向大家简单介绍下函数式编程，简单来说，其特点就是：允许把函数本身作为参数传入另一个函数，还允许返回一个函数。

Python 中用于函数式编程的主要是以下 4 个基础函数（map/reduce、filter 和 sorted）和 1 个算子（即 lambda）。

函数式编程的好处具体如下。

1）代码更为简洁。

2）代码中没有了循环体，少了很多临时变量（纯粹的函数式编程语言编写的函数是没有变量的），逻辑也更为简单明了。

3）数据集、操作和返回值都放在一起了。

下面列举几个简单的例子来说明下其用法。

（1）map() 函数

map() 函数的语法如下：

```
map（函数，序列）
```

我们用求平方的例子来说明下其用法，代码如下所示：

```
#encoding:utf-8
#求数字1～9间的平方数
squares = map(lambda x:x*x,[1,2,3,4,5,7,8,9])
print squares
```

代码执行后输出的结果如下所示：

```
[1, 4, 9, 16, 25, 49, 64, 81]
```

（2）reduce() 函数

reduce() 函数的语法如下所示：

```
reduce（函数，序列）
```

我们发现用 reduce 实现阶乘是一件非常容易的事，示例代码如下所示：

```
#encoding:utf-8
#数字9阶乘
#9！=9*8*7*6*5*4*3*2*1
print reduce(lambda x,y: x*y, range(1,9))
```

输出结果如下所示：

```
40320
```

5. 生成器

通过 Python 列表生成式，我们可以直接创建一个列表。但是，受到内存大小的限制，列表容量肯定是有限的。而且，创建一个包含 100 万个元素的列表，将会占用很大的存储空间，如果我们仅需要访问前面几个元素，那么后面绝大多数元素占用的空间就都白白浪费了。

所以，如果列表元素可以按照某种算法推算出来，那么我们就可以在循环的过程中不断推算出后续的元素。这样就不必创建完整的列表了，从而能够节省大量的空间。在 Python 中，这种一边循环一边计算的机制，称为生成器（Generator）。

要创建一个 generator（生成器），有很多种方法。第一种方法很简单，只要把一个列表生成式的“[]”改成“()”，就创建了一个 generator，代码如下所示：

```
In [2]: L
Out[2]: [0, 1, 4, 9, 16, 25, 36, 49, 64, 81]
```

```
In [3]: g = (x*x for x in range(10))

In [4]: g
Out[4]: <generator object <genexpr> at 0x02CBF3F0>
```

如果要逐个打印出来，可以通过generator的next()方法，每次调用next()，就能计算出下一个元素的值，直到计算到最后一个元素，没有更多的元素时，抛出StopIteration的错误。

当然了，如果要打印generator中的每一个元素，在这里用for循环就够了，代码如下：

```
In [5]: for num in g:
   ...:     print num
   ...:
0
1
4
9
16
25
36
49
64
81
```

我们创建了一个generator之后，基本上不会再调用next()方法，而是通过for循环来迭代它。

generator的功能非常强大。如果推算的算法比较复杂，用类似列表生成式的for循环也无法实现的时候，那么还可以用函数来实现。比如，著名的斐波那契数列（Fibonacci），除第一个和第二个数外，任意一个数都可由前两个数相加来得到。我们可以用下面的函数来实现，代码如下所示：

```
def fib(max):
    n, a, b = 0, 0, 1
    while n < max:
        yield b
        a, b = b, a + b
        n = n + 1
```

这就是定义generator的另外一种方法。如果一个函数定义中包含yield关键字，那么这个函数就不再是一个普通函数，而是一个generator。我们试着执行一下，如下所示：

```
In [7]: fib(5)
```

输出结果如下：

```
Out[7]: <generator object fib at 0x02CEC490>
```

事实上很多时候，我们都可以利用 generator 方法来打开大文件，比如说超过 10GB 的日志文件。

我们可以使用 yield 生成自定义可迭代对象，即 generator，每一个带有 yield 的函数就是一个 generator。将文件切分成小段，每次处理完一小段的内容之后，释放内存。大家可以参考下下面的代码，如下所示：

```
#-*- coding:utf-8 -*-
def read_in_block(file_path):
    BLOCK_SIZE = 1024
    with open(file_path, "r") as f:
        while True:
            block = f.read(BLOCK_SIZE)  #每次读取固定长度到内存缓冲区
            if block:
                yield block
            else:
                return  #如果读取到文件末尾，则退出


def test3():
    file_path = "/tmp/test.log"
    for block in read_in_block(file_path):
        print block
```

当然了，Python 下面有更优雅和简洁的处理方法，那就是 with open() 系统自带方法生成的迭代对象，使用方式如下所示：

```
with open(filename, 'rb') as f:
    for line in f:
        <do something with the line>
```

对可迭代对象 f 进行迭代遍历，即 for line in f，会自动使用缓冲 I/O（buffered I/O）及内存管理，而不用担心任何大文件的问题。

6. 处理命令行参数

处理命令行参数是我们在工作中经常遇到的需求，Python 中的 getopt 模块是专门用来处理命令行参数的。

函数 getopt 的具体格式如下所示：

```
getopt(args, shortopts, longopts = [])
```

参数 args 一般是 sys.argv[1:]，shortoptsge 表示短格式（-），longopts 表示长格式（--）。

我们在这里参考下 convert.py 脚本。它的作用是接收 IP 和 port 端口号，该脚本需要满足以下条件。

1）通过“-i”或“-p”选项来区别脚本后面接的是 IP 还是 port。

2）当不知道 convert.py 需要哪些参数时，用 -h 打印出帮助信息即可查看。

这里可以用一个简单的脚本来说明下，代码如下所示：

```
#!/usr/bin/python
import getopt
import sys

def usage():
    print ' -h help \n' \
          ' -i ip address\n' \
          ' -p port number\n' \
          ''
if __name__ == '__main__':
    try:
        options, args = getopt.getopt(sys.argv[1:], "hp:i:", ['help', "ip=",
"port="])
        for name, value in options:
            if name in ('-h', '--help'):
                usage()
            elif name in ('-i', '--ip'):
                print value
            elif name in ('-p', '--port'):
                print value
    except getopt.GetoptError:
        usage()
```

1）处理所使用的函数为 getopt()，因为是直接使用 import 导入的 getopt 模块，所以还需要加上限定 getopt 才可以，同理，这里也要导入 sys 模块。

2）使用 sys.argv[1:] 过滤掉第一个参数（它是执行脚本的名字，不应算作参数的一部分）。

3）使用短格式分析串“hp:i:”。当一个选项只表示开关状态时，即后面不带附加参数时，在分析串中写入选项字符。当选项后面带了一个附加参数时，那么在分析串中写入选项字符的同时，后面要加一个“:”号。所以“hp:i:”就表示“h”是一个开关选项；“p:”和“i”则表示后面应该带一个参数。

4）使用长格式分析串列表：['help', "ip=", "port="]。长格式串也可以有开关状态，即后面不跟“=”号。如果跟一个等号则表示后面应该还有一个参数。这个长格式表示“help”是一个开关选项，“ip=”和“output=”则表示后面应该带一个参数。

5）调用 getopt 函数。函数返回两个列表：opts 和 args。opts 表示分析出的格式信息，args 表示不属于格式信息的剩余的命令行参数。opts 是一个两元组的列表。每个元素均为（选项串，附加参数）。如果没有附加参数则为空串''。

6）整个过程也包含了异常处理，这样当分析出错时，就可以打印出相应信息来通知用户如何使用这个程序。

3.5.7 Python 面向对象

Python 从设计之初就已经是一门面向对象的语言，正因为如此，在 Python 中创建一个类和对象是一件很容易的事情。本节我们将详细介绍 Python 的面向对象编程。

Python 是支持面向对象、面向过程、函数式编程等多种编程范式的，它不强制我们使用任何一种编程范式，我们可以使用过程式编程编写任何程序，在编写小程序时，基本上是完全没有什么问题的。但对于中等和大型项目来说，面向对象将为我们带来许多优势。如果你以前没有接触过面向对象的编程语言，那么你可能需要先了解一下面向对象语言的一些基本特征，在头脑里形成一个基本的面向对象的概念，这样能有助于你更容易地学习 Python 的面向对象编程。

接下来我们先来简单地了解一下面向对象的一些基本特征。

1. 面向对象技术简介

类（Class）：用来描述具有相同的属性和方法的对象的集合。它定义了该集合中每个对象所共有的属性和方法。对象是类的实例。

类变量：类变量在整个实例化的对象中是公用的。类变量定义在类中且在函数体之外。类变量通常不作为实例变量使用。

方法：类中定义的函数。

数据成员：类变量或者实例变量用于处理类及其实例对象的相关的数据。

方法重写：如果从父类继承的方法不能满足子类的需求，那么可以对其进行改写，这个过程称为方法的覆盖（override），也称为方法的重写。

实例变量：定义在方法中的变量，只作用于当前实例的类。

继承：即一个派生类（derived class）继承基类（base class）的字段和方法。继承也允许将一个派生类的对象作为一个基类对象来对待。

实例化：创建一个类的实例，类的具体对象。

对象：通过类定义的数据结构实例。对象包括两个数据成员（类变量和实例变量）和方法。

类和对象是面向对象的两个重要概念，类是客观世界中事物的抽象，而对象是类实例化后的实体。大家可以将类想象成图纸或模型，而对象是通过图纸或模型设计出来的实物。例如，同样的汽车模型可以造出不同的汽车，不同的汽车有不同的颜色、价格和车牌，如图 3-7 所示。

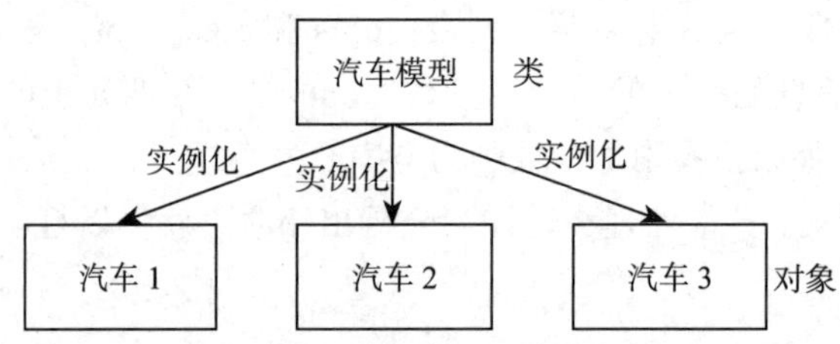

图 3-7　以汽车模型和汽车来说明类和对象的关系

汽车模型是对汽车特征和行为的抽象，而汽车是实际存在的事物，是客观世界实实在在的实体。

我们在描述一个真实对象（物体）时包括如下两个方面。

❑ 它可以做什么（行为）。

❑ 它是什么样的（属性或特征）。

在 Python 中，一个对象的特征称为属性（attribute）。它所具有的行为称为方法（method），结论：对象 = 属性 + 方法。另外在 Python 中，我们会把具有相同属性和方法的对象归为一个类（class）。

这里举个简单的例子来说明，代码如下所示：

```
#-*- encoding:utf8 -*-

class Turtle(object):
    # 属性
    color = "green"
    weight = "10"
    # 方法
    def run(self):
        print "我正在跑..."
    def sleep(self):
        print "我正在睡觉..."


tur = Turtle()

print tur.weight
# 打印实例 tur 的 weight 属性
tur.sleep()
# 调用实例 tur 的 sleep 方法
```

执行后的结果如下所示：

```
10
我正在睡觉...
```

Python 自动为每个对象添加特殊变量 self，它相当于 C++ 的指针，这个变量指向对象本身，让类中的函数能够明确地引用对象的数据和函数（不能忽略 self），这里同样列举一个简单的例子说明其用法：

```
#-*- encoding:utf-8 -*-

class NewClass(object):
    def __init__(self,name):
        print self
        self.name = name
        print "我的名字是 %s" % self.name

cc = NewClass()
```

打印结果如下所示：

```
<__main__.NewClass instance at 0x020D4440>
我的名字是 yhc
```

在这段代码中，self 是 NewClass 类在内存地址 0x0206D5F8 处的实例。因此，self 在这里与 C++ 中的 this 一样，代表的都是当前对象的地址，可以用来调用当前类中的属性和方法。在这段代码中，大家应该注意到了一个特殊的函数，即“__init__()”方法，其是 Python 中的构造函数，构造函数用于初始化类的内部状态，为类的属性设置默认值。

此时如果我们想看下 cc 的属性，则可以在 Python 命令行模式下输入如下命令：

```
dir(cc)
```

打印结果如下所示：

```
['__doc__', '__module__', 'color', 'run', 'sleep', 'weight']
```

内建函数 dir() 可以显示类属性，同样其还可以打印所有的实例属性。

与类相似，实例其实也有一个“__dict__”的特殊属性，它是实例属性构成的一个字典，同样，在 Python 命令行模式下输入如下命令：

```
cc.__dict__
```

输出结果如下所示：

```
{'name': 'yhc'}
```

事实上，Python 中定义了很多内置类属性，用于管理类的内部关系，具体如下所示。

- __dict__：类的属性（包含一个字典，由类的数据属性组成）。
- __doc__：类的文档字符串。
- __name__：类名。
- __module__：类定义所在的模块（类的全名是“__main__.className”，如果类位于一个导入模块 mymod 中，那么 className.__module__ 就等于 mymod）。
- __bases__：类的所有父类构成元素（包含了一个由所有父类组成的元组）。

如果执行 print NewClass.__bases__ 这段代码，则会输出如下结果：

```
(<type 'object'>,)
```

另外，在上面的代码中，如果想要打印出 cc 的值，则我们会采用如下命令：

```
print cc
```

打印结果如下所示：

```
<__main__.NewClass instance at 0x020D4440>
```

在这里，cc 与上面的 self 的效果是一样的，即 NewClass 类在内存地址 0x0206D5F8 处的实例，显然这不是我们想要的效果，所以我们需要一个方法来打印出适合人工阅读的方式，这里采用“__str__”的方式，我们对上面的代码进行精简并加入新的内容，整个代码变成如下所示的代码段：

```
# -*- coding: UTF-8 -*-

class NewClass(object):
    def __init__(self,name):
        # print self
        self.name = name
        print "我的名字是 %s" % self.name
    def __str__(self):
    return "NewClass:%s" % self.name

cc = NewClass('yhc')
print str(cc)
```

大家注意下，这里采用的 str() 方法，其输出结果是我们预先定义好的格式：

```
NewClass:yhc
```

“__repr__”具有与“__str__”类似的效果，这里就不重复演示了。事实上，我们在创建自己的类和对象时，编写“__str__”和“__repr__”方法是很有必要的。它们对于显示对象的内容很有帮助，而显示对象内容又有助于调试程序。

注意　“__str__()”必须使用 return 语句返回结果，如果“__str__()”不返回任何值，那么执行 print 语句将会出错。

另外，大家应该注意一下这段代码中的 object，即 class NewClass(object)，专业的说法称为定义基类。很多资料都将此 object 略过了，我们在这里可以编写一段代码来对比下其区别，代码如下所示：

```
class NewClass():
        pass
class NewClass1(object):
        pass

a1 = NewClass()
print dir(a1)
a2 = NewClass1()
print dir(a2)
```

我们执行这段代码将会发现区别还是很明显的，具体如下所示：

```
['__doc__', '__module__']
['__class__', '__delattr__', '__dict__', '__doc__', '__format__',
```

```
'__getattribute__', '__hash__', '__init__', '__module__', '__new__',
'__reduce__', '__reduce_ex__', '__repr__', '__setattr__', '__sizeof__', '__str__',
'__subclasshook__', '__weakref__']
```

我们还可以用“__bases__”类属性来看下Newclass和Newclass1的区别，代码如下所示：

```
print NewClass.__bases__
print NewClass1.__bases__
```

结果如下所示：

```
()
(<type 'object'>,)
```

NewClass类很明显能够看出区别，其不继承object对象，只拥有doc和module，也就是说这个类的命名空间只有两个对象可以操作；而NewClass1类继承了object对象，拥有了很多可操作对象，这些都是类中的高级特性。另外，此处如果不加object，有时候还会影响代码的执行结果，所以结合以上种种原因，建议上大家此处带上object。

> 注意 Python 2.x中默认都是经典类，只有显式继承了object才是新式类，即类名后面的()中需要带上object；Python 3.x中默认都是新式类，不必显式地继承object。由于我们在这里采用的是Python 2.7.9，因此建议此处都带上object。

2. 装饰器property的用途

有时候在写程序中，某些变量是有特殊的范围值的，这就好像是people中的age（年龄）属性一样，总不可能是负数，那么就要对该变量的值进行检查。一般的做法是在使用该变量之前检查一下其值是否在合理范围之内，如果不在合理的范围内，就给出相应的提示，或抛出相关的错误。而另一种是在为该变量赋值之前进行相关检查，如果在合理范围之内就对该变量赋值。

以上是两种常见的检查方式，这里要说的不是以上两种检查之一，而是在赋值的时候检查。这样的写法很简单，无非是使用该变量的setter对变量进行赋值，相关的检查逻辑在settter中。虽然这种做法不错，但是赋值过于麻烦，总要以如下这样的方式进行赋值：

```
people.set_age(60)
```

远没有以下这种赋值方法来得方便：

```
people.age=60
```

这种赋值方式不但方便，而且简单明了。

但是在赋值的时候就不能做检查了，有没有一种方法可以既检查，赋值的时候又简单呢？Python提供了一种装饰器（Decorator）可以达到这种效果，该装饰器就是property。

3. property 用法

property 的用法很简单，也是基于 getter 方法和 setter 方法的，它可以将 getter 方法和 setter 方法转化成属性。我们可以看看下面的代码，如下所示：

```
#encoding=utf-8

class Person(object):
   def __init__(self,name,age):
     self._name = name
   self._age = age

   @property
   def age(self):
   return self._age
   @age.setter
   def age(self,age):
   if 0 < age <= 100:
   self._age = age
   else:
           print "输出值有问题，请重新输出！"
cc = Person()
cc.age = 28
print cc.age
```

在这段代码中，我们将 self.age 重命名为 self._age，这是为了将这个变量与方法 age 区分开来，为了保持一致性，这里的 self.name 也全部重命名为 self._name。事实上，在对象变量前加上下划线是一种很常见的做法。由于为 age 提供了 getter 方法和 setter 方法，因此加上下划线来加以区分。

我们执行完这段代码以后，将显示如下结果：

```
28
```

说明此时输入的 age 数值是正常的，然后在 Python 的命令行下继续输入命令：

```
cc.age = -28
```

大家可以发现，这个时候程序判断 age 的输入数据是有问题的，程序抛出提示信息：

```
输出值有问题，请重新输出！
```

说明此时“@property”装饰器是起作用的，它能够检查输入的变量值，对于不合理的变量值会给出提示，这样就达到了预期的效果。

事实上，在 Python 中如果我们不想在类的外部直接访问私有变量，那么我们可以配置私有属性，其语法特征也很明显，即“__变量”（以下划线开头的变量）。在 Python 中不以下划线开头的变量是公有变量，任何代码都可以访问它们。

这里我们可以用一段代码来演示说明下，如下所示：

```
class Person(object):
__name = 'yhc'

p = Person()
print p.__name
```

大家在运行这段代码的时候会有如下报错信息返回：

```
AttributeError: 'Person' object has no attribute '__name'
```

如果想访问私有属量“__name”，那么这里需要在类中定义一个方法来访问。另外，Python 也提供了直接访问私有属性的方式，可用于程序的测试和调试，私有属性访问的格式如下所示：

```
instance._classname__attribute
```

instance 表示实例化对象，classnam 表示类名，attribute 表示私有属性，所以我们在这里可以采取这种方式来访问“p.__name”，代码如下所示：

```
print p._Person__name
```

命令返回结果如下所示：

```
yhc
```

4. 类的继承

面向对象的编程带来的主要好处之一是代码的复用，实现这种复用的方法之一是通过继承机制来实现。继承完全可以理解成类之间类型和子类型的关系。

需要注意的是，继承语法 class 派生类名（基类名）：//... 基类名写在括号里，基本类是在类定义的时候，在元组之中指明的。

Python 中，继承的特点具体如下。

1）在继承中，基类的构造方法“__init__()”方法不会被自动调用，它需要在其派生类的构造中专门亲自调用。

2）在调用基类的方法时，需要加上基类的类名前缀，并且还需要带上 self 参数变量。区别在于在类中调用普通函数时并不需要带上 self 参数。

3）Python 总是首先查找对应类型的方法，如果它不能在派生类中找到对应的方法，那么它才开始在基类中逐个查找（先在本类中查找调用的方法，找不到才去基类中找）。

4）如果在继承元组中列举了一个以上的类，那么它就被称作“多重继承”，也称为“Mixin”。

类的多重继承语法格式如下所示：

```
classname(parent_class1,parent_class2,prant_class3…)
```

下面列举一个简单的例子来说明下其用法，GoldFish 类继承 Fish 父类，其继承关系如

图 3-8 所示。

完整代码如下所示：

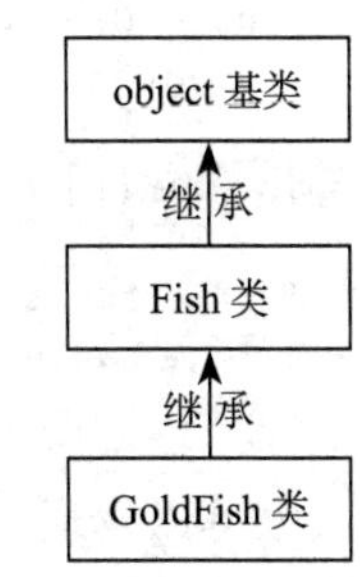

图 3-8　Python 类继承关系举例图示

```
#-*- coding:utf-8 -*-

class Fish(object):
    def __init__(self,name):
      self.name = name
      print " 我是一条鱼 "

class GoldFish(Fish):
    def __init__(self,name):
      Fish.__init__(self,name) # 显式调用父类的构造函数
      print " 我不仅是条鱼，还是条金鱼 "

if __name__ == "__main__":
    aa = Fish('fish')
    bb = GoldFish('goldfish')
```

输出结果如下所示：

```
我是一条鱼
我是一条鱼
我不仅是条鱼，还是条金鱼
```

由输出结果大家可以看到，GoldFish 类成功地继承了父类 Fish。

在日常工作中，很多时候都会遇到在子类里访问父类的同名属性时不想直接引用父类名字的情况，因为说不定什么时候就会去修改它，所以数据还是只保留一份比较好。这时，我们可以采用 super() 的方式，其语法如下：

```
super(type,object)
```

type 一般接的是父类的名称，object 一般是 self，我们在这里同样举例说明其用法，示例代码如下：

```
#encoding:utf-8
class Fruit(object):
    def __init__(self,name):
       self.name = name
    def greet(self):
       print " 我的种类是 %s" % self.name

class Banana(Fruit):
    def greet(self):
       super(Banana,self).greet()
       print " 我是香蕉，在使用 super 函数 "

if __name__ == "__main__":
    aa = Fruit('fruit')
```

```
    aa.greet()
    cc = Banana('banana')
    cc.greet()
```

输出结果如下所示：

```
我的种类是 fruit
我的种类是 banana
我是香蕉，在使用 super 函数
```

大家可以发现，Banana 类在这里也继承了父类 Fruit。此外，我们在继承父类的同时，子类可以重写父类方法，这称为方法重写，示例代码如下所示：

```
class Fruit(object):
   def __init__(self,color):
      self.color = color
      print "fruit's color %s:" % self.color

   def grow(self):
      print "grow ..."

class Apple(Fruit):
   def __init__(self,color):
      Fruit.__init__(self,color)
      print "apple's clolor %s:" % self.color

   def grow(self):
      print "sleep ..."

if __name__ == "__main__":
    apple = Apple('red')
    apple.grow()
```

另外，通过继承，我们可以获得另外一个好处：多态。

多态的好处就是，当我们需要传入更多的子类，例如新增 Teenagers、Grownups 等时，我们只需要继承 Person 类型就可以了，而 print_title() 方法既可以不用重写（即直接使用 Person 的），也可以重写一个特有的，这就是多态的意思。调用方只管调用，不管细节，而当我们新增一种 Person 的子类时，只需要确保新方法编写正确即可，而不用管原来的代码，这就是著名的"开闭"原则，其特点具体如下。

- 对扩展开放（Open for extension)：允许子类重写方法函数
- 对修改封闭（Closed for modification)：不用重写，直接继承父类的方法函数。
- 这里我们可以列举一个具体的实例来说明下，其代码如下所示：

```
#!/usr/bin/env python
# -*- encoding:utf-8 -*-

class Fruit(object):
```

```
    def __init__(self,color = None):
        self.color = color

class Apple(Fruit):
    def __init__(self,color = 'red'):
        Fruit.__init__(self,color)

class Banana(Fruit):
    def __init__(self,color = "yellow"):
        Fruit.__init__(self,color)

class FruitShop:
    def sellFruit(self,fruit):
        if isinstance(fruit,Apple):
            print "sell apple"
        if isinstance(fruit,Banana):
            print "sell banana"
        if isinstance(fruit,Fruit):
            print "sell fruit"

if __name__ == "__main__":
    shop = FruitShop()
    apple = Apple("red")
    banaba = Banana('yellow')
    shop.sellFruit(apple)
    #Python 的多态性，传递 apple
    shop.sellFruit(banana)
    #Python 的多态性，传递 banana
```

代码执行结果如下所示：

```
sell apple
sell fruit
sell banana
sell fruit
```

多重继承（也称为 Mixin），与其他主流语言一样，Python 也支持多重继承，多重继承虽然有不少好处，但是其实问题也很多，比如属性继承等问题，所以我们在设计 Python 多重继承的时候，应尽可能地把代码逻辑整理得简单和明白些。这里简单说明下 Python 多重继承的用法，下面列举一个简单的例子，代码内容如下所示：

```
class A(object):
    pass
class B(A):
    pass
class C(B):
    pass
class D(B,C):
    pass
```

```
print C.__bases__
print D.__bases__
```

输出结果如下所示：

```
(<class '__main__.B'>,)
(<class '__main__.C'>, <class '__main__.B'>)
```

请大家关注下最后一行，该行说明D隶属于父类B和C，事实上我们还可以用issubclass()函数来判断，其语法如下：

```
issubclass(sub,sup)
```

issubclass()返回True的情况：给出的子类属于父类（在这里父类也可以是一个元组）的一个子类（反之，则为False）。命令如下所示：

```
issubclass(D,(B,C))
```

若在命令行下输入上述代码，则返回结果如下：

```
True
```

另外，我们还可以用isinstance()函数来判断对象是否为类的实例，语法如下所示：

```
isinstance(obj,class)
```

当对象obj是class类的一个实例或其子类的一个实例时，会返回True；反之，则返回False。

最后在这里介绍下多重继承的MRO（方法解释顺序），我们在写类继承时都会带上object，它采用的是C3算法（类似于广度优先），我们可以用下面的代码分析下其用法，如下所示：

```
class A(object):
    def getValue(self):
        print 'return value of A'
    def show(self):
        print 'I can show the information of A'

class B(A):
    def getValue(self):
        print 'return value of B'

class C(A):
    def getValue(self):
        print 'return value of B'
    def show(self):
        print 'I can show the information of C'
class D(B,C):
    pass
```

```
d = D()
d.show()
d.getValue()
```

输出结果如下所示：

```
I can show the information of C
return value of B
```

我们用下面的命令打印下 D 类的“__mro__”属性，命令如下所示：

```
print D.__mro__
```

结果如下所示：

```
(<class '__main__.D'>, <class '__main__.B'>, <class '__main__.C'>, <class '__main__.A'>, <type 'object'>)
```

从运行结果中我们可以看出，其继承顺序依次为 D→ B → C → A。

> **建议** 在实际的 DevOps 开发工作中，我们应该尽量避免采用 Python 类多重继承。

3.5.8 Python 多进程

Python 的多线程实际上并不能真正利用多核，因为 Python 的多线程实际上还是在一个核上做并发处理。不过，如果使用多进程就可以真正利用多核，因为各进程之间是相互独立的，不共享硬件资源，可以在不同的核上执行不同的进程，以达到并行的效果。如果不涉及进程间的通信，则只需要在最后汇总结果即可，因此使用多进程是一种不错的选择。

multiprocessing 模块提供 process 类实现新建进程。新建一个子进程的代码如下所示：

```
from multiprocessing import Process
def f(name):
    print 'hello', name

if __name__ == '__main__':
    p = Process(target=f, args=('bob',))
    # 新建一个子进程 p，目标函数是 f，args 是函数 f 的参数列表
    p.start()  # 开始执行进程
    p.join()   # 等待子进程结束
```

上述代码中，p.join() 的意思是等待子进程结束后才执行后续的操作，一般用于进程间通信。例如有一个读进程 pr 和一个写进程 pw，在调用 pr 之前需要先写 pw.join()，表示等待写进程结束之后才开始执行读进程。

多个子进程（进程池）

如果要同时创建多个子进程可以使用 multiprocessing.Pool 类。该类可以创建一个进程

池，然后在多个核上执行这些进程，代码如下：

```
import multiprocessing
import time

def func(msg):
    print multiprocessing.current_process().name + '-' + msg

if __name__ == "__main__":
    pool = multiprocessing.Pool(processes=4) # 创建 4 个进程
    for i in xrange(100):
        msg = "hello %d" %(i)
        pool.apply_async(func, (msg, ))
    pool.close() # 关闭进程池，表示不能再往进程池中添加进程
    pool.join() # 等待进程池中的所有进程执行完毕，必须在 close() 之后调用
    print "Sub-process(es) done."
```

输出结果如下所示（摘录部分结果）：

```
PoolWorker-3-hello 76
PoolWorker-2-hello 77
PoolWorker-3-hello 78
PoolWorker-2-hello 79
PoolWorker-3-hello 80
PoolWorker-4-hello 81
PoolWorker-1-hello 82
PoolWorker-2-hello 83
PoolWorker-1-hello 84
PoolWorker-4-hello 85
PoolWorker-2-hello 86
PoolWorker-3-hello 87
PoolWorker-1-hello 88
PoolWorker-4-hello 89
PoolWorker-2-hello 90
PoolWorker-3-hello 91
PoolWorker-1-hello 92
PoolWorker-4-hello 93
PoolWorker-2-hello 94
PoolWorker-3-hello 95
PoolWorker-1-hello 96
PoolWorker-4-hello 97
PoolWorker-2-hello 98
PoolWorker-3-hello 99
Sub-process(es) done.
```

上述代码中的 pool.apply_async() 是非阻塞函数，其是非阻塞的且支持结果返回进行回调；pool.apply() 是阻塞函数，该函数用于传递不定参数，主进程会被阻塞直到函数执行结束（不建议使用）为止。

笔者使用自己的四核开发机器进行测试，并把 i 的值增加到 100 000，然后在另一个终

端上开启 top 命令，观察每个核数的利用率（记得按下数字 1），如图 3-9 所示。

```
top - 14:34:17 up 22 days, 20:47,  2 users,  load average: 0.10, 0.02, 0.01
Tasks: 164 total,   2 running, 162 sleeping,   0 stopped,   0 zombie
Cpu0  : 20.1%us,  6.5%sy,  0.0%ni, 73.4%id,  0.0%wa,  0.0%hi,  0.0%si,  0.0%st
Cpu1  : 19.3%us,  7.8%sy,  0.0%ni, 73.0%id,  0.0%wa,  0.0%hi,  0.0%si,  0.0%st
Cpu2  : 24.4%us,  7.1%sy,  0.0%ni, 68.6%id,  0.0%wa,  0.0%hi,  0.0%si,  0.0%st
Cpu3  : 37.8%us,  7.1%sy,  0.0%ni, 55.1%id,  0.0%wa,  0.0%hi,  0.0%si,  0.0%st
Mem:  32857100k total,  1115016k used, 31742084k free,   160812k buffers
Swap:  4194300k total,        0k used,  4194300k free,   362856k cached
```

图 3-9 在 Linux 机器上运行 Python 的进程程序并且观察 CPU 利用率

通过观察可以发现，各个 CPU 的使用率还是比较平均的。

3.5.9 Python 多线程

1. 进程和线程的区别

Python 进程和线程的关系和区别具体如下。

（1）定义

进程是具有一定独立功能的程序关于某个数据集合上的一次运行活动，进程是系统进行资源分配和调度的一个独立单位。

线程是进程的一个实体，是 CPU 调度和分派的基本单位，它是比进程更小的能独立运行的基本单位。线程自己基本上不拥有系统资源，只拥有少量的在运行中必不可少的资源（如程序计数器，一组寄存器和栈），但是它可与同属一个进程的其他的线程共享进程所拥有的全部资源。

（2）关系

一个线程可以创建和撤销另一个线程；同一个进程中的多个线程之间可以并发执行。

相对进程而言，线程是一个更加接近于执行体的概念，它可以与同进程中的其他线程共享数据，但其拥有自己的栈空间，并且拥有独立的执行序列。

（3）区别

进程和线程的主要差别在于它们是不同的操作系统资源管理方式。进程有独立的地址空间，一个进程崩溃之后，在保护模式下不会对其他进程产生影响。而线程只是一个进程中的不同执行路径，线程有自己的堆栈和局部变量，但线程之间没有单独的地址空间，一个线程死掉就等于整个进程死掉，所以多进程的程序要比多线程的程序更健壮，但在进行进程切换时，多进程程序耗费的资源较大，效率也要差一些。但对于一些要求同时进行并且又要共享某些变量的并发操作，则只能用线程，而不能用进程。

1）简而言之，一个程序至少要有一个进程，一个进程至少要有一个线程。

2）线程的划分尺度要小于进程，从而使得多线程程序的并发性更高。

3）另外，进程在执行过程中拥有独立的内存单元，而多个线程则共享一个内存，从而极大地提高了程序的运行效率。

4）线程在执行过程中与进程还是有区别的。每个独立的线程均有一个程序运行的入口、顺序执行序列和程序的出口。但是线程不能够独立执行，必须依存在应用程序之中，由应用程序提供多个线程执行控制。

5）从逻辑角度来看，多线程的意义在于在一个应用程序中，有多个执行部分可以同时执行。但操作系统并没有将多个线程看作是多个独立的应用，来实现进程的调度和管理以及资源分配。这就是进程和线程的重要区别。

（4）优缺点

线程和进程在使用上各有优缺点：线程执行开销小，但不利于资源的管理和保护；而进程则正好相反。同时，线程适合于在 SMP 机器上运行，而进程则可以跨机器迁移。

提示 SMP 的全称是“对称多处理”技术，是指在一个计算机上汇集了一组处理器（多 CPU），各 CPU 之间共享内存及总线结构。

Python 虚拟机使用 GIL（Global Interpreter Lock，全局解释器锁定）来互斥线程对共享资源的访问，暂时无法利用多处理器的优势。虽然 Python 解释器可以“运行”多个线程，但在任意时刻，不管有多少处理器，任何时候都总是只有一个线程在执行。

对于 I/O 密集型任务，使用线程一般是没有问题的，而对于涉及大量 CPU 计算的应用程序而言，使用线程来细分工作没有任何好处，用户最好使用子进程和消息传递。多线程类似于同时执行多个不同的程序，多线程运行具有如下优点。

- 使用线程可以把长时间占据的程序中的任务放到后台去处理。
- 用户界面可以更吸引人，例如用户点击了一个按钮去触发某些事件的处理，这时可以弹出一个进度条来显示处理的进度。
- 程序的运行速度可能加快。
- 在一些需要等待的任务实现上，如用户输入、文件读写和网络收发数据等，线程就比较有用了。在这种情况下我们可以释放一些珍贵的资源如内存占用，等等。
- 爬虫程序，例如我们去爬取图片网站的时候，利用单进程单线程的方式，进程很容易阻塞在获取数据 Socket 函数上，多线程可以缓解这种情况。

线程在执行过程中与进程还是有区别的。每个独立的线程都有一个程序运行的入口、顺序执行序列和程序的出口。但是线程不能独立执行，必须依存在应用程序之中，由应用程序提供多个线程执行控制。

2. Python 的 GIL 详细说明

为什么 Python 中会用到 GIL 呢？答案是为了实现线程同步。

我们知道，多线程最大的一个问题就是线程之间的数据同步问题。在计算机的发展过程中，各个 CPU 厂商为了提升自己产品的性能，引入了多核的概念。但是在多个核心之间如何做到数据同步又花费了很多的时间和金钱，甚至最后消耗了 CPU 的很多性能才得以实现。

那么，Python 是如何做的？

了解 Python 的读者都知道，Python 默认的实现是 CPython，而 CPython 使用的是 C 语言的解释器。由于历史原因，CPython 不幸拥有了一个在未来非常影响 Python 性能的因素，那就是 GIL。GIL 的全称是 Global Interpreter Lock，又称为全局解释器锁。GIL 是计算机程序设计语言解释器用于同步线程的工具，而 CPython 正是支持了 GIL 的特性，使得 Python 的解释器在同一时间只能有一条线程运行，一直要等到该线程执行完毕释放了全局锁以后，其他的线程才能执行。也就是说，CPython 本身实际上就是一个单线程语言，甚至在多核 CPU 上使用 CPython 的多线程其性能反而不如单线程的高。

Python 代码的执行由 Python 虚拟机（解释器）来控制。Python 在设计之初就考虑在主循环中，同时只能有一个线程在执行，就像在单 CPU 的系统中运行多个进程那样，内存中可以存放多个程序，但在任意时刻，只有一个程序在 CPU 中运行。同样地，虽然 Python 解释器可以运行多个线程，但只有一个线程在解释器中运行。对 Python 虚拟机的访问是由全局解释器锁（GIL）来控制的，正是这个锁才能保证同时只有一个线程在运行。在多线程环境中，Python 虚拟机将按照以下步骤来执行。

1）设置 GIL。

2）切换到一个线程中去执行。

3）运行。

4）把线程设置为睡眠状态。

5）解锁 GIL。

6）再次重复以上步骤。

Python 的线程是操作系统线程。在 Linux 上为 Pthread，在 Windows 上为 WIN Thread，完全由操作系统来调度线程的执行。一个 Python 解释器进程内只有一条主线程，以及多条用户程序的执行线程。即使是在多核 CPU 平台上，由于 GIL 的存在，也会禁止多线程的并行执行。

Python 解释器进程内的多线程是以合作多任务方式执行的。当一个线程遇到 I/O 任务时，将释放 GIL。计算密集型（CPU-bound）的线程在执行大约 100 次解释器的计步（ticks）时，将释放 GIL。计步（ticks）可粗略看作是 Python 虚拟机的指令，计步实际上与时间片长度无关，可以通过 sys.setcheckinterval() 设置计步长度。

在单核 CPU 上，数百次的间隔检查才会导致一次线程切换。在多核 CPU 上存在严重的线程颠簸（thrashing）。

为什么 CPython 中使用了 GIL？

我们都知道计算机一开始只是单核的，在那个年代人们并不会想到多核这种情况，于是为了应对多线程的数据同步问题，人们发明了锁。但是如果自己来写一个锁，不仅耗时耗力，而且会隐藏许多未知的 Bug 等问题。于是在这样的大背景下，Python 社区选择了最简单粗暴的方式，实现了 GIL，这样做有以下几点好处。

- ❑ 可以提高单线程程序的运行速度（不再需要对所有数据结构分别获取或释放锁）。
- ❑ 容易与大部分非线程安全的 C 库进行集成。
- ❑ 容易实现（使用单独的 GIL 锁要比实现无锁，或者细粒度锁的解释器更容易）。

但是令 Python 社区没有想到的是，CPU 乃至计算机发展得如此迅速，双核、四核，甚至多 CPU 计算机的出现，让 Python 在很长一段时间里背负着运行效率低下的称号。而当 Python 社区和众多的 Python 库作者回过头来想要修改这些问题的时候却发现，代码与代码之间已牢牢地依赖于 GIL，面对庞大的绕成一团的线，也只能抽丝剥茧般的慢慢剔除。

值得庆幸的是，虽然我们不知道这一过程要用多久，但是从 Python 3.2 开始，Python 使用了全新的 GIL，这将极大地提升 CPython 的性能。

3.Python 多线程模块 Thread

下面我们来介绍下 Python 多线程模块 Thread，其主要方法（函数）如表 3-9 所示。

表 3-9 Thread 主要函数及其作用说明

方法介绍	作用描述
start_new_thread	生成一个新线程并返回其标识值
allocate_lock	返回一个锁对象
interrupt_main	在主线线程中触发一个 KeyboardInterrupt 异常
get_ident	获取当前线程的标识符
stack_size	返回线程堆栈的大小
exit	退出线程，触发一个 SystemExit 异常

下面列举一个例子来说明下 start_new_thread 方法的应用，代码如下所示：

```
#!/usr/bin/python
# -*- coding: UTF-8 -*-

import thread
import time

# 为线程定义一个函数
def print_time( threadName, delay):
   count = 0
   while count < 5:
      time.sleep(delay)
      count += 1
      print "%s: %s" % ( threadName, time.ctime(time.time()) )

# 创建两个线程
try:
   thread.start_new_thread( print_time, ("Thread-1", 2, ) )
   thread.start_new_thread( print_time, ("Thread-2", 4, ) )
except:
   print "Error: unable to start thread"
```

```
while 1:
   pass
```

如果使用的是 thread 的方法，那么主线程等待得用 while 1 的方法来解决。thread.start_new_thread 的语法如下所示：

```
threads.start_new_thread(function,args,kwargs)
```

function 在这里表示的是多线程程序要调用的函数，args 必须是一个元组，元组里面接的是 function 的参数，kwargs 是可选参数。

下面再来看另外一个例子，代码如下所示：

```
#!/usr/bin/ python
import  thread
from time import sleep,ctime

def loop0():
    print 'start loop 0 at:',ctime()
    sleep(4)
    print 'loop 0 done at:',ctime()

def loop1():
    print 'start loop 1 at:',ctime()
    sleep(2)
    print 'loop 1 done at:',ctime()

def main():
    print 'start at:',ctime()
    thread.start_new_thread(loop0,())
    thread.start_new_thread(loop1,())
    print 'all done at:',ctime()

if __name__ == '__main__':
    main()
```

运行结果如下所示：

```
start at: Thu Jan  4 12:26:36 2018
all done at: Thu Jan  4 12:26:36 2018
```

由运行结果可知，结果并没有达到预期的目的，在这里 loop0 和 loop1 是并发执行的，我们原来的目的是想尽量缩短时间。但是，如果运行程序即可发现，loop1 甚至在 loop0 之前就结束了。为什么会这样呢？因为在这里我们没有让主线程停下来，那么主线程就会运行下一句，显示“all done at:”，然后关闭正在运行的 loop0 和 loop1 两个线程，最后退出。

如果我们想要达到预期目的，那么这里需要加上一个 sleep(6)，这是因为我们知道运行着的两个线程一个会运行 4 秒，一个会运行 2 秒（4+2=6），在主线程等待 6 秒以后应该就已经结束了。这里如果我们不采取这种方式的话，就必须得采用线程锁的处理机制了。事实上,thread 模块不支持守护线程。当主线程退出时，所有的子线程不论它们是否还在工作，都会被强行退出，这里需要守护进程，而 threading 模块是支持守护线程的，笔者也推荐大家采用 threading 模块。threading 模块的 Thread 类有一个 join() 函数，允许主线程等待线程的结束。所有的线程都创建以后，再一起调用 start() 函数启动，而不是创建一个启动一个。而且不用再管理一堆锁（分配锁、获得锁、释放锁、检查锁的状态等），只需要简单地对每个线程调用 join() 函数就可以了。

大家可以看下 Python 标准库 threading.Thread 的具体语法实现。

（1）线程创建

线程创建包括两种方法，具体如下所示。

1）使用 Thread 类创建，具体代码如下所示：

```
#-*- coding:utf-8 -*-
# 导入 Python 标准库中的 Thread 模块
from threading import Thread
# 创建一个线程
t = Thread(target= 线程要执行的函数 , args=( 函数参数 ))
# 启动刚刚创建的线程
t.start()
```

2）使用继承类创建，具体代码如下所示：

```
#-*- coding:utf-8 -*-
# 导入 Python 标准库中的 Thread 模块
from threading import Thread
# 创建一个类，必须要继承 Thread
class MyThread(Thread):
# 继承 Thread 的类，需要实现 run 方法，线程就是从这个方法开始的
    def __init__(self, parameter1,parameter2):
  # 需要执行父类的初始化方法
        Thread.__init__(self)
        # 如果有参数，则可以封装在类里面
        self.parameter1 = parameter1
        self.parameter2 = parameter2

        def run(self):
        # 具体的逻辑
            function_name(self.parameter1)
# 如果有参数，则实例化的时候需要把参数传递过去
t = MyThread(parameter1)
# 同样使用 start() 来启动线程
t.start()
```

（2）线程等待

在上面的例子中，我们的主线程不会等待子线程执行完毕之后再结束自身。可以使用 Thread 类的 join() 方法来等待子线程执行完毕以后，再关闭主线程。具体代码如下所示：

```
#-*- coding:utf-8 -*-
from threading import Thread
class MyThread(Thread):
    def run(self):
        function_name(self.parameter1)

    def __init__(self, parameter1):
        Thread.__init__(self)
        self.parameter1 = parameter1

t = MyThread(parameter1)
t.start()
# 只需要增加一句代码
t.join()
```

大家在编写具体的业务代码逻辑时，可以参考上面的代码用语法套用，基础上大同小异。我们在这里列举一个简单的例子来说明下多线程的用法，代码如下所示：

```
from  threading import Thread
import time

def test(p):
    time.sleep(0.1)
    print p

ts = []

for i in xrange(0,15):
    th = Thread(target=test,args=[i])
    ts.append(th)

for i in ts:
    i.start()

print 'hello,end'
```

大家运行这段代码可以发现，我们的本意本来是想让“hello,end”出现在结果的最后，但却发现其位置是随机出现的；所以在这里我们需要在代码里面加入 i.join()，修改后的代码如下所示：

```
#!/usr/bin/python

from  threading import Thread
import time

def test(p):
    print p

ts = []
```

```
for i in xrange(0,15):
    th = Thread(target=test,args=[i])
    ts.append(th)

for i in ts:
    i.start()

for i in ts:
    i.join()

print 'hello,end'
```

大家运行这段代码以后，“hello,end”就出现在结果的最后了。然后我们再套用类继承的方式来实现多线程的方法，代码如下所示：

```
#!/usr/bin/python
# -*- coding: UTF-8 -*-

import threading
import time

class ThreadDemo(threading.Thread):
      def __init__(self,index,create_time):
              threading.Thread.__init__(self)
              self.index = index
              self.create_time = create_time

      def run(self):
              time.sleep(1)
              print time.time()-self.create_time,'\t',self.index
              print
              print "Thread %d exit" % self.index

for index in range(5):
      thread = ThreadDemo(index,time.time())
      thread.start()

print "Main thread exit"
```

表 3-10 列出了 Threading 模块中 Thread 类的常用方法。

表 3-10 Thread 类的常用方法及其作用描述说明

方法介绍	作用描述
start()	开始线程的运行
run()	重载此方法，作为线程的运行部分（一般会被子类重写）
join()	程序挂起，直到线程结束；如果给了 timeout 秒，则最多阻塞 timeout 秒
setName()	设置线程的名称
getName()	返回线程的名称
isAlive()	查看线程是否还是活动的

（续）

方法介绍	作用描述
isDaemon()	查看线程是不是后台运行标志
setDaemon()	设置线程的后台运行标志

在实际工作中，我们将会发现 setDaemon(True) 与 join() 设置容易造成混乱，所以笔者在此整理了一些知识点来帮助大家区别，哪种情况下该使用 setDaemon(True)，哪种情况下应该配置 join()，知识点内容如下所示。

知识点一

当一个进程启动之后，会默认产生一个主线程，因为线程是程序执行流的最小单元，当设置多线程时，主线程会创建多个子线程，在 Python 多线程中，默认情况下（其实就是 setDaemon(False)），主线程执行完自己的任务以后就退出了，此时子线程会继续执行自己的任务，直到自己的任务结束为止，示例代码见下面的例一。

知识点二

当我们使用 setDaemon(True) 方法设置子线程为守护线程时，主线程一旦执行结束，则全部线程全部终止执行，可能出现的情况就是，子线程的任务还没有完全执行结束就被迫停止，示例代码见下面的例二。

知识点三

此时 join 的作用就凸显出来了，join 所完成的工作就是线程同步，即主线程任务结束之后，进入阻塞状态，一直等待其他的子线程执行结束之后，主线程再终止，示例代码见下面的例三。

知识点四

join 有一个 timeout 参数，当设置守护线程时，其作用是主线程会对子线程等待 timeout 的时间，然后将会杀死该子线程，最后退出程序。所以说，如果有 10 个子线程，全部的等待时间就是每个子线程 timeout 的累加之和。简单地说就是，为每个子线程分配一个 timeout 的时间，让它去执行，时间一到，不管任务有没有完成，直接杀死该子线程。

若没有设置守护线程，则主线程将会等待 timeout 的累加和这样长的一段时间，时间一到，主线程结束，但是并没有杀死子线程，子线程依然可以继续执行，直到子线程全部结束，程序退出。

例一的代码如下所示：

```
#!/usr/bin/bin/python
#-*- encoding:utf-8 -*-
import threading
import time

def run():
```

```
    time.sleep(2)
    print "当前线程的名字是 %s" % threading.current_thread().name
    time.sleep(2)

if __name__ == '__main__':
    start_time = time.time()
    print "这是主线程 %s" % threading.current_thread().name
    thread_list = []
    for i in range(5):
        t = threading.Thread(target=run)
        thread_list.append(t)
    for t in thread_list:
        t.start()
    print "主线程 %s 结束 !" % threading.current_thread().name
    proce_time = time.time()-start_time
    print "一共用时 :%f" % proce_time
```

大家观察结果可以得知以下几点结论。

1）程序的计时是针对主线程计时，主线程结束，计时随之结束，打印出主线程的用时（此次返回结果为 0.002 000 秒）。

2）主线程的任务完成之后，主线程随之结束，子线程继续执行自己的任务，直到所有子线程的任务全部结束，程序结束。

例二的代码如下所示：

```
#!/usr/bin/bin/python
#-*- encoding:utf-8 -*-
import threading
import time

def run():
    time.sleep(2)
    print "当前线程的名字是 %s" % threading.current_thread().name
    time.sleep(2)

if __name__ == '__main__':
    start_time = time.time()
    print "这是主线程 %s" % threading.current_thread().name
    thread_list = []
    for i in range(5):
        t = threading.Thread(target=run)
        thread_list.append(t)
    for t in thread_list:
        t.setDaemon(True)
        t.start()
    print "主线程 %s 结束 !" % threading.current_thread().name
    proce_time = time.time()-start_time
    print "一共用时 :%f" % proce_time
```

我们观察结果可以非常明显地看到，主线程结束以后，子线程还没有来得及执行，整个程序就退出了（总共耗时 0.001 000 秒）。

例三的代码如下所示：

```
#!/usr/bin/bin/python
#-*- encoding:utf-8 -*-
import threading
import time

def run():
    time.sleep(2)
    print "当前线程的名字是 %s" % threading.current_thread().name
    time.sleep(2)

if __name__ == '__main__':
    start_time = time.time()
    print "这是主线程 %s" % threading.current_thread().name
    thread_list = []
    for i in range(5):
        t = threading.Thread(target=run)
        thread_list.append(t)
    for t in thread_list:
        t.setDaemon(True)
        t.start()
    for t in thread_list:
        t.join()
    print "主线程 %s 结束 !" % threading.current_thread().name
    proce_time = time.time()-start_time
    print "一共用时 :%f" % proce_time
```

大家观察结果可以看到，主线程一直要等待全部的子线程结束之后，主线程自身才结束，程序退出（总共耗时 4.003 000 秒）。

4. 线程锁

对于多线程来说，其最大的特点就是线程之间可以共享数据，但是若要共享数据就会出现多线程同时更改一个变量，使用同样的资源，从而出现死锁、数据错乱等问题。

假设有两个全局资源 a 和 b，有两个线程 thread1 和 thread2。thread1 占用 a，想要访问 b，但此时 thread2 占用 b，想要访问 a，若两个线程都不释放此时拥有的资源，那么就会造成死锁。如何解决这个问题呢？ Python 是采用 threadind.Lock 的方法来解决这个问题的。当访问某个资源之前，先用 Lock.acquire() 锁住资源，访问之后，再用 Lock.release() 释放资源，具体用法如下所示：

```
mlock = threading.Lock()
# 创建锁
mlock.acquire([timeout])
# 锁定
```

```
mlock.release()
# 释放，不释放的话将会成为死锁
```

锁定方法 acquire 可以有一个超时时间的可选参数 timeout。如果设定了 timeout，则在超时后可以通过返回值判断是否得到了锁，从而继续进行一些其他的处理。

我们在这里列举一个简单的例子说明一下，示例代码如下所示：

```
#!/usr/bin/env python
# -*- coding: UTF-8 -*-
import threading
import time

num = 0
mlock = threading.Lock()

class MyThread(threading.Thread):
    def run(self):
        global num
        time.sleep(1)

        if mlock.acquire(1):
           num = num+1
           msg = self.name+' set num to '+str(num)
           print msg
           mlock.release()

def test():
    for i in range(5):
        t = MyThread()
        t.start()
if __name__ == '__main__':
    test()
```

执行此程序，运行结果如下所示：

```
Thread-1 set num to 1
Thread-4 set num to 2
Thread-3 set num to 3
Thread-5 set num to 4
Thread-2 set num to 5
```

大家通过运行结果可以发现，虽然线程是无序的并发执行，但 num 值并没有受到影响，还是依次从 1 打印到 5。

5. Queue 模块

Queue 模块实现了多生产者多消费者队列，尤其适合于多线程编程。Queue 类中实现了所有需要的锁原语（这句话非常重要），Queue 模块实现了三种类型的队列，具体如下。

- FIFO（先进先出）队列：第一个加入队列的任务，将第一个取出。

- ❑ LIFO（后进先出）队列：最后一个加入队列的任务，将第一个取出。
- ❑ PriorityQueue（优先级）队列：保持队列数据有序，最小值将最先取出。

下面用命令导入 Queue 模块，命令如下所示：

```
import Queue
```

Queue 模块的函数具体如表 3-11 所示。

表 3-11 Queue 模块的函数及其作用描述说明

函　数	作用描述
Queue(maxsize=0)	创建一个先入先出队列。如果给定了最大值，则在队列没有空间时阻塞；否则（没有指定最大值时）为无限队列
LifeQueue(maxsize=0)	创建一个后入先出队列。如果给定了最大值，则在队列没有空间时阻塞；否则（没有指定最大值时）为无限队列
PriorityQueue(maxsize = 0)	创建一个优先级队列。maxsize 设置队列大小的上界，如果插入数据，则达到上界时会发生阻塞，直到队列可以放入数据为止。若 maxsize 小于或者等于 0，则表示不限制队列的大小（默认）。优先级队列中，最小值将会最先取出
qsize()	返回队列的大小（由于返回的时候，队列可能已被其他线程修改，所以这个值是近似值）
empty()	如果队列为空则返回 True，否则返回 False
full()	如果队列已满则返回 True，否则返回 False
put(item,block=0)	把 item 放到队列中，如果给定了 block（不为 0），则函数会一直阻塞到队列中有空间为止
get(item,block=0)	从队列中取一个对象，如果给定了 block（不为 0），则函数会一直阻塞到队列中有空间为止
task_done()	用于表示队列中的某个元素已执行完成，该方法会被下面的 join() 使用
join()	在队列中，所有的元素都执行完毕并在调用上面的 task_done() 信号之前，保持阻塞

下面是官方给出的多线程模型，代码如下所示：

```
def worker():
    while True:
       item = q.get()
       do_work(item)
       q.task_done()

q = Queue()
for i in range(num_worker_threads):
    t = Thread(target=worker)
    t.daemon = True
    t.start()

for item in source():
    q.put(item)

q.join()          # 锁住直到所有任务完成为止
```

下面举例说明Queue的用法，示例代码如下所示：

```
#!/usr/bin/env python
# -*- coding:utf-8 -*-

import threading
import time
import Queue

SHARE_Q = Queue.Queue()  #构造一个不限制大小的队列
WORKER_THREAD_NUM = 3    #设置线程的个数，此处数值可以自由调整，结合下面的程序完成时间来观
察效果

class MyThread(threading.Thread) :

    def __init__(self, func) :
        super(MyThread, self).__init__()
        self.func = func

    def run(self) :
        self.func()

def worker() :
    global SHARE_Q
    while not SHARE_Q.empty():
        item = SHARE_Q.get() #获得任务
        print "Processing : ", item
        time.sleep(1)

def main() :
    global SHARE_Q
    threads = []
    create_time = time.time()
    # print create_time
    for task in xrange(5,-1,-1) :  #向队列中放入任务
        SHARE_Q.put(task)
    for i in xrange(WORKER_THREAD_NUM) :
        thread = MyThread(worker)
        thread.start()
        threads.append(thread)
    for thread in threads :
        thread.join()
    end_time = time.time()-create_time
    print "程序总共运行时间为 %s" % end_time

if __name__ == '__main__':
    main()
```

随着WORKER_THREAD_NUM值的不断变化，程序总共运行的时间也在不断地变化，大家可以灵活地调整此数值，以感受Python多线程的魅力所在。

参考文档：

https://www.imooc.com/article/16198

https://www.liaoxuefeng.com

http://www.jb51.net/article/56979.htm

https://www.jianshu.com/p/544d406e0875

https://www.cnblogs.com/cnkai/p/7504980.html

http://www.cnblogs.com/kaituorensheng/p/4445418.html

http://blog.csdn.net/yaosiming2011/article/details/44280797

3.6 Python 经常用到的第三方类库

因为 Python 拥有非常丰富的标准库和第三方类库，所以我们无论是在平时的 DevOps 工作中使用 Python，还是在写自动化运维需求时使用 Python，都会觉得非常方便，下面笔者所列举的是工作中经常用到的第三方类库。

django：Python 中最流行的 Web 框架。

tornado：一个 Web 框架和异步网络库。

flask：一个 Python 微型框架。

cherryPy：一个极简的 Python Web 框架，服从 HTTP/1.1 并且具有 WSGI 线程池。

requests：requests 是用 Python 语言编写的，其基于 urllib，设计得非常优雅，非常符合人的使用习惯。其采用 Apache2 Licensed 开源协议的 HTTP 库。requests 比 urllib 更加方便，可以节约我们大量的工作，完全满足 HTTP 测试需求。另外，requests 还支持 Python 3。官方文档为 http://docs.python-requests.org/zh_CN/latest/。

yagmail：在 Python 中使用 smtplib 标准库是一件非常麻烦的事情，而 yagmail 第三方类库封装了 smtplib，使得我们发邮件更加人性化和方便（通常两三行代码就能发送邮件），大家可以类比下 requests 库和 urllib 库。

psutil：psutil 是一个跨平台库（http://code.google.com/p/psutil/），能够轻松实现和获取系统运行的进程和系统利用率（包括 CPU、内存、磁盘、网络等）信息。psutil 主要应用于系统监控、分析和限制系统资源及进程的管理。它实现了同等命令行工具提供的功能，如 ps、top、lsof、netstat、ifconfig、who、df、kill、free、nice、ionice、iostat、iotop、uptime、pidof、tty、taskset、pmap 等。目前支持 32 位和 64 位的 Linux、Windows、OS X、FreeBSD 和 Sun Solaris 等操作系统。

sh：sh 类库使得我们可以用 Python 函数的语法去调用 Linux Shell 命令，相比较于 subprocess 标准库而言，sh 确实方便多了。

Boto3：我们可以使用 Boto3 快速开始使用 AWS。Boto3 可以轻松支持我们将 Python 应用程序、库或脚本与 AWS 服务进行集成，包括 Amazon S3、Amazon EC2 和 Amazon

DynamoDB 等。官方文档为 https://aws.amazon.com/cn/sdk-for-python/。

Srapy：Python 中鼎鼎有名的爬虫框架，重点推荐学习和掌握。

BeautifulSoup：解析 HTML 的利器，现在的最新版本为 BS4。BeautifulSoup 的特点就是好用，其在速度上比 Xpath 慢。Scrapy 除了支持 Xpath 以外，还支持 BeautifulSoup。

Selenium：它是一套完整的 Web 应用程序测试系统，我们在工作中主要用其来模拟浏览器进行自动化测试工作。

Jinja2：Jinja2 是基于 Python 的模板引擎，功能比较类似于 PHP 的 Smarty。

rq：简单的轻量级的 Python 任务队列。

Celery：一个分布式异步任务队列 / 作业队列，基于分布式消息传递。

Supervisor：进程管理工具，可以很方便地用来在 Linux/Unix 下管理进程，但不支持 Windows 系统。

除了笔者上面列举的工作中常用的第三方 Python 库，事实上还有很多功能强大的第三方库，大家可以结合自己的工作来考虑是否调用，从而减少代码复用及提升工作效率。

由于我们在工作中经常会用到 BeautifulSoup 第三方库，所以这里也简单介绍下其具体用法和实例。现摘录官方文档介绍如下：

BeautifulSoup 是一个可以从 HTML 或 XML 文件中提取数据的 Python 库。它能够通过你喜欢的转换器实现惯用的文档导航、查找及修改文档的方式。BeautifulSoup 能够为我们节省数小时甚至数天的工作时间。

系统环境为 CentOS 6.8 x86_64，Python 版本为 2.7.9。

（1）具体安装

BeautifulSoup 的具体安装过程如下所示：

```
pip install beautifulsoup
```

另外，BeautifulSoup 不仅支持 HTML 解析器，还支持一些第三方的解析器，如 lxml、XML 及 html5lib，但是需要安装相应的库，命令如下所示：

```
pip install lxml
pip install html5lib
```

（2）简单用法

将一段文档传入 BeautifulSoup 的构造方法，就能得到一个文档的对象，可以传入一段字符串或一个文件句柄，示例代码如下所示：

```
>>> from bs4 import BeautifulSoup

>>> soup = BeautifulSoup("<html><body><p>data</p></body></html>","lxml")
>>> soup
```

结果如下所示：

```
<html><body><p>data</p></body></html>
>>> soup('p')
```

结果如下所示：

```
[<p>data</p>]
```

（3）BeautifulSoup 对象的种类

Beautiful Soup 可将复杂 HTML 文档转换成一个复杂的树形结构，每个节点都是 Python 对象，所有对象都可以归纳为 4 种：Tag、NavigableString、BeautifulSoup、Comment。

- BeautifulSoup：表示一个文档的全部内容。
- Tag：通俗点讲就是 HTML 中的一个个标签，例如上面代码中的 body 和 p。每个 Tag 均有两个重要的属性 name 和 attrs，name 是指标签的名字或者 Tag 本身的 name，attrs 通常是指一个标签的 class。
- NavigableString：获取标签内部的文字，如 soup.p.string，即标签内非属性的字符串。
- Comment：Comment 对象是一个特殊类型的 NavigableString 对象，其输出内容不包括注释符号，即 Tag 内字符串的注释部分。

（4）find_all() 的具体用法

BeautifulSoup 主要用来遍历子节点及子节点的属性，通过节点获取属性的方式只能获得当前文档中的第一个 Tag，例如 soup.li。如果想要得到所有的 <li> 标签，或者是通过名字获得比一个 tag 更多的内容的时候，就需要用到 find_all() 了。find_all() 方法用于搜索当前 Tag 的所有 Tag 子节点，并判断它们是否符合过滤器的条件。find_all() 所接受的参数具体如下：

```
find_all( name , attrs , recursive , string , **kwargs )
```

find_all() 几乎是 BeautifulSoup 中最常用的搜索方法，也可以使用其简写方法，以下用法是等价的：

```
soup.find_all("a")
soup("a")
```

find() 方法不会像 find_all() 方法一样搜索全文，find() 方法只会搜索一次。

下面列举一个简单的例子来说明下，我们先执行下面的代码，然后把 html_doc 文档进行 soup 对象化，示例代码如下所示：

```
html_doc='''
    <head>
      <meta charset="utf-8">
      <meta http-equiv="X-UA-Compatible" content="IE=Edge">
    <title>首页 - 新浪博客</title>
    <span class="atc_title">
    <a title="" target="_blank"
href="http://blog.sina.com.cn/s/blog_4701280b0102egl0.html">地震思考录</a></span>
```

```
    <span class="atc_title">
    <a title="" target="_blank"
href="http://blog.sina.com.cn/s/blog_4701280b0102ek51.html">一次告别</a></span>
    </head>
    '''
soup = BeautifulSoup(html_doc,'html.parser')
```

html.parser表示指定使用哪种解析器，BeautifulSoup目前并不是只支持lxml和html5lib。

1）**按name搜索**：name参数可以查找所有名字为name的Tag，字符串对象会被自动忽略掉，命令如下所示：

```
soup.find_all("title")
```

2）**按css搜索**：按照css类名搜索Tag的功能非常实用，但标识css类名的关键字class在Python中是保留字，使用class做参数会导致语法错误。从BeautifulSoup的4.1.1版本开始，可以通过“class_”参数搜索所有指定css类名的Tag，命令如下所示：

```
soup.find_all('span',class_="atc_title")
```

这种用法与下面的命令产生的结果是一致的，命令如下所示：

```
soup.find_all('span',attrs={'class':'atc_title'})
```

3）**string参数**：通过string参数可以搜索文档中的字符串内容，与name参数的可选值一样，string参数接受字符串、正则表达式、列表和True，比如说我们想打印名字为a的Tag的string，命令如下所示：

```
soup.a.string
```

更多详细介绍请参考文档：

http://beautifulsoup.readthedocs.io/zh_CN/latest/#id18

3.7 利用Flask设计后端Restful API

Flask是轻量级、易于采用、文档化和流行的开发RESTful API的非常好的选择，也是笔者在工作中最常用的Flask Web框架之一。从根本上说，Flask是建立在可扩展性和简单性的基础之上的。Flask应用程序以轻量级而闻名，主要是与Django对比。Flask开发者称之为微框架，其中“微”（如这里所述）意味着目标是保持核心简单但可扩展。Flask不会为我们做出许多决定，比如要使用什么数据库或什么模板引擎来选择。最后，Flask还有广泛的文档来为开发人员提供支持。

3.7.1 DevOps中为什么要使用RESTful API

在DevOps中使用RESTful API的原因如下：

- 返回的不是 HTML，而是机器能直接解析的数据。

随着 Ajax 的流行，API 返回数据，而不是 HTML 页面，数据交互量减少，用户体验会更好。前后台分离，后台更多地进行数据处理，前台对数据进行渲染。

- 直接使用 API 可以进行 CRUD，增删改查，结构清晰。

一个标准的 API 有 4 个接口：GET、PUT、POST、DELETE，对应我们的请求类型，就是 Web 获取页面、上传表单（或文件）、更新资源或删除资源。

HTTP 方法与 CURD 数据处理的对应关系如表 3-12 所示。

表 3-12　HTTP 方法与 CURD 数据处理的对应关系

HTTP 方法	数据处理动作	说　明
GET	Create	新增一个没有 ID 的资源
PUT	Read	获取一个资源
POST	Update	更新一个资源，或新增一个含 ID 的资源（如果此 ID 不存在）
DELETE	Delete	删除一个资源

- 使用 Token 来进行用户权限认证，比 Cookie 更安全。

相对而言，Tocken 认证比 Cookie 认证更为安全，毕竟 Cookie 认证是我们爬网站时使用最多的伪造渠道。

- 越来越多的开放平台，开始使用 API 接口。

下面我们利用 Flask 设计一个简单的基于 RESTful API 的 Web Service。

1）首先准备一台 Linux 服务器，安装好 Python 和 Flask 环境，具体版本信息如下，使用 pip 进行安装（大家尽量保证版本一致），如下所示：

```
Flask==1.0.2
Flask-HTTPAuth==3.2.4
Flask-RESTful==0.3.6
requests==2.19.1
pyhon==2.7.5
```

2）使用 GET 方法创建一个 RESTful，我们新建一个 API 程序，内容如下：

```
from flask import Flask
from flask_restful import Api,Resource

app = Flask(__name__)
api = Api(app)

class Hello(Resource):
    def get(self):
        return {'hello': 'RESTful API'}

api.add_resource(Hello, '/')

if __name__ == '__main__':
```

```
    app.run(host='0.0.0.0',port=5001,debug=True)
```

将以上代码代码保存为hello.py，使用python hello.py执行代码，端口为5001。

这样，一个简单的RESTful API就完成了，直接GET请求首页将返回相应的数据，命令如下（这里笔者是直接在自己的阿里云主机上面执行）：

```
curl http://45.249.5.3:5001/
```

或者我们提前在本地环境下用pip安装好httpie第三方类库，输入命令，如下所示：

```
http http://127.0.0.1:5001/
```

结果如下所示：

```
HTTP/1.0 200 OK
Content-Length: 31
Content-Type: application/json
Date: Mon, 20 Aug 2018 14:25:39 GMT
Server: Werkzeug/0.14.1 Python/2.7.5

{
    "hello": "RESTful API"
}
```

3）接下来使用POST方法在任务数据库中插入一条新的任务，我们需要改动一下此脚本，脚本内容如下所示：

```
# -*- coding:utf8 -*-
from flask import Flask, request, jsonify
from flask import jsonify
app = Flask(__name__)


tasks = [
    {
        'id': 1,
        'title': u'Buy groceries',
        'description': u'Milk, Cheese, Pizza, Fruit, Tylenol',
        'done': False
    },
    {
        'id': 2,
        'title': u'Learn Python',
        'description': u'Need to find a good Python tutorial on the web',
        'done': False
    }
]
@app.route('/hello/tasks', methods=['POST'])
def create_task():
    if not request.json or not 'title' in request.json:
        abort(400)
```

```
    task = {
        'id': tasks[-1]['id'] + 1,
        'title': request.json['title'],
        'description': request.json.get('description', ""),
        'done': False
    }
    tasks.append(task)
    return jsonify({'task': task}), 201

if __name__ == '__main__':
    app.run(host='0.0.0.0',port=5001,debug=True)
```

运行以下命令，就可以创建一个 POST 请求，如下所示：

```
curl -i -H "Content-Type: application/json" -X POST -d '{"title":"Read a book"}'
http://localhost:5001/hello/tasks
```

命令返回结果如下所示：

```
HTTP/1.0 201 CREATED
Content-Type: application/json
Content-Length: 105
Server: Werkzeug/0.14.1 Python/2.7.5
Date: Sun, 19 Aug 2018 08:31:15 GMT

{
    "task": {
        "description": "",
        "done": false,
        "id": 4,
        "title": "Read a book"
    }
}
```

注意　HTTPie（读 aych-tee-tee-pie）是一个用 Python 开发的 HTTP 的命令行客户端，其目标是让 CLI 和 Web 服务之间的交互尽可能的人性化。其特点如下：

- 直观的语法。
- 格式化和色彩化的终端输出。
- 内置 JSON 支持。
- 支持上传表单和文件。
- HTTPS、代理和认证。
- 任意请求数据。
- 自定义头部。
- 持久性会话。
- 类 Wget 下载。
- 支持 Python 2.6、Python 2.7 和 Python 3.x 版本。

以上讲述的是 RESTful API 在 GET 和 POST 请求中的基础用法，下面会结合一些经验讲述如何把 RESTful API 运用到工作中来，比如我们后面在 Ansible 的章节部分，是由 Ansible 结合 Flask，它会开放运维自动化后端 API 接口，然后由 CMDB 前端调用，全自动地完成自动化流程。

3.7.2 RESTful API 项目实战

下面将使用 Flask RESTful API 调用阿里云 CDN 接口，刷新阿里云 CDN 缓存。

有时候工作中经常遇到需要刷新 CDN 缓存，但不具备阿里云 CDN 的权限的情况，于是这里开发一个小程序，使用 Curl 来刷新阿里云 CDN 缓存，脚本内容如下所示：

```
#!/usr/bin/python
# -*- coding:utf-8 -*-
from flask import Flask, jsonify,request
import sys,os
import urllib, urllib2
import base64
import hmac
import hashlib
from hashlib import sha1
import time
import uuid
app = Flask(__name__)
class pushAliCdn:
        def __init__(self):
                self.cdn_server_address = 'http://cdn.aliyuncs.com'
                self.access_key_id = 'LTAIT4YXXXXXXX'
                self.access_key_secret = 'iX8dQ6m3qawXXXXXX'
        def percent_encode(self, str):
                res = urllib.quote(str.decode(sys.stdin.encoding).encode('utf8'), '')
                res = res.replace('+', '%20')
                res = res.replace('*', '%2A')
                res = res.replace('%7E',
                return res
        def compute_signature(self, parameters, access_key_secret):
                sortedParameters = sorted(parameters.items(), key=lambda parameters:
parameters[0])
                canonicalizedQueryString = ''
                for (k,v) in sortedParameters:
                canonicalizedQueryString += '&' + self.percent_encode(k) + '=' +
self.percent_encode(v)
                stringToSign = 'GET&%2F&' + self.percent_encode(canonicalizedQuerySt
ring[1:])
                h = hmac.new(access_key_secret + "&", stringToSign, sha1)
                signature = base64.encodestring(h.digest()).strip()
                return signature
        def compose_url(self, user_params):
                timestamp = time.strftime("%Y-%m-%dT%H:%M:%SZ", time.gmtime())
```

```
            parameters = { \
                    'Format'                   : 'JSON', \
                    'Version'              : '2017-11-11', \
                    'AccessKeyId'    : self.access_key_id, \
                    'SignatureVersion'  : '1.0', \
                    'SignatureMethod'   : 'HMAC-SHA1', \
                    'SignatureNonce'         : str(uuid.uuid1()), \
                    'TimeStamp'                  : timestamp, \
            }
            for key in user_params.keys():
                parameters[key] = user_params[key]
                signature = self.compute_signature(parameters, self.access_key_
secret)
            parameters['Signature'] = signature
            url = self.cdn_server_address + "/?" + urllib.urlencode(parameters)
            return url
        def make_request(self, user_params, quiet=False):
            url = self.compose_url(user_params)
            #print url
            # 刷新 url
            try:
                req = urllib2.Request(url)
                res_data = urllib2.urlopen(req)
                res = res_data.read()
                return res
            except:
                return user_params['ObjectPath'] + ' refresh failed!'
    @app.route('/api', methods=['POST'])
    def get_tasks():
        if  request.form.get('url'):
            url =  request.form.get('url')
            print url
        f = pushAliCdn()
        params = {'Action': 'RefreshObjectCaches', 'ObjectPath': url, 'ObjectType':
'File'}
        print params
        res = f.make_request(params)
        return res
        #return jsonify({'tasks': res})

    if __name__ == '__main__':
        app.run(host='10.0.1.134',port=9321,debug=True)
```

以上 access_key_id 和 access_key_id 可以在阿里云后台账号中查到，此处已作了无害处理。

pushAliCdn 类为刷新阿里云 CDN 方法，使用 POST 方法将 URL 地址传到 get_tasks 函数。

执行以下命令来刷新 CDN 缓存，如下所示：

```
curl  -X POST -d "url=http://a.b.com/app/1.jpg" http://10.0.1.134/api
```

其中，http://a.b.com/app/1.jpg 为需要刷新的 url。

这里我们总结一下 Flask RESTful API 的主要特点：

1）客户端中服务器：客户端和服务器之间隔离，服务器提供服务，客户端进行消费。

2）无状态：从客户端到服务器的每个请求都必须包含理解请求所必需的信息。换句话说，服务器不会存储客户端上一次请求的信息用来给下一次使用。

3）可缓存：服务器必须明示客户端请求能否缓存。

4）分层系统：客户端和服务器之间的通信应该以一种标准的方式，就是中间层代替服务器做出响应的时候，客户端不需要做任何变动。

5）统一的接口：服务器和客户端的通信方法必须是统一的。

6）按需编码：服务器可以提供可执行的代码或脚本，为客户端在它们的环境中执行。这个约束是唯一一个可选的。

3.8 工作中的 Python 脚本分享

统计和监测工作一直是 Python 脚本的强项，我们完全可以利用 Python 结合第三方类库，写出强大的统计脚本来分析我们的系统日志、安全日志及服务器应用日志等。

1. 利用 BeautifulSoup 下载图片

下面列举一个利用 BeautifulSoup 第三库来下载图片的例子，大家可以利用这个例子来熟悉 BeautifulSoup、urllib 和 re 的用法，脚本内容如下所示（此脚本已在 Windows 8.1 x86_64 环境下测试通过）：

```
#!/usr/bin/env python
# -*- coding: utf-8 -*-
import urllib
import re
import os
from bs4 import BeautifulSoup

def get_conten(url):
     html = urllib.urlopen(url)
     content = html.read()
     html.close()
     return content

def get_images(info):
     '''
     <img class="BDE_Image" height="777" pic_ext="jpeg"
     src="https://imgsa.baidu.com/forum/w%3D580/sign=a66d6c61d60735fa91f04eb1ae5
00f9f/cc1ebe096b63f6246615f7798544ebf81a4ca305.jpg" width="490"/>
     '''
```

```
    soup = BeautifulSoup(info)
    all_img = soup.find_all('img',class_="BDE_Image")

    x = 1
    for img in all_img:
            image_name = '%s.jpg' % x
            urllib.urlretrieve(img['src'],image_name)
            x += 1

info = get_conten("http://tieba.baidu.com/p/2772656630")
file_path = "c:\\Users\\yu\\Desktop\\images"
if not os.path.exists(file_path):
    os.makedirs(file_path)
os.chdir(file_path)
get_images(info)
```

下面代码所示的是一个较为复杂的多线程爬取图片的例子，中文注释较为详细，还打印了许多信息，脚本内容如下所示（脚本在 CentOS 6.8 x86_64 下通过）：

```
#!/usr/bin/env python
# -*- coding:UTF-8 -*-

import re
import os
import urllib
import threading
import time
import Queue

def getHtml(url):
    html_page=urllib.urlopen(url).read()
    return html_page

#提取网页中图片的URL
def getUrl(html):
    pattern=r'src="(.+?\.jpg)" pic_ext'  #正则表达式匹配图片
    imgre=re.compile(pattern)
    imglist=re.findall(imgre,html)
    #re.findall(pattern,string)在string中寻找所有匹配成功的字符串，以列表形式返回值
    return imglist

class getImg(threading.Thread):
    def __init__(self,queue):
    #进程间通过队列进行通信，所以每个进程需要用到同一个队列来初始化
        threading.Thread.__init__(self)
        self.queue=queue
        self.start()                    #启动线程

    #使用队列实现进程间的通信
    def run(self):
```

```
        global count
        while (True):
            imgurl = self.queue.get()
            print self.getName()
            #urllib.urlretrieve(url,filname) 将url的内容提取出来，并存入filename中
            urllib.urlretrieve(imgurl, '/root/python/images/%s.jpg' % count)
            print "%s.jpg done"%count
            count += 1
            if self.queue.empty():
                break
            self.queue.task_done()
            #当使用者线程调用 task_done() 以表示检索了该项目，并完成了所有的工作时，那么未
完成的任务的总数就会减少


def main():
    global count
    url="http://tieba.baidu.com/p/2460150866"  #爬虫程序要抓取内容的网页地址
    html=getHtml(url)
    imglist=getUrl(html)
    threads=[]
    count=0
    queue=Queue.Queue()

    #将所有任务加入队列
    for i in range(len(imglist)):
      queue.put(imglist[i])

    #多线程爬取图片
    for i in range(8):
        thread=getImg(queue)
        threads.append(thread)

    #合并进程，当子进程结束时，主进程才可以执行
    for thread in threads:
       thread.join()

if __name__=='__main__':
    if not os.path.exists("/root/python/images"):
        os.makedirs("/root/python/images")
    main()
    print "多线程爬取图片任务已完成！"
```

2. 如何利用 Python 脚本发送工作邮件

下面的示例代码是利用 Python 脚本来发送工作邮件的方法，大家可以参考此脚本代码来发送邮件（脚本已在 CentOS 6.8 x86_64 下测试通过）：

```
#!/usr/bin/env python
#-*- coding:utf-8 -*-
```

```
import smtplib
from email.mime.text import MIMEText
import string
import os

mail_host = "mail.example.com.cn"
mail_subject = "hostname 名字不规则的机器列表 "
#mail_reciver = ["yuhc@example.com.cn"]
mail_reciver = ["devops@example.com.cn","admin@example.com.cn","sa@example.com.
cn"]
#mail_cc=["wangmiao@example.com.cn","nocdev@example.com"]
#mail_reliver 以列表的形式存在，如果是单个收件地址，则建议也以此方式发送，即 mail_reciver =
["yuhc@example.com.cn"]
mail_from = "yhc@example.com.cn"
text = open('/data/report/hostname_report.txt','r')
#body = string.join((text.read().strip()), "\r\n")
body = "ALL:\r\n"+"          你好，下面是我们全网内 hostname 名字不规范的列表，已经依次列出，
麻烦将其改正并修正至 CMDB 系统，谢谢，列表如下所示：\r\n" + "\r\n" + text.read() + "\r\n" +
"-------" + "\r\n" + " 运维开发 | 余洪春 "
text.close()

# body = str(body)
msg = MIMEText(body,format,'utf-8')
msg['Subject'] = mail_subject
msg['From'] = mail_from
msg['To'] = ",".join(mail_reciver)
#msg['Cc'] = ",".join(mail_cc)
# 以下两行代码加上前面的 MIMEText 中的 'utf-8' 都是为了解决邮件正文中的乱码问题
msg["Accept-Language"] = "zh-CN"
msg["Accept-Charset"] = "ISO-8859-1,utf-8"

# 发送邮件至相关人员
try:
    server = smtplib.SMTP()
    server.connect(mail_host,'25')
    # 注意这里用到了 starttls
    server.starttls()
    server.login("yhc@example.com.cn","yhc123456")
    server.sendmail(mail_from,mail_reciver,msg.as_string())
    server.quit()
except Exception,e:
    print " 发送邮件失败 " + str(e)
```

提示 Python 下邮件的发送包括明文、SSL、TLS 三种方式，STARTTLS 有别于 SMTP 传输明文数据，它采用的是基于 TLS 的加密通信，以保障电子邮件通信安全。

3. 监测 redis 是否正常运行

某线上项目运行的 redis 数据库，主用用于处理大量数据的高访问负载需求。为了最大

化地利用资源，每个redis实例分配的内存并不是很大，有时候程序组的同事在导入数据量大的IP列表时会遭遇redis实例崩溃的情况，如果时间拖长了还会影响到线上业务的正常运营。所以开发了一个redis监测脚本并配合Nagios进行工作，脚本内容如下所示（此脚本已在Amazon Linux AMI x86_64下测试通过）：

```
#!/usr/bin/env python
import redis
import sys

STATUS_OK = 0
STATUS_WARNING = 1
STATUS_CRITICAL = 2

HOST = sys.argv[1]
PORT = int(sys.argv[2])
WARNING = float(sys.argv[3])
CRITICAL = float(sys.argv[4])

def connect_redis(host, port):
    r = redis.Redis(host, port, socket_timeout = 5, socket_connect_timeout = 5)
    return r

def main():
    r = connect_redis(HOST, PORT)
    try:
        r.ping()
    except:
        print HOST,PORT,'down'
        sys.exit(STATUS_CRITICAL)

    redis_info = r.info()
    used_mem = redis_info['used_memory']/1024/1024/1024.0
    used_mem_human = redis_info['used_memory_human']

    if WARNING <= used_mem < CRITICAL:
        print HOST,PORT,'use memory warning',used_mem_human
        sys.exit(STATUS_WARNING)
    elif used_mem >= CRITICAL:
        print HOST,PORT,'use memory critical',used_mem_human
        sys.exit(STATUS_CRITICAL)
    else:
        print HOST,PORT,'use memory ok',used_mem_human
        sys.exit(STATUS_OK)

if __name__ == '__main__':
    main()
```

4. 调用有道词典的API翻译英文

下面的示例代码是用Python脚本直接调用有道词典的API来实现翻译功能，大家可以借此脚本熟悉 Python 2.7.9 下编码和转码的问题，即 decode() 和 encode() 的用法，脚本内容如下所示（此脚本已在 CentOS 6.8 x86_64 下测试通过）：

```
#!/usr/bin/env python
#-*- encoding=utf-8 -*-
import urllib
import json
url='http://fanyi.youdao.com/translate?smartresult=dict&smartresult=rule&smartre
sult=ugc&sessionFrom=dict2.index'

#建立一个字典
data = {}
data['i'] = '余洪春是帅哥'
data['from'] = 'AUTO'
data['to'] = 'AUTO'
data['smartresult'] = 'dict'
data['client'] = 'fanyideskwe'
data['salt'] = '1506219252440'
data['sign'] = '0b8cd8f9b8b14'
data['doctype'] = 'json'
data['version'] = '2.1'
data['keyfrom'] = 'fanyi.web'
data['action'] = 'FY_BY_CLICK'
data['typoResult'] = 'true'

#在这里还不能直接将data作为参数，需要做一下数据的解析才可以
#encode是将Unicode的编码转换成utf-8编码
#data=urllib.urlencode(data).encode('utf-8')
#另一种写法，urlencode将字典转换成url参数
data = urllib.urlencode(data)
response=urllib.urlopen(url,data)

#decode的作用是将其他形式的编码转换成Python使用的Unicode编码
#html=response.read().decode('utf-8')
#另一种写法
html = response.read()
target=json.loads(html)
print(target['translateResult'][0][0]['tgt'])
```

5. 监测 Nginx 活动连接数

下面的示例代码是用 Python 编写的监测 Nginx 活动的连接数，这里调用了前文中提到的第三方库 getopt，脚本内容如下所示（此脚本已在 CentOS 6.8 x86_64 下测试通过）：

```
import urllib2, base64, sys
import getopt
import re

def Usage():
        print "Usage: getWowzaInfo.py -a [active|accepted|handled|request|readin
```

```
g|writting|waiting]"
            sys.exit(2)

    def main():
            if len(sys.argv) < 2:
                    Usage()
            try:
                    opts, args = getopt.getopt(sys.argv[1:], "a:")
            except getopt.GetoptError:
                    Usage()

            # Assign parameters as variables
            for opt, arg in opts :
                  if opt == "-a" :
                          getInfo = arg

            url="http://127.0.0.1:80/ngserver_status"
            request = urllib2.Request(url)
            result = urllib2.urlopen(request)

            buffer = re.findall(r'\d+', result.read())

            if ( getInfo == "active"):
                    print buffer[0]
            elif ( getInfo == "accepted"):
                    print buffer[1]
            elif ( getInfo == "handled"):
                    print buffer[2]
            elif ( getInfo == "requests"):
                    print buffer[3]
            elif ( getInfo == "reading"):
                    print buffer[4]
            elif ( getInfo == "writting"):
                    print buffer[5]
            elif ( getInfo == "waiting"):
                    print buffer[6]
            else:
                    print "unknown"
                    sys.exit(1)

    if __name__ == "__main__":
        main()
```

6. 调用 DaoCloud API 接口自动升级应用

此处的脚本是利用 Python 自动调用 DaoCloud API 来自动化平滑升级预发布环境的应用版本，例如从 v4.12-release-128 升级到 v4.12-release-129 版本时，可以将此版本号作为 daocloud_deploy 函数参数传入，从而达到批量自动化升级应用的目的，这样省去了在 DaoCloud 控制台手动升级应用的麻烦。脚本如下所示（此脚本在 CentOS 7.4 x86_64 下通过）：

```
#!/usr/bin/python
#-*- encoding:utf8 -*-
import requests
import time
'''
此函数是自动化平滑升级预发布环境和线上环境的应用版本，例如从 v4.12-release-128 升级到 v4.12-
release-129 版本时，可以将此版本号作为 daocloud_deploy 函数参数传入，从而达到批量自动化升级应用的
目的
另外，此 token key 作了无害处理，请在我们的 Daocloud 控制台上获取
'''
def daocloud_deploy(version):
    rela = version.split('-')[0]
    rela = "stage-"+ rela
    rela_version =  rela.replace('v4.','v4')
    #print  rela_version


    result = requests.get('https://openapi.daocloud.io/v1/apps',
      headers={"Authorization": "token key"})

    data =  result.json().get('app')
    for i in data:
        name = str(i.get('name'))
        if name.startswith(rela_version):
            print name
            id = i.get('id')
            print  id
            url ="https://openapi.daocloud.io/v1/apps/%s/actions/redeploy"%id
            #print  url
            result = requests.post(url,
            json={"release_name": version},
            headers={"Authorization": "token key"})
            time.sleep(5)

            #print(result.json())

daocloud_deploy('v4.12-release-129')
```

3.9　小结

本章首先与大家分享了 Python 的应用领域及 Python 开发工作中用到的工具，然后就是 Python 基础知识进阶：比如 Python 正则、函数、多进程和多线程及 Python，最后与大家分享了工作中常用的 Python 脚本，希望大家能够通过本章内容的学习，熟练地掌握 Python 的基础语法，让自己的 DevOps 工作变得更加得心应手。

Chapter 4 第4章

Vagrant 在 DevOps 环境中的应用

开发人员（包括 DevOps）需要在各种系统上进行任务开发，运维人员则需要在各种系统上学习工具使用。因此，虚拟机可能是 IT 人员最常使用的工具之一了。最常用的虚拟化工具有 VMware Workstation 和 VirtualBox 等，虽然底层的实现各有不同，但具体的使用方法却非常相似：打开工具，为虚拟机创建一块存储空间，配置一下性能参数，在界面中安装系统，接下来就可以使用了。很多时候，为了满足虚拟机重复使用的需要，各种虚拟机工具中还会带有“模板”功能和“快照”功能，前者可以方便地让用户创建出标准的虚拟机，后者可以让用户快速恢复到以前的状态。

虚拟化为 IT 人员提供了极大的便利。但是，人们很快便不满足于此了。具体说来，使用虚拟机的时候，用户往往会遇到下面这些问题。

1）**虚拟化工具学习成本**：有的时候，配置虚拟机的步骤比较烦琐，普通用户或非运维人员上手可能会比较困难。

2）**环境无法共享**：一个人创建的环境和另一个人创建的环境很难完全一致，在 yhc 的虚拟机中正常运行的代码，到了 yht 的机器上可能就会怎么也运行不起来。

3）**虚拟化平台不统一**：不同用户、不同场景使用的平台可能不一样，在不改变工作流程的前提下，很难跨越多个平台来进行虚拟化管理和资源使用。平常我们经常会遇到这样的问题，在开发机上面开发完成的程序，放到正式环境之后会出现各种奇怪的问题，比如，Nginx 配置不正确、Go 版本太低，等等。所以我们需要虚拟开发环境，而且是与正式环境一样的虚拟开发环境。

后来，上面的问题终于有了解决的方法：Vagrant。

Vagrant 是为了方便地实现虚拟化环境而设计的，使用 Ruby 开发，基于 VirtualBox 等虚拟机管理软件的接口，提供了一个可配置、轻量级的便携式虚拟开发环境。使用 Vagrant 可以很方便地建立起一个虚拟环境，而且随着个人开发机硬件的升级，我们可以很容易地在本机上运行虚拟机，例如前面提到的 VMware、VirtualBox 等。因此使用虚拟化开发环境，在本机上可以运行自己喜欢的 OS（Windows、Ubuntu、Mac 等），开发的程序运行在虚拟机中，这样当程序迁移到生产环境中的可以避免环境不一致而导致的莫名错误。我们可以利用 Vagrant 虚拟开发环境，这样的特别适合团队在开发环境和测试环境中自由切换，这样就可以使得整个团队保持一致的环境，从而方便团队协同进行开发工作。此外，Vagrant 除了虚拟开发环境之外，还可以模拟多台虚拟机，这样我们平时还可以在自己的个人机器（很多读者朋友最常用的就是自己的笔记本）上模拟分布式环境来测试 Ansible 或 Saltstack 等自动化配置工具。

4.1 Vagrant 简单介绍

Vagrant 就是为了方便地实现虚拟化环境而设计的，使用 Ruby 开发，基于 VirtualBox 等虚拟机管理软件的接口，提供一个可配置的、轻量级的便携式虚拟开发环境。使用 Vagrant 可以很方便地建立起一个虚拟环境，而且还可以模拟多台虚拟机，这样我们平时还可以在开发机中模拟分布式系统。

Vagrant 还会创建一些共享文件夹，以便我们在主机和虚拟机之间共享代码之用。这样就使得我们可以在主机上编写程序，然后在虚拟机中运行。如此一来团队之间就可以共享相同的开发环境，而不会再出现类似于“只有你的环境才会出现的 Bug”这样的事情了。

团队新员工的加入，常常会耗费一天甚至更多的时间来从头搭建完整的开发环境，而有了 Vagrant 之后，只需要将已经打包好的 package（其中包括开发工具、代码库、配置好的服务器等）直接拿过来用就可以正常工作了，这对于提升工作效率是非常有帮助的。

Vagrant 不仅可以用来作为个人的虚拟开发环境工具，而且还特别适合于团队使用，它使得我们的虚拟化环境变得如此的简单，只要一个简单的命令就可以开启虚拟之路。

4.2 Vagrant 安装

实际上，Vagrant 只是一个让我们可以方便设置想要的虚拟机的便携式工具，它的底层支持 VirtualBox、VMware 甚至 AWS 作为虚拟机系统，本书中我们将使用 VirtualBox 来进行说明，所以第一步需要先安装 Vagrant 和 VirtualBox。

系统 OS：Windows 8.1|10 x86_64。

VirtualBox 安装：VirtualBox 是 Oracle 开源的虚拟化系统，它支持多个平台，所以我们可以到官方网站上下载，地址为 https://www.virtualbox.org/wiki/Downloads/，这里我们选择的版本是“VirtualBox-5.1.8-111374-Win”，其安装过程很简单，逐步选择“下一步”就可以完成安装了。

Vagrant 安装：Vagrant 软件的安装地址为 http://www.vagrantup.com/downloads.html，其安装过程与 VirtualBox 的安装一样都是傻瓜化安装，这里我们选择的版本是“vagrant_1.8.6”，逐步执行就可以完成安装了。

要想检测安装是否成功，可以打开终端命令行工具，输入 vagrant，看看程序是不是已经可以运行了。如果不行，那么请检查一下 Windows 环境变量的 PATH 路径。

命令显示结果如下所示：

```
Usage: vagrant [options] <command> [<args>]

    -v, --version                    Print the version and exit.
    -h, --help                       Print this help.

Common commands:
    box             manages boxes: installation, removal, etc.
    connect         connect to a remotely shared Vagrant environment
    destroy         stops and deletes all traces of the vagrant machine
    global-status   outputs status Vagrant environments for this user
    halt            stops the vagrant machine
    help            shows the help for a subcommand
    init            initializes a new Vagrant environment by creating a Vagra
file
    login           log in to HashiCorp's Atlas
    package         packages a running vagrant environment into a box
    plugin          manages plugins: install, uninstall, update, etc.
    port            displays information about guest port mappings
    powershell      connects to machine via powershell remoting
    provision       provisions the vagrant machine
    push            deploys code in this environment to a configured destinat
n
    rdp             connects to machine via RDP
    reload          restarts vagrant machine, loads new Vagrantfile configura
on
    resume          resume a suspended vagrant machine
    share           share your Vagrant environment with anyone in the world
    snapshot        manages snapshots: saving, restoring, etc.
    ssh             connects to machine via SSH
    ssh-config       outputs OpenSSH valid configuration to connect to the mac
ne
    status          outputs status of the vagrant machine
    suspend         suspends the machine
    up              starts and provisions the vagrant environment
    version         prints current and latest Vagrant version

For help on any individual command run `vagrant COMMAND -h`
Additional subcommands are available, but are either more advanced
or not commonly used. To see all subcommands, run the command
`vagrant list-commands`.
```

我们可以用“vagrant -v”命令来查看 Vagrant 的版本，命令返回结果如下所示：

```
Vagrant 1.8.6
```

如果有这些正常显示，则表示 Vagrant 已经安装成功了。

4.3　使用 Vagrant 配置本地开发环境

安装好 VirtualBox 和 Vagrant 之后，我们就要开始考虑在 VM 上使用什么操作系统了，一个打包好的操作系统在 Vagrant 中称为 Box，即 Box 是一个打包好的操作系统环境。目前网络上什么系统都有，所以我们不用自己去制作操作系统或者制作 Box。vagrantbox.es 上面有大家熟知的大多数操作系统，大家只需要下载就可以了，下载主要是为了进行快速安装，这里推荐大家下载后安装。本节我们选择 CentOS 6.7 x86_64 系统，下载地址为 https://github.com/CommanderK5/packer-centos-template/releases/download/0.6.7/vagrant-centos-6.7.box。

建立 Vagrant 工作目录，由于笔者这里所用的是 Windows 环境，所以选择的是 d:\work\depoly 目录，并且提前把 vagrant-centos-6.7.box 文件放在此目录下，大家可以根据自己的实际环境建立 Vagranta 工作目录。

注意　向 Windows 10 x86_64 系统中导入 CentOS 7 x86_64 系统镜像会出现兼容性的问题，所以这里笔者还是采用 Windows 8.1 x86_64 系统来演示下面的整个过程。

4.3.1　Vagrant 的具体安装步骤

接下来我们就要通过 Box 建立自己的开发环境了，实际上应该如何操作呢？首先要进入 d:\work\depoly 目录下，其具体安装步骤如下所示。

1）下载及添加 Box 镜像，操作命令如下所示（在 Windows 下的 cmd 命令下执行）：

```
vagrant box add base 远端的 box 地址或者本地的 box 文件名
```

“vagrant box add”是添加 Box 的命令，Box 的名称可以自己定义，可以是任意的字符串，base 是默认名称，主要用来标识所添加的 Box，后面的命令都是基于这个标识来操作的。

2）我们执行以下命令来建立 Box 镜像关联，代码如下所示：

```
vagrant box add centos67 vagrant-centos-6.7.box
```

输出结果如下所示：

```
==>box: Box file was not detected as metadata. Adding it directly...
==>box: Adding box 'centos67' (v0) for provider:
```

```
    box: Unpacking necessary files from: file://D:/work/deploy/vagrant-centos-6
7.box
    box: Progress: 100% (Rate: 609M/s, Estimated time remaining: --:--:--)
The box you're attempting to add already exists. Remove it before
adding it again or add it with the `--force` flag.

Name: centos67
Provider: virtualbox
Version: 0
```

3）初始化的命令如下所示：

```
vagrant init centos67
```

输出结果如下所示：

```
A `Vagrantfile` has been placed in this directory. You are now
ready to `vagrant up` your first virtual environment! Please read
the comments in the Vagrantfile as well as documentation on
`vagrantup.com` for more information on using Vagrant.
```

这样就会在当前目录下生成一个 Vagrantfile 的文件，里面包含很多配置信息，后面我们会详细讲解每一项的含义，但是默认的配置就可以启动机器。

4）启动虚拟机的命令如下：

```
vagrant up
```

输出结果如下所示：

```
Bringing machine 'default' up with 'virtualbox' provider...
==> default: Importing base box 'centos67'...
==> default: Matching MAC address for NAT networking...
==> default: Setting the name of the VM: deploy_default_1484574329264_23733
==> default: Clearing any previously set network interfaces...
==> default: Preparing network interfaces based on configuration...
    default: Adapter 1: nat
==> default: Forwarding ports...
    default: 22 (guest) => 2222 (host) (adapter 1)
==> default: Booting VM...
==> default: Waiting for machine to boot. This may take a few minutes...
    default: SSH address: 127.0.0.1:2222
    default: SSH username: vagrant
    default: SSH auth method: private key
    default:
    default: Vagrant insecure key detected. Vagrant will automatically replace
    default: this with a newly generated keypair for better security.
    default:
    default: Inserting generated public key within guest...
    default: Removing insecure key from the guest if it's present...
    default: Key inserted! Disconnecting and reconnecting using new SSH key...
```

```
==> default: Machine booted and ready!
==> default: Checking for guest additions in VM...
    default: The guest additions on this VM do not match the installed version
f
    default: VirtualBox! In most cases this is fine, but in rare cases it can
    default: prevent things such as shared folders from working properly. If you
see
    default: shared folder errors, please make sure the guest additions within
he
    default: virtual machine match the version of VirtualBox you have installed
on
    default: your host and reload your VM.
    default:
    default: Guest Additions Version: 4.3.30
    default: VirtualBox Version: 5.1
==> default: Mounting shared folders...
    default: /vagrant => D:/work/deploy
```

然后，我们通过 vagrant ssh 命令来查看刚刚新建的虚拟机的 SSH 配置信息，命令输出结果如下所示：

```
`ssh` executable not found in any directories in the %PATH% variable. Is an
SSH client installed? Try installing Cygwin, MinGW or Git, all of which
contain an SSH client. Or use your favorite SSH client with the following
authentication information shown below:

Host: 127.0.0.1
Port: 2222
Username: vagrant
Private key: D:/work/deploy/.vagrant/machines/default/virtualbox/private_key
```

5）这样，我们在 Xshell5 下面就可以通过本地的 2222 端口，用户名为 vagrant，私钥为 private_key，访问此虚拟机了。

连接到此 depoly 虚拟机以后，可以用“ df -h”命令查看磁盘的分配情况，命令结果如下所示：

```
Filesystem            Size  Used Avail Use% Mounted on
/dev/mapper/VolGroup-lv_root
                  8.1G  1.2G  6.5G  15% /
tmpfs                 309M     0  309M   0% /dev/shm
/dev/sda1             477M   57M  396M  13% /boot
vagrant               260G  138G  123G  53% /vagrant
```

在这里，“ /vagrant”映射的其实就是 D:\work\depoly 目录，很方便我们与开发机器进行交互，是一项很人性化的设计。

此时的登入用户是 vagrant，可以输入如下命令以切换到 root 用户，切换命令如下所示：

```
sudo su-
```

成功切换以后我们可以用 id 命令来进行验证，结果显示如下所示：

```
uid=500(vagrant) gid=500(vagrant) groups=500(vagrant)
```

4.3.2 Vagrant 配置文件详解

在我们的虚拟机所在的目录下存在一个文件 Vagrantfile，里面包含有大量的配置信息，主要包括三个方面的配置：虚拟机的配置、SSH 配置、Vagrant 的一些基础配置。Vagrant 虽然是使用 Ruby 开发的，配置语法也是 Ruby 的，但其提供了很详细的注释，所以我们知道怎么进行一些基本项的配置。

1. HOSTNAME 设置

HOSTNAME 的设置非常简单，在 Vagrantfile 中加入下面这行就可以了：

```
config.vm.hostname = "depoly"
```

设置 HOSTNAME 是非常有必要的，因为当我们有很多虚拟机时候，需要依靠 HOSTNAME 来做识别的，存放位置选择直接放在 config.vm.box 下面即可，命令如下所示：

```
# Every Vagrant development environment requires a box. You can search for
  # boxes at https://atlas.hashicorp.com/search.
  config.vm.box = "centos67"
  config.vm.hostname = "depoly"
```

2. 内存设置

内存设置的具体方法如下：

```
  # config.vm.provider "virtualbox" do |vb|
  #   # Display the VirtualBox GUI when booting the machine
  #   vb.gui = true
  #
  #   # Customize the amount of memory on the VM:
  #   vb.memory = "1024"
  # end
```

大家关注一下此段配置即可，如果需要更改内存的配置，则将“#”号去掉，代码如下所示：

```
config.vm.provider "virtualbox" do |vb|
    # Display the VirtualBox GUI when booting the machine
    vb.gui = true# 如果开启此项，则会开启图形界面，大家可以根据个人喜好来选择
    # Customize the amount of memory on the VM:
    vb.memory = "1024"
    end
```

进行上述这样的配置之后，名为 depoly 机器的虚拟机内存配置其内存大小就会更改为 1024MB。

3. 网络配置

Vagrant 中一共提供了三种网络配置。这几种配置可以在 Vagrant 的配置文件中看到。

（1）端口映射（Forwarded port）

端口映射的网络配置方式，就是将本机和虚拟机的端口进行映射。比如，笔者配置本计算机的 8088 端口为虚拟机的 80 端口，这样当笔者访问该机器的 8088 端口时，Vagrant 会把请求转发到虚拟机的 80 端口上去处理。端口映射命令如下：

```
config.vm.network :forwarded_port, guest: 80, host: 8088
```

通过这种方式，我们可以有针对性地把虚拟机的某些端口公布到外网让其他人去访问。

（2）私有网络（Private network）

既然是私有的，那么这种方式只允许主机访问虚拟机。这种方式就好像是搭建了一个私有的 Linux 集群。而且只有一个出口，那就是该主机。

```
config.vm.network "private_network", ip: "192.168.1.21"
```

使用这种方式非常安全，因为只有一个出口，而且对办公室网络无任何影响（各虚拟机之间不能 ping 通和互相连接），系统默认的就是私有网络。

（3）公有网络（Public network）

虚拟机享受与实体机器一样的待遇，一样的网络配置，即 bridge 模式。设定语法如下：

```
config.vm.network "public_network", ip: "192.168.1.120"
```

这种网络配置方式比较便于进行团队开发，别人也可以访问你的虚拟机。当然，你和你的虚拟机必须在同一个网段之中。

如果更新配置以后，要想使得更新以后的配置生效，可以用命令 vagrant reload 重启虚拟机。

4.3.3　Vagrant 常用命令详解

Vagrant 有很多比较实用的命令，熟练掌握 Vagrant 对平时的工作将有很大帮助，具体如下所示。

显示当前已经添加的 box 列表：

```
vagrant box list
```

删除相应的 box 列表：

```
vagrant box remove
```

停止当前正在运行的虚拟机并销毁所有创建的资源：

```
vagrant destroy
```

与操作真实机器一样，关闭虚拟机器：

```
vagrant halt
```

打包命令，将当前运行的虚拟机环境打包：

```
vagrant package
```

重新启动虚拟机，主要用于重新载入配置文件：

```
vagrant reload
```

输出用于 SSH 连接的一些信息：

```
vagrant ssh-config
```

挂起当前的虚拟机：

```
vagrant suspend
```

恢复前面被挂起的状态：

```
vagrant resume
```

获取当前虚拟机的状态：

```
vagrant status
```

这些命令都比较方便好记，大家熟练掌握以后就可以更好地管理 Vagrant 虚拟机器了。

4.4 使用 Vagrant 搭建 DevOps 开发环境

虚拟机启动以后会进行一些系统初始化的工作（例如安装 VIM 编辑器及安装 gcc 等编译器等），此外，像笔者所在公司的 DevOps（运维开发）用的 Python 版本统一为 2.7.9，Go 版本为 1.8.3，如果我们想利用 Vagrant 统一此环境，具体应该怎么操作呢？

首先在当前工作目录，即 d:\work\deploy 下面再建立一个名为 devops 的目录，然后将之前的 d:\work\deploy 下生成的 Vagrantfile 文件复制至此目录下，在此目录下执行命令启动虚拟机，命令如下所示：

```
vagrant up
```

然后使用 vagrant ssh 查看 SSH 的相关配置信息，结果如下所示：

```
Host: 127.0.0.1
Port: 2222
Username: vagrant
Private key: D:/work/deploy/devops/.vagrant/machines/default/virtualbox/private
key
```

接下来的事情就简单了，我们用 Xshell 5 连接此 devops 机器，然后开始升级 Python 及 Go 版本，具体步骤如下所示。

（1）升级 Python 版本，安装 IPython

升级 Python 版本至 Python 2.7.9，并安装 IPython，其安装过程具体如下所示。

1）安装开发库文件。

编译 Python 只需要 gcc 编译器就足够了，但一些扩展模块还需要额外的库，否则一些 Python 模块将不可用（比如 Python 的 zlib 模块需要 zlib-devel，ssl 模块需要 openssl-devel）。用户可以根据需要，选择性地安装这些扩展模块。这里我们安装 zlib、ssl 和 sqlite3 的库文件，命令如下所示：

```
yum install gcc gcc++ zlib-devel openssl-devel sqlite-devel
```

2）下载 Python 2.7.9 版本的软件包，命令如下所示：

```
cd /usr/local/src
wget http://python.org/ftp/python/2.7.9/Python-2.7.9.tgz
```

3）解压并安装，这里将新的 Python 版本安装至“/usr/local/python”下，命令如下所示：

```
tar xvf Python-2.7.9.tgz
cd Python-2.7.8
./configure --prefix=/usr/local/python &&make &&make install
```

4）替换系统自带 Python。

安装后，Python 2.7.9 的可执行文件位于“/usr/local/python/bin”。先将系统自带的 Python 重命名为 python2.6，然后再创建新的 Python 到“/usr/bin”目录下的符号链接，命令如下所示：

```
mv /usr/bin/python /usr/bin/python2.6
ln -sf /usr/local/python/bin/python2.7 /usr/bin/python
```

5）修正系统中自带的 yum，命令如下所示。

此时系统中默认的 Python 版本就是 2.7.9 了，而 yum 默认还是会使用系统中原先的 Python 2.6 版本，因此如果我们直接使用 yum 命令则会有如下报错，报错信息如下所示：

```
There was a problem importing one of the Python modules
required to run yum. The error leading to this problem was:

   No module named yum

Please install a package which provides this module, or
verify that the module is installed correctly.

It's possible that the above module doesn't match the
```

```
current version of Python, which is:
2.7.9 (default, Feb 14 2018, 02:04:12)
[GCC 4.4.7 20120313 (Red Hat 4.4.7-18)]

If you cannot solve this problem yourself, please go to
the yum faq at:
  http://yum.baseurl.org/wiki/Faq
```

我们只需要编辑“/usr/bin/yum”，将其第一行更改为如下所示即可：

```
#!/usr/bin/python2.6
```

6）安装 setuptools 和 pip。

我们使用 Python 是离不开 setuptools 和 pip 的，我们在这里利用 pip 提供的安装脚本，自动安装 setuptools 和 pip，命令如下所示：

```
cd /usr/local/src
wget https://bootstrap.pypa.io/get-pip.py
python get-pip.py
```

建立 setuptools 和 pip 的符号链接方式，命令如下所示：

```
ln -sf /usr/local/python/bin/pip /usr/bin/pip
ln -sf /usr/local/python/bin/easy_install /usr/bin/easy_install
```

7）利用 pip 安装 BeautifulSoup 或 IPython 等第三方库，命令如下所示：

```
pip install BeautifulSoup
pip install ipython &&ln -sf /usr/local/python/bin/ipython /usr/bin/ipython
```

至此，Python 就由系统原先的 2.6.6 版本升级到了 2.7.9 版本了。

（2）安装 Go

安装 Go 1.8.5 版本，具体安装过程如下所示。

1）下载并安装 Go，命令如下所示：

```
cd /usr/local/src
wget https://studygolang.com/dl/golang/go1.8.5.linux-amd64.tar.gz
tar xvf go1.8.5.linux-amd64.tar.gz
mv go /usr/local/
```

2）添加环境变量并使配置生效。

编辑“/etc/profile”文件，添加如下内容：

```
export PATH=$PATH:/usr/local/go/bin
export GOROOT=/usr/local/go
```

然后执行如下命令使配置生效：

```
source /etc/profile
```

3）输入如下命令进行验证，验证命令如下所示：

```
go version
```

命令显示结果如下所示：

```
go version go1.8.5 linux/amd64
```

4）可以执行简单的 test.go 命令，测试一下效果：

```
package main
import "fmt"
func main() {
  fmt.Println("hello,world")
}
```

下面输入以下命令来执行，代码如下所示：

```
go run test.go
```

结果如下所示，表示正常输入了：

```
hello,world
```

Python 和 Go 环境配置完成以后，我们将其他的系统配置环境与线上的配置设置成一致，例如 Nginx 版本及其配置文件，然后再将此虚拟机进行打包，命令如下所示（命令与之前的一样，还是需要在 CMD 环境下执行）：

```
vagrant package
```

结果如下所示：

```
D:\work\deploy\devops>vagrant package
==>default: Attempting graceful shutdown of VM...
==>default: Clearing any previously set forwarded ports...
==>default: Exporting VM...
==>default: Compressing package to: D:/work/deploy/devops/package.box
```

至此，我们可以将这个 package.box 放进优盘，供自己的工作机器使用，或者放进公司内部的 FTP 服务器里，供 DevOps 团队的其他同事们使用。

4.5 使用 Vagrant 搭建分布式环境

前面介绍的这些单主机单虚拟机主要是用来自己做开发机，下面开始向大家介绍在单机上如何通过虚拟机打造分布式集群系统。这种多机器模式特别适用于以下几种场景。

- 快速建立产品网络的多机器环境集群，例如 Web 服务器集群、DB 服务器集群等。
- 建立一个分布式系统，学习它们是如何进行交互的。

❑ 测试 API 与其他组件的通信。

❑ 容灾模拟，测试网络断网、机器死机、连接超时等情况。

Vagrant 支持单机模拟多台机器，而且支持一个配置文件 Vagrantfile 就可以运行分布式系统了，我们建立“ /work/deploy/distributed”作为分布式环境搭建的工作目录。然后利用下列的配置文件生成 3 台 VM，其中一台 VM 的 hostname 名为 server，另外两台 VM 的 hostname 分别名为 vagrant1 和 vagrant2，CPU 为 8 核、内存大小为 512MB ；另外，这里为了方便虚拟机之间互相交互，例如 SSH 无密码登录，这里选择的是 public_network 模式（即物理 bridge 模式），文件内容配置如下：

```
Vagrant.configure("2") do |config|
  config.vm.define  "server" do |vb|
    config.vm.provider "virtualbox" do |v|
      v.memory = 512
      v.cpus = 8
    end
    vb.vm.host_name = "server"
    vb.vm.network :public_network, ip: "10.0.0.15"
    vb.vm.box = "centos67"
  end


  config.vm.define  "vagrant1" do |vb|
    config.vm.provider "virtualbox" do |v|
      v.memory = 512
      v.cpus = 8
    end
    vb.vm.host_name = "vagrant1"
    vb.vm.network :public_network, ip: "10.0.0.16"
    vb.vm.box = "centos67"
  end

  config.vm.define  "vagrant2" do |vb|
    config.vm.provider "virtualbox" do |v|
      v.memory = 512
      v.cpus = 8
    end
    vb.vm.host_name = "vagrant2"
    vb.vm.network :public_network, ip: "10.0.0.17"
    vb.vm.box = "centos67"
  end
end
```

利用 vagrant 启动各 VM 的命令如下：

```
vagrant up
```

注意 distributed 目录和 devops 目录都是独立的目录，均有各自的 Vagrantfile 文件，如果后面要执行 vagrant halt 也只会关闭当前目录工作的 VM。

结果显示如下所示（摘录部分如下）：

```
==> vagrant2: Importing base box 'centos67'...
==> vagrant2: Matching MAC address for NAT networking...
==> vagrant2: Setting the name of the VM: distributed_vagrant2_1518596318181_957
53
==> vagrant2: Fixed port collision for 22 => 2222.Now on port 2201.
==> vagrant2: Clearing any previously set network interfaces...
==> vagrant2: Preparing network interfaces based on configuration...
    vagrant2: Adapter 1: nat
    vagrant2: Adapter 2: bridged
==> vagrant2: Forwarding ports...
    vagrant2: 22 (guest) => 2201 (host) (adapter 1)
==> vagrant2: Running 'pre-boot' VM customizations...
==> vagrant2: Booting VM...
==> vagrant2: Waiting for machine to boot. This may take a few minutes...
    vagrant2: SSH address: 127.0.0.1:2201
    vagrant2: SSH username: vagrant
    vagrant2: SSH auth method: private key
    vagrant2: Warning: Remote connection disconnect. Retrying...
    vagrant2:
    vagrant2: Vagrant insecure key detected. Vagrant will automatically replace
    vagrant2: this with a newly generated keypair for better security.
    vagrant2:
    vagrant2: Inserting generated public key within guest...
    vagrant2: Removing insecure key from the guest if it's present...
    vagrant2: Key inserted! Disconnecting and reconnecting using new SSH key...
==> vagrant2: Machine booted and ready!
==> vagrant2: Checking for guest additions in VM...
    vagrant2: The guest additions on this VM do not match the installed version
of
    vagrant2: VirtualBox! In most cases this is fine, but in rare cases it can
    vagrant2: prevent things such as shared folders from working properly. If you
see
    vagrant2: shared folder errors, please make sure the guest additions within
the
    vagrant2: virtual machine match the version of VirtualBox you have installed
on
    vagrant2: your host and reload your VM.
    vagrant2:
    vagrant2: Guest Additions Version: 4.3.30
    vagrant2: VirtualBox Version: 5.1
==> vagrant2: Setting hostname...
==> vagrant2: Configuring and enabling network interfaces...
==> vagrant2: Mounting shared folders...
    vagrant2: /vagrant => D:/work/deploy/distributed
```

各台VM的详细SSH配置信息可以用如下命令进行查看：

```
vagrant ssh-config
```

命令如下所示：

```
Host server
  HostName 127.0.0.1
  User vagrant
  Port 2222
  UserKnownHostsFile /dev/null
  StrictHostKeyChecking no
  PasswordAuthentication no
  IdentityFile D:/work/deploy/distributed/.vagrant/machines/server/virtualbox/pr
ivate_key
  IdentitiesOnly yes
  LogLevel FATAL

Host vagrant1
  HostName 127.0.0.1
  User vagrant
  Port 2200
  UserKnownHostsFile /dev/null
  StrictHostKeyChecking no
  PasswordAuthentication no
  IdentityFile D:/work/deploy/distributed/.vagrant/machines/vagrant1/virtualbox/
private_key
  IdentitiesOnly yes
  LogLevel FATAL

Host vagrant2
  HostName 127.0.0.1
  User vagrant
  Port 2201
  UserKnownHostsFile /dev/null
  StrictHostKeyChecking no
  PasswordAuthentication no
  IdentityFile D:/work/deploy/distributed/.vagrant/machines/vagrant2/virtualbox/
private_key
  IdentitiesOnly yes
  LogLevel FATAL
```

如果是查看单机的SSH配置情况，例如hostname名为server的机器的SSH配置信息，可以使用如下命令进行查看：

```
vagrant ssh server
```

命令如下所示：

```
`ssh` executable not found in any directories in the %PATH% variable. Is an
SSH client installed? Try installing Cygwin, MinGW or Git, all of which
```

```
contain an SSH client. Or use your favorite SSH client with the following
authentication information shown below:

Host: 127.0.0.1
Port: 2222
Username: vagrant
Private key: D:/work/deploy/distributed/.vagrant/machines/server/virtualbox/priv
ate_key
```

虚拟机分别启动起来以后，就可以通过“vagrant:vagrant”账号和密码进行SSH连接了，建议以server机器为跳板机，分配root用户的公钥到vagrant1和vagrnat2机器上面(后期如果有多余的VM则以此类推)。然后大家可以针对需求搭建各自的分布式环境（比如后面介绍的Ansible或Saltstack自动化运维)，进行相关的测试工作。

参考文档：

https://www.jianshu.com/p/a87a37d73202

https://github.com/astaxie/go-best-practice/blob/master/ebook/zh/01.1.md

4.6 小结

Vagrant在工作中除了能够方便地团队之间共享开发环境之外，另外一个优点就是能在节约系统资源的前提下，方便快捷地搭建分布式环境。现在工作中的很多工作都会涉及分布式场景，希望大家能够熟练地掌握其用法，这样工作和学习效率将会得到进一步的加强。

Chapter 5 第5章

自动化部署管理工具 Ansible

相比较于 Puppet 和 Saltstack 而言，Ansible 是一款轻量级的服务器集中管理软件。Ansible 默认采用 SSH 的方式管理客户端，部署简单，只需要在跳板机或主控端部署 Ansible 环境即可，被控端无须进行任何操作。Ansible 是基于 Python 开发的，由 Paramiko 和 PyYAML 两个关键模块构建，我们可以使用它的各种模块来实现对客户端的批量管理（执行命令、安装软件、指定特定任务等），对于一些较为复杂的需要重复执行的任务，我们可以通过 Ansible 下的 playbook 来管理这些复杂的任务。

Ansible 是基于 Paramiko 开发的。那么 Paramiko 到底是什么呢？前面章节的内容中已经提到过，Paramiko 是用 Python 语言编写的一个模块，遵循 SSH2 协议，支持以加密和认证的方式，进行远程服务器的连接。与常用软件 xshell、xftp 的功能一样，不过 Paramiko 可以连接多台服务器，进行复杂的操作。Ansible 与轻量级的自动化运维工具 Fabric 还有一个共同点，那就是不需要在远程主机上安装客户端，因为它们都是基于 SSH 来与远程主机进行通信的。

相比较于其他自动化运维工具，Ansible 的优势也有很多，具体如下。

- 轻量级，无须在客户端安装 Agent，更新时只需要在操作机上进行一次更新即可。
- 批量任务执行可以写成脚本，而且不用分发到远程就可以执行。
- 使用 Python 编写，维护简单，二次开发更方便。
- 支持非 root 用户管理操作，支持 sudo。
- 支持云计算、大数据平台（如 AWS、OpenStack、CloudStack 等）。
- Ansible 社区非常活跃，Ansible 本身提供的模块也非常丰富，第三方资源众多。

2015 年，红帽公司宣布收购 Ansible，在产品层面，Ansible 符合 Red Hat 希望通过开放式开发提供无障碍设计和模块化架构的目标，主要体现在以下几个方面。

Ansible 易于使用：这一点从下面的两个例子得以体现。一是，Ansible 的 playbook 使用的是人类可读的 YAML 代码编写，简化了自动化流程的编写和维护；二是，Ansible 使用标准的 SSH 连接来执行自动化流程，不需要代理，更容易融入已有的企业 IT 环境。

Ansible 是模块化的：Ansible 提供了 400 多个模块，而且还在不断增加，这些模块可以用于扩展 Ansible 的功能。这是 Red Hat 希望在其管理的产品中提供的一个重要的功能。

Ansible 是一个非常受欢迎的开源项目：在 GitHub 上，Ansible 有将近 13 000 颗星和 4000 个分支。另外，根据 Redmonk 统计，Hacker News 提及 Ansible 的次数也在飞速增长。

在资产组合方面，Ansible 符合 Red Hat 希望提供多层架构、多层一致性和多供应商支持的目标，主要体现在以下几个方面。

Ansible 支持多层部署：按照设计，Ansible 通过 VM 和容器为多层应用程序的部署和配置提供支持。这意味着组织可以将同一应用程序的不同组件自动部署到运行效率最高的层上。比如，Ansible 可以同时在 VMware vSphere 服务器虚拟环境中管理 VM 和客户操作系统，在 OpenStack IaaS 云上部署和管理实例，在 OpenShift PaaS 云上部署应用程序。

Ansible 为架构的多个层次带来一致性：借助 Ansible，我们可以通过编程来操作计算架构中从基础设施到应用程序之间的每一层。比如，Ansible 可以自动化包括网络、存储、OS、中间件和应用程序层在内的所有配置工作。

Ansible 支持异构 IT 环境：Ansible 可以自动配置来自许多供应商的各种技术，而不只是 Red Hat 的技术。比如，Ansible 既支持 Linux，也支持 Windows ；Ansible 使 IT 组织可以管理各种 ISV 和 IHV 技术，比如硬件 F5 Big-IP 和 Citrix NetScaler 到 Amazon Web 服务和 Google 云计算平台。

从 Ansible 1.7 版本开始，Ansbile 加入了支持管理 Windows 系统的模块，限于篇幅的原因，这里就不逐一进行介绍了，有兴趣的朋友可以参考 Ansible 官网。

参考文档：

http://www.ansibleworks.com

http://www.infoq.com/cn/news/2015/10/Red-Hat-DevOps

http://docs.ansible.com/ansible/list_of_windows_modules.html

Ansible 任务执行流程具体如图 5-1 所示。

5.1 YAML 介绍

Ansible 里面的配置文件是通过 YAML 文件来实现的，这里首先简单介绍一下 YAML。

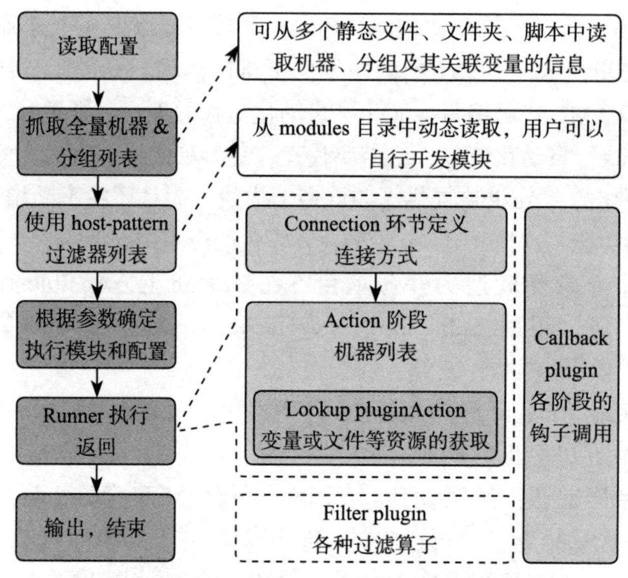

图 5-1　Ansible 任务执行流程图

YAML 是一个可读性高的用于表达资料序列的格式。它的主要特点是可读性好、语法简单明了、表达能力强、扩展性和通用性强等。

为什么这里不用大家所熟悉的 XML 呢？具体原因如下。

- YAML 的可读性好。
- YAML 和脚本语言的交互性好。
- YAML 使用实现语言的数据类型。
- YAML 有一个一致的信息模型。
- YAML 易于实现。

上面 5 条也是 XML 不足的地方。此外，YAML 也具有 XML 所具有的下列优点。

- YAML 可以基于流来处理。
- YAML 表达能力强，扩展性好。

总之，YAML 试图用一种比 XML 更敏捷的方式，来完成 XML 所完成的任务。

另外，建议所有的 YAML 文件都以“---”作为开始行，这是 YAML 文件格式的一部分，表明是一个文件的开始。

YAML 的语法与其他高阶语言类似，并且可以简单地表达列表、字典等数据结构，除此之外，它还支持纯量这种数据结构。

- 字典（dictionary）：键值对的集合，又称为映射（mapping）。
- 列表（list）：一组按次序排列的值。
- 常量（scalars）：单个的、不可再分的值。

下面是一个通用示例，文件内容如下所示：

```
---
name: Tom Smith
age: 37
spouse:
    name: Jane Smith
    age: 35
children:
 - name: Jimmy Smith
    age: 15
 - name1: Jenny Smith
    age1: 12
```

上述示例表示 Tom 今年 37 岁，有一个幸福的四口之家。两个孩子 Jimmy 和 Jenny 活泼可爱。妻子 Jane 年轻貌美。

YAML 文件的扩展名通常为“.yaml”，如 test.yaml，我们在 Python 下应该如何读取 test.yaml 文件呢？代码如下所示：

```
#!/usr/bin/env python
#-*- coding:utf-8 -*-
# 加载 yaml 模块
import yaml
# 读取 test.yaml 文件
file = open("test.yaml")
# 导入文件
x = yaml.load(file)
print x
```

执行上述这段代码，结果如下所示：

```
{'age': 37, 'spouse': {'age': 25, 'name': 'Jane Smith'}, 'name': 'Tom Smith',
'children': [{'age': 15, 'name': 'Jimmy Smith'}, {'age1': 12, 'name1': 'Jenny
Smith'}]}
```

YAML 中的多行字符串可以使用“|”保留换行符，也可以使用“>”折叠换行，示例代码如下所示：

```
this: |
    Foo
    Bar
that: >
    Foo
    Bar
```

下面以实际例子来说明下 YAML 所支持的数据结构，首先是列表（list），在该语法中，列表中的所有成员都开始于相同的缩进级别，并且使用一个“-”作为开头（一个横杠和一个空格），下面举例说明：

```
---
- apple
```

```
- banana
- orange
- pear
```

对应的 Python 结果如下：

```
['apple', 'banana', 'orange', 'pear']
```

下面举例说明一下 YAML 中的字典结构。字典是由一个简单的“键：键值”的形式组成的（这个冒号后面必须是一个空格），示例代码如下所示：

```
---
node_a:
    conntimeout: 300
    external:
    iface: eth0
    port: 556
    internal:
    iface: eth0
    port: 778
    broadcast:
    client: 1000
    server: 2000
node_b:
    0:
    ip: 10.0.0.1
    name: b1
    1:
    ip: 10.0.0.2
    name: b2
```

对应的 Python 结果如下：

```
{'node_b': {0: None, 'ip': '10.0.0.2', 'name': 'b2', 1: None}, 'node_a': {'iface': 'eth0', 'port': 778, 'server': 2000, 'broadcast': None, 'client': 1000, 'external': None, 'conntimeout': 300, 'internal': None}}
```

列表和字典结构也可以混用，例如下面的例子：

```
---
# 一位职工记录
name: Example Developer
job: Developer
skill: Elite
employed: True
foods:
    - Apple
    - Orange
    - Strawberry
    - Mango
languages:
```

```
    ruby: Elite
    python: Elite
    dotnet: Lame
```

对应的 Python 结果如下：

```
{'languages': {'python': 'Elite', 'dotnet': 'Lame', 'ruby': 'Elite'}, 'foods': ['Apple', 'Orange', 'Strawberry', 'Mango'], 'name': 'Example Developer', 'employed': True, 'skill': 'Elite', 'job': 'Developer'}
```

最后再来介绍下 YAML 的常量，YAML 中提供了多种常量结构，具体包括整数、浮点数、字符串、NULL、日期、布尔、时间等。下面使用一个示例来快速了解常量的基本使用方法：

```
---
boolean:
    - TRUE  #true,True 都可以
    - FALSE  #false，False 都可以
float:
    - 3.14
    - 6.8523015e+5  # 可以使用科学计数法
int:
    - 123
    - 0b1010_0111_0100_1010_1110    # 二进制表示
null:
    nodeName: 'node'
    parent: ~  # 使用“~”表示 null
string:
    - 'hello,yhc'
    - 'Hello world'  # 可以使用双引号或者单引号包裹特殊字符
    - newline
      newline2    # 字符串可以拆成多行，每一行都会被转化成一个空格
date:
    - 2018-02-17    # 日期必须使用 ISO 8601 格式，即 yyyy-MM-dd
datetime:
    - 2018-02-17T15:02:31+08:00    # 时间使用 ISO 8601 格式，时间和日期之间使用 T 连接，最后使用“+”代表时区
```

对应的 Pythton 结果如下：

```
{'date': [datetime.date(2018, 2, 17)], 'boolean': [True, False], 'string': ['hello,yhc', 'Hello world', 'newline newline2'], None: {'nodeName': 'node', 'parent': None}, 'int': [123, 685230], 'float': [3.14, 685230.15], 'datetime': [datetime.datetime(2018, 2, 17, 7, 2, 31)]}
```

列举了这么多例子，最后我们在此总结一下 YAML 的基本语法规则，大家在工作中请记得遵循，语法规则具体如下所示。

- YAML 文件对大小写敏感。
- 使用缩进代表层级关系。

- ❑ 缩进只能使用空格，不能使用TAB，空格个数不作要求，只需要相同层级左对齐（一般为2个或4个空格）即可。
- ❑ YAML文件是以“#”作为注释，YAML中只有行注释。

参考文档：

https://www.jianshu.com/p/97222440cd08

http://docs.ansible.com/ansible/YAMLSyntax.html

https://www.ibm.com/developerworks/cn/xml/x-1103linrr/

5.2 Ansible的安装和配置

Ansible目前在笔者的公司应用得比较广泛，内网开发环境、业务平台及AWS云平台上面都有部署应用。这里以内网开发环境来进行说明，系统版本均为CentOS 6.8 x86_64，Python版本为2.7.9（并且已经重新定义了Python执行命令路径）。

内网环境机器分配情况如下。

- ❑ 192.168.1.207 主机名：ansiable.example.com，作用：Ansible主控端。
- ❑ 192.168.1.205 主机名：client1.example.com，作用：Ansible被控端机器。
- ❑ 192.168.1.206 主机名：client2.example.com，作用：Ansible被控端机器。

Ansible的安装过程非常简便，安装步骤具体如下。

1）这里采用的是pip安装方式，建议带上Ansible版本号，因为Ansible 2.x的API语法与Ansible 1.9的API语法差别很大（本章内容主要基于Ansible1.9.6），命令如下所示：

```
pip install ansible==1.9.6
```

下面观察下安装结果，如果有下列显示结果则表示安装是成功的。

```
Successfully built ansible PyYAML pycrypto MarkupSafe
Installing collected packages: MarkupSafe, jinja2, PyYAML, pycrypto, ansible
```

2）安装成功以后，可以通过命令查看Ansible的当前版本，命令如下所示：

```
ansible --version
```

命令显示结果如下所示：

```
ansible 1.9.6
    configured module search path = /usr/local/lib/python2.7/site-packages/ansible
```

这里显示当前的Ansible版本为1.9.6，library是在配置文件后指定的，默认值为空。

3）Ansible配置文件ansible.cfg可以存储于系统中的不同位置，但只有一个可用。在下列列表中，Ansible会从上往下依次检查，检查到哪个可用就用哪个。

- ❑ ANSIBLE_CFG环境变量，可以定义配置文件的位置。

❑ ansible.cfg 存储于当前工作目录。

❑ ansible.cfg 存储于当前用户的家目录。

❑ 默认存储位置：/etc/ansible/ansible.cfg。

Ansible 配置文件默认存储于 /etc/ansible/ansible.cfg，hosts 文件默认存储于 /etc/ansible/hosts，在这里我们采用默认值。

/etc/ansible/ansible.cfg 主要配置文件（这里主要是配置 defaults 选项）的内容如表 5-1 所示。

表 5-1　ansible.cfg 配置文件选项作用

Ansible 配置选项 [defaults 配置]	作　用
hostfile = /etc/ansible/hosts	Ansible inventory 文件的位置
Library=/usr/local/lib/python2.7/site-packages/ansible	Ansible 模块文件路径
remote_tmp = $HOME/.ansible/tmp	Ansible 远程机器脚本的临时存放目录
forks = 5	Ansible 并行进程数，默认为 5
poll_interval = 15	Ansible 异步任务查询时间间隔
pattern = *	如果没有提供 hosts 节点，则默认值是对所有主机通信
sudo_user = root	sudo 使用的默认用户，默认是 root
ask_pass = True	运行 Ansible 是否提示输入密码，默认值为 True
ask_sudo_pass = True	运行 Ansible 是否提示输入 sudo 密码，默认值为 True
transport = smart	Ansible 远程传输模式，默认值为 smart
remote_port = 22	远程主机的 SSH 端口，默认值为 22
module_lang = C	模块和系统之间通信的计算机语言，默认是 C 语言
gathering	facts 信息收集开关定义，默认值为 implicit（收集）
host_key_checking = False	SSH 主机 key 检测，默认为 False
timeout = 10	SSH 连接超时时间
log_path = /var/log/ansible.log	Ansible 日志存放具体路径
private_key_file = /root/.ssh/id_rsa	Ansible 主机私钥存放位置

4）线上的 AWS 云计算平台基于自动化运维的原则考虑，Ansible 也部署在跳板机上。

为了方便自动化运维，在 Ansible 跳板机上用 ssh-keygen 设置 SSH 无密码方式登录其他客户端机器是很有必要的，操作步骤具体如下。

首先用命令生成一对密钥，代码如下：

```
ssh-keygen -t rsa
```

命令显示结果如下所示：

```
Generating public/private rsa key pair.
Enter file in which to save the key (/root/.ssh/id_rsa): (Enter)
Created directory '/root/.ssh'.
Enter passphrase (empty for no passphrase): (Enter)
Enter same passphrase again: (Enter)
```

```
Your identification has been saved in /root/.ssh/id_rsa.
Your public key has been saved in /root/.ssh/id_rsa.pub.
The key fingerprint is:
60:7b:a4:80:de:0d:55:d7:14:ee:39:fa:fd:c0:4a:cc
root@Ansiable.example.com
The key's randomart image is:
+--[ RSA 2048]----+
|       ... .oo.  |
|   . .   . ..    |
|  . o o .   .    |
| . . = =    . .  |
|  . . + S    +   |
|       .    + o  |
|           . E o |
|            o o .|
|             o ...|
+-----------------+
```

然后用 ssh-copy-id 命令将公钥分别下发到 client1 和 client2 机器上，命令如下所示：

```
ssh-copy-id -i /root/.ssh/id_rsa.pub root@192.168.1.205
```

client1 机器的输出结果如下所示：

```
The authenticity of host '192.168.1.205 (192.168.1.205)' can't be established.
RSA key fingerprint is 8d:72:e5:fa:5a:c6:c1:e2:e1:00:bc:8d:6a:6f:2b:3a.
Are you sure you want to continue connecting (yes/no)? yes
Warning: Permanently added '192.168.1.205' (RSA) to the list of known hosts.
root@192.168.1.205's password:
Now try logging into the machine, with "ssh 'root@192.168.1.205'", and check in:
.ssh/authorized_keys
to make sure we haven't added extra keys that you weren't expecting.
```

需要说明的是，第一次运行时，需要输入一下“yes”进行公钥验证，后续无须再次输入，命令如下所示：

```
ssh-copy-id -i /root/.ssh/id_rsa.pub root@192.168.1.206
```

client2 机器的输出结果如下所示：

```
The authenticity of host '192.168.1.206 (192.168.1.206)' can't be established.
RSA key fingerprint is 8d:72:e5:fa:5a:c6:c1:e2:e1:00:bc:8d:6a:6f:2b:3a.
Are you sure you want to continue connecting (yes/no)? yes
Warning: Permanently added '192.168.1.206' (RSA) to the list of known hosts.
root@192.168.1.206's password:
Now try logging into the machine, with "ssh 'root@192.168.1.206'", and check in:
.ssh/authorized_keys
```

上面的步骤执行完成以后，可以验证一下，下面分别执行如下所示的命令：

```
ssh 192.168.1.205
ssh 192.168.1.206
```

因为这里本身就是以 root 账户执行操作的，所以无须以 root@192.168.1.205 的命令执行，如果能够直接以无密码方式登录目标主机就说明公钥分发是成功的，整个配置过程是没有问题的。

如果是 AWS EC2 机器，则默认是不允许进行 root 连接的（只允许具有 sudo 权限的 ec2-user 用户），因此操作起来稍微麻烦一些（下面会介绍 copy 模块的用法）。

先查看当前用户，命令如下：

```
$ whoami
ec2-user
```

然后以 ec2-user 用户身份执行 ansible-hoc，命令如下：

```
$ansible bidder -m copy  -a "src=/usr/local/src/nagios-server.sh dest=/tmp/
owner=root group=root mode=0644 force=yes" --sudo
```

注意　最后的“--sudo”并非是“-sudo”，如果写成了“-sudo”，则命令将会报错。

5）将两台 client 机器添加至 Ansible 的 webserver 组。

首先建立 /etc/ansible/hosts 文件，然后添加如下内容：

```
[webserver]
192.168.1.205
192.168.1.206
```

6）测试 Ansible 安装是否成功。

在 Ansible 主机端，执行如下所示的命令：

```
ansible webserver -m ping -k
SSH password:
```

由于 Ansible 主控端和被控端暂时未配置 SSH 证书信任关系，因此需要在执行 Ansible 命令时输入“-k”参数，此时需要提供 client 端的 root 密码，最后的结果显示如下：

```
192.168.1.205 | success >> {
    "changed": false,
    "ping": "pong"
}
192.168.1.206 | success >> {
    "changed": false,
    "ping": "pong"
}
```

如果出现以上结果，则表示 Ansible 已经成功安装，并且与 client 机器的连通也是成功的。

5.3 定义主机与组规则（Inventory）

Ansible 通过定义好的主机与组规则（Inventory 文件）指定了 Ansible 作用的主机列表，Ansible 默认读取 /etc/ansible/hosts 文件。当然，这里也可以通过 ANSIBLE_HOSTS 环境变量来指定，或者在运行 ansible-hoc 及 ansible-playbook 时用“-i”参数指定临时主机列表文件。

下面是 Inventory 文件的一个例子：

```
mail.example.com
[webservers]
foo.example.com
bar.example.com
[dbservers]
one.example.com
two.example.com
Three.example.com
```

其中，中括号内的是组名称，一台主机可以属于多个组。一台属于多个组的主机会读取多个组的变量文件，这样可能就会产生冲突，工作中尽量避免这样的写法（优先级会在后面介绍）。

定义好 Inventory 文件以后，就可以用下面的命令来验证主机列表内容了，代码如下所示：

```
ansible webservers --list-hosts
```

或者：

```
ansible dbserver --ilst-hosts
```

有一个主机会被 Ansible 默认自动添加到 Inventory 中，那就是 localhost。Ansible 以为 localhost 就代表本地主机，所以在需要它的时候会直接在本机执行而不是通过 SSH 连接。

如果 SSH 采用的不是默认的 22 端口，那么可以在主机后面指定 SSH 端口，代码如下所示：

```
badwolf.example.com:5309
```

使用静态 IP 时，如果我们希望在 hosts 文件中使用别名或通过通道进行连接，则可以采用类似如下的方式，代码如下所示：

```
jumper ansible_ssh_port=5555 ansible_ssh_host=192.168.1.50
```

如果有很多类似的主机名称，则在没必要时不用一一列出，代码如下所示：

```
[webservers]
www[01:50].example.com
db-[a:f].example.com
```

其中，数字开头的 0 可以省略，中括号是闭合的。

也可以指定每个主机的连接类型和用户名：

```
[targets]
localhost ansible_connection=local
other1.example.com ansible_connection=ssh ansible_ssh_user=mpdehaan
other2.example.com ansible_connection=ssh ansible_ssh_user=mdehaan
```

如上述代码所示，直接在 Inventory 文件中添加参数的方式并不是一个好的选择，后面会介绍更好的方法，那就是在单独的 host_vars 目录中定义参数。

（1）定义主机变量

主机可以指定变量，以便后续供 playbooks 配置使用，例如下面的代码定义了主机 host1 和 host2 上面 Apache 的参数 http_port 及 maxRequestsPerChild：

```
[atlanta]
host1 http_port=80 maxRequestsPerChild=808
host2 http_port=303 maxRequestsPerChild=909
```

（2）定义组变量

组变量的作用是覆盖组中的所有成员，下面定义一个新块，块名由组名 + “:vars” 组成，示例代码如下所示：

```
[atlanta]
host1
host2
[atlanta:vars]
ntp_server=ntp.atlanta.example.com
proxy=proxy.atlanta.example.com
```

组的组也可以称为组嵌套。

组嵌套是定义一个新块，块名由组名 + “:children” 组成，示例代码如下所示：

```
[atlanta]
host1
host2
[raleigh]
host2
host3
[southeast:children]
atlanta
raleigh
[usa:children]
southeast
northeast
southwest
Northwest
```

（3）分离主机和组变量

在 Ansible 中，更好的实践并不是把变量保存到 Inventory 文件，而是使用 YAML 格式保存到单独的文件中，不要与 Inventory 文件放在一起。

假设 Inventory 文件的路径为 /etc/ansible/hosts，其中有个主机名为 foosbal，属于 raleigh 和 webservers 两个组，那么以下位置的 YAML 文件会对 foosball 主机有效：

```
/etc/ansible/group_vars/raleigh
/etc/ansible/group_vars/webservers
/etc/ansible/host_vars/foosball
```

例如，/etc/ansible/group_vars/raleigh 文件看起来可能类似于下面这样：

```
---
ntp_server: acme.example.org
database_server: storage.example.org
```

事实上，上面涉及的内容全部属于静态 Inventory 的范畴。在实际运维自动化的工作中，动态 Inventory 文件应用得更多，主要用于要编写 Python 脚本（不一定局限于 Python 语言，但推荐采用 Python），以便从公司的 CMDB（资产管理）系统提供的 API 拉取所有的主机信息，然后再使用 Ansible 来进行管理，这样就能很方便地将 Ansible 与其他运维系统结合起来使用了。

5.4 Ansible 常用模块介绍

Ansible 常用模块有很多，包括云计算、命令行、包管理、系统服务、用户管理等，可以通过官方网站 http://docs.ansible.com/modules_by_category.html 查看相应的模块，也可以在命令行下通过“ansible-doc -l”命令查看模块，或者通过“ansible-doc -s”模块名查看具体某个模块的使用方法。官网的介绍比较详细，建议查看官网介绍。“ansible-doc -l”命令部分显示结果如下所示：

```
For information about the terms of redistribution,
see the file named README in the less distribution.
Homepage: http://www.greenwoodsoftware.com/less
a10_server                     Manage A10 Networks AX/SoftAX/Thunder/vT...
a10_service_group              Manage A10 Networks AX/SoftAX/Thunder/vT...
a10_virtual_server             Manage A10 Networks AX/SoftAX/Thunder/vT...
acl                            Sets and retrieves file ACL information.
add_host                       add a host (and alternatively a group) t...
airbrake_deployment            Notify airbrake about app deployments
alternatives                   Manages alternative programs for common ...
apache2_module                 enables/disables a module of the Apache2...
apt                            Manages apt-packages
apt_key                        Add or remove an apt key
apt_repository                 Add and remove APT repositories
apt_rpm                        apt_rpm package manager
assemble                       Assembles a configuration file from frag...
assert                         Fail with custom message
```

```
at                          Schedule the execution of a command or s...
authorized_key              Adds or removes an SSH authorized key
azure                       create or terminate a virtual machine in...
bigip_facts                 Collect facts from F5 BIG-IP devices
bigip_monitor_http          Manages F5 BIG-IP LTM http monitors
bigip_monitor_tcp           Manages F5 BIG-IP LTM tcp monitors
bigip_node                  Manages F5 BIG-IP LTM nodes
bigip_pool                  Manages F5 BIG-IP LTM pools
bigip_pool_member           Manages F5 BIG-IP LTM pool members
bigpanda                    Notify BigPanda about deployments
boundary_meter              Manage boundary meters
bower                       Manage bower packages with bower
bzr                         Deploy software (or files) from bzr bran...
campfire                    Send a message to Campfire
capabilities                Manage Linux capabilities
cloudformation              create a AWS CloudFormation stack
command                     Executes a command on a remote node
composer                    Dependency Manager for PHP
copy                        Copies files to remote locations.
cpanm                       Manages Perl library dependencies.
cron                        Manage cron.d and crontab entries.
crypttab                    Encrypted Linux block devices
datadog_event               Posts events to DataDog  service
debconf                     Configure a .deb package
debug                       Print statements during execution
digital_ocean               Create/delete a droplet/SSH_key in Digit...
digital_ocean_domain        Create/delete a DNS record in DigitalOce...
digital_ocean_sshkey        Create/delete an SSH key in DigitalOcean
django_manage               Manages a Django application.
dnf                         Manages packages with the `dnf' package ...
dnsimple                    Interface with dnsimple.com (a DNS hosti...
dnsmadeeasy                 Interface with dnsmadeeasy.com (a DNS ho...
docker                      manage docker containers
docker_image                manage docker images
easy_install                Installs Python libraries
ec2                         create, terminate, start or stop an inst...
ec2_ami                     create or destroy an image in ec2
ec2_ami_search              Retrieve AWS AMI information for a given...
ec2_asg                     Create or delete AWS Autoscaling Groups
ec2_eip                     associate an EC2 elastic IP with an inst...
ec2_elb                     De-registers or registers instances from...
ec2_elb_lb                  Creates or destroys Amazon ELB.
ec2_facts                   Gathers facts about remote hosts within ...
ec2_group                   maintain an ec2 VPC security group.
ec2_key                     maintain an ec2 key pair.
ec2_lc                      Create or delete AWS Autoscaling Launch ...
ec2_metric_alarm            Create/update or delete AWS Cloudwatch '...
ec2_scaling_policy          Create or delete AWS scaling policies fo...
ec2_snapshot                creates a snapshot from an existing volu...
ec2_tag                     create and remove tag(s) to ec2 resource...
```

```
ec2_vol                    create and attach a volume, return volum...
ec2_vpc                    configure AWS virtual private clouds
```

提示 Ansible 的模块所实现的行为是幂等性（idempotence）的，只需要运行一次 playbook 就可以将需要配置的机器都置为期望状态。这是一个非常好的特性，因为它意味着向同一台机器多次执行一个 playbook 是安全的。

下面介绍运维工作中经常用到的几个模块，其他模块不再逐一介绍，建议大家参考官文档。

- ❑ setup 模块
- ❑ copy 模块
- ❑ synchronize 模块
- ❑ file 模块
- ❑ ping 模块
- ❑ group 模块
- ❑ user 模块
- ❑ shell 模块
- ❑ script 模块
- ❑ get_url 模块
- ❑ yum 模块
- ❑ cron 模块
- ❑ service 模块

Ansible 命令行调用模块的语法格式如下所示：

```
ansible 操作目标 -m 模块名 -a 模块参数
```

1. setup 模块

facts 组件是 Ansible 用来采集客户端机器设备信息的一个重要功能，setup 模块可用于获取 Ansible 客户端机器的所有 facts 信息，并且可以使用 filter 来查看指定的信息，命令如下：

```
ansible webserver -m setup
```

命令显示部分结果如下（完整结果过于详细，这里只截取了部分显示）：

```
192.168.1.206 | success >> {
    "ansible_facts": {
        "ansible_all_ipv4_addresses": [
            "192.168.1.206"
        ],
```

```
        "ansible_all_ipv6_addresses": [
            "fe80::216:3eff:fe08:ea2b"
        ],
        "ansible_architecture": "x86_64",
        "ansible_bios_date": "",
        "ansible_bios_version": "",
        "ansible_cmdline": {
            "KEYTABLE": "us",
            "LANG": "en_US.UTF-8",
            "SYSFONT": "latarcyrheb-sun16",
            "console": "hvc0",
            "quiet": true,
            "rd_LVM_LV": "VolGroup/lv_root",
            "rd_NO_DM": true,
            "rd_NO_LUKS": true,
            "rd_NO_MD": true,
            "rhgb": true,
            "ro": true,
            "root": "/dev/mapper/VolGroup-lv_root"
        },
    "ansible_date_time": {
            "date": "2018-02-25",
            "day": "25",
            "epoch": "1519561546",
            "hour": "12",
            "iso8601": "2018-02-25T12:25:46Z",
            "iso8601_micro": "2018-02-25T12:25:46.326442Z",
            "minute": "25",
            "month": "02",
            "second": "46",
            "time": "12:25:46",
            "tz": "GMT",
            "tz_offset": "+0000",
            "weekday": "Sunday",
            "year": "2018"
        },
```

2.copy 模块

该模块可实现 Ansible 主机向客户端传送文件的功能，文件的变化是通过 md5 值来判断的，大家需要记住应提前关闭客户端机器的 SELinux，不然会出现如下报错：

```
    192.168.1.205 | FAILED >> {
        "checksum": "d3869c634275c17b9a0561b1f9ac02f685353a53",
        "failed": true,
        "msg": "Aborting, target uses selinux but python bindings (libselinux-python)
aren't installed!"
    }

    192.168.1.206 | FAILED >> {
        "checksum": "d3869c634275c17b9a0561b1f9ac02f685353a53",
```

```
    "failed": true,
    "msg": "Aborting, target uses selinux but python bindings (libselinux-python) aren't installed!"
}
```

如果出现上述错误，我们又该如何修复呢？需要在被控端安装 libselinux-python 包来提前避免此错误，命令如下所示：

```
ansible webserver -m command -a "yum -y install libselinux-python"
```

错误修复以后，再次输入 copy 模块的命令，代码如下：

```
ansible webserver -m copy -a "src=/usr/local/src/test.py dest=/tmp/ owner=root group=root mode=0755 force=yes"
```

其他参数都比较好理解，这里解释下 force 参数和 backup 参数。

- ❑ force：如果目标主机包含该文件，但内容不同，则设置为 yes 后会强制覆盖，设置为 no 时，只有当目标主机的目标位置不存在该文件时才复制；默认为 yes。
- ❑ backup：在覆盖之前备份源文件，备份文件包含时间。backup 包含两个选项，即 yes 和 no。

命令显示结果如下所示：

```
192.168.1.206 | success >> {
    "changed": false,
    "checksum": "da39a3ee5e6b4b0d3255bfef95601890afd80709",
    "dest": "/tmp/test.py",
    "gid": 0,
    "group": "root",
    "mode": "0755",
    "owner": "root",
    "path": "/tmp/test.py",
    "size": 0,
    "state": "file",
    "uid": 0
}

192.168.1.205 | success >> {
    "changed": false,
    "checksum": "da39a3ee5e6b4b0d3255bfef95601890afd80709",
    "dest": "/tmp/test.py",
    "gid": 0,
    "group": "root",
    "mode": "0755",
    "owner": "root",
    "path": "/tmp/test.py",
    "size": 0,
    "state": "file",
    "uid": 0
}
```

注意 copy 模块与 rsync 命令一样，如果路径使用“/”来结尾，则只需要复制目录里的内容；如果没有使用“/”来结尾，则包含目录和文件在内的整个内容全部都要复制（源目标目录作为目的目录的一个子目录存在）。

3. synchronize 模块

由于synchronize模块会调用rsync命令，因此首先要记得提前安装好rsync软件包，不然执行的时候会出现“"msg": "[Errno 2] No such file or directory"”这种报错信息。synchronize模块用于将Ansible机器的指定目录推送（push）到客户机器的指定目录下，命令如下：

```
ansible 192.168.1.206 -m synchronize -a "src=/usr/local/src/ dest=/usr/local/src/ delete=yes compress=yes "
```

显示结果如下：

```
192.168.1.206 | success >> {
    "changed": true,
    "cmd": "rsync --delay-updates -F --compress --delete-after --archive --rsh 'ssh  -S none -o StrictHostKeyChecking=no' --out-format='<<CHANGED>>%i %n%L' \"/usr/local/src/\" \"root@192.168.1.206:/usr/local/src/\"",
    "msg": ".d..t...... ./\n<f+++++++++ epel-release-6-8.noarch.rpm\n<f+++++++++ limit.sh\n<f+++++++++ test.py\n",
    "rc": 0,
    "stdout_lines": [
        ".d..t...... ./",
        "<f+++++++++ epel-release-6-8.noarch.rpm",
        "<f+++++++++ limit.sh",
        "<f+++++++++ test.py"
    ]
}
```

其中，delete=yes用来实现使两边的内容一样（即以push方式为主），实现效果与“rsync --delete”一样，如果是客户端不存在的文件或目录则增补，如果存在着不同的文件或目录则删除，以保证两边内容一致。

compress = yes 用于开启压缩，默认为开启。

另外，由于synchronize模块调用的是rsync命令，因此如果路径使用“/”来结尾，则只复制目录里的内容，如果没有使用“/”来结尾，则包含目录在内的整个内容全部都要复制过去（源目标目录作为目的目录的一个子目录存在）。

4. file 模块

file模块主要用来设置文件或目录的属性。

- group：定义文件或目录的属组。
- mode：定义文件或目录的权限。

- ❑ owner：定义文件或目录的属主。
- ❑ path：必选项，定义文件或目录的路径。
- ❑ recurse：递归设置文件的属性，只对目录有效。
- ❑ src：被链接的源文件路径，只应用于 state=link 的情况。
- ❑ dest：被链接到的路径，只应用于 state=link 的情况。
- ❑ force：强制创建软链接包含两种情况，一种是源文件不存在，但之后会建立的情况；另一种是要取消已创建的软链接，创建新的软链接，其包含 yes 和 no 这两个选项。
- ❑ state：后面连接文件或目录的各种状态。
- ❑ link：创建软链接。
- ❑ hard：创建硬链接。
- ❑ directory：如果目录不存在，则创建目录。
- ❑ file：即使文件不存在，也不会被创建。
- ❑ absent：删除目录、文件或链接文件。
- ❑ touch：如果文件不存在，则会创建一个新的文件；如果文件或目录已存在，则更新其最后的修改时间，这一点与 Linux 的 touch 命令的效果是一样的。

命令一　将客户端机器 192.168.1.205 的 /usr/local/src/test.py 软链接到 /tmp/test.py 下，代码如下：

```
ansible 192.168.1.205 -m file -a "src=/usr/local/src/test.py dest=/tmp/test.py
state=link"
```

命令显示结果如下：

```
192.168.1.205 | success >> {
    "changed": true,
    "dest": "/tmp/test.py",
    "gid": 0,
    "group": "root",
    "mode": "0777",
    "owner": "root",
    "size": 22,
    "src": "/usr/local/src/test.py",
    "state": "link",
    "uid": 0
}
```

若要直接在 Ansible 机器上查看 205 机器是否存在 /tmp/test.py 文件，可采用如下命令：

```
ansible 192.168.1.205 -m command -a 'ls -l /tmp/test.py'
```

命令显示结果如下：

```
192.168.1.205 | success | rc=0 >>
lrwxrwxrwx 1 root root 22 Nov 25 09:13 /tmp/test.py -> /usr/local/src/test.py
```

命令二　删除刚刚建立的 /tmp/test.py 链接文件，代码如下：

```
ansible 192.168.1.205 -m file -a "path=/tmp/test.py state=absent"
```

命令显示结果如下：

```
192.168.1.205 | success >> {
    "changed": true,
    "path": "/tmp/test.py",
    "state": "absent"
}
```

下面再来查看下是否还存在着 /tmp/test.py 文件，命令如下：

```
ansible 192.168.1.205 -m command -a 'ls -l /tmp/test.py'
```

命令显示结果如下：

```
192.168.1.205 | FAILED | rc=2 >>
ls: cannot access /tmp/test.py: No such file or directory
```

这里显示报错信息，表示此文件不存在，说明已经成功将其删除了。

命令三　在 webserver 组建立 /text.txt 文件，属主和属组均为 root，权限为 0755，代码如下：

```
ansible webserver -m file -a 'path=/text.txt state=touch owner=root group=root mode=0755'
```

命令显示结果如下所示：

```
192.168.1.205 | success >> {
    "changed": true,
    "dest": "/text.txt",
    "gid": 0,
    "group": "root",
    "mode": "0755",
    "owner": "root",
    "size": 0,
    "state": "file",
    "uid": 0
}

192.168.1.206 | success >> {
    "changed": true,
    "dest": "/text.txt",
    "gid": 0,
    "group": "root",
    "mode": "0755",
    "owner": "root",
    "size": 0,
    "state": "file",
```

```
    "uid": 0
}
```

命令四 在webserver组建立test目录，属主和属组均为root，权限为0755，代码如下：

```
ansible webserver -m file -a 'path=/tmp/test state=directory owner=root group=root mode=0755'
```

命令显示结果如下所示：

```
192.168.1.205 | success >> {
    "changed": true,
    "gid": 0,
    "group": "root",
    "mode": "0755",
    "owner": "root",
    "path": "/tmp/test",
    "size": 4096,
    "state": "directory",
    "uid": 0
}

192.168.1.206 | success >> {
    "changed": true,
    "gid": 0,
    "group": "root",
    "mode": "0755",
    "owner": "root",
    "path": "/tmp/test",
    "size": 4096,
    "state": "directory",
    "uid": 0
}
```

5. ping 模块

前面多次提到了ping模块，其可用于检测与被控端机器的连通性，命令如下：

```
ansible webserver -m ping
```

6. group 模块

group模块可以在所有节点上创建自己定义的组，比如利用此模块创建一个组名为test、gid为2016的组，命令如下所示：

```
ansible webserver -m group -a 'gid=2018 name=test'
```

命令显示结果如下所示：

```
192.168.1.206 | success >> {
```

```
    "changed": true,
    "gid": 2018,
    "name": "test",
    "state": "present",
    "system": false
}

192.168.1.205 | success >> {
    "changed": true,
    "gid": 2018,
    "name": "test",
    "state": "present",
    "system": false
}
```

现在可以查看是否已经正常创建这个名为 test 的组了，执行如下命令：

```
ansible webserver -m shell -a 'cat /etc/group| grep test'
```

命令显示结果如下所示：

```
192.168.1.206 | success | rc=0 >>
test:x:2016:
192.168.1.205 | success | rc=0 >>
test:x:2016:
```

从结果可以发现，两台被控端机器都有组名为 test，gid 为 2018 的组。

注意 此处用到了 shell 模块，而没有使用默认的 command 模块，是因为 shell 模块支持管道符命令。

7. user 模块

user 模块用于创建用户。在指定的节点上创建一个用户名为 test、组为 test 的用户，示例命令如下所示：

```
ansible webserver -m user -a "name=test group=test"
```

命令显示结果如下所示：

```
192.168.1.205 | success >> {
    "changed": true,
    "comment": "",
    "createhome": true,
    "group": 100,
    "groups": "test",
    "home": "/home/test",
    "name": "test",
    "shell": "/bin/bash",
    "state": "present",
```

```
    "system": false,
    "uid": 501
}

192.168.1.206 | success >> {
    "changed": true,
    "comment": "",
    "createhome": true,
    "group": 100,
    "groups": "test",
    "home": "/home/test",
    "name": "test",
    "shell": "/bin/bash",
    "state": "present",
    "system": false,
    "uid": 503
}
```

若要删除用户 test，则使用如下命令：

```
ansible webserver -m user -a "name=test state=absent remove=yes"
```

命令显示结果如下所示：

```
192.168.1.205 | success >> {
    "changed": true,
    "force": false,
    "name": "test",
    "remove": true,
    "state": "absent"
}

192.168.1.206 | success >> {
    "changed": true,
    "force": false,
    "name": "test",
    "remove": true,
    "state": "absent"
}
```

8. shell 模块

command 模块作为 Ansible 的默认模块，可以运行被控端机器权限范围内的所有 shell 命令，前面已多次提到，这里不再重复。而 shell 模块用于执行被控端机器的 Shell 脚本文件，与另一个模块 raw 的功能类似，并且支持管道符。

例如，要执行 webserver 组机器下的 /tmp/echo_hello.sh 文件，可采用如下命令：

```
ansible webserver -m shell -a "/tmp/echo_hello.sh"
```

显示结果如下：

```
192.168.1.205 | success | rc=0 >>
hello,world

192.168.1.206 | success | rc=0 >>
hello,world
```

9.script 模块

script 模块用于在远程被控端主机执行本地 Ansible 机器中的 Shell 脚本文件，相当于“scp+shell”的组合命令，比如，要执行本地机器的 /root/print_hello.sh，可采用如下命令：

```
ansible webserver -m script -a "/root/print_hello.sh"
```

命令显示结果如下所示：

```
192.168.1.205 | success >> {
    "changed": true,
    "rc": 0,
    "stderr": "OpenSSH_5.3p1, OpenSSL 1.0.1e-fips 11 Feb 2013\ndebug1: Reading
configuration data /etc/ssh/ssh_config\r\ndebug1: Applying options for *\r\ndebug1:
auto-mux: Trying existing master\r\ndebug1: mux_client_request_session: master
session id: 2\r\ndebug1: mux_client_request_session: master session id: 2\r\nShared
connection to 192.168.1.205 closed.\r\n",
    "stdout": "hello,world\r\n"
}

192.168.1.206 | success >> {
    "changed": true,
    "rc": 0,
    "stderr": "OpenSSH_5.3p1, OpenSSL 1.0.1e-fips 11 Feb 2013\ndebug1: Reading
configuration data /etc/ssh/ssh_config\r\ndebug1: Applying options for *\r\ndebug1:
auto-mux: Trying existing master\r\ndebug1: mux_client_request_session: master
session id: 2\r\ndebug1: mux_client_request_session: master session id: 2\r\nShared
connection to 192.168.1.206 closed.\r\n",
    "stdout": "hello,world\r\n"
}
```

事实上，我们可以用下面的命令来查看明细：

```
ansible webserver -m script -a "/root/print_hello.sh" -vvvv
```

这里摘录部分结果显示，注意包含 PUT 字段的部分：

```
<192.168.1.205> PUT /root/print_hello.sh TO /root/.ansible/tmp/ansible-
tmp-1520404530.81-156665844787904/print_hello.sh
<192.168.1.206> PUT /root/print_hello.sh TO /root/.ansible/tmp/ansible-
tmp-1520404530.81-37268957446941/print_hello.sh
```

这里需要说明的是，Ansible 会将主控端下的 /root/print_hello.sh 分别 PUT 到被控端机器的 /root/.ansible/tmp/ 临时目录下，然后再分别执行并删除。

10. get_url 模块

get_url 模块可以实现在远程主机上下载 url 到本地，这个模块在平时的工作中应该用得比较多，比如 webserver 组的被控端机器需要下载 http://ftp.linux.ncsu.edu/pub/epel/6/x86_64/epel-release-6-8.noarch.rpm 文件到 /tmp 目录下，可采用如下命令：

```
ansible webserver -m get_url -a 'url=http://ftp.linux.ncsu.edu/pub/epel/6/
x86_64/epel-release-6-8.noarch.rpm dest=/tmp'
```

命令显示结果如下所示：

```
192.168.1.206 | success >> {
    "changed": true,
    "checksum": "2b2767a5ae0de30b9c7b840f2e34f5dd9deaf19a",
    "dest": "/tmp/epel-release-6-8.noarch.rpm",
    "gid": 0,
    "group": "root",
    "md5sum": "2cd0ae668a585a14e07c2ea4f264d79b",
    "mode": "0644",
    "msg": "OK (14540 bytes)",
    "owner": "root",
    "sha256sum": "",
    "size": 14540,
    "src": "/tmp/tmp4lZkbI",
    "state": "file",
    "uid": 0,
    "url": "http://ftp.linux.ncsu.edu/pub/epel/6/x86_64/epel-release-6-8.noarch.rpm"
}

192.168.1.205 | success >> {
    "changed": true,
    "checksum": "2b2767a5ae0de30b9c7b840f2e34f5dd9deaf19a",
    "dest": "/tmp/epel-release-6-8.noarch.rpm",
    "gid": 0,
    "group": "root",
    "md5sum": "2cd0ae668a585a14e07c2ea4f264d79b",
    "mode": "0644",
    "msg": "OK (14540 bytes)",
    "owner": "root",
    "sha256sum": "",
    "size": 14540,
    "src": "/tmp/tmp5j3tu5",
    "state": "file",
    "uid": 0,
    "url": "http://ftp.linux.ncsu.edu/pub/epel/6/x86_64/epel-release-6-8.noarch.rpm"
}
```

11. yum 模块

顾名思义，此模块是用来管理 Linux 平台的软件包操作的。

- ❑ config_file：yum 的配置文件。

- disable_gpg_check：关闭 gpg_check。
- disablerepo：不启用某个源。
- enablerepo：启用某个源。
- name：要进行操作的软件包的名字，也可以传递一个 url 或一个本地 rpm 包的路径。
- state：state 状态对应了 3 种软件包状态，分别为 present、absent、latest，这里 present 和 latest 都表示安装，而 absent 则是 remove。

若要在指定的被控端机器 192.168.1.206 上使用 Nginx 的 yum 源安装 Nginx 软件包，可采用如下命令：

```
ansible 192.168.1.206 -m yum -a 'name=nginx enablerepo=nginx state=present'
```

显示结果如下所示：

```
192.168.1.206 | success >> {
    "changed": true,
    "msg": "",
    "rc": 0,
    "results": [
        "Loaded plugins: fastestmirror\nSetting up Install Process\nLoading mirror speeds from cached hostfile\n * base: mirrors.163.com\n * extras: mirror.bit.edu.cn\n * updates: centos.ustc.edu.cn\nResolving Dependencies\n--> Running transaction check\n---> Package nginx.x86_64 0:1.8.0-1.el6.ngx will be installed\n--> Finished Dependency Resolution\n\nDependencies Resolved\n\n=========================================================================================\n Package    Arch    Version    Repository    Size\n=========================================================================================\nInstalling:\n nginx    x86_64    1.8.0-1.el6.ngx    nginx    352 k\n\nTransaction Summary\n=========================================================================================\nInstall    1 Package(s)\n\nTotal download size: 352 k\nInstalled size: 872 k\nDownloading Packages:\nRunning rpm_check_debug\nRunning Transaction Test\nTransaction Test Succeeded\nRunning Transaction\n\r  Installing : nginx-1.8.0-1.el6.ngx.x86_64    1/1 \n-----------------------------------------------------------------------\n\nThanks for using nginx!\n\nPlease find the official documentation for nginx here:\n* http://nginx.org/en/docs/\n\nCommercial subscriptions for nginx are available on:\n* http://nginx.com/products/\n\n-----------------------------------------------------------------------\n\r  Verifying  : nginx-1.8.0-1.el6.ngx.x86_64    1/1 \n\nInstalled:\n  nginx.x86_64 0:1.8.0-1.el6.ngx    \n\nComplete!\n"
    ]
}
```

可以通过如下命令查看 yum 模块是不是通过 Nginx 源安装的：

```
ansible 192.168.1.206 -m shell -a 'yum list installed | grep nginx'
```

显示结果如下所示：

```
192.168.1.206 | success | rc=0 >>
nginx.x86_64            1.8.0-1.el6.ngx @nginx
```

其实也可以用命令查看 yum 模块的帮助文件，其本身就提供了强大的案例参考，代码如下：

```
ansiable-doc yum
```

显示结果如下所示（结果显示的内容较多，下面只摘取了 Examples 部分）：

```
EXAMPLES:
- name: install the latest version of Apache
    yum: name=httpd state=latest
  - name: remove the Apache package
    yum: name=httpd state=absent
  - name: install the latest version of Apache from the testing repo
    yum: name=httpd enablerepo=testing state=present
  - name: install one specific version of Apache
    yum: name=httpd-2.2.29-1.4.amzn1 state=present
  - name: upgrade all packages
    yum: name=* state=latest

  - name: install the nginx rpm from a remote repo
    yum: name=http://nginx.org/packages/centos/6/noarch/RPMS/nginx-release-
centos-6-0.el6.ngx.noarch.rpm state=present
  - name: install nginx rpm from a local file
    yum: name=/usr/local/src/nginx-release-centos-6-0.el6.ngx.noarch.rpm
state=present
  - name: install the 'Development tools' package group
    yum: name="@Development tools" state=present
```

12. cron 模块

cron 模块，顾名思义就是创建计划任务，可以定义 webserver 组被控端机器每天凌晨一点过一分 ntpdate 自动对时，命令如下所示：

```
ansible webserver -m cron -a '"name=ntpdate time every day" minute="1" hour="1"
job="/sbin/ntpdate ntp.api.bz >> /dev/null"'
```

这里定义的 name 是标记计划任务，可以通过此标记删除或更改计划任务，命令显示结果如下所示：

```
192.168.1.205 | success >> {
    "changed": true,
    "jobs": [
        "ntpdate time every day"
    ]
}

192.168.1.206 | success >> {
    "changed": true,
    "jobs": [
        "ntpdate time every day"
```

```
    ]
}
```

详细的语法可以参考 ansible-doc cron，这里不再重复命令的显示结果。

13. service 模块

被控端服务管理，例如开启、关闭、重启服务等。

命令一　在 webserver 端开启 Nginx 服务，代码如下：

```
ansible webserver -m service -a "name=nginx state=started"
```

命令二　将 httpd 服务加入 webserver 端的启动项，代码如下：

```
ansible mysql -m service -a 'name=mysqld state=started enabled=yes'
```

这些都是工作中常用的 Ansible 模块，其他常用模块在此就不一一列举了，详情大家可以参考 Ansible 官方文档 http://docs.ansible.com/modules_by_category.html。

5.5 playbook 介绍

playbook（也称为剧本）是一个不同于 Ansible Ad-hoc 命令行执行方式的模式，其功能更为强大灵活。简而言之，它是一个非常简单的配置管理和多主机部署系统。playbook 是由一个或多个“play”组成的列表。play 的主要功能是将事先归为一组的主机装扮成通过 ansible 中的 task 事先定义好的角色。从根本上来讲，所谓的 task 就是调用 Ansible 的一个个 module 将多个 play 组织在一个 playbook 中，这样就可以让它们连通起来，并按事先编排的机制同唱一台大戏。

playbook 的模板是使用 Python 的 jinja2 模块来处理的。学习过 Saltstack 的朋友对此模板应该是比较熟悉的。另外，playbook 也是通过 YAML 格式来描述定义的，可以实现多台主机的应用部署，语法也并不复杂，大家可以对照官方案例学习其语法，官方提供了大量的案例，其地址为 https://github.com/ansible/ansible-examples。

下面先来看一下 Ansible 官方的一个案例，以此说明 playbook 的用法，示例代码如下：

```
---
#选择的主机组
- hosts: webserver
#定义的变量
    vars:
        user: www
        group: www
        maxclients: 2000
        DocumentRoot: /var/www/html
#远端的执行权限
    remote_user: root
#task是定义任务列表
```

```
    tasks:
#利用 yum 模块来操作
    - name: ensure apache is at the latest version
#建议每个任务事件都要定义一个 name 标签，这样做既能增强可读性，也便于观察结果输出
        yum: pkg=httpd state=latest
    - name: Apache Config File
        template: src=/home/yhc/httpd.conf.j2 dest=/etc/httpd/conf/httpd.conf
        #src 为 Ansible 主控端模块的存放位置，dest 为被控端 httpd 配置文件位置
#触发重启服务器
        notify:
        - restart apache
    - name: ensure apache is running
        service: name=httpd state=started
#这里的 restart apache 与上面的触发是配对的，这就是 handlers（处理程序）的作用
    handlers:
        - name: restart apache
            service: name=httpd state=restarted
```

模板文件 /home/yhc/httpd.conf.j2 请参考官方案例，建议以 j2 结尾，表明这是一个经 jinja2 模板渲染的文件。

定义的变量最好与模板文件 /home/yhc/httpd.conf.j2 中的变量一一对应，不然等会儿执行 ansible-playbook 时会报错，由于模板文件内容太长，因此这里只摘录与变量相对应的内容，代码如下（Apache 工作在 Prefork 模式下）：

```
User {{ user}}
Group {{ group}}
DocumentRoot "{{DocumentRoot}}"
MaxClients       {{maxclients}}
```

上述代码的语法简单明了，YAML 文件中的变量以“{{ 变量名 }}”表示，若该文件写得过于复杂，则会有语法错误，可以采用如下方式检查语法错误：

```
ansible-playbook /home/yhc/httpd.yml  --list-hosts --list-tasks
playbook: /home/yhc/httpd.yaml
    play #1 (webserver): host count=2
        192.168.1.205
        192.168.1.206
    play #1 (webserver):TAGS: []
        ensure apache is at the latest versionTAGS: []
        write the apache config fileTAGS: []
        ensure apache is runningTAGS: []
```

接下来就来执行我们预先写好的 YAML 文件，路径为 /home/yhc/httpd.yml，命令如下：

```
ansible-playbook /home/yhc/httpd.yml -f 10
```

结果如下所示：

```
PLAY [webserver] ****************************************************************
```

```
GATHERING FACTS ***************************************************************
ok: [192.168.1.205]
ok: [192.168.1.206]
TASK: [ensure apache is at the latest version] ********************************
ok: [192.168.1.206]
ok: [192.168.1.205]
TASK: [write the apache config file] ******************************************
changed: [192.168.1.205]
changed: [192.168.1.206]
TASK: [ensure apache is running] **********************************************
ok: [192.168.1.205]
ok: [192.168.1.206]
NOTIFIED: [restart apache] ****************************************************
changed: [192.168.1.205]
changed: [192.168.1.206]
PLAY RECAP ********************************************************************
192.168.1.205              : ok=5    changed=2    unreachable=0    failed=0
192.168.1.206              : ok=5    changed=2    unreachable=0    failed=0
```

ansible-playbook 后面紧跟着的就是我们所写的 /home/yhc/httpd.yml 文件，它的默认并行进程数为 5（Ansible 默认是同步阻塞模式，它会等待所有的机器都执行完毕之后再在前台返回)，可以带上参数“-f 10”或更大的数值以提高并行进程数。

playbook 文件的详细说明如下。

（1）定义主机和用户

每份 playbook 文件都需要指定针对哪些主机进行运维，而 hosts 变量就已经说明了这个问题，users 则说明了采用哪个用户执行这条命令。

针对 webserver 主机组，这里采用 root 用户执行命令，代码如下：

```
---
- hosts: webservers
   remote_user: root
```

如果是 AWS EC2 主机，则可以采用 sudo 模式执行命令，代码如下：

```
---
- hosts: webservers
   remote_user: ec2-user
   sudo: yes
```

（2）任务列表

每一个 playbook 都会有一份任务列表（tasks list)，用于说明究竟要按照怎么样的顺序去执行这些命令（从上至下，按照顺序执行 task)。

使用 service 模块的命令如下：

```
tasks:
    - name: make sure apache is running
```

```
        service: name=httpd state=running
```

使用 command 模块的命令如下：

```
tasks:
    - name: disable selinux
        command: /sbin/setenforce 0
```

使用 shell 模块的命令如下：

```
tasks:
    - name: run this command and ignore the result
        shell: /usr/bin/somecommand || /bin/true
```

使用 copy 模块的命令如下：

```
tasks:
    - name: Copy ansible inventory file to client
        copy: src=/etc/ansible/hosts dest=/etc/ansible/hosts
                owner=root group=root mode=0644
```

使用 template 模块的命令如下：

```
tasks:
    - name: create a virtual host file for {{ vhost }}
        template: src=somefile.j2 dest=/etc/httpd/conf.d/{{ vhost }}
```

（3）Handlers

若被控端主机的配置文件发生了变化，则通知处理程序 Handlers 触发后续的动作，比如重启 Apache 服务。Handlers 中定义的处理程序在没有通知触发时是不会执行的，触发是通过 Handlers 定义的 name 标签来识别的，请让下面的 notify 中的“restart apache”与 handlers 中的“name:restart apache”的内容保持一致。

```
notify:
    - restart apache
    - name: ensure apache is running
        service: name=httpd state=started
handlers:
        - name: restart apache
            service: name=httpd state=restarted
```

下面简单介绍 playbook 的条件语句与循环语句，它们的语法非常简单，直接通过示例即可说明清楚。

条件语句 when 的示例代码如下：

```
tasks:
- name: reboot redhat host
command: /usr/sbin/reboot
when: ansible_os_family == "RedHat"
```

下面以工作中较复杂的例子来进一步说明 when 语句的用法（因为代码段中已有中文注释说明，因此这里不再逐一另作解释了）：

```
---

- name: "Install Docker CE | 检查 docker 版本"
shell: dockerd --version|awk '{print $3}'|awk -F'-|,' '{print $1}'
register: result
    changed_when: false
    ignore_errors: true

- debug:
msg: "docker version {{ docker_version }}"
vars:
        docker_version: "{{ result.stdout }}"
    changed_when: false
when: result.rc == 0

# 当未安装 docker 或者 docker 版本号小于 17.03.0 时，触发安装 docker
- include: docker-ce.yml
vars:
        docker_version: "{{ result.stdout }}"
when: result.rc != 0 or docker_version is version('17.03.0', '<')

- name: "Install Docker CE | "
shell: docker-compose --version|awk '{print $3}'|awk -F'-|,' '{print $1}'
register: shell_result
    changed_when: false
    ignore_errors: true

- debug:
msg: "docker-compose version {{ docker_compose_version }}"
vars:
        docker_compose_version: "{{ shell_result.stdout }}"
    changed_when: false
when: shell_result.rc == 0

- include: docker-compose.yml
vars:
        docker_compose_version: "{{ shell_result.stdout }}"
when: shell_result.rc != 0 or docker_compose_version is version('1.21.0', '<')
```

循环语句的示例代码如下：

```
tasks:
    - name: install LNMP
        yum: name={{ item }} state=present
        with_items:
            - nginx
            - mysql-server
            - php-fpm
```

循环还支持列表，可通过 with_flattened 语句实现。

变量文件的示例代码如下：

```
---
packages_LNMP:
    - [ 'nginx', 'mysql-server', 'php-fpm' ]
引用
- name: Install LNMP
    yum: name={{ item }} state=present
    with_flattened:
        - packages_LNMP
```

大家可将此官方案例与前面提到的 YAML 章节的内容结合起来编写自己实际工作中需要的 playbook，更详细的内容请大家参考 5.7 节的内容。

参考文档：

http://docs.ansible.com/playbooks_roles.html

5.6 Ansible 在 AWS 云平台中的应用

通常，业务机器均部署在 AWS EC2 主机上，默认是不允许以 root 用户进行 SSH 登录的，并且 root 不提供密码登录，这时需要用一个具有 sudo 权限的用户来执行，默认一般是 ec2-user。工作中经常会有这样一个需求：被控机上有三个用户（ec2-user、admin 和 readonly），分别对应于三套公私钥（分别对应于不同的权限），业务机器数量维持在 1200 台以上，手动操作明显是不可能的，这时我们需要用 Ansible 主控端进行公钥推送。我们可以利用 Ansible 的 authorized_key 模块来完成此项需求，authorized_key 是 Ansible 官方新出的一个模块，作用为" adds or removes an SSH authorized key"，这里主要是用于添加用户公钥，详细说明请参见：http://docs.ansible.com/ansible/authorized_key_module.html，需要大家注意的是，这里的公钥文件全部都存放于 Ansible 主控机器的 /home/yhc/ansible/ssh-copy-id 目录下，而且不需要担心被控机器端的" .ssh"目录是否建立、authorized 文件是否为 600 权限等，这些全部由 authorized_key 模块自动完成，是不是很人性化呢？

/home/yhc/ssh-copy-id.yml 文件的内容如下所示：

```
# Using alternate directory locations:
- hosts: webserver
    user: root
    tasks:
    - name: ensure users is present
        user: name={{ item }} state=present
        with_items:
            - ec2-user
            - admin
            - readonly
```

```
    - name: ssh-copy-id user ec2-user
      authorized_key: user=ec2-user key='{{ lookup('file', '/home/yhc/ansible/
ssh-copy-id/example-master.pub') }}'
    - name: ssh-copy-id user admin
      authorized_key: user=admin key='{{ lookup('file', '/home/yhc/ansible/
ssh-copy-id/example-operation.pub') }}'
    - name: ssh-copy-id user readonly
      authorized_key: user=readonly key='{{ lookup('file', '/home/yhc/ansible/
ssh-copy-id/example-readonly.pub') }}'
```

现在用下列命令执行此 yml 文件：

```
ansible-playbook -i hosts /home/yhc/ssh-copy-id.yml
```

命令显示结果如下所示：

```
PLAY [webserver] ****************************************************************
GATHERING FACTS *****************************************************************
ok: [192.168.1.205]
ok: [192.168.1.206]
TASK: [ensure users is present] *************************************************
changed: [192.168.1.206] => (item=ec2-user)
changed: [192.168.1.205] => (item=ec2-user)
changed: [192.168.1.206] => (item=admin)
changed: [192.168.1.205] => (item=admin)
changed: [192.168.1.206] => (item=readonly)
changed: [192.168.1.205] => (item=readonly)
TASK: [ssh-copy-id user ec2-user] ***********************************************
changed: [192.168.1.205]
changed: [192.168.1.206]
TASK: [ssh-copy-id user admin] **************************************************
changed: [192.168.1.205]
changed: [192.168.1.206]
TASK: [ssh-copy-id user readonly] ***********************************************
changed: [192.168.1.206]
changed: [192.168.1.205]
PLAY RECAP **********************************************************************
192.168.1.205              : ok=5    changed=4    unreachable=0    failed=0
192.168.1.206              : ok=5    changed=4    unreachable=0    failed=0
```

在被控端机器上面做检查，发现公钥都已经正确分发了，而且权限自动地分配成了 600 权限，在主控端上切换相应的用户，SSH 登录也是正常的，说明配置过程是没有问题的。在此测试环境下部署成功以后，我们就能将此方案应用于线上 AWS 云平台环境了。

5.7　角色

Ansible 的角色（roles）是 1.2 版本引入的新特性，用于层次性、结构化地组织 playbook。角色能够根据层次型结构自动装载 vars 变量文件、tasks 及 handlers 等。下面将利用角色来差异性地配置 webserver 组的 Nginx 服务，被控端机器的具体配置信息如表 5-2 所示。

表 5-2　被控端机器详细配置信息表

被控端机器 IP	被控端机器 hostname 名	Inventory 组名	CPU 核数
10.0.0.16	client1.example.com	webserver	8
10.0.0.17	client2.example.com	webserver	4

这里需要注意区别的是，被控端主机 IP 地址为 16 的 CPU 核数为 8，被控端主机 IP 地址为 17 的 CPU 核数为 4。下面将利用 Ansible 的角色功能差异化地配置被控端的 Nginx 配置文件。这里是将配置文件放置在 /home/yhc/ansible/nginx 目录下，其目录结构如下所示：

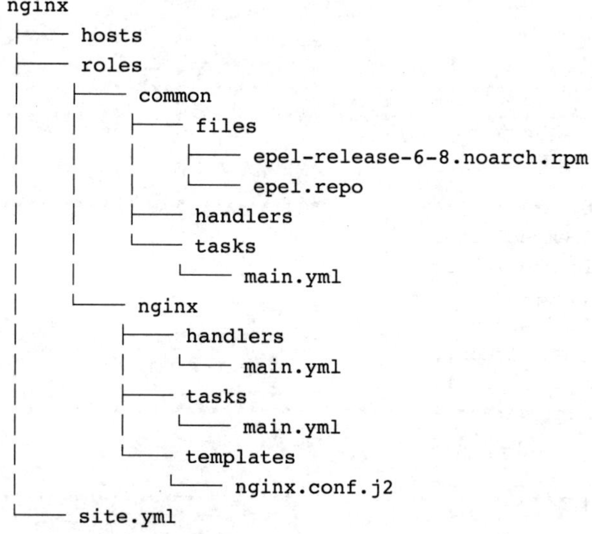

```
nginx
├── hosts
├── roles
│   ├── common
│   │   ├── files
│   │   │   ├── epel-release-6-8.noarch.rpm
│   │   │   └── epel.repo
│   │   ├── handlers
│   │   └── tasks
│   │       └── main.yml
│   └── nginx
│       ├── handlers
│       │   └── main.yml
│       ├── tasks
│       │   └── main.yml
│       └── templates
│           └── nginx.conf.j2
└── site.yml
```

- site.yml 文件：全局配置文件，一般来说，由此文件来引用角色，通过 hosts 参数来绑定与角色对应的主机或组。
- hosts 文件：非必选配置，可用于指定主机或组，默认将引用 /etc/ansible/hosts 文件，可通过“-i”参数来调用，例如，ansible-playbook -i hosts。
- common 角色目录：此外还添加了一个公共类角色 common，其一般作用于被控端机器，主要用于系统的基础服务，例如添加 epel 源、ntpdate 自动对时、sysctl 内核优化等。
- nginx 目录：用于 Nginx 角色目录。
- files 目录：用于存放有 copy 或 script 等模块调用的文件。
- vars 目录：定义 playbook 运行时需要使用的变量。
- templates 目录：template 模块会自动在此目录中寻找 jinja2 模板文件并渲染。
- handlers 目录：此目录应当包含一个 main.yml 文件，用于定义各角色用到的各个 handler 动作。

❑ tasks 目录：至少包含一个名为 main.yml 的文件，它定义了此角色的任务列表，可使用 include 指令。

1. site.yml 文件

site.yml 文件的内容如下所示：

```
---
- name: configure and deploy the webserver
    hosts: webserver
    roles:
        - common
        - nginx
```

2. hosts 文件

hosts 文件的内容如下所示：

```
[webserver]
10.0.0.16
10.0.0.17
```

语法和内容基本与 /etc/ansible/hosts 一样，这里就不再详细描述了。

3. common 角色目录

common 角色目录对应了三个子目录，files、tasks 和 handles 目录。

files 目录下有 epel.repo 文件，方便利用 copy 模块推送至各控制端机器，因为 CentOS 官方源文件并没有提供 Nginx 的安装，所以这里采用 epel 来进行安装，epel.repo 文件的内容如下所示：

```
[epel]
name=Extra Packages for Enterprise Linux 6 - $basearch
baseurl=http://download.fedoraproject.org/pub/epel/6/$basearch
#mirrorlist=https://mirrors.fedoraproject.org/metalink?repo=epel-6&arch=$basearch
failovermethod=priority
enabled=1
gpgcheck=1
gpgkey=file:///etc/pki/rpm-gpg/RPM-GPG-KEY-EPEL-6

[epel-debuginfo]
name=Extra Packages for Enterprise Linux 6 - $basearch - Debug
#baseurl=http://download.fedoraproject.org/pub/epel/6/$basearch/debug
mirrorlist=https://mirrors.fedoraproject.org/metalink?repo=epel-debug-6&arch=$basearch
failovermethod=priority
enabled=0
gpgkey=file:///etc/pki/rpm-gpg/RPM-GPG-KEY-EPEL-6
gpgcheck=1
```

```
[epel-source]
name=Extra Packages for Enterprise Linux 6 - $basearch - Source
#baseurl=http://download.fedoraproject.org/pub/epel/6/SRPMS
mirrorlist=https://mirrors.fedoraproject.org/metalink?repo=epel-source-6&arch=$basearch
failovermethod=priority
enabled=0
gpgkey=file:///etc/pki/rpm-gpg/RPM-GPG-KEY-EPEL-6
gpgcheck=1
```

tasks 目录下包含了 main.yml 文件，内容如下所示：

```
---
- name: Copy the EPEL repository definition
    copy: src=epel.repo dest=/etc/yum.repos.d/epel.repo

- name: Create the GPG key for EPEL
    command: rpm --import /etc/pki/rpm-gpg/RPM-GPG-KEY-EPEL-6
```

handlers 目录目前无文件，是空目录，这是因为执行的 copy 和 command 模块命令无须 handler 启动服务或重启机器，所以此目录暂时为空。

4. Nginx 角色目录

Nginx 角色目录对应三个子目录 tasks、templates 和 handlers。templates 目录中 nginx.conf.j2 文件的内容具体如下：

```
user              nginx;
worker_processes {{  ansible_processor_cores }};
{% if ansible_processor_cores  == 2 %}
worker_cpu_affinity 01 10;
{% elif ansible_processor_cores == 4 %}
worker_cpu_affinity 1000 0100 0010 0001;
{% elif ansible_processor_cores >= 8 %}
worker_cpu_affinity 00000001 00000010 00000100 00001000 00010000 00100000 01000000 10000000;
{% else %}
worker_cpu_affinity 1000 0100 0010 0001;
{% endif %}
worker_rlimit_nofile 65535;
events {
    use epoll;
    worker_connections  51200;
}
http {
    include       /etc/nginx/mime.types;
    default_type  application/octet-stream;
    log_format  main  '$remote_addr - $remote_user [$time_local] "$request" '
                      '$status $body_bytes_sent "$http_referer" '
                      '"$http_user_agent" "$http_x_forwarded_for"';
    access_log  /var/log/nginx/access.log  main;
```

```
    sendfile        on;
    #tcp_nopush     on;
    keepalive_timeout  65;
    #gzip  on;
    include /etc/nginx/conf.d/*.conf;
}
```

在这个文件中，ansible_processor_cores 变量是通过 Facts 组件获取到的，它在 Ansible 中是非常有用的组件，用于获取被控端主机的系统信息，包括主机名、操作系统、分区信息、硬件信息等，所以其能够轻易获取 CPU 核数，也可以通过运行“ansible 192.168.1.206 -m setup”命令来获取 206 被控端机器的完整 Facts 信息，命令显示结果如下（因显示结果过多，在此只摘录部分内容）：

```
"ansible_mounts": [
    {
        "device": "/dev/mapper/VolGroup-lv_root",
        "fstype": "ext4",
        "mount": "/",
        "options": "rw",
        "size_available": 6261489664,
        "size_total": 8634449920,
        "uuid": "65f03bc0-09ae-431a-bf08-189ed7e49f45"
    },
    {
        "device": "/dev/sda1",
        "fstype": "ext4",
        "mount": "/boot",
        "options": "rw",
        "size_available": 414210048,
        "size_total": 499355648,
        "uuid": "7c4fdf62-70a0-4e4c-8e2f-816d1871c8f9"
    }
],
"ansible_nodename": "client1.example.com",
"ansible_os_family": "RedHat",
"ansible_pkg_mgr": "yum",
"ansible_processor": [
    "GenuineIntel",
    "Intel(R) Core(TM) i7-4750HQ CPU @ 2.00GHz",
    "GenuineIntel",
    "Intel(R) Core(TM) i7-4750HQ CPU @ 2.00GHz",
    "GenuineIntel",
    "Intel(R) Core(TM) i7-4750HQ CPU @ 2.00GHz",
    "GenuineIntel",
    "Intel(R) Core(TM) i7-4750HQ CPU @ 2.00GHz",
    "GenuineIntel",
    "Intel(R) Core(TM) i7-4750HQ CPU @ 2.00GHz",
    "GenuineIntel",
    "Intel(R) Core(TM) i7-4750HQ CPU @ 2.00GHz",
```

```
        "GenuineIntel",
        "Intel(R) Core(TM) i7-4750HQ CPU @ 2.00GHz",
        "GenuineIntel",
        "Intel(R) Core(TM) i7-4750HQ CPU @ 2.00GHz"
    ],
    "ansible_processor_cores": 8,
    "ansible_processor_count": 1,
    "ansible_processor_threads_per_core": 1,
    "ansible_processor_vcpus": 8,
    "ansible_product_name": "VirtualBox",
    "ansible_product_serial": "0",
    "ansible_product_uuid": "57FF9A5A-34F2-4609-897C-BAE6D5C39FEB",
    "ansible_product_version": "1.2",
    "ansible_python_version": "2.6.6",
    "ansible_selinux": false,
```

我们可以通过管道符命令来获取所需要的Facts信息，例如CPU核数，命令如下所示：

```
ansible 10.0.0.16 –m setup | grep ansible_processor_cores
```

命令显示结果如下所示：

```
"ansible_processor_cores": 8,
```

还可以通过此命令来获取被控端FQDN的完整名作为Apache配置文件中的ServerName参数值，命令如下所示：

```
"ansible_fqdn": "client1.example.com",
```

tasks目录中的main.yml文件内容如下所示：

```
---
- name: ensure nginx is thd lastest version
    yum: name=nginx state=latest

- name: Copy nginx configuration
    template: src=nginx.conf.j2 dest=/etc/nginx/nginx.conf
    notify: restart nginx
- name: ensure nginx is running
    service: name=nginx state=started
```

handlers目录中的main.yml文件内容如下所示：

```
- name:  restart nginx
    service: name=nginx state=restarted
```

另外，需要记得应提前使用user模块在这两个被控机器中添加好nginx用户，然后运行此定义了common和nginx角色的yml文件，命令如下所示：

```
cd /home/yhc/ansible/nginx
ansible-playbook -i hosts site.yml -f 2
```

命令显示结果如下所示：

```
PLAY [configure and deploy the webserver] ************************************

GATHERING FACTS ***************************************************************
ok: [10.0.0.16]
ok: [10.0.0.17]

TASK: [common | Copy the EPEL repository definition] **************************
ok: [10.0.0.17]
ok: [10.0.0.16]

TASK: [common | Create the GPG key for EPEL] **********************************
changed: [10.0.0.16]
changed: [10.0.0.17]

TASK: [nginx | ensure nginx is thd lastest version] ***************************
changed: [10.0.0.16]
changed: [10.0.0.17]

TASK: [nginx | Copy nginx configuration] **************************************
changed: [10.0.0.17]
changed: [10.0.0.16]

TASK: [nginx | ensure nginx is running] ***************************************
changed: [10.0.0.16]
changed: [10.0.0.17]

NOTIFIED: [nginx | restart nginx] *********************************************
changed: [10.0.0.17]
changed: [10.0.0.16]

PLAY RECAP ********************************************************************
10.0.0.16                  : ok=7    changed=5    unreachable=0    failed=0
10.0.0.17                  : ok=7    changed=5    unreachable=0    failed=0
```

现在检查下webserver组两台机器的Nginx配置文件，命令如下所示：

```
ansible webserver -m command -a 'cat /etc/nginx/nginx.conf'
```

如果命令结果显示如下，则表示配置是成功的：

```
10.0.0.17 | success | rc=0 >>
user             nginx;
worker_processes 4;

worker_cpu_affinity 1000 0100 0010 0001;

worker_rlimit_nofile 65535;
events {
    use epoll;
```

```
    worker_connections  51200;
}
http {
    include       /etc/nginx/mime.types;
    default_type  application/octet-stream;
    log_format  main  '$remote_addr - $remote_user [$time_local] "$request" '
                      '$status $body_bytes_sent "$http_referer" '
                      '"$http_user_agent" "$http_x_forwarded_for"';
    access_log  /var/log/nginx/access.log  main;
    sendfile        on;
    #tcp_nopush     on;
    keepalive_timeout  65;
    #gzip  on;
    include /etc/nginx/conf.d/*.conf;
}

10.0.0.16 | success | rc=0 >>
user              nginx;
worker_processes 8;

worker_cpu_affinity 00000001 00000010 00000100 00001000 00010000 00100000 
01000000 10000000;

worker_rlimit_nofile 65535;
events {
    use epoll;
    worker_connections  51200;
}
http {
    include       /etc/nginx/mime.types;
    default_type  application/octet-stream;
    log_format  main  '$remote_addr - $remote_user [$time_local] "$request" '
                      '$status $body_bytes_sent "$http_referer" '
                      '"$http_user_agent" "$http_x_forwarded_for"';
    access_log  /var/log/nginx/access.log  main;
    sendfile        on;
    #tcp_nopush     on;
    keepalive_timeout  65;
    #gzip  on;
    include /etc/nginx/conf.d/*.conf;
}
```

通过以上输出结果可以发现，被控制端机器16和17的nginx.conf配置文件是有差异的、变化的，从而证明此Ansible的Nginx角色配置是没有问题的。

5.8 Jinja2过滤器

这里补充一个重要的概念——Jinja2过滤器，希望大家能够熟练掌握。这是因为

Ansible 除了使用 YAML 文件之外，它还大量使用了 Jinja2 过滤器。

Jinja2 是 Python 下一个广泛应用的模板引擎，其官网地址为 http://jinja.pocoo.org，下面就来介绍下 Ansible 是如何使用 Jinja2 的强大过滤器（Filter）功能的。

（1）格式化数据

下面的过滤器将会读取 template 中的数据结构并将其渲染为不同的格式，这一点在调试的时候非常有用：

```
{{ 变量名 | to_json }}
{{ 变量名 | to_yaml }}
```

为了便于阅读，可以使用如下命令：

```
{{ 变量名 | to_nice_json }}
{{ 变量名 | to_nice_yaml }}
```

从格式化数据读入的命令如下：

```
{{ 变量名 | from_json }}
{{ 变量名 | from_yaml }}
```

举例如下：

```
tasks:
- shell: cat /some/path/to/file.json
register: result
- set_fact: myvar="{{ result.stdout | from_json }}"
```

与条件语句一起使用的示例如下：

```
tasks:
- shell: /usr/bin/foo
register: result
ignore_errors: True
- debug: msg="it failed"
when: result|failed
# in most cases you'll want a handler, but if you want to do something right now, this is nice
- debug: msg="it changed"
when: result|changed
- debug: msg="it succeeded"
when: result|success
- debug: msg="it was skipped"
when: result|skipped
```

（2）强制定义变量

对于未定义变量，Ansible 默认的行为是 fail。也可以关闭，命令如下：

```
{{ 变量名 | mandatory }}
```

(3)未定义变量默认值

Jinja2 提供了一个有用的 default 过滤器，相比于未定义变量时直接 fail，使用 default 过滤器是一个更好的方法：

```
{{ 变量名 | default(5) }}
```

(4)忽略未定义变量和参数

Ansible 1.8 之后，可以使用 default 过滤器忽略未定义的变量和模块参数，命令如下：

```
- name: touch files with an optional mode
file: dest={{item.path}} state=touch mode={{item.mode|default(omit)}}
with_items:
- path: /tmp/foo
- path: /tmp/bar
- path: /tmp/baz
mode: "0444"
```

(5)list 过滤器

这些过滤器可作用在 list 的所有变量上。获取数字 list 中最小值的命令如下：

```
{{ list1 | min }}
```

获取数字 list 中最大值的命令如下：

```
{{ [3, 4, 2] | max }}
```

(6)集合过滤器

集合过滤器自带的函数都可以从集合或列表中返回一个唯一的集合。

从 list 中获取唯一集合的命令如下：

```
{{ list1 | unique }}
```

两个 lists 的并交叉集，命令分别如下：

```
{{ list1 | union(list2) }}
{{ list1 | intersect(list2) }}
{{ list1 | difference(list2) }}
```

(7)随机数过滤器

从 list 中随机获取一个值，命令如下：

```
{{ ['a','b','c']|random }} => 'c'
```

从 0 ～ 59 中获取一个随机数，命令如下：

```
{{ 59 |random}}
```

在 0 ～ 100 中以步长为 10 获取随机数，命令如下：

```
{{ 100 |random(step=10) }} => 70
```

在 1 ～ 100 中以步长为 10 获取随机数，命令如下：

```
{{ 100 |random(1, 10) }} => 31
{{ 100 |random(start=1, step=10) }} => 51
```

（8）Shuffle 过滤器

该过滤器可随机排序已有的 list，命令如下所示：

```
{{ ['a','b','c']|shuffle }} => ['c','a','b']
{{ ['a','b','c']|shuffle }} => ['b','c','a']
```

判断读取的数据是否为数字时，命令如下所示：

```
{{ myvar | isnan }}
```

求对数（默认基数为 e）的命令如下所示：

```
{{ myvar | log }}
```

如果要求 10 的对数，则命令如下所示：

```
{{ myvar | log(10) }}
```

求次幂的命令如下所示：

```
{{ myvar | pow(2) }}
{{ myvar | pow(5) }}
```

求开方的命令如下所示：

```
{{ myvar | root }}
{{ myvar | root(5) }}
```

（9）IP 过滤器

检查是否为有效 IP，命令如下所示：

```
{{ myvar | ipaddr }}
```

检查某版本是否为有效 IP，命令如下所示：

```
{{ myvar | ipv4 }}
{{ myvar | ipv6 }}
```

从 IP 地址中提取指定信息，命令如下所示：

```
{{ '192.0.2.1/24' | ipaddr('address') }}
```

（10）哈希过滤器

使用哈希过滤器，命令如下所示：

```
{{ 'test1'|hash('sha1') }}
{{ 'test1'|hash('md5') }}
```

```
{{ 'test2'|checksum }}
{{ 'passwordsaresecret'|password_hash('sha512') }}
```

其他有用的过滤器的用法如下所示：

```
获取路径的最后一个名称：{{ path | basename }}
从路径中获取目录名称：{{ path | dirname }}
获取链接的实际路径：{{ path | realpath }}
```

使用 match 或 search 匹配正则表达式的命令如下所示：

```
vars:
url: "http://example.com/users/foo/resources/bar"
tasks:
- shell: "msg='matched pattern 1'"
when: url | match("http://example.com/users/.*/resources/.*")
- debug: "msg='matched pattern 2'"
when: url | search("/users/.*/resources/.*")
```

使用 regex_place 进行正则替换的命令如下所示：

```
convert "ansible" to "able"
```

输出结果如下所示：

```
{{ 'ansible' | regex_replace('^a.*i(.*)$', 'a\\1') }}
```

使用 convert 进行正则替换，命令如下所示：

```
convert "foobar" to "bar"
```

输出结果如下所示：

```
{{ 'foobar' | regex_replace('^f.*o(.*)$', '\\1') }}
```

在正则表达式中使用 regex_escape 转义特殊字符，命令如下所示：

```
convert '^f.*o(.*)$' to '\^f\.\*o\(\.\*\)\$'
```

输出结果如下所示：

```
{{ '^f.*o(.*)$' | regex_escape() }}
```

参考文档：

http://docs.ansible.com/ansible/playbooks_filters.html#ip-address-filter

5.9 Ansible 速度优化

1. Ansible 的并发和异步

Ansible 默认是同步阻塞模式，它会等待所有的机器都执行完毕之后才会在前台返回。

Ansible 默认只会创建 5 个进程并发执行任务，所以一次任务只能同时控制 5 台机器执行。如果有大量的机器需要控制，例如 20 台，那么 Ansible 执行一个任务时会先在其中 5 台上执行，执行成功后再执行下一批 5 台，直到所有机器全部执行完毕。使用“-f”选项可以指定进程数，我们的线上环境设置的值为 20（这个值配置过大并不会对 Ansible 的实际执行效率有很大的提升，还是需要结合实际应用场景来进行设置）。

Ansible 除了支持同步模式之外，还支持异步模式。

总体来说，大概有如下的一些场景需要使用到 Ansible 的异步执行特性。

- 当我们有一个 task 需要运行很长的时间，而且这个 task 很可能会达到 timeout 时。
- 当我们有一个任务需要在大量的机器上面运行时。
- 当我们有一个任务不需要等待它完成时。

试想一下，有的 Ansible 任务执行起来并不是那么直接，可能会花费比较长的时间，甚至可能还会比 SSH 的超时时间还要长。这种情况下任务是不是就没法执行了？

Ansible 也考虑到了这种情况，官方文档介绍了上述问题的解决方法，就是让下发的任务执行的连接变为异步：任务下发之后，长连接不再保持，而是每隔一段时间轮询一次结果，直到任务结束为止。

官方给出的示例代码如下所示：

```
----
hosts: all
remote_user: root
tasks:
    - name: simulate long running op (15 sec), wait for up to 45 sec, poll every
5 sec
        command: /bin/sleep 15
        async: 45
        poll: 5
```

async 参数值代表了这个任务执行时间的上限值。即任务执行所用的时间如果超出了这个时间，则认为任务失败。若未设置此参数，则为同步执行。

poll 参数值代表了任务异步执行时轮询的时间间隔。

在此异步模式下，Ansible 会将节点的任务丢在后台，每台被控制的机器都有一个 job_id，Ansible 会根据这个 job_id 去轮询该机器上任务的执行情况，例如某机器上此任务中的某一个阶段是否完成，是否进入下一个阶段等。即使任务早就结束了，也只有等轮询检查到任务结束之后才认为该任务结束。可以指定任务检查的时间间隔，默认是 10 秒。除非指定任务检查的时间间隔为 0，否则会等待所有任务都完成后，Ansible 端才会释放占用的 Shell。如果指定的时间间隔为 0，则 Ansible 会立即返回（至少得连接上目标主机，任务发布成功之后立即返回），并且不会检查它的任务进度。

我们在 Ansible Ad-hoc 命令行下进行测试，这里以线上的三台公网机器进行测试，Inventory 文件内容如下所示（此公网 IP 做了无害处理）：

```
[webserver]
61.130.2.23
61.130.2.24
61.130.2.25
```

下面在 Ansible 主控端机器上执行如下命令：

```
ansible webserver -B 30 -P 0  -m yum -a "name=php" -vv
```

参数说明

“-B 30”表示启用异步，超时时间为 30；“-P 0”表示将轮询时间设置为 0，即不检查任务进度，立即返回结果。

命令显示结果如下所示：

```
background launch...
61.130.2.23 | success >> {
    "ansible_job_id": "655563178400.22233",
    "results_file": "/root/.ansible_async/655563178400.22233",
    "started": 1
}

61.130.2.24 | success >> {
    "ansible_job_id": "655563178400.1658",
    "results_file": "/root/.ansible_async/655563178400.1658",
    "started": 1
}

61.130.2.25 | success >> {
    "ansible_job_id": "655563178400.5550",
    "results_file": "/root/.ansible_async/655563178400.5550",
    "started": 1
}
```

从结果上可以看出，Ansible 没有经过任何延迟就出现结果了，我们可以用如下命令来查看实际的执行结果：

```
sudo ansible webserver  -m async_status -a "jid=655563178400.5550"
```

而采取异步并等待 10 秒的命令如下所示：

```
ansible webserver -B 30 -P 10  -m yum -a "name=mysql" -vv
```

输出结果如下所示：

```
background launch...
61.130.2.24 | success >> {
    "ansible_job_id": "129309750496.8187",
    "results_file": "/root/.ansible_async/129309750496.8187",
    "started": 1
}
```

```
61.130.2.25 | success >> {
    "ansible_job_id": "129309750496.27003",
    "results_file": "/root/.ansible_async/129309750496.27003",
    "started": 1
}

61.130.2.23 | success >> {
    "ansible_job_id": "129309750496.19440",
    "results_file": "/root/.ansible_async/129309750496.19440",
    "started": 1
}

<61.130.2.23> REMOTE_MODULE async_status jid=129309750496.19440
<61.130.2.25> REMOTE_MODULE async_status jid=129309750496.27003
<61.130.2.24> REMOTE_MODULE async_status jid=129309750496.8187
61.130.2.24 | success >> {
    "ansible_job_id": "129309750496.8187",
    "changed": false,
    "finished": 1,
    "msg": "",
    "rc": 0,
    "results": [
        "mysql-5.1.73-5.el6_6.x86_64 providing mysql is already installed"
    ]
}

61.130.2.25 | success >> {
    "ansible_job_id": "129309750496.27003",
    "changed": false,
    "finished": 1,
    "msg": "",
    "rc": 0,
    "results": [
        "mysql-5.1.73-5.el6_6.x86_64 providing mysql is already installed"
    ]
}

61.130.2.23 | success >> {
    "ansible_job_id": "129309750496.19440",
    "changed": false,
    "finished": 1,
    "msg": "",
    "rc": 0,
    "results": [
        "mysql-5.1.73-5.el6_6.x86_64 providing mysql is already installed"
    ]
}

<job 129309750496.27003> finished on 61.130.2.25 => {
    "ansible_job_id": "129309750496.27003",
```

```
        "changed": false,
        "finished": 1,
        "invocation": {
            "module_args": "jid=129309750496.27003",
            "module_complex_args": null,
            "module_name": "async_status"
        },
        "msg": "",
        "rc": 0,
        "results": [
            "mysql-5.1.73-5.el6_6.x86_64 providing mysql is already installed"
        ]
    }
    <job 129309750496.8187> finished on 61.130.2.24 => {
        "ansible_job_id": "129309750496.8187",
        "changed": false,
        "finished": 1,
        "invocation": {
            "module_args": "jid=129309750496.8187",
            "module_complex_args": null,
            "module_name": "async_status"
        },
        "msg": "",
        "rc": 0,
        "results": [
            "mysql-5.1.73-5.el6_6.x86_64 providing mysql is already installed"
        ]
    }
    <job 129309750496.19440> finished on 61.130.2.23 => {
        "ansible_job_id": "129309750496.19440",
        "changed": false,
        "finished": 1,
        "invocation": {
            "module_args": "jid=129309750496.19440",
            "module_complex_args": null,
            "module_name": "async_status"
        },
        "msg": "",
        "rc": 0,
        "results": [
            "mysql-5.1.73-5.el6_6.x86_64 providing mysql is already installed"
        ]
    }
```

大家可以根据实际工作场景来决定是否采用异步模式。

2. 开启 SSH Multiplexing

大家应该比较清楚，Ansible 控制端采用的是系统默认的 OpenSSH 程序与被控制端之间进行连通，因此 Ansible 对 SSH 的依赖性较强。因为 SSH 协议运行在 TCP 的顶层，因此当我们使用 SSH 与被控端机器建立连接的时候，需要创建一次新的 TCP 连接。众所周知，客户端与服务器端在开始真正的通信之前，需要先协商连接。这个协议就是我们通常所说的“三次握手”，普通的 SSH 开销并不大。但当我们用 Ansible 运行 playbook 的时候，它会建立大量 SSH 连接来执行复制文件、运行命令这些类似的操作。Ansible 每次都会重新创建到主机的 SSH 连接，这当然需要付出三次握手的开销，大量的 SSH 连接也意味着大量的开销。

OpenSSH 支持一个优化，称为 SSH Multiplexing（简称为多路复用），也称作 ControlPersist。当我们使用 SSH Multiplexing 的时候，多个连接到相同的被控制主机的 SSH 会话将会共享相同的 TCP 连接，这样就只有在第一次连接的时候需要进行 TCP 三次握手了。

启用 SSH Multiplexing 后运行过程具体如下：

1）当我们用 Ansible 主控端机器尝试 SSH 被控端机器时，OpenSSH 创建一个主连接。

2）OpenSSH 创建一个 Unix 域套接字，通过 Ansible 机器与被控端机器相关联。

3）当再次尝试连接被控制端机器时，OpenSSH 将使用 Unix 域套接字与远程主机进行通信，而不会创建新的 TCP 连接。

这里先不在 Ansible 配置文件里面设置，直接修改 OpenSSH 的配置，下面修改一下 /root/.ssh/config 文件，增加的内容如下所示：

```
Host *
ControlMaster auto
ControlPath   /tmp/master-%r@%h:%p
ControlPersist 10m
```

我们分别统计下连接被控端机器，统计下其时长，代码如下所示：

第一次连接：

```
time ssh -p 12321 61.130.2.25 /bin/true
```

输出结果如下所示：

```
real    0m0.499s
user    0m0.024s
sys     0m0.003s
```

第二次连接：

```
time ssh -p 12321 61.130.2.25 /bin/true
```

输出结果如下所示：

```
real    0m0.093s
user    0m0.002s
sys     0m0.003s
```

第三次连接：

```
time ssh -p 12321 61.130.2.25 /bin/true
```

输出结果如下所示：

```
real    0m0.098s
user    0m0.004s
sys     0m0.002s
```

由上述结果大家可以很明显地发现，在第一次连接以后，每个 SSH 连接时长可以下降大约 0.4s 左右。为了避免对线上跳板的 SSH 配置产生误导，我们在这里只修改 /etc/ansible/ansible.cfg 文件，即只在使用 Ansible 时才利用此 SSHMultiplexing 特性，添加内容如下所示：

```
[ssh_connection]
ssh_args = -o ControlMaster=auto -o ControlPersist=10M
control_path = %(directory)s/%%h-%%r
```

3. 开启 SSH pipelining

pipelining 也是 OpenSSH 的特性之一，下面回忆一下 Ansible 是如何执行一个 task 任务的，具体步骤如下所示。

1）Ansible 基于调用的模块生成一个 Python 临时脚本。

2）它将此临时脚本复制到被控端主机上。

3）执行此 Python 临时脚本。

4）执行成功以后删除此临时脚本，抹去痕迹。

下面我们以线上的一台机器进行测试之用，机器 IP 为 61.130.2.23，命令如下所示：

```
ansible 61.130.2.23 -m script -a /root/test.sh -vvvv
```

输出结果如下所示：

```
    <61.130.2.23> ESTABLISH CONNECTION FOR USER: root
    <61.130.2.23> EXEC ssh -C -tt -vvv -o ControlMaster=auto -o ControlPersist=1d
-o ControlPath="/root/.ansible/cp/%h-%r" -o StrictHostKeyChecking=no -o Port=12321
-o IdentityFile="/etc/ssh/identity" -o KbdInteractiveAuthentication=no -o
PreferredAuthentications=gssapi-with-mic,gssapi-keyex,hostbased,publickey -o
PasswordAuthentication=no -o ConnectTimeout=10 61.130.2.23 /bin/sh -c 'mkdir -p
$HOME/.ansible/tmp/ansible-tmp-1519981091.3-91677152981748 && echo $HOME/.ansible/
tmp/ansible-tmp-1519981091.3-91677152981748'
    <61.130.2.23> PUT /root/test.sh TO /root/.ansible/tmp/ansible-
tmp-1519981091.3-91677152981748/test.sh
    <61.130.2.23> EXEC ssh -C -tt -vvv -o ControlMaster=auto -o ControlPersist=1d
-o ControlPath="/root/.ansible/cp/%h-%r" -o StrictHostKeyChecking=no -o Port=12321
-o IdentityFile="/etc/ssh/identity" -o KbdInteractiveAuthentication=no -o
PreferredAuthentications=gssapi-with-mic,gssapi-keyex,hostbased,publickey -o
PasswordAuthentication=no -o ConnectTimeout=10 61.130.2.23 /bin/sh -c 'chmod +rx /
```

```
root/.ansible/tmp/ansible-tmp-1519981091.3-91677152981748/test.sh'
    <61.130.2.23> EXEC ssh -C -tt -vvv -o ControlMaster=auto -o ControlPersist=1d
-o ControlPath="/root/.ansible/cp/%h-%r" -o StrictHostKeyChecking=no -o Port=12321
-o IdentityFile="/etc/ssh/identity" -o KbdInteractiveAuthentication=no -o
PreferredAuthentications=gssapi-with-mic,gssapi-keyex,hostbased,publickey -o
PasswordAuthentication=no -o ConnectTimeout=10 61.130.2.23 /bin/sh -c 'LANG=C LC_
CTYPE=C /root/.ansible/tmp/ansible-tmp-1519981091.3-91677152981748/test.sh '
    <61.130.2.23> EXEC ssh -C -tt -vvv -o ControlMaster=auto -o ControlPersist=1d
-o ControlPath="/root/.ansible/cp/%h-%r" -o StrictHostKeyChecking=no -o Port=12321
-o IdentityFile="/etc/ssh/identity" -o KbdInteractiveAuthentication=no -o
PreferredAuthentications=gssapi-with-mic,gssapi-keyex,hostbased,publickey -o
PasswordAuthentication=no -o ConnectTimeout=10 61.130.2.23 /bin/sh -c 'rm -rf /root/.
ansible/tmp/ansible-tmp-1519981091.3-91677152981748/ >/dev/null 2>&1'
    61.130.2.23 | success >> {
        "changed": true,
        "rc": 0,
        "stderr": "OpenSSH_5.3p1, OpenSSL 1.0.1e-fips 11 Feb 2013\ndebug1: Reading
configuration data /root/.ssh/config\r\ndebug1: Applying options for *\r\ndebug1:
Reading configuration data /etc/ssh/ssh_config\r\ndebug1: Applying options for
*\r\ndebug1: auto-mux: Trying existing master\r\ndebug2: fd 3 setting O_NONBLOCK\r\
ndebug2: mux_client_hello_exchange: master version 4\r\ndebug3: mux_client_request_
forwards: requesting forwardings: 0 local, 0 remote\r\ndebug3: mux_client_request_
session: entering\r\ndebug3: mux_client_request_alive: entering\r\ndebug3: mux_
client_request_alive: done pid = 119794\r\ndebug3: mux_client_request_session:
session request sent\r\ndebug1: mux_client_request_session: master session id:
2\r\ndebug1: mux_client_request_session: master session id: 2\r\ndebug3: mux_client_
read_packet: read header failed: Broken pipe\r\ndebug2: Received exit status from
master 0\r\nShared connection to 61.130.2.23 closed.\r\n",
        "stdout": ""
    }
```

请大家注意下面这一行：

```
    <61.130.2.23>PUT /root/test.sh TO
/root/.ansible/tmp/ansible-tmp-1519981091.3-91677152981748/test.sh
```

好了，下面再来编辑一下 Ansible 配置文件，在 [ssh_connection] 下添加如下内容：

```
pipelining = True
```

再次执行刚才的命令，代码如下：

```
ansible 61.130.2.23 -m script -a /root/test.sh -vvvv
```

命令返回结果如下所示：

```
    <61.130.2.23> ESTABLISH CONNECTION FOR USER: root
    <61.130.2.23> EXEC ssh -C -tt -vvv -o ControlMaster=auto -o ControlPersist=1d
-o ControlPath="/root/.ansible/cp/%h-%r" -o StrictHostKeyChecking=no -o Port=12321
-o IdentityFile="/etc/ssh/identity" -o KbdInteractiveAuthentication=no -o
PreferredAuthentications=gssapi-with-mic,gssapi-keyex,hostbased,publickey -o
PasswordAuthentication=no -o ConnectTimeout=10 61.130.2.23 /bin/sh -c 'mkdir -p
```

```
$HOME/.ansible/tmp/ansible-tmp-1519981692.43-108260394230203 && echo $HOME/.ansible/tmp/ansible-tmp-1519981692.43-108260394230203'
    <61.130.2.23> PUT /root/test.sh TO /root/.ansible/tmp/ansible-tmp-1519981692.43-108260394230203/test.sh
    <61.130.2.23> EXEC ssh -C -tt -vvv -o ControlMaster=auto -o ControlPersist=1d -o ControlPath="/root/.ansible/cp/%h-%r" -o StrictHostKeyChecking=no -o Port=12321 -o IdentityFile="/etc/ssh/identity" -o KbdInteractiveAuthentication=no -o PreferredAuthentications=gssapi-with-mic,gssapi-keyex,hostbased,publickey -o PasswordAuthentication=no -o ConnectTimeout=10 61.130.2.23 /bin/sh -c 'chmod +rx /root/.ansible/tmp/ansible-tmp-1519981692.43-108260394230203/test.sh'
    <61.130.2.23> EXEC ssh -C -tt -vvv -o ControlMaster=auto -o ControlPersist=1d -o ControlPath="/root/.ansible/cp/%h-%r" -o StrictHostKeyChecking=no -o Port=12321 -o IdentityFile="/etc/ssh/identity" -o KbdInteractiveAuthentication=no -o PreferredAuthentications=gssapi-with-mic,gssapi-keyex,hostbased,publickey -o PasswordAuthentication=no -o ConnectTimeout=10 61.130.2.23 /bin/sh -c 'LANG=C LC_CTYPE=C /root/.ansible/tmp/ansible-tmp-1519981692.43-108260394230203/test.sh '
    <61.130.2.23> EXEC ssh -C -tt -vvv -o ControlMaster=auto -o ControlPersist=1d -o ControlPath="/root/.ansible/cp/%h-%r" -o StrictHostKeyChecking=no -o Port=12321 -o IdentityFile="/etc/ssh/identity" -o KbdInteractiveAuthentication=no -o PreferredAuthentications=gssapi-with-mic,gssapi-keyex,hostbased,publickey -o PasswordAuthentication=no -o ConnectTimeout=10 61.130.2.23 /bin/sh -c 'rm -rf /root/.ansible/tmp/ansible-tmp-1519981692.43-108260394230203/ >/dev/null 2>&1'
    61.130.2.23 | success >> {
        "changed": true,
        "rc": 0,
        "stderr": "OpenSSH_5.3p1, OpenSSL 1.0.1e-fips 11 Feb 2013\ndebug1: Reading configuration data /root/.ssh/config\r\ndebug1: Applying options for *\r\ndebug1: Reading configuration data /etc/ssh/ssh_config\r\ndebug1: Applying options for *\r\ndebug1: auto-mux: Trying existing master\r\ndebug2: fd 3 setting O_NONBLOCK\r\ndebug2: mux_client_hello_exchange: master version 4\r\ndebug3: mux_client_request_forwards: requesting forwardings: 0 local, 0 remote\r\ndebug3: mux_client_request_session: entering\r\ndebug3: mux_client_request_alive: entering\r\ndebug3: mux_client_request_alive: done pid = 119794\r\ndebug3: mux_client_request_session: session request sent\r\ndebug1: mux_client_request_session: master session id: 2\r\ndebug1: mux_client_request_session: master session id: 2\r\ndebug3: mux_client_read_packet: read header failed: Broken pipe\r\ndebug2: Received exit status from master 0\r\nShared connection to 61.130.2.23 closed.\r\n",
        "stdout": ""
    }
```

4. facts 缓存

如果大家细心的话，应该会发现每次我们在执行 playbook 的时候，默认第一个 task 都是 GATHERING，这个过程就是 Ansible 在收集每台主机的 facts 信息，当然了，这是一个比较缓慢的过程。所以如果我们既想在每次执行 playbook 的时候都能收集 facts，又想加速这个收集，那么这里就需要配置 facts 缓存了。目前 Ansible 支持如下几种方式来缓存 facts，具体如下。

- 本地 json 文件

❑ redis

❑ memcached

经过性能评估，这里推荐大家采用 redis 来缓存 facts 的方式，具体配置步骤如下所示。

下面修改 Ansible 配置文件，添加内容如下所示：

```
gathering = smart
fact_caching = redis
fact_caching_timeout = 86400
fact_caching_connection = 127.0.0.1:6379
```

fact_caching_connection 是防止 redis 用的非正常端口，像笔者所在公司的业务机器，同时运行多个 redis 都是很正常的事情（可以通过源码安装的方式）。

我们可以用如下的命令进行测试，增加了 redis 作为 facts 缓存之后再执行 playbook 的时间，命令如下所示：

```
time ansible-playbook mytest.yml -f 3
```

时间上应该是有明显的加速的，特别是在机器数量比较多的情况下。

最后，整个 Ansible 配置文件优化如下，大家可以参考下，结合自己的实际情况来进行配置，内容如下所示：

```
[defaults]
# some basic default values...

library         = /usr/local/lib/python2.7/site-packages/ansible
remote_tmp      = $HOME/.ansible/tmp
#pattern         = *
forks           = 20
poll_interval   = 15
sudo_user       = root
#ask_sudo_pass  = True
#ask_pass       = True
transport       = smart
remote_port     = 2321
module_lang     = C
timeout = 10
host_key_checking = False
#gathering = implicit
gathering = smart
fact_caching_timeout = 86400
fact_caching_connection = 127.0.0.1:6379
fact_caching = redis
private_key_file = /etc/ssh/identity
inventory=/work/yuhc/hosts
callback_plugins = /etc/ansible/callbacks

[ssh_connection]
```

```
pipelining = True
ssh_args = -o ControlMaster=auto -o ControlPersist=10m
control_path = %(directory)s/%%h-%%r
```

参考文档：

http://docs.ansible.com/ansible/latest/playbooks_async.html

https://www.ibm.com/developerworks/cn/opensource/os-cn-openssh-multiplexing/index.html

5.10 利用 Ansible API 提供自动化运维后端

Ansible 本身提供了两个成熟的、常用的 API，主要是用来实现 Ansible 的 Ad-hoc 模式和 playbook 模式，这两个 API 分别为 runner API 和 playbook API。我们可以用此 API 来对 Ansible 进行二次封装，或是做成单独的系统对外提供 HTTP 接口的服务，配合前端，这样就形成了 Web 自动化运维产品，这样做的好处就是，非 IT 人员（例如资产部同事或产品部门同事）也能通过图形界面来完成自动化运维的工作了。下面我们分别来介绍下 runner API 和 playbook API（Python 环境为 2.7.9，Ansible 版本为 1.9.6）。

5.10.1 runner API

我们在使用 Ansible 的时候经常会用到它的 Ad-hoc 命令行模式，事实上其底层实现使用的就是 runner API，其源码位置在 /usr/local/lib/python2.7/site-packages/ansible/runner，我们用“ll”就可以查看其具体的目录和文件，命令显示结果如下所示：

```
drwxr-xr-x. 2 root root  4096 Nov 30 15:35 action_plugins
drwxr-xr-x. 2 root root  4096 Nov 30 15:35 connection_plugins
-rw-r--r--. 1 root root  2138 Nov 30 15:35 connection.py
drwxr-xr-x. 2 root root  4096 Nov 30 15:35 filter_plugins
-rw-r--r--. 1 root root 70120 Nov 30 15:35 __init__.py
drwxr-xr-x. 2 root root  4096 Nov 30 15:35 lookup_plugins
-rw-r--r--. 1 root root  4480 Nov 30 15:35 poller.py
-rw-r--r--. 1 root root  2102 Nov 30 15:35 return_data.py
drwxr-xr-x. 2 root root  4096 Nov 30 15:35 shell_plugins
```

大家可以深入研究下其源码实现，这里我们还是以线上的四台机器进行测试，其 Inventory 文件内容具体如下：

```
[webserver]
61.130.2.23
61.130.2.24
61.130.2.25
61.130.2.26
```

这里故意将最后一台机器——61.130.2.26，配置成网络不可达（因为我们需要看到失败的例子)。

下面我们调用 shell 模块执行命，命令如下所示：

```
ansible webserver -m shell -a 'hostname'
```

命令显示结果如下所示：

```
61.130.2.23 | success | rc=0 >>
ctl-zj-61-130-2-23

61.130.2.24 | success | rc=0 >>
ctl-zj-61-130-2-24

61.130.2.24 | success | rc=0 >>
ctl-zj-61-130-2-25

61.130.2.26 | FAILED => SSH Error: data could not be sent to the remote host.
Make sure this host can be reached over ssh
```

如果使用 Python 代码调用 runner API，那么具体又是怎么实现的呢？ test_runner.py 脚本内容如下所示：

```
#!/usr/bin/env python
#-*- coding:utf-8 -*-
import ansible.runner
import json
import ansible.runner
runner = ansible.runner.Runner(module_name='shell',module_args='hostname',pattern
='webserver',forks=5)
result = runner.run()
print json.dumps(result, sort_keys=True, indent=2)
# 排序并且缩进两个字符，以 json 格式输出
```

输出结果如下所示：

```
{
    "contacted": {
        "61.130.2.23": {
            "changed": true,
            "cmd": "hostname",
            "delta": "0:00:00.014109",
            "end": "2018-03-03 18:51:44.660759",
            "invocation": {
                "module_args": "hostname",
                "module_complex_args": {},
                "module_name": "shell"
            },
            "rc": 0,
            "start": "2018-03-03 18:51:44.646650",
            "stderr": "",
            "stdout": "ctl-zj-61-130-2-23",
```

```
                "warnings": []
            },
            "61.130.2.24": {
                "changed": true,
                "cmd": "hostname",
                "delta": "0:00:00.014446",
                "end": "2018-03-03 18:51:45.003383",
                "invocation": {
                    "module_args": "hostname",
                    "module_complex_args": {},
                    "module_name": "shell"
                },
                "rc": 0,
                "start": "2018-03-03 18:51:44.988937",
                "stderr": "",
                "stdout": "ctl-zj-61-130-2-24",
                "warnings": []
            },
            "61.130.2.25": {
                "changed": true,
                "cmd": "hostname",
                "delta": "0:00:00.021686",
                "end": "2018-03-03 18:51:45.595620",
                "invocation": {
                    "module_args": "hostname",
                    "module_complex_args": {},
                    "module_name": "shell"
                },
                "rc": 0,
                "start": "2018-03-03 18:51:45.573934",
                "stderr": "",
                "stdout": "ctl-zj-61-130-2-25",
                "warnings": []
            }
        },
            "dark": {
            "61.130.2.26": {
                "failed": true,
                "msg": "SSH Error: data could not be sent to the remote host. Make
sure this host can be reached over ssh"
            }
        }
    }
```

上述输出结果中，contacted和dark分别是字典中的两个键，contacted键里面存储着执行成功的所有信息，dark键里面存储着所有失败的信息（此次输出无失败案例），通过这个数据结构，我们可以很清晰地看出整个runner API的结果，然后我们可以从这个结果里过滤出所需要的数据。在平时的工作中，我们可以使用Python脚本来封装Ansible的runner API，以程序的形式来运行，这样就能很方便地对Ansible进行二次开发。

5.10.2 playbook API

接下来我们认识下 playbook API，与前面的 runner API 一样，Ansible 执行 playbook 时的底层实现其实也是通过调用 playbook API 来实现的。

Ansible 的核心源码在 /usr/local/lib/python2.7/site-packages/ansible 下，我们可以用“ll”命令查看其目录和文件（更详细的目录树结构建议用 tree，因为输出结果太长了，因此这里就不摘录了），“ll”命令的显示结果如下所示：

```
drwxr-xr-x. 2 root root  4096 Nov 30 15:35 cache
drwxr-xr-x. 2 root root  4096 Nov 30 15:35 callback_plugins
-rw-r--r--. 1 root root 26719 Nov 30 15:35 callbacks.py
-rw-r--r--. 1 root root  2388 Nov 30 15:35 color.py
-rw-r--r--. 1 root root 14499 Nov 30 15:35 constants.py
-rw-r--r--. 1 root root  1102 Nov 30 15:35 errors.py
-rw-r--r--. 1 root root   764 Nov 30 15:35 __init__.py
drwxr-xr-x. 3 root root  4096 Mar  4 11:22 inventory
-rw-r--r--. 1 root root  7923 Nov 30 15:35 module_common.py
drwxr-xr-x. 4 root root  4096 Nov 30 15:35 modules
drwxr-xr-x. 2 root root  4096 Nov 30 15:35 module_utils
drwxr-xr-x. 2 root root  4096 Mar  4 11:30 playbook
drwxr-xr-x. 7 root root  4096 Mar  3 17:30 runner
drwxr-xr-x. 3 root root  4096 Nov 30 15:35 utils
```

playbook API 的相关源码位置在 /usr/local/lib/python2.7/site-packages/ansible/playbook 目录下，源码内容具体如下所示：

```
total 164
-rw-r--r--. 1 root root 35995 Nov 30 15:35 __init__.py
-rw-r--r--. 1 root root 43009 Nov 30 15:35 play.py
-rw-r--r--. 1 root root 16779 Nov 30 15:35 task.py
```

相对于 runner API 而言，playbook API 更为复杂，因为我们在执行 playbook 的时候还会引入一些其他的插件，例如 callback 插件等。在命令行下执行 playbook 是非常简单和方便的，代码如下所示：

```
ansible-playbook mytest.yml -f 10
```

但是如果是通过 Python 代码调用 playbook API 的话，那么具体又该怎么实现呢，实现代码如下所示：

```
#!/usr/bin/env python
#-*- coding:utf-8 -*-

import sys
#pprint 模块提供了 Python 数据结构类和方法，以更人性化的形式进行显示
import pprint
# 导入 Inventory 类
```

```
from ansible.inventory import Inventory
# 导入PlayBook类
from ansible.playbook import PlayBook
from ansible import callbacks
from ansible import utils

inventory = Inventory('/work/yuhc/hosts')
stats = callbacks.AggregateStats()
playbook_cb = callbacks.PlaybookCallbacks(verbose=utils.VERBOSITY)
runner_cb = callbacks.PlaybookRunnerCallbacks(stats, verbose=utils.VERBOSITY)
'''
使用API的方式执行playbook的时候，playbook、stats、callbacks、runner_callbacks这几个参数是必需的，不使用的时候会报错。playbook用于指定playbook的YAML文件。
stats用于收集playbook执行期间的状态信息，最后会进行汇总。
callbacks用于输出playbook执行的结果。
runner_callbacks用于输出playbook执行期间的结果
'''
result = PlayBook(playbook='/root/mytest.yml',callbacks=playbook_cb,runner_callbacks=runner_cb,stats=stats,inventory=inventory,extra_vars={'hosts':'webserver'})

res = result.run()
data = json.dumps(res,indent=4)
# 将结果以更人性化和美观的格式进行输出
print data
```

最后的显示结果如下所示：

```
{
    "61.130.2.26": {
        "unreachable": 1,
        "skipped": 0,
        "ok": 0,
        "changed": 0,
        "failures": 0
    },
    "61.130.2.23": {
        "unreachable": 0,
        "skipped": 0,
        "ok": 2,
        "changed": 1,
        "failures": 0
    },
    "61.130.2.24": {
        "unreachable": 0,
        "skipped": 0,
        "ok": 2,
        "changed": 1,
        "failures": 0
    },
    "61.130.2.25": {
```

```
            "unreachable": 0,
            "skipped": 0,
            "ok": 2,
            "changed": 1,
            "failures": 0
        }
    }
```

需要大家注意的是，61.130.2.26 的被控端主机与别的主机不一样，它的 unreachable 网络状态是不可达的。事实上，playbook API 最大的作用就是方便二次开发，以及与其他程序之间的耦合调用。

参考文档：

http://www.ansible.com.cn/docs/developing_api.html

5.10.3　用 Flask 封装 Ansible 提供自动化运维后端

这里首先说明一下此需求产生的背景。

1）需要设计一个批量业务初始化设备的自动化需求，前期工作已经由 IDC 部门的同事处理好了（例如安装定制化系统，定制化系统里面就包含了跳板机公钥及基础的安全权限控制等），后期还需要同事做业务初始化（包含安装业务初始包、分配业务 hostname 及 feedback CMDB 系统等操作，表明此机器可以正式上线运营）。

2）考虑到产品部和资产部同事没有编写脚本的能力，所以设计上需要是图形化操作界面（前端 CMDB 这块已由 PHP 同事设计好了）。

3）综合评估了下几套运维自动化工具，最后还是选择使用 Ansible（SSH 协议）。

Ansible 作为自动化运维的底层实现，功能很强大，但是需要通过命令或 playbook 的 YAML 文件来实现，相对于运维人员和非运维人员而言，学习成本过大。所以这里考虑通过 Flask Web 框架来实现其二次封装，提供 HTTP 接口来实现远程调用。但是，我们在请求 Ansible API 的时候，Ansible 默认其本身是阻塞的，用户那边将一直处于等待状态，这样大家的用户体验也不好，所以这里会用 redis-queue 来实现其非阻塞功能，即实现任务的异步化 Flask + Ansible 的任务流程逻辑处理图如图 5-2 所示。

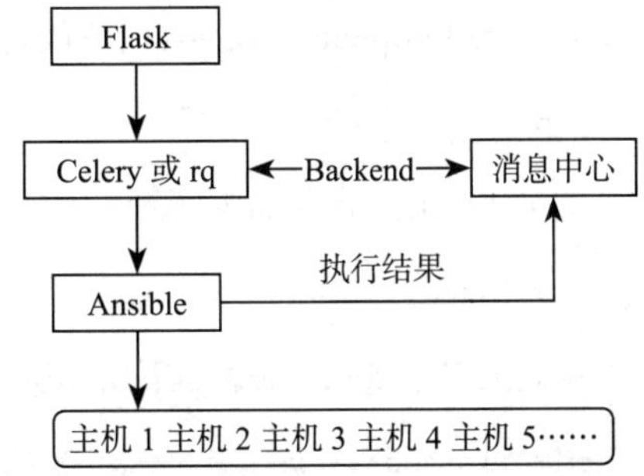

图 5-2　Flask + Ansible 任务流程逻辑处理图

这里所用的开源软件及其版本具体如下所示。

- ansible-1.9.6
- Flask
- redis-3.0.7
- redis-queue

下面分别介绍前后端处理的工作流程。

1. 前端处理的工作流程

1）前端输入命令（这里是通过图形化界面进行操作），如图 5-3 所示。

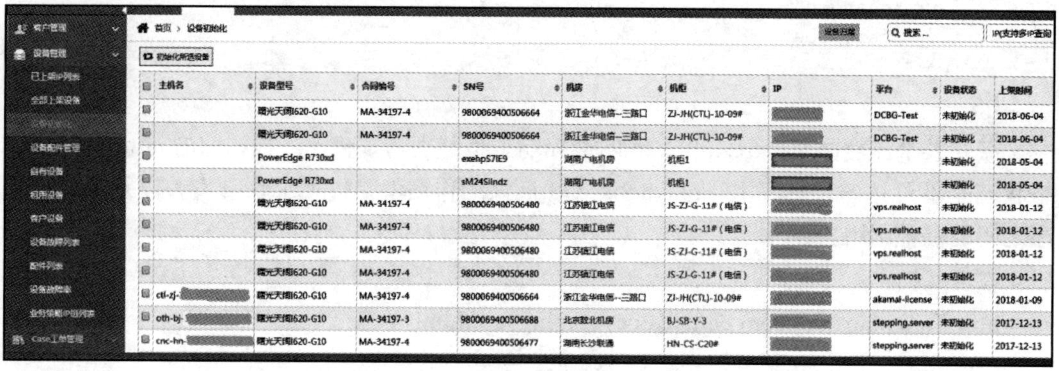

图 5-3　前端输入命令操作界面

2）JS 将前端输入的命令发送到后端。

3）后端接收前端的输入，执行并返回任务 ID。

4）前端 JS 通过任务 ID 到后端获取任务结果。

2. 后端处理的工作流程

1）通过路由将制定 URL 请求转发到相应的函数上。

2）相应的函数将前端请求发送到 Ansible 并获得返回值。

3）对返回值进行相应的处理并返回到前端。

软件安装步骤具体如下所示。

跳板机升级至 Python 2.7.9 之后，以下面的方式安装 pip，命令如下所示：

```
curl https://bootstrap.pypa.io/get-pip.py -o get-pip.py
&& python get-pip.py
```

安装 Ansible 1.9.6，命令如下所示：

```
pip install ansible==1.9.6
```

安装 redis-queue，命令如下所示：

```
pip install rq
```

安装 Flask，命令如下所示：

```
pip install flask
```

源码安装 redis，命令如下所示：

```
cd /usr/local/src
tar xvf redis-3.0.7.tar.gz
```

```
make
cd src
make install PREFIX=/usr/local/redis
```

Ansible 1.9 与 2.x 的 API 改动是很大的，大家通过 pip 安装的时候需要注意下 Ansible 的版本；另外，考虑到跳板机会有几个 redis 实例同时在运行，所以这里需要考虑 redis 源码安装的方式。前期考虑用 Celery 框架来实现异步非阻塞的功能，但在实际使用及学习过程中发现 Celery 框架的使用较为复杂，因此改用更为轻量级的 rq 来实现需求。

具体功能文档如下所示：

- inventory v0.1.py：正式的功能文件，版本为 0.1
- mytest.yml：用来实现业务初始化功能的 Ansible playbook 的 YAML 文件。
- work.py：用 rq 来实现任务异步化（非阻塞）。
- client.py：客户端测试脚本，不过感觉用 postman 测试起来更加方便。

3. API 安全相关

理论上，基于安全方面的考虑，此 API 应该是要设计 AccessToken 访问权限的，但这里是将前端机器与后端机器置于同一机房内的，所以可以对内网 IP 进行限制，因此这里只允许内网机器访问；如果此 API 是在公网机器上提供访问的，那么建议一定要配置 Access Token（最低限度也要开放 iptables，只允许特定 IP 访问 5000 端口），不然很容易被恶意地大规模批量调用，从而使系统产生大量垃圾数据，系统资源被大量消耗，甚至无法正常使用。这里只是简单地用 iptables 防火墙进行了端口限制，只允许特定内网机器访问 5000 端口，其他一概拒绝，命令如下所示：

```
iptables -I INPUT -p TCP --dport 5000 -j DROP
iptables -I INPUT -s 192.168.1.119 -p TCP --dport 5000  -j ACCEPT
iptables -I INPUT -s 192.168.1.121 -p TCP --dport 5000  -j ACCEPT
```

119 和 121 机器是我们的前端机器、主备架构，可用于防止单机 Crash 的情况。

启动步骤具体如下所示。

1）先启动 redis-server，为了安全起见，redis-server 只对 127.0.0.1 开放，端口为 6397。/usr/local/redis/ectc/redis.conf 中 bind 相关选项的配置内容如下所示：

```
bind 127.0.0.1
```

然后我们用下面的命令启动 redis，命令如下所示：

```
/usr/local/redis/bin/redis-server /usr/local/redis/etc/redis.conf
```

2）启动 initialv0.1py 程序，开启 Flask 应用封装 Ansible API，提供对外的 HTTP restful API 服务，命令如下所示：

```
nohup python initialv0.1.py &
```

3）启动 work 程序，开启 rq 队列任务，命令如下所示：

```
nohup python work.py &
```

4）这样，我们就可以在自己的办公机器上执行 HTTP Post 请求来访问 Ansible API 了，其 URL 地址为 http://192.168.1.118:5000/ansible/playbook/。

此处前端应提供需要初始化的设备 IP 列表，此处还可以以 Form（表单）或 JSON 的格式（推荐以 JSON 的格式）进行传递，笔者在 lask Web 里面利用 jinja2 将设备 IP 列表渲染成 Ansible 能够识别的格式，下面是前端传递的例子：

```
{
    "ips": [
        "192.168.1.101",
        "192.168.1.102",
        "192.168.1.103"
    ]
}
```

喜欢 Postman 工具的读者朋友们在这里也可以用其来进行测试，图片效果如图 5-4 所示。

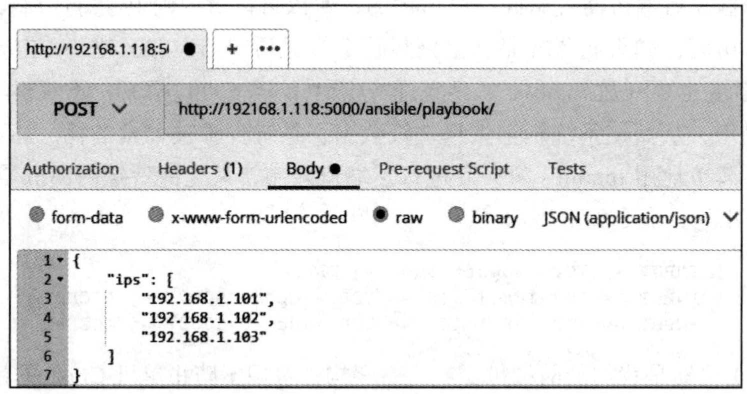

图 5-4 使用 POSTMAN 工具来测试 API 接口

当然了，这里也可以用程序脚本来进行测试，client.py 脚本内容如下所示：

```
import requests
headers =  {'Content-Type': 'application/json'}
user_info = {'ips': ['192.168.1.21','192.168.1.22']}
r = requests.post("http://192.168.1.118:1234/ansible/playbook/",
headers=headers,data=user_info)
print r.text
```

inventoryv0.1.py 文件内容如下所示：

```
#!/usr/bin/evn python
#-*- encoding:utf-8 -*-
import time
```

```
import os
import random
import time
import commands
import json
import jinja2
import ansible.runner
import logging
from flask import Flask, request, render_template, session, flash, redirect,url_
for, jsonify
from ansible.inventory import Inventory
from ansible.playbook import PlayBook
from ansible import callbacks
from tempfile import NamedTemporaryFile
from rq import Queue
from rq.job import Job
from redis import Redis

app = Flask(__name__)
conn = Redis()
q = Queue(connection=conn)

@app.route('/hello')
def hello_world():
        return 'Hello World!'
@app.route('/ansible/playbook/', methods=['POST'])
def playbook():
        inventory = """
        [initial]
        {% for i in hosts %}
        {{ i }}
        {% endfor %}
        """

        inventory_template = jinja2.Template(inventory)
        data = json.loads(request.get_data())
        inst_ip = data["ips"]
        rendered_inventory = inventory_template.render({'hosts':inst_ip})
        hosts = NamedTemporaryFile(delete=False,suffix='tmp',dir='/tmp/ansible/')
        hosts.write(rendered_inventory)
        hosts.close()
        '''
        前端传递过来的Json数据，在Flask里面利用jinja2渲染成Ansible能够识别的格式，并以
    临时文件的形式存在于/tmp/ansible/目录下。
        /tmp/ansible/目录可以提前建立
        '''
        inventory = Inventory(hosts.name)
        vars = {}
        stats = callbacks.AggregateStats()
        playbook_cb = callbacks.PlaybookCallbacks()
```

```
            runner_cb = callbacks.PlaybookRunnerCallbacks(stats)
            pb = PlayBook(playbook='/root/ansible/mytest.yml',callbacks=playbook_
cb,runner_callbacks=runner_cb,stats=stats,inventory=inventory,extra_vars=vars)
            job = q.enqueue_call(pb.run, result_ttl=5000, timeout=2000)
            jid = job.get_id()
            if jid:
                app.logger.info("Job Succesfully Queued with JobID: %s" % jid)
            else:
                app.logger.error("Failed to Queue the Job")
            return jid

    @app.route("/ansible/results/<job_key>", methods=['GET'])
    def get_results(job_key):
        job = Job.fetch(job_key, connection=conn)
        if job.is_finished:
                ret = job.return_value
        elif job.is_queued:
                ret = {'status':'in-queue'}
        elif job.is_started:
                ret = {'status':'waiting'}
        elif job.is_failed:
                ret = {'status': 'failed'}
        return json.dumps(ret), 200
    if __name__ == "__main__":
            app.run(host='0.0.0.0',port=5000)
```

work.py 文件内容如下所示：

```
#! /usr/bin/evn python
import os
import redis
from rq import Worker, Queue, Connection
listen = ['default']
redis_url = os.getenv('REDISTOGO_URL', 'redis://localhost:6379')
conn = redis.from_url(redis_url)


if __name__ == '__main__':
    with Connection(conn):
        worker = Worker(list(map(Queue, listen)))
        worker.work()
```

mytest.yml 文件内容如下所示：

```
- name: Initial Hosts
    remote_user: root
    hosts: initial
    gather_facts: false
    tasks:
        - name: Initial Job
            script: /work/software/initial.sh --basic
```

程序源码下载地址为 https://github.com/yuhongchun/devops/tree/master/ansible，大家在试用的时候应注意下软件版本信息，目前这套程序在笔者的线上环境中运行稳定，运维同事和其他部门的同事都能够快速地批量处理机器业务初始化的工作。

5.11　Ansible 2.2 新增功能

Ansible 2.2 API 对比以前的 Ansible 1.9 版本的更新之处如下：

- 增加了 500 多个新模块。
- 对容器的支持：全新的 docker_network 功能有助于用户管理 Docker 机器环境，同时实现网络层的自动化。通过与 ansible- 容器项目结合，用户现在可以控制容器开发和部署管道的更多方面，包括容器如何通过网络进行通信。
- API 中的 ansible.conf 中添加了 strategy:free 属性，配置该属性可以实现任务的异步执行，再也不用等待所有机器执行完才进入下一个任务了。这是个很大的改变，Ansible 1.9 中是没有任务的异步处理的，我们处理异步执行的时候，还得引入 Cerely 或 redis-queue，这很麻烦。

这里看一下 Ansible 2.2 API 的一个简单例子，大家可以对比一下它与 Ansible 1.9 的区别，代码内容如下所示：

```
# -*- coding=utf-8 -*-
import json, sys, os
from collections import namedtuple
from ansible.parsing.dataloader import DataLoader
from ansible.vars import VariableManager
from ansible.inventory import Inventory, Host, Group
from ansible.playbook.play import Play
from ansible.executor.task_queue_manager import TaskQueueManager
from ansible.plugins.callback import CallbackBase
from ansible.executor.playbook_executor import PlaybookExecutor
from datetime import datetime
import time
import paramiko
import re,MySQLdb
from random import choice
import string,datetime


class MyInventory(Inventory):
    def __init__(self, resource, loader, variable_manager):
        self.resource = resource
        self.inventory = Inventory(loader=loader, variable_manager=variable_
manager, host_list=[])
        self.dynamic_inventory()

    def add_dynamic_group(self, hosts, groupname, groupvars=None):
```

```
            my_group = Group(name=groupname)
            if groupvars:
                for key, value in groupvars.iteritems():
                    my_group.set_variable(key, value)
            for host in hosts:
                # set connection variables
                hostname = host.get("hostname")
                hostip = host.get('ip', hostname)
                hostport = host.get("port")
                username = host.get("username")
                password = host.get("password")
                ssh_key = host.get("ssh_key")
                my_host = Host(name=hostname, port=hostport)
                my_host.set_variable('ansible_ssh_host', hostip)
                my_host.set_variable('ansible_ssh_port', hostport)
                my_host.set_variable('ansible_ssh_user', username)
                my_host.set_variable('ansible_ssh_pass', password)
                my_host.set_variable('ansible_ssh_private_key_file', ssh_key)
                for key, value in host.items():
                    if key not in ["hostname", "port", "username", "password"]:
                        my_host.set_variable(key, value)
                my_group.add_host(my_host)

            self.inventory.add_group(my_group)

        def dynamic_inventory(self):
            if isinstance(self.resource, list):
                self.add_dynamic_group(self.resource, 'default_group')
            elif isinstance(self.resource, dict):
                for groupname, hosts_and_vars in self.resource.items():
                    self.add_dynamic_group(hosts_and_vars.get("hosts"), groupname,
hosts_and_vars.get("vars"))


    class ModelResultsCollector(CallbackBase):
        def __init__(self, *args, **kwargs):
            super(ModelResultsCollector, self).__init__(*args, **kwargs)
            self.host_ok = {}
            self.host_unreachable = {}
            self.host_failed = {}

        def v2_runner_on_unreachable(self, result):
            self.host_unreachable[result._host.get_name()] = result

        def v2_runner_on_ok(self, result, *args, **kwargs):
            self.host_ok[result._host.get_name()] = result

        def v2_runner_on_failed(self, result, *args, **kwargs):
            self.host_failed[result._host.get_name()] = result
```

```
class PlayBookResultsCollector(CallbackBase):
    CALLBACK_VERSION = 2.0

    def __init__(self, taskList, *args, **kwargs):
        super(PlayBookResultsCollector, self).__init__(*args, **kwargs)
        self.task_ok = {}
        self.task_skipped = {}
        self.task_failed = {}
        self.task_status = {}
        self.task_unreachable = {}

    def v2_runner_on_ok(self, result, *args, **kwargs):
        if result._host.get_name() in taskList:
           data = {}
           data['task'] = str(result._task).replace("TASK: ", "")
           taskList[result._host.get_name()].get('ok').append(data)
        self.task_ok[result._host.get_name()] = taskList[result._host.get_
name()]['ok']

    def v2_runner_on_failed(self, result, *args, **kwargs):
        data = {}
        msg = result._result.get('stderr')
        if result._host.get_name() in taskList:
            data['task'] = str(result._task).replace("TASK: ", "")
            if msg is None:
                results = result._result.get('results')
                if result:
                    task_item = {}
                    for rs in results:
                        msg = rs.get('msg')
                        if msg:
                            task_item[rs.get('item')] = msg
                            data['msg'] = task_item
                    taskList[result._host.get_name()]['failed'].append(data)
                else:
                    msg = result._result.get('msg')
                    data['msg'] = msg
                    taskList[result._host.get_name()].get('failed').append(data)
        else:
            data['msg'] = msg
            taskList[result._host.get_name()].get('failed').append(data)
        self.task_failed[result._host.get_name()] = taskList[result._host.get_
name()]['failed']

    def v2_runner_on_unreachable(self, result):
        self.task_unreachable[result._host.get_name()] = result

    def v2_runner_on_skipped(self, result):
        if result._host.get_name() in taskList:
            data = {}
            data['task'] = str(result._task).replace("TASK: ", "")
```

```
                taskList[result._host.get_name()].get('skipped').append(data)
               self.task_ok[result._host.get_name()] = taskList[result._host.get_
name()]['skipped']

        def v2_playbook_on_stats(self, stats):
            hosts = sorted(stats.processed.keys())
            for h in hosts:
                t = stats.summarize(h)
                self.task_status[h] = {
                    "ok": t['ok'],
                    "changed": t['changed'],
                    "unreachable": t['unreachable'],
                    "skipped": t['skipped'],
                    "failed": t['failures']
                }

    class CallbackModule(CallbackBase):
        """
        This callback module tells you how long your plays ran for.
        """
        CALLBACK_VERSION = 2.0
        CALLBACK_TYPE = 'aggregate'
        CALLBACK_NAME = 'timer'
        CALLBACK_NEEDS_WHITELIST = True

        def __init__(self):
            super(CallbackModule, self).__init__()

            self.start_time = datetime.now()

        def days_hours_minutes_seconds(self, runtime):
            minutes = (runtime.seconds // 60) % 60
            r_seconds = runtime.seconds - (minutes * 60)
            return runtime.days, runtime.seconds // 3600, minutes, r_seconds

        def playbook_on_stats(self, stats):
            self.v2_playbook_on_stats(stats)

        def v2_playbook_on_stats(self, stats):
            end_time = datetime.now()
            runtime = end_time - self.start_time
            self._display.display(
                "Playbook run took %s days, %s hours, %s minutes, %s seconds" % (self.
days_hours_minutes_seconds(runtime)))


    class ANSRunner(object):
        def __init__(self, resource, *args, **kwargs):
            self.resource = resource
            self.inventory = None
```

```
        self.variable_manager = None
        self.loader = None
        self.options = None
        self.passwords = None
        self.callback = None
        self.callback_plugins = None
        self.__initializeData()
        self.results_raw = {}

    def __initializeData(self):
        Options = namedtuple('Options', ['connection', 'module_path', 'forks',
'timeout', 'remote_user',
                                        'ask_pass', 'private_key_file', 'ssh_
common_args', 'ssh_extra_args',
                                      'sftp_extra_args',
                                         'scp_extra_args', 'become', 'become_
method', 'become_user', 'ask_value_pass',
                                      'verbosity',
                                          'check', 'listhosts', 'listtasks',
'listtags', 'syntax'])

        self.variable_manager = VariableManager()
        self.loader = DataLoader()
         self.options = Options(connection='smart', module_path=None, forks=100,
timeout=10,
                                remote_user='root', ask_pass=False, private_key_
file=None, ssh_common_args=None,
                               ssh_extra_args=None,
                                     sftp_extra_args=None, scp_extra_args=None,
become=None, become_method=None,
                                      become_user='root', ask_value_pass=False,
verbosity=None, check=False, listhosts=False,
                               listtasks=False, listtags=False, syntax=False)

        self.passwords = dict(sshpass=None, becomepass=None)
         self.inventory = MyInventory(self.resource, self.loader, self.variable_
manager).inventory
        self.variable_manager.set_inventory(self.inventory)

    def run_model(self, host_list, module_name, module_args):
        """
        run module from andible ad-hoc.
        module_name: ansible module_name
        module_args: ansible module args
        """
        play_source = dict(
            name="Ansible Play",
            hosts=host_list,
            gather_facts='no',
            tasks=[dict(action=dict(module=module_name, args=module_args))]
        )
```

```
            play = Play().load(play_source, variable_manager=self.variable_manager,
loader=self.loader)
            tqm = None
            self.callback = ModelResultsCollector()
            try:
                tqm = TaskQueueManager(
                    inventory=self.inventory,
                    variable_manager=self.variable_manager,
                    loader=self.loader,
                    options=self.options,
                    passwords=self.passwords,
                )
                tqm._callback_plugins = [self.callback]
                result = tqm.run(play)
            finally:
                if tqm is not None:
                    tqm.cleanup()

        def run_playbook(self, host_list, playbook_path, ):
            """
            run ansible palybook
            """
            global taskList
            taskList = {}
            for host in host_list:
                taskList[host] = {}
                taskList[host]['ok'] = []
                taskList[host]['failed'] = []
                taskList[host]['skppied'] = []
            try:
                self.callback = PlayBookResultsCollector(taskList)
                # self.callback_plugins = CallbackModule()
                executor = PlaybookExecutor(
                        playbooks=[playbook_path], inventory=self.inventory, variable_
manager=self.variable_manager,
                    loader=self.loader,
                    options=self.options, passwords=self.passwords,
                )
                # executor._tqm._callback_plugins = [self.callback_plugins]
                executor._tqm._callback_plugins = [self.callback]
                executor._tqm._callback_plugins += [CallbackModule()]
                executor.run()
            except Exception as e:
                print(e)
                return False

        def get_model_result(self):
            self.results_raw = {'success': {}, 'failed': {}, 'unreachable': {}}
            for host, result in self.callback.host_ok.items():
                self.results_raw['success'][host] = result._result

            for host, result in self.callback.host_failed.items():
                self.results_raw['failed'][host] = result._result
```

```
        for host, result in self.callback.host_unreachable.items():
            self.results_raw['unreachable'][host] = result._result
        return json.dumps(self.results_raw)

    def get_playbook_result(self):
        self.results_raw = {'skipped': {}, 'failed': {}, 'ok': {}, "status": {},
'unreachable': {}}

        for host, result in self.callback.task_ok.items():
            self.results_raw['ok'][host] = result

        for host, result in self.callback.task_failed.items():
            self.results_raw['failed'][host] = result

        for host, result in self.callback.task_status.items():
            self.results_raw['status'][host] = result

        for host, result in self.callback.task_skipped.items():
            self.results_raw['skipped'][host] = result

        for host, result in self.callback.task_unreachable.items():
            self.results_raw['unreachable'][host] = result._result
        return json.dumps(self.results_raw)


def compose_dynamic_hosts(host_list):
    hosts = []
    for i in host_list:
        hosts.append({'hostname': i})

    dic = {}
    ret = {}
    dic['hosts'] = hosts
    ret['dynamic_host'] = dic
    return ret
logFile="/tmp/test.log"
def logger(logContent,logFile):
    with open(logFile,'a') as f:
        f.write(logContent+'\n')

def get_today_date():
    now_time = datetime.datetime.now()
    yes_time = now_time + datetime.timedelta(days=0)
    yes_time_nyr = yes_time.strftime('%Y-%m-%d')
    result = str(yes_time_nyr)
    return result

def insertpass(ip,passwd):
    update_sql = "INSERT INTO password(ip,passwd,submission_date) VALUES
('%s','%s','%s');" % (ip,passwd,get_today_date())
```

```
        conn=MySQLdb.connect(host="127.0.0.1",user="root",passwd="eju@
china",db="passroot")
        cur =conn.cursor()
        cur.execute(update_sql)
        cur.close()
        conn.commit()
        conn.close()
        return True

    def GenPassword(length=8,chars=string.ascii_letters+string.digits):
        return ''.join([choice(chars) for i in range(length)])
    if __name__ == '__main__':
        with open('test','r') as  fp:
            for i in fp.readlines():
                ip =i.strip()
                #resource = [{"hostname": "120.26.42.5"},{"hostname": "120.26.42.6"},
{"hostname": "120.26.42.7"},{"hostname": "192.168.1.1"}]
                resource = [{"hostname": ip, "username": "root", "ssh_key": "/root/.
ssh/id_rsa"}]
                passwd = GenPassword(32)
                shell_name = "echo %s | passwd --stdin root" % passwd
                rbt = ANSRunner(resource)  # resource 可以是列表或者字典形式，如果做了 ssh-
key 认证，就不会通过账户密码方式认证
                rbt.run_model(host_list=[ip], module_name='shell', module_args=shell_
name)
                data = rbt.get_model_result()
                # data = rbt.get_playbook_result()
                data = json.loads(data)
                print data
                DA={}
                if data.get('success'):
                    insertpass(ip, passwd)
                else:
                    logger(str(ip), logFile)
```

我们将需要操作的 host 机器 IP 放在自己定义的当前目录下的 host 文件下面（非 /etc/ansible/hosts 文件），然后调用 Ansible API 批量获取本机 IP，直接执行即可。

5.12　小结

Ansible 与其他自动化运维工具（例如 Puppet）的关注方向不一样，其关注的是软件使用的便利性、简便性及扩展性，这也是很多系统运维人员和开发人员喜欢的地方。另外，值得关注的是，在 AWS 的最近一份声明中表示，Ansible 的多个模块还可以集成在 AWS 平台上，包括身份认证和访问管理功能等。用户可以在 Ansible 上创建基于 AWS 的自动化任务管理，包括用户、组员、角色管理，也可以进行相关的规则设定。随着红帽公司收购了 Ansbile，我们可以预见，Ansible 在未来会越来越成熟和流行。

第 6 章 Chapter 6

自动化配置管理工具 SaltStack

SaltStack（以下简称为 Salt）是基于 Python 开发的一套 C/S 架构配置管理工具，其底层使用的是 ZeroMQ 消息队列 PUB/SUB 方式通信，并且使用 SSL 证书签发的方式来进行认证管理。

6.1 Salt 的相关知识点介绍

本节我们将介绍 Salt 的优点、安装及工作流程，以及 Salt 的详细配置文件。

6.1.1 Salt 的优势

- 基于 C/S 架构设计，部署简单方便。
- 主控端（Master）和被控端（Minion）基于证书认证，安全可靠。
- 配置简单、功能强大，可扩展性强。
- 支持 API 及自定义模块，可以通过 Python 轻松扩展。
- 速度优于其他自动化配置管理工具。
- 支持现如今所有流行的云平台及 Docker 和 openstack。

事实上，以笔者目前维护的这项安全 CDN 项目为例，同样的 600 台物理机器，我们曾做过 Salt 与 Ansible 的对比，在连通性方面，Salt 的速度要比 Ansible 快 50 倍左右。众所周知，CDN 的网络环境是最复杂的，除了电信、联通（包含铁通）、移动的线路之外，我们还得考虑广电网和教育网等网络，虽然跳板机是部署在网络质量最好的三线机房里面，但考虑到速度、安全及执行效率等方面，我们在这里选择了 Salt 来作为此项目的自动化配置管理工具。

6.1.2 Salt 的安装

Salt 的依赖组件大家可以参考如下网址：

http://docs.saltstack.com/en/latest/topics/installation/index.html

Salt 安装的依赖组件说明如下所示：

```
DEPENDENCIES
Salt should run on any Unix-like platform so long as the dependencies are met.
Python 2.6 >= 2.6 <3.0
msgpack-python - High-performance message interchange format
YAML - Python YAML bindings
Jinja2 - parsing Salt States (configurable in the master settings)
MarkupSafe - Implements a XML/HTML/XHTML Markup safe string for Python
apache-libcloud - Python lib for interacting with many of the popular cloud
service providers using a unified API
Requests - HTTP library
Tornado - Web framework and asynchronous networking library
futures - Backport of the concurrent.futures package from Python 3.2
Depending on the chosen Salt transport, ZeroMQ or RAET, dependencies vary:

ZeroMQ:
ZeroMQ >= 3.2.0
pyzmq>= 2.2.0 - ZeroMQ Python bindings
PyCrypto - The Python cryptography toolkit
RAET:
libnacl - Python bindings to libsodium
ioflo - The flo programming interface raet and salt-raet is built on
RAET - The worlds most awesome UDP protocol
```

Salt 目前的通信模式总共分为两种模式：ZeroMQ 和 REAT。鉴于 REAT 目前还不是太稳定，我们在这里选择 ZeroMQ 模式。

这里我们以三台 VM 为例来演示下具体的安装步骤，机器各种情况的分配如表 6-1 所示。

表 6-1 VM 环境下各机器分配情况表

机器主机名	角　色	IP	系　统
server	Master	192.168.185.96	CentOS6.8 x86_64
vagrant1	Minion	192.168.185.97	CentOS6.8 x86_64
vagrant2	Minion	192.168.185.98	CentOS6.8 x86_64

Master 端的安装操作如下所示：

```
rpm -ivh http://mirrors.zju.edu.cn/epel/6/x86_64/epel-release-6-8.noarch.rpm
yum -y install salt-master --enablerepo=epel
service salt-master start
chkconfig salt-master on
```

可以输入以下命令来查看 Salt 的版本号，命令如下所示：

```
salt --version
```

输出结果如下所示：

```
salt-master 2015.5.10 (Lithium)
```

查看 Salt 程序依赖包的版本号，命令如下所示：

```
salt --versions-report
```

输出结果如下所示：

```
Salt: 2015.5.10
Python: 2.6.6 (r266:84292, Jul 23 2015, 15:22:56)
Jinja2: 2.2.1
M2Crypto: 0.20.2
msgpack-python: 0.4.6
msgpack-pure: Not Installed
pycrypto: 2.0.1
libnacl: Not Installed
PyYAML: 3.10
ioflo: Not Installed
PyZMQ: 14.3.1
RAET: Not Installed
ZMQ: 3.2.5
Mako: Not Installed
Tornado: Not Installed
timelib: Not Installed
dateutil: Not Installed
```

Minion 端的安装操作如下所示：

```
rpm -ivh http://mirrors.zju.edu.cn/epel/6/x86_64/epel-release-6-8.noarch.rpm
yum -y install salt-minion --enablerepo=epel
sed -i 's@#master: salt@master: 192.168.185.96@g' /etc/salt/minion
sed -i 's@#id:@id: vagrant1@g' /etc/salt/minion
#sed -i 's@#id:@id: vagrant2@g' /etc/salt/minion
#vagrant2 的配置情况与 vagrant1 略有不同
service salt-minion start
chkconfig salt-minion on
```

可以输入以下命令来显示 Minion 端的 Salt 版本号，命令如下：

```
salt-minion --version
```

输出结果如下所示：

```
salt-minion 2015.5.10 (Lithium)
```

查看 Salt 程序依赖包的版本号，命令如下所示：

```
salt-call --versions-report
```

输出结果如下所示：

```
Salt: 2015.5.10
Python: 2.6.6 (r266:84292, Jul 23 2015, 15:22:56)
Jinja2: 2.2.1
M2Crypto: 0.20.2
msgpack-python: 0.4.6
msgpack-pure: Not Installed
pycrypto: 2.0.1
libnacl: Not Installed
PyYAML: 3.10
ioflo: Not Installed
PyZMQ: 14.3.1
RAET: Not Installed
ZMQ: 3.2.5
Mako: Not Installed
Tornado: Not Installed
timelib: Not Installed
dateutil: Not Installed
```

在这里，“id:”后面接的是当前Minion主机的id号，这个是后面master认证和master调用命令执行时显示的名称，可以根据实际识别需要进行填写。另外需要注意的是，以上两处配置冒号后面都需要有一个空格，不然会报如下错误：

```
    Starting salt-minion daemon: [ERROR    ] Error parsing configuration file: /etc/
salt/minion - conf should be a document, not <type 'str'>.
```

这个时候，Minion会尝试跟Master认证，可以用下面的命令查看所有的证书管理情况：

```
salt-key -L
```

命令如下所示：

```
Accepted Keys:
Denied Keys:
Unaccepted Keys:
vagrant1
vagrant2
Rejected Keys:
```

可以用“salt-key -A”命令来接受所有的证书，命令显示结果如下所示：

```
The following keys are going to be accepted:
Unaccepted Keys:
vagrant1
vagrant2
Proceed? [n/Y] Y
Key for minion vagrant1 accepted.
Key for minion vagrant2 accepted.
```

如果Master上面没有配置“auto_accept:True”（自动认证），那么Salt证书管理命令如下所示：

查看所有的 key 情况，命令如下所示：

```
salt-key -L
```

接受某个 key，命令如下所示：

```
salt-key -a
```

接受所有的 key，命令如下所示：

```
salt-key -A
```

删除某个 key，命令如下所示：

```
salt-key -d
```

删除所有的 key，命令如下：

```
salt-key -D
```

下面使用 test.ping 来进行测试连通，命令如下所示：

```
salt '*' test.ping
```

输出结果如下所示：

```
vagrant2:
    True
vagrant1:
    True
```

通过 test 模块的 ping 方法，我们可以确定 Master 端与 Minion 端是否建立了信任关系，以及连接性是否正常。此外，我们还可以在 Minion 机器端用 debug 命令查看整个启动通信过程，命令如下所示：

```
salt-minion -l debug
```

如果想要查看完整的日志，那么这里可以将 debug 换成 all 来执行即可。

输出结果如下所示（部分结果摘录如下）：

```
    [INFO    ] Added mine.update to scheduler
    [INFO    ] Updating job settings for scheduled job: __mine_interval
    [INFO    ] I am vagrant2 and I am not supposed to start any proxies. (Likely not
a problem)
    [INFO    ] The salt minion is starting up
    [INFO    ] Minion is starting as user 'root'
    [DEBUG   ] Minion 'vagrant2' trying to tune in
    [DEBUG   ] Minion PUB socket URI: ipc:///var/run/salt/minion/minion_
event_61101a6500_pub.ipc
    [DEBUG   ] Minion PULL socket URI: ipc:///var/run/salt/minion/minion_
```

```
event_61101a6500_pull.ipc
    [INFO    ] Starting pub socket on ipc:///var/run/salt/minion/minion_
event_61101a6500_pub.ipc
    [INFO    ] Starting pull socket on ipc:///var/run/salt/minion/minion_
event_61101a6500_pull.ipc
    [DEBUG   ] Generated random reconnect delay between '1000ms' and '11000ms' (9598)
    [DEBUG   ] Setting zmq_reconnect_ivl to '9598ms'
    [DEBUG   ] Setting zmq_reconnect_ivl_max to '11000ms'
    [DEBUG   ] Re-using SAuth for ('/etc/salt/pki/minion', 'vagrant2',
'tcp://192.168.185.96:4506')
    [DEBUG   ] Re-using SAuth for ('/etc/salt/pki/minion', 'vagrant2',
'tcp://192.168.185.96:4506')
    [INFO    ] Minion is ready to receive requests!
    [INFO    ] Running scheduled job: __mine_interval
    [DEBUG   ] schedule: This job was scheduled with jid_include, adding to cache (jid_
include defaults to True)
    [DEBUG   ] schedule: This job was scheduled with a max number of 2
    [DEBUG   ] schedule.handle_func: adding this job to the jobcache with data
{'fun': 'mine.update', 'jid': '20171122061408835956', 'pid': 3560, 'id': 'vagrant2',
'schedule': '__mine_interval'}
    [DEBUG   ] Re-using SAuth for ('/etc/salt/pki/minion', 'vagrant2',
'tcp://192.168.185.96:4506')
    [DEBUG   ] Loaded minion key: /etc/salt/pki/minion/minion.pem
    [DEBUG   ] MinionEvent PUB socket URI: ipc:///var/run/salt/minion/minion_
event_61101a6500_pub.ipc
    [DEBUG   ] MinionEvent PULL socket URI: ipc:///var/run/salt/minion/minion_
event_61101a6500_pull.ipc
    [DEBUG   ] Sending event - data = {'_stamp': '2017-11-22T06:14:08.850561'}
    [DEBUG   ] Handling event 'salt/event/new_client\n\n\x81\xa6_stamp\xba2017-11-
22T06:14:08.850561'
```

如果我们在Master端开启了iptables防火墙，那么这个时候应记得要开放4505和4506端口，4505端口是ZeroMQ用来发布消息的，4506端口是客户与服务器端进行通信的，即消息接收端口（也就是我们前面提到的PUB/SUB模型）。而Minion端则不需要配置任何防火墙规则，其原理是Minion端直接与主控端的ZeroMQ建立长链接，接收广播到的任务消息并执行。所以我们要记得在Master端添加两条iptables命令规则，具体如下：

```
iptables -I INPUT -m state --state new -m tcp -p tcp --dport 4505 -j ACCEPT
iptables -I INPUT -m state --state new -m tcp -p tcp --dport 4506 -j ACCEPT
```

可以在Master上通过lsof命令来查看一下4505和4506端口的情况，命令显示结果如下所示：

```
#4505端口长链接情况
COMMAND    PID USER   FD   TYPE DEVICE SIZE/OFF NODE NAME
salt-mast 2426 root   12u  IPv4  11975      0t0  TCP *:4505 (LISTEN)
salt-mast 2426 root   14u  IPv4  14635      0t0  TCP 192.168.185.96:4505->
192.168.185.97:49806 (ESTABLISHED)
salt-mast 2426 root   15u  IPv4  14769      0t0  TCP 192.168.185.96:4505->
192.168.185.98:38244 (ESTABLISHED)
```

```
#4506 端口长链接情况
COMMAND    PID USER   FD   TYPE DEVICE SIZE/OFF NODE NAME
salt-mast 2444 root   20u  IPv4  11992      0t0  TCP *:4506 (LISTEN)
salt-mast 2444 root   27u  IPv4  14631      0t0  TCP 192.168.185.96:4506->
192.168.185.97:45165 (ESTABLISHED)
salt-mast 2444 root   28u  IPv4  14767      0t0  TCP 192.168.185.96:4506->
192.168.185.98:43057 (ESTABLISHED)
```

大家可以发现，4505 及 4506 端口均处于 ESTABLISHED 状态。

6.1.3　Salt 的工作流程

Salt 的通信原理图如图 6-1 所示。

图 6-1　Salt 的通信原理图示

所有的 Salt 被管理客户端节点（Minion），都是通过密钥进行加密通信的，使用端口为 4506。客户端与服务器端的内容传输是通过消息队列完成的，使用端口为 4505。Master 可以发送任何指令让 Minion 执行。

1）Salt 的 Master 与 Minion 之间通过 ZeroMQ 进行消息传递，使用了 ZeroMQ 的 pub/sub 模式，连接方式包括 TCP 和 IPC。

2）Salt 命令将 cmd.run ls 命令从 salt.client.LocalClient.cmd_cli 发布到 Master，获取一个 jobID，根据 jobID 获取命令的执行结果（即异步处理过程）。

3）Master 接收到命令后，将要执行的命令发送给客户端 Minion。

4）Minion 从消息总线上接收到要处理的命令，交给 minion._handle_aes 处理。

5）minion._handle_aes 发起一个本地线程调用 cmdmod 执行 ls 命令。线程执行完 ls 之后，调用 minion._return_pub 方法，将执行结果通过消息总线返回给 Master。

6）Master 接收到客户端返回的结果之后，调用 master.handle_aes 方法将结果写到文件中。

7）salt.client.LocalClient.cmd_cli 通过轮询获取 Job 执行结果，将结果输出到终端。

6.1.4 Salt 配置文件详解

Salt 的配置文件分为 Master 和 Minion 端两种，分别在 Master 端的 /etc/salt/master 和 Minion 端的 /etc/salt/minion 下。

Salt Master 端的配置文件如表 6-2 所示。

表 6-2 Salt Master 端配置文件详细注释

配 置 项	默 认 值	注 释
default_include	master.d/*.conf	设置 include 配置文件
interface	0.0.0.0	pub/sub 端口监听地址
ipv6	False	是否配置 IPv6 监听
user	Root	Salt 运行用户
publish_port	4505	ZeroMQ 消息发布端口
ret_port	4506	ZeroMQ 消息接收端口
max_open_files	100000	Salt 最大打开文件数限制
work_thread	5	Salt 管理线程数目
pidfile	/var/run/salt-master.pid	salt-master 进程 pid 文件
root_dir	/	Salt 工作根目录
pki_dir	/etc/salt/pki/master	Salt 公钥存储目录
cachedir	/var/cache/salt/master	Salt jobs 和 cache 缓存目录
extension_modules		自定义模块目录
modules_dirs	/var/cache/salt/minion/extmods	自定义模块同步目录
verify_env	True	服务启动时进行权限设置与验证
keep_jobs	24 小时	设置 jobs 信息过期时间
timeout	5	Salt 和 API 命令超时时间
loop_interval	60	设置 Salt 进程检测周期
output	Nested	指定 Salt 命令 output 类型
show_timeout	True	开启 Minion timeout 提示
color	True	开启 ouput 颜色显示
strip_color	False	剥离颜色显示
sock_dir	/var/run/salt/master	定义进程 sock 目录
enable_gpu_grains	False	设置 grains 收集显卡 GPU 信息
job_cache	True	开启 job cache 记录
minion_data_cache	True	设置 minion_grains pillar 数据缓存
event_return	Mysql	设置 return 存储
event_return_queue	0	设置 return 队列
max_event_size	10485376	设置最大 event 大小
preserve_minion_cache	False	设置删除 key 时是否删除缓存数据

（续）

配　置　项	默　认　值	注　　释
open_mode	False	设置开启 open_mode 模式
auto_accept	False	设置自动签证
autosign_timeout	120	定义自动签证超时时间
autosign_file	/etc/salt/autosign.conf	定义自动签证规则文件
autosing_pki_access	False	设置 PKI 文件访问权限
client_acl	None	定义用户模块执行期限
client_acl_blacklist	None	定义模块和用户黑名单
sudo_acl	False	关闭利用 sudo 后 client_acl 限制
external_auth	None	指定外部认证方式
token_expire	43200	设置认证 Token 过期时间
file_recv	False	设置 Minion 端是否允许 push 文件到 Master 端
file_recv_max_size	100	设置 Minion 端 push 文件到 Master 端的 hard_limit 限制
state_top	top.sls	设置 state 入口文件
master_tops	None	设置外部 tops 方式
external_nodes	None	设置 external_nodes
renderer	Yaml_jinja	设置 stateRenderer
state_verbose	True	设置 state verbose 模式
state_ouput	Full	设置 state 输出
state_aggregate	False	设置 state 聚合
file_roots	-	设置 roots file 目录
hash_type	Md5	设置文件校验 hash 类型
file_buffer_size	1048576	设置文件的最大 buffer
file_ignore_regex	None	设置同步 file 忽略文件正则
file_ignore_glob	None	设置同步 file 忽略 glob
fileserver_backend	roots	设置 fileserver_backend
log_file	/var/log/salt/master	设置 master 日志文件
key_logfile	/var/log/salt/key	设置 key 日志文件
log_level	warning	设置日志级别
log_level_logfile	warning	设置日志记录级别

Salt Minion 端配置文件详细说明如表 6-3 所示。

表 6-3　Salt Minion 端配置文件详细注释

配　置　项	默　认　值	注　　释
default_include	minion.d/*.conf	设置 include 配置文件
Master	Salt	设置 Master 连接地址
random_master	False	设置多 Master 随机请求
ipv6	False	设置 IPv6 地址监听
retry_dns	30	设置 Master 端 hostname 解析失败时间

（续）

配　置　项	默　认　值	注　　释
master_port	4506	设置 Master 认证端口
user	root	Salt 运行用户
pidfile	/var/run/salt-minion.pid	salt-minion 进程 pid 文件
root_dir	/	Salt 工作目录
pki_dir	/etc/salt/pki/minion	Minion pki 信息存储目录
id	socket.getfqdn()	设置 Minion 端 ID 信息
grains	None	设置 grains 信息
cachedir	/var/cache/salt/minion	设置 Minion cache 目录
verify_env	True	服务启动时进行权限设置与验证
cache_jobs	False	开启 jobs cache
sock_dir	/var/run/salt/minion	设置 Minion sock 目录
ouput	nested	指定 Salt 命令 output 类型
color	True	开启 output 颜色显示
strip_colors	False	剥离颜色显示
backup_mode	minion	设置备份文件
acceptance_wait_time	10	设置等待 Master 端公钥时间
acceptance_wait_time_max	0	设置等待 Master 端公钥最大时间
reject_retry	False	设置拒绝 key 重试
random_reauth_delay	60	设置重新认证时间
auth_timeout	60	设置认证 timeout 时间
auth_tries	7	设置 SaltReqTimeoutError 重试次数
auth_safemode	False	设置 safemode 模式
ping_interval	0	设置 ping master 间隔
environment	None	设置 Minion 环境
state_top	top.sls	设置 state 入口文件
file_client	remote	设置 file client
file_roots		设置 roots file 目录
hash_type	md5	设置文件校验 hash 类型
fileserver_limit_traversal	False	设置 fileserver 遍历限制
pillar_roots	/srv/pillar	设置 pillar_roots 目录
open_mode	False	设置开启 open_mode 模式
permissive_pki_access	False	设置 pki 文件访问权限
state_verbose	True	设置 state verbose 模式
state_output	full	设置 state 输出
log_file	/var/log/salt/minion	设置 Minion 日志文件
key_logfile	/var/log/salt/key	设置 key 日志文件
log_level	warning	设置日志级别
log_level_logfile	warning	设置日志记录级别

注意 配置文件中时间的单位为秒。另外，这里也区分了三种环境：base（基础环境）、dev（测试环境）和 prod（生产环境）。我们一般比较关注的是 base 和 prod。

6.1.5 Salt 的命令格式

Salt 的命令格式比较简单，具体如下所示：

```
salt '操作目标' 方法 [ 参数 ]
```

比如我们前面经常用到的命令，如下所示：

```
salt '*' test.ping
```

事实上，output=nested 设置了 salt-call 的默认输出方式，nested 是默认的输出方式，除此之外，我们还可以采用 raw 的原始格式方式和 Json 格式输出，命令如下所示：

```
salt --out=json '192.168.185.160' cmd.run 'free -m'
```

我们还可以关注下 salt-run 命令，它可以查看所有 Minion 机器的状态，具体用法如下所示。

查看所有的 Minion 状态：

```
salt-run manage.status
```

查看所有没在线的 Minion：

```
salt-run manage.down
```

查看所有在线的 Minion：

```
salt-run manged.up
```

查看 Minion 的版本，该命令会提示哪些 Minion 的版本需要升级：

```
salt-run manage.versions
```

6.2 Salt 的常用组件

下面我们来介绍下 Salt 的常用组件，其中包括 Salt 的基础语法、常用模块、Grains 组件及 pillar 组件，等等。

6.2.1 Salt 常用的操作目标

Salt 在工作中不仅仅只操作单 Minion 机器，它还可以以范围、主机 ID 列表及网段的形式来集成化地操作 Minion 机器，工作中常用的操作目标包括如下几种。

1）匹配所有目标，我们前面应该提到过其用法，即“*”，示例代码如下所示：

```
salt '*' test.ping
```

2）单机操作，这里比较简单，salt 后面直接带上单机的 ID 号即可，示例代码如下所示：

```
salt '192.168.185.160' cmd.run 'free -m'
```

3）正则匹配（-E），顾名思义，即通过正则表达式来进行匹配即可，示例代码如下所示：

```
salt -E '^61.174' test.ping
```

4）通过主机 ID 名列表的形式进行匹配（-L），示例代码如下所示：

```
salt -L 'vagrant1,vagrant2' test.ping
```

5）根据 Minion 端的 IP 或子网进行匹配（-S），示例代码如下所示：

```
salt -S 192.168.185.0/24 test.ping
```

6）根据 Minion 端的 grains 详细信息进行匹配过滤（-G），例如，获取主机发行版本为 6.4 的 Python 版本号，示例代码如下所示：

```
salt -G 'osrelease:6.4' cmd.run 'python -V'
```

7）根据分组名称来进行匹配过滤，即“-N（--nodegroup）”，我们一般会根据业务类型来划分分组，因为业务类型具备相同的特点，包括部署环境、应用平台、配置文件等，下面以笔者维护的这项 CDN 项目为例，其分组配置部分的信息如下所示：

```
nodegroups:
    backup: 'L@61.174.1.2,61.174.1.3,'
    waf: 'L@192.168.1.4,192.168.1.5,192.168.1.6,'
    hadoop: 'L@192.168.1.10,192.168.1.11,192.168.1.12,'
    dns: 'L@192.168.1.99,192.168.1.100,192.168.1.101,'
```

上述代码结尾处的“,”可以忽略也可以带上，大家可以根据自己的习惯来进行设定。这个时候如果想要测试下 waf 分组的连通性，可以使用如下命令：

```
salt -N waf test.ping
```

事实上，这个小型的安全 CDN 项目已经开发了成熟的内部运维 CMDB（资产管理系统），所以我们一般使用 Python 程序来自动同步其分组（每隔 30 分钟自动同步一次），部分代码摘录如下：

```
cmd_copy = "/bin/cp -ar /etc/salt/master.d/nodegroups.conf /var/cache/salt/
            backup/nodegroups.conf.`date +%Y%m%d%H%M%S`"
# 在写 nodegroups.conf 文件之前先进行备份
```

```
os.popen(cmd_copy)
cmd = '/usr/bin/curl -d "grant_type=client_credentials&client_
      id=testclient&client_secret=testsecret" http://192.168.9.72/oauth/token'
res = subprocess.Popen(cmd, shell=True, stdout=subprocess.PIPE,
      stderr=subprocess.PIPE)
token  = json.loads(res.stdout.read())
token = token.get('access_token')
 # 获取 access_token 值
headers = {'NDAUTHTOKEN':token}
url_type   = 'http://192.168.9.72/api/apptype/view'
url_assets = 'http://192.168.9.72/api/assets/view'
type_params      = {'field':'type_name'}
r = requests.get(url_type, params=type_params, headers=headers)
# 将 access_token 值作为 requests.get 请求参数来获取结果
print r
```

6.2.2 Salt 常用模块

Salt 提供了非常丰富的模块（Module）功能，涉及操作系统的基础功能、常用工具支持等，模块是由一系列的 Python 函数组合在一起形成的函数组合。

使用 Salt 的 sys 模块的 list_modules 函数列举了 Minion 上的所有模块（这里还是以上面的三台 Vagrant 机器进行举例说明）：

```
salt 'vagrant1' sys.list_modules
```

输出结果如下所示（这里仅摘录部分结果）：

```
vagrant1:
    - acl
    - aliases
    - alternatives
    - apache
    - archive
    - artifactory
    - at
    - blockdev
    - bridge
    - btrfs
    - buildout
    - cloud
    - cmd
    - composer
    - config
    - container_resource
    - cp
    - cpan
    - cron
    - data
```

```
- defaults
- devmap
- dig
- disk
- django
- dnsmasq
- dnsutil
- drbd
- elasticsearch
- environ
- etcd
- event
- extfs
- file
- gem
- genesis
- git
- grains
- group
- grub
- hashutil
- hg
- hipchat
- hosts
- http
- img
- incron
- ini
- introspect
- ip
- iptables
- jboss7
- jboss7_cli
- key
- kmod
- ldap
- locale
- locate
- logrotate
- lowpkg
- lvm
- match
- mine
- modjk
- mount
- mysql
- network
- nfs3
- openstack_config
- pagerduty
```

```
    - partition
    - pillar
    - pip
    - pkg
    - pkg_resource
    - postfix
    - publish
    - pyenv
    - qemu_img
    - quota
    - raid
    - random
    - random_org
    - rbenv
    - ret
    - rsync
    - runit
    - rvm
    - s3
    - saltutil
    - schedule
    - scsi
    - sdb
    - seed
    - serverdensity_device
    - service
    - shadow
    - slack
    - smtp
    - sqlite3
    - ssh
    - state
    - status
    - supervisord
    - svn
    - sys
    - sysctl
    - syslog_ng
    - system
    - test
    - timezone
    - tls
    - user
    - vbox_guest
    - virtualenv
    - webutil
    - xfs
```

列举模块内的可用函数，代码如下：

```
salt'vagrant1' sys.list_functions test
```

输出结果如下所示：

```
vagrant1:
    - test.arg
    - test.arg_repr
    - test.arg_type
    - test.assertion
    - test.attr_call
    - test.collatz
    - test.conf_test
    - test.cross_test
    - test.echo
    - test.exception
    - test.fib
    - test.get_opts
    - test.kwarg
    - test.module_report
    - test.not_loaded
    - test.opts_pkg
    - test.outputter
    - test.ping
    - test.provider
    - test.providers
    - test.rand_sleep
    - test.rand_str
    - test.retcode
    - test.sleep
    - test.stack
    - test.try_
    - test.tty
    - test.version
    - test.versions_information
    - test.versions_report
```

查看某个模块中某个函数的用法，下面以最常见的 test.ping 函数进行举例说明，代码如下：

```
salt 'vagrant1' sys.doc test.ping
```

输出结果如下所示：

```
    'test.ping:'
Used to make sure the minion is up and responding. Not an ICMP ping.
Returns ``True``.
CLI Example:
    salt '*' test.ping
```

（1）远程命令执行模块

在多台主机上同时执行一条相同命令，比如像获取所有的 Minion 端的内存使用情况，命令如下所示：

```
salt'*' cmd.run 'free -m'
```

在所有的 Minion 端执行 test.sh 脚本，命令如下所示：

```
salt '*' cmd.script salt://test.sh
```

事实上，此时我们应该要保证 Master 端的 /srv/salt 目录里面有 test.sh 程序，它在执行的过程会做两个动作：首先同步 test.sh 到 Minion 端的 cache 目录（/var/cache/salt/minion/files/base/），然后再执行之。

我们可以随便登录其中一台 Minion 机器，比如 vagrant1，检查此路径下有无此文件，命令如下所示：

```
ll /var/cache/salt/minion/files/base/test.sh
```

输出结果如下所示：

```
-rw------- 1 root root 129 Jun 19 07:20 /var/cache/salt/minion/files/base/test.
sh
```

注意　cmd 模块可以执行所有命令，这就意味着它存在安全隐患，使用时需要评估风险。

（2）用户组和用户组模块（即 group 和 user）

❑ group.add

group.add：添加指定用户组，示例代码如下。

```
salt '*' group.add test505
```

❑ group.info

group.info：返回用户组信息。
比如，我们可以用此命令查看刚才建立的 test 组的信息，命令如下所示：

```
salt '*' group.info test
```

输出结果如下所示：

```
vagrant1:
    ----------
    gid:
        505
    members:
    name:
        test
    passwd:
        x
vagrant2:
    ----------
```

```
gid:
    505
members:
name:
    test
passwd:
    x
```

❑ group.getent

group.getent：返回所有用户组的信息。

结果比较长，这里暂且略过示例代码。

❑ user.add

user.add：在所有的 Minion 端上创建一个用户。

用法如下所示：

```
salt '*' user.add name <uid><gid><groups><home><shell>
```

例如，我们在所有的 Minion 端上建立 test 用户，uid 和 gid 分别为 505，home 目录为 /home/test，shell 为 /bin/bash，命令如下所示：

```
salt '*' user.add test 505 505 test /home/test /bin/bash
```

输出结果如下所示：

```
vagrant1:
    True
vagrant2:
    True
```

也可以简化此操作，比如再建立用户 test1，命令如下所示：

```
salt '*' user.add test1
```

❑ user.info

user.info：返回用户信息。我们可以用此命令查看刚刚建立的 test 用户，命令如下所示：

```
salt '*' user.infotest
```

输出结果如下所示：

```
vagrant1:
    ----------
    fullname:
    gid:
        505
    groups:
        - test
    home:
        /home/test
```

```
    homephone:
    name:
        test
    passwd:
        x
    roomnumber:
    shell:
        /bin/bash
    uid:
        505
    workphone:
vagrant2:
    ----------
    fullname:
    gid:
        505
    groups:
        - test
    home:
        /home/test
    homephone:
    name:
        test
    passwd:
        x
    roomnumber:
    shell:
        /bin/bash
    uid:
        505
    workphone:
```

❑ group.adduser

group.adduser：添加一个用户到指定组中（必须是一个已经存在的组和已经存在的用户），这里我们已提前建立了 test1 用户，然后再添加到 test 组里，命令如下：

```
salt '*' group.adduser test1 test
```

❑ group.deluser

比如，我们从 test 组里删除之前建立的 test 用户，命令如下所示：

```
salt '*' group.deluser test1 test
```

这里不要搞反了，前面是用户名，后面是组名。

❑ user.delete

user.delete：在 Minion 端删除一个用户。命令如下所示：

```
salt '*' user.delete test1
```

(3) cp 模块

cp 模块的功能：实现远程文件和目录的复制，以及下载 URL 等操作。

1）下载指定 URL 的内容到指定位置：

```
salt '*' cp.get_url http://yum.example.com.cn/rules.conf /tmp/rules.conf
```

2）将 Master 机器的 /etc/hosts 文件复制到 Minion 端的指定位置：

```
salt '*' cp.cache_local_file  /etc/hosts
```

输出结果如下所示：

```
vagrant1:
    /var/cache/salt/minion/localfiles/etc/hosts
vagrant2:
    /var/cache/salt/minion/localfiles/etc/hosts
```

3）将 Master 机器的 test.sh 文件复制到 Minion 端的指定位置：

```
salt '*' cp.get_file salt://test.sh  /tmp/test.sh
```

这里需要注意的一点是，Mininon 端也需要指定文件名，如果这里只提目录的话，则采用如下命令：

```
salt '*' cp.get_file salt://test.sh  /tmp/
```

报错信息如下所示：

```
vagrant1:
        The minion function caused an exception: Traceback (most recent call last):
            File "/usr/lib/python2.6/site-packages/salt/minion.py", line 1200, in _
thread_return
                return_data = func(*args, **kwargs)
            File "/usr/lib/python2.6/site-packages/salt/modules/cp.py", line 200, in
get_file
                gzip)
            File "/usr/lib/python2.6/site-packages/salt/fileclient.py", line 1047,
in get_file
                fn_ = salt.utils.fopen(dest, 'wb+')
            File "/usr/lib/python2.6/site-packages/salt/utils/__init__.py", line
1046, in fopen
                fhandle = open(*args, **kwargs)
        IOError: [Errno 21] Is a directory: '/tmp'
    vagrant2:
        The minion function caused an exception: Traceback (most recent call last):
            File "/usr/lib/python2.6/site-packages/salt/minion.py", line 1200, in _
thread_return
                return_data = func(*args, **kwargs)
            File "/usr/lib/python2.6/site-packages/salt/modules/cp.py", line 200, in
get_file
```

```
            gzip)
        File "/usr/lib/python2.6/site-packages/salt/fileclient.py", line 1047,
in get_file
            fn_ = salt.utils.fopen(dest, 'wb+')
        File "/usr/lib/python2.6/site-packages/salt/utils/__init__.py", line
1046, in fopen
            fhandle = open(*args, **kwargs)
    IOError: [Errno 21] Is a directory: '/tmp'
```

这里还可以带上 makedirs=True 参数，如果“/tmp”目录不存在，则创建该目录。

（4）pkg 包管理模块

pkg 包管理模块的功能：管理 Minion 端机器的程序包，例如我们最常见的 yum 和 apt-get 等。

1）为所有的 Minion 端安装 Nginx 包，命令如下所示：

```
salt '*' pkg.install nginx
```

命令返回结果过长，这里略过。

2）为 vagrant1 主机安装 php 包，命令如下所示：

```
salt 'vagrant1' pkg.install php
```

输出结果如下所示：

```
vagrant1:
    ----------
    php:
        ----------
        new:
            5.3.3-49.el6
        old:
```

3）为 vagrant1 主机卸载 php 包，命令如下所示：

```
salt 'vagrant1' pkg.remove  php
```

输出结果如下所示：

```
vagrant1:
    ----------
    php:
        ----------
        new:
        old:
            5.3.3-49.el6
```

（5）service 服务模块

service 服务模块的功能：Minion 端程序包服务器管理模块。

1）所有的 Minion 端都开启 Nginx 服务，命令如下所示：

```
salt '*' service.start nginx
```

2）所有的 Minion 端都加载 Nginx 服务，命令如下所示：

```
salt '*' service.reload nginx
```

3）所有的 Minion 端都关闭 Nginx 服务，命令如下所示：

```
salt '*' service.stop nginx
```

4）查看所有的 Minion 端的 Nginx 服务状态，命令如下所示：

```
salt '*' service.status  nginx
```

5）开启所有的 Minion 端的 Nginx 开机自启动服务，命令如下所示：

```
salt '*' service.enable   nginx
```

6）关闭所有的 Minion 端的 Nginx 开机自启动服务，命令如下所示：

```
salt '*' service.disable nginx
```

（6）file 文件服务模块

file 文件服务模块的功能：针对所有的 Minion 端文件的常见操作，例如文件读写、权限控制等操作。

1）为所有的 Minion 端 /tmp/test.txt 文件内容追加"hello,world"内容，命令如下所示：

```
salt '*' file.append /tmp/test.txt 'hello,world'
```

2）查看 /tmp/route_auto.sh 的 stats 信息，命令如下所示：

```
salt '*' file.stats /tmp/route_auto.sh
```

3）查看 /tmp/route_auto.sh 的 mode 权限信息，命令如下所示：

```
salt '*' file.get_mode  /tmp/route_auto.sh
```

4）将 /tmp/route_auto.sh 的 mode 权限信息修改为 755，命令如下所示：

```
salt '*' file.set_mode  /tmp/route_auto.sh 755
```

5）复制所有的 Minion 端的 /tmp/route_auto.sh 文件至 /root 目录下面，命令如下所示：

```
salt '*' file.copy /tmp/route_auto.sh /root/route_auto.sh
```

6）所有的 Minion 端都删除 /tmp/test.txt 文件，命令如下所示：

```
salt '*' file.remove '/tmp/test.txt'
```

其实，这步操作也可以用 cmd.run 来代替，这里为了统一操作，使用了 file 模块中的

remove 方法。

（7）Cron 模块

Cron 模块的功能：实现 Minion 端的 Crontab 操作。

1）查看 vagrant1 机器的 root 用户的 Crontab 清单，命令如下所示：

```
salt 'vagrant1' cron.raw_cron root
```

如果上述代码结果为空，则会返回一个空值，结果如下所示：

```
vagrant1:
```

2）添加 Minion 端的 Crontab 定时作业。

参数说明：第一个参数为用户，剩下的表示分、时、日、月、周、命令、任务描述信息(可忽略)，建议每个参数都引用起来，比如说添加定时 ntpdate 对时任务，命令如下所示：

```
salt 'vagrant1' cron.set_job root   '*/5' '*' '*' '*' '*'   '/usr/sbin/ntpdate
ntp.api.bz  >>/dev/null 2>&1'
```

3）查看指定 Minion 端的 Crontab 定时作业任务，后面记得要带上用户名（如 root），命令如下所示：

```
salt 'vagrant1' cron.ls root
```

输出结果如下所示，请注意里面 cmd 命令后面的内容。

```
vagrant1:
    ----------
    crons:
        |_
          ----------
          cmd:
              /usr/sbin/ntpdate ntp.api.bz >>/dev/null 2>&1
          comment:
              None
          daymonth:
              *
          dayweek:
              *
          hour:
              *
          identifier:
              None
          minute:
              */5
          month:
              *
    env:
    pre:
    special:
```

4）删除指定 Minion 端的 Crontab 定时作业任务。

例如，我们要删除刚才添加的 ntpdate 对时任务（cmd 记得带上），命令显示结果如下所示：

```
salt 'vagrant1' cron.rm_job root '/usr/sbin/ntpdate ntp.api.bz >>/dev/null 2>&1'
```

输出结果如下所示：

```
vagrant1:
    removed
```

（8）network 模块

network 模块的功能：返回 Minion 端的详细网络信息。

1）获取 vagrant1 机器的网卡配置，命令如下所示：

```
salt 'vagrant1' network.interfaces
```

2）获取 vagrant1 机器的 IP 地址配置信息，命令如下所示：

```
salt 'vagrant1' network.ip_addrs
```

3）在 vagrant1 机器上执行 dig 指定网站并获取相关信息，命令如下所示：

```
salt 'vagrant1' network.dig  www.163.com
```

（9）iptables 模块

iptables 模块的功能：操作 Minion 端机器的 iptables 规则。

1）为所有的 Minion 端机器添加允许 192.168.185.10 访问的规则，命令如下所示：

```
salt '*' iptables.insert filter INPUT position=1 rule='-s 192.168.185.10 -j 
ACCEPT'
```

2）为所有的 Minion 端机器删除 192.168.185.10 的相关规则，命令如下所示：

```
salt '*'  iptables.delete filter INPUT rule='-s 192.168.185.10 -j ACCEPT'
```

3）为所有的 Minion 端机器保存 iptables 规则，命令如下所示：

```
salt '*' iptables.save /etc/sysconfig/iptables
```

6.2.3 Granis 组件

Grains 是 Salt 组件中非常重要的组件之一，它相当于 Puppet 的 Facter。主要作用是负责采集 Minion 端的常用属性信息，比如 CPU、内存、磁盘及网络信息等，这个也完全可以自定义。我们可以通过 granis.items 查看某台 Minion 的所有 Grains 信息，这里需要大家注意的一点是：Minion 端的 Grains 信息是 Minion 启动的时候自动采集汇报给 Master 端的。

如果要查看所有主机的 Grains 项信息，命令如下所示：

```
salt '*' grains.ls
```

当然了，也可以获取单个 Minion 主机的单项 Grains 数据，如获取操作系统版本，命令如下所示：

```
salt 'vagrant1' grains.item os
```

或者其他相关信息，例如 Shell 版本，命令如下所示：

```
salt 'vagrant1' grains.item shell
```

在实际工作中，我们需要结合自己的业务需求来自定义一些 Grains，其主要方法包括如下两种。

1）使用配置文件自行定义。

2）利用 Python 脚本来定制 Grains 数据。

下面我们分别详细说明下上述这两种情况。

方法一　利用配置文件来进行自定义，这里以 vagrant1 机器为例来说明下。

首先我们关注下 vagrant1 机器的 /etc/salt/minion 文件，此配置文件与其他 Salt 配置文件的配置格式都是 YAML 格式，里面的一些注释行其实就是定义的 Grains 相关内容，具体内容如下所示：

```
#grains:
#  roles:
#    - webserver
#    - memcache
#  deployment: datacenter4
#  cabinet: 13
#  cab_u: 14-15
```

如果我们想自行定义的话，那么配置文件定制的路径为 /etc/salt/minion，参数为 default_include:minino.d/*.conf，此处默认为“#”，要记得去掉“#”，我们可以建立 /etc/salt/minion.d/grains.conf 文件（或者其他文件的名字也可以），命令如下所示：

```
touch /etc/salt/minion.d/grains.conf
```

然后将上面的内容复制粘贴进来，如下所示：

```
grains:
    roles:
        - webserver
        - memcache
    deployment: datacenter4
    cabinet: 13
    cab_u: 14-15
```

如果想刷新 Grains 内容，那么我们可以重启 Minion 端，或者直接在 Master 端上进行刷新，命令如下所示：

```
salt '*' saltutil.sync_grains
```

然后，我们就可以在Master机器上面运行命令以获取相应的键与键值了，命令如下所示：

```
salt 'vagrant1' grains.item roles
```

输出结果如下所示：

```
vagrant1:
    ----------
    roles:
        - webserver
        - memcache
```

其他命令如下所示：

```
salt 'vagrant1' grains.item deployment
```

输出结果如下所示；

```
vagrant1:
    ----------
    deployment:
        datacenter4

salt 'vagrant1' grains.item cabinet
```

输出结果如下所示：

```
vagrant1:
    ----------
    cabinet:
        13
```

方法二 利用Python脚本来定制Grains数据。

当Salt有动态类的功能需求时，我们可以在Master端通过编写Python脚本的方式来实现，然后将此Python脚本文件同步至Minion端机器，最后刷新生效。由于后续还有不少类似的需求，因此我们可以在Master端的默认目录/srv/salt中生成_grains目录，然后将这些Python脚本均置于此目录下，命令如下所示：

```
install -d /srv/salt/_grains
```

目录成功生成以后，我们建立grains_sysctl.py文件（这是一个系统调优脚本），文件内容如下所示：

```
#!/usr/bin/env python
# -*- coding: utf-8 -*-

import commands
```

```
import sys

def sysctl_para():
grains = {}
cmd="awk '/MemTotal:/ { printf \"%0.f\",$2 * 1024}' /proc/meminfo"
bbc = commands.getoutput(cmd)
print bbc
bbc = int(bbc)
shmmax = int(bbc * 0.9)
shmall = int(bbc / int(commands.getoutput("getconf PAGE_SIZE")))
    max_orphan = int(bbc * 0.10 / 65535)
    file_max = int(bbc / 4194304 * 256)
    max_tw = file_max * 2
    min_free = int((bbc / 1024) * 0.01)
grains['shmmax'] = shmmax
grains['shmall'] = shmmax
grains['max_orphan'] = max_orphan
grains['file_max'] = file_max
grains['max_tw'] = max_tw
grains['min_free'] = min_free
print "%s" % grains
return grains

if __name__ == "__main__":
    sysctl_para()
```

同步 Grains 模块，命令如下所示：

```
salt '*' saltutil.sync_all
```

输出结果如下所示：

```
vagrant1:
    ----------
    beacons:
    grains:
        - grains.grains_mem
    modules:
    output:
    renderers:
    returners:
    sdb:
    states:
    utils:
```

在 vagrant1 机器上的 /var/cache/salt/minion/extmods/grains 目录里面可以发现存在两个文件，即 grains_sysctl.py 和它的字节码文件 grains_sysctl.pyc。

随后，刷新模块（让 Minion 端编译模块），命令如下所示：

```
salt 'vagrant1' sys.reload_modules
```

最后，在 Master 端查看 vagrant1 端机器的 Grains 信息，命令如下所示：

```
salt 'vagrant1' grains.item file_max
```

输出结果如下所示：

```
vagrant1:
    ----------
    file_max:
        1025664
```

接着，再查看另一个参数 shmmax 的值，命令如下所示：

```
salt 'vagrant1' grains.item shmall
```

输出结果如下所示：

```
vagrant1:
    ----------
    shmall:
        30250930176
```

6.2.4 pillar 组件

pillar 也是 Salt 最重要的组件之一，其作用是定义 Master 端与 Minion 端相关的所有数据，相当于是数据管理中心。pillar 的安全性很高，因此其适用于一些比较敏感的数据，这也是 pillar 有别于 Grains 的地方。Salt 默认将 Master 端配置文件中的所有数据都定义到 pillar 中，而且对所有的 Minion 端机器开放，我们可以通过修改 /etc/salt/master 配置中的 pillar_opts 的值为 True 或 False 来定义开启或禁用这项功能，修改后执行“ salt '*' pillar.data”并观察效果，记得要重启一下 Master 的 Salt 服务，这里还是在 Master 机器上执行以下命令，具体如下所示：

```
salt '*' pillar.data
```

输出结果的部分内容摘录如下：

```
vagrant1:
    ----------
    master:
        ----------
        __role:
            master
        auth_mode:
            1
        auto_accept:
            False
        cache_sreqs:
            True
```

```
cachedir:
    /var/cache/salt/master
cli_summary:
    False
client_acl:
    ----------
client_acl_blacklist:
    ----------
cluster_masters:
cluster_mode:
    paranoid
con_cache:
    False
conf_file:
    /etc/salt/master
config_dir:
    /etc/salt
cython_enable:
    False
daemon:
    True
default_include:
    master.d/*.conf
enable_gpu_grains:
    False
enforce_mine_cache:
    False
enumerate_proxy_minions:
    False
environment:
    None
event_return:
event_return_blacklist:
event_return_queue:
    0
event_return_whitelist:
ext_job_cache:
ext_pillar:
extension_modules:
    /var/cache/salt/extmods
external_auth:
    ----------
    pam:
        ----------
        salt:
            - .*
            - @whell
            - @runner
            - @jobs
failhard:
```

```
        False
    file_buffer_size:
        1048576
    file_client:
        local
```

其实 Master 端上面也有默认配置，配置文件对应内容具体如下所示：

```
pillar_roots:
    base:
        - /srv/pillar
```

在这里采用其默认配置，同时还需要在 pillar 目录下建立 top.sls 文件，然后引用后面的两个 sls 文件。需要先建立 /srv/pillar 目录，命令如下所示：

```
install -d /srv/pillar
```

top.sls 文件内容如下所示：

```
base:
    '*':
        - redis
```

top.sls 是 pillar 的入口文件，其中定义的是 pillar 数据覆盖 Minion 端的有效范围，“'*'”代表的是任意主机，其中包括一个 redis.sls 文件，内容如下所示：

```
redis:
    user: root
    version: 3.0.6
    port: 6349
```

先刷新下 pillar 数据，命令如下所示：

```
salt '*' saltutil.refresh_pillar
```

接着就可以查看数据了，命令如下所示：

```
salt '*' pillar.item redis
```

输出结果如下所示：

```
vagrant1:
    ----------
    redis:
        ----------
        port:
            6349
        user:
            root
        version:
            3.0.6
```

6.2.5 job 管理

在 Salt 中执行任何一个操作都会在 Master 端产生一个 jid 号，而 Minion 端会在 /var/cache/salt/minion/proc 中创建一个以 jid 为名称的文件，这个文件里面的内容就是此次操作的记录，当操作处理完成以后该文件将会自动删除。我们通常使用 salt-run 来管理 job。

下面就来介绍 salt-run 对 job 管理的一些用法，命令如下所示：

```
salt-run -d | grep jobs
```

输出结果如下所示：

```
'jobs.active:'
    Return a report on all actively running jobs from a job id centric
        salt-run jobs.active
'jobs.list_job:'
        salt-run jobs.list_job 20130916125524463507
'jobs.list_jobs:'
    List all detectable jobs and associated functions
        salt-run jobs.list_jobs
'jobs.lookup_jid:'
        salt-run jobs.lookup_jid 20130916125524463507
        salt-run jobs.lookup_jid 20130916125524463507 outputter=highstate
'jobs.print_job:'
        salt-run jobs.print_job 20130916125524463507
```

上述命令及其作用具体如下。

1）查看当前正在运行的 jobs，命令如下所示：

```
salt-run jobs.active
```

2）指定 job 号来查看该 job 的详细信息，命令如下所示：

```
salt-run jobs.list_job jid
```

3）查看所有的 jobs 信息，命令如下所示：

```
salt-run jobs.list_jobs
```

4）指定 jib 号来查询该 job 的结果，命令如下所示：

```
salt-run jobs.lookup_jib jid
```

下面就来通过一个小例子说明下其用法，还是以 vagrant1 机器为例进行说明。首先，在 Master 机器上面执行以下命令（这里使用了 sleep，故意将时间拖长）：

```
salt '*' cmd.run 'sleep 600;uptime'
```

然后观察 vagrant1 机器的 proc 目录，此时这里会产生一个以 jid 为名称的文件，我们用“ll”命令进行观察，输出结果如下所示：

```
-rw-r--r-- 1 root root 102 Dec 19 14:14 20171219141422782816
```

接下来，我们在 Master 端执行“Ctrl - C”命令以结果此 jid 任务，输出结果如下所示：

```
^CExiting on Ctrl-C
This job's jid is:
20171219141422782816
The minions may not have all finished running and any remaining minions will
return upon completion. To look up the return data for this job later run:
salt-run jobs.lookup_jid 20171219141422782816
```

可以在 Master 机器上查看当前正在运行的 jobs，命令输出结果如下所示：

```
20171219141422782816:
    ----------
    Arguments:
        - sleep 600;uptime
    Function:
        cmd.run
    Returned:
    Running:
        |_
         ----------
         vagrant1:
            16512
    Target:
        *
    Target-type:
        glob
    User:
        root
```

上述结果显示此 jobs 并没有被 kill 掉，仍然在执行；所以此时仍需要使用另一个命令来 kill 掉这个 jobs 任务，这里采用如下命令：

```
salt '*' saltutil.kill_job 20171219141422782816
```

输出结果如下所示：

```
vagrant1:
    Signal 9 sent to job 20171219141422782816 at pid 16512
```

而此时，我们再用 salt-run jobs.active 命令查询，结果为空，表示此时没有正在运行的 jobs 任务。

6.2.6 State 介绍

State 是 Salt 最核心的功能，我们首先通过预先定制好的 sls（salt state file）文件来针对特定的 Minion 端进行状态管理，支持包括程序包（pkg）、文件（file）和系统服务等功能。

State 的定义是通过 sls 文件进行描述的，支持 YAML 语法，定义的规则如下所示：

```
名称:
    管理对象的类型:
        - 管理对象的状态: 预期达到的状态
```

下面还是列举一个简单的例子，比如说安装 httpd 来说明其用法。

State 的入口文件与前面的 pillar 一样，文件名称都是 top.sls，默认目录为 /srv/salt。state 的 sls 文件支持 jinja 模板、Grains 及 pillar 等，定义好 sls 文件以后，我们可以通过“salt '*' state.highstate”执行生效。

top.sls 文件内容具体如下所示：

```
base:
    '*':
        - apache
```

top.sls 文件中配置有两种方式：一种是直接引用，比如说后面我们可以直接引用 apache.sls 文件，另一种是创建 apache 目录，再引用目录中的 init.sls 文件，两者的效果是一样的。考虑到后续还有大量工作要合并进来，这里为了规范操作，建议采用目录的形式进行。

下面建立 apache 目录，命令如下所示：

```
mkdir -p /srv/salt/apache
```

其下的 init.sls 文件内容如下所示：

```
httpd:
    pkg:
    - name: httpd
    - installed
    service.running:
    - name: httpd
    - enable: True
```

第一行的 httpd 是我们这里定义的 state 名称，这里也可以写 apache 或其他相关的名称。

第二行至第四行是安装软件，pkg 表示使用系统本地的软件包管理器（yum 或 apt-get）管理将要被安装的软件，此例中的软件名称为 httpd。

第五行至下面的内容保证 httpd 软件包安装完成以后，httpd 服务是启动的。

在执行此 sls 之前，可以先进行测试工作，命令如下所示：

```
salt '*' state.highstate test=True
```

输出结果如下所示：

```
vagrant1:
```

```
----------
          ID: httpd
    Function: pkg.installed
      Result: True
     Comment: Package httpd is already installed.
     Started: 11:24:05.696883
    Duration: 1523.233 ms
     Changes:
----------
          ID: httpd
    Function: service.running
      Result: True
     Comment: The service httpd is already running
     Started: 11:24:07.220787
    Duration: 64.496 ms
     Changes:

Summary
------------
Succeeded: 2
Failed:    0
------------
Total states run:     2
```

上述结果说明此配置过程没有问题，然后再继续执行，命令如下所示：

```
salt '*' state.highstate
```

后面的结果是完全正常的。

6.3 Salt 真实案例分享

下面还是以笔者维护的这套安全 CDN 项目为例，向大家说明下如何利用 Salt 来自动化部署应用和配置管理其公共配置。

目前项目中的机器维持在 500 ～ 600 台左右，采用的是双 Master 高可用架构（此架构设计说明将在下一个章节里向大家详细介绍），此案例中 Salt 采用了两个环境，即 base 和 prod，base 环境主要用于存放系统初始化的功能文件，而 prod 主要用于存放生产线环境下的配置管理功能文件。

此安全 CDN 项目包含的主要功能和服务具体如下（以主要的功能点来进行说明）。

❑ 系统安全初始化。

❑ LVS 服务。

❑ Nginx 服务（Web 官网）。

❑ Nginx+Lua（WAF）服务。

❑ rsyslog 服务。

Master 端中关于 file_roots 文件项的相关配置如下所示：

```
file_roots:
    base:
        - /srv/salt/base
    prod:
        - /srv/salt/prod
```

而关于 pillar 文件项的相关设置如下所示：

```
pillar_roots:
    base:
        - /srv/pillar/base
    prod:
        - /srv/pillar/prod
```

这些配置选项的作用一目了然，大家应该清楚了解其用法。

我们一般会根据业务类型来划分分组，因为业务类型具备相同的特点，包括部署环境、应用平台、配置文件等，下面以笔者维护的 CDN 项目为例进行说明，其分组配置部分的信息如下所示。

事实上，这个小型的 CDN 项目已经开发出了成熟的内部运维 CMDB（资产管理系统），所以我们一般使用 Python 脚本来自动同步其分组（每隔 30 分钟自动同步一次），然后根据角色对其进行分组，分组内容如下所示：

```
nodegroups:
    waf: 'L@192.168.1.4,192.168.1.5,192.168.1.6'
    hadoop: 'L@192.168.1.10,192.168.1.11,192.168.1.12'
    dns: 'L@192.168.1.99,192.168.1.100,192.168.1.101'
```

笔者建议这里以角色和模块的方式来进行理解，比如我们在 nodegroups 中定义的 waf、hadoop 和 dns，这些可以理解为角色；模块就是下面定义的 hosts、checksalt 及 bash 等，角色中有时候不仅仅是只包含一个模块，很有可能是两个或三个以上的模块。

6.3.1 base 环境配置

这里我们首先说下系统安全初始化相关的内容，其中包含了 checksalt、bash 及 safe-rm 等模块。

（1）bash 模块配置

bash 模块包含两个文件，这里主要是关注 sls 文件，bash.sls 文件内容如下所示：

```
/bin/bash:
    file.managed:
        - source: salt://bash/bash
        - user: root
        - group: root
        - mode: 755
```

```
bash:
    cmd.run:
        - name: 'source /etc/profile'
            - watch:
                - file: /bin/bash
    # 监测 /bin/bash 文件，如果发生改变则执行 source 命令，profile 配置里的环境变量将会立即生效
```

执行完成 bash 模块以后，再执行以下命令：

```
salt '*' cmd.run 'bash --version'
```

通过结果我们可以发现，bash 的版本已由低版本升级至了 4.3.30 版本，修复了 bash 漏洞，系统也因此更为安全了。

（2）saferm 模块配置

在这里，我们采用 safe-rm 代替系统中的 rm 命令。safe-rm 是由 Perl 开发的，可以为我们的重要的文件目录加一层保护，它其实是一个 rm 命令的封装，在执行真正的 rm 操作之前，应先检查目录和文件是否在保护列表中，如果在就放弃，并且打印出一条错误信息。

```
/usr/local/bin/safe-rm:
    file.managed:
        - source: salt://saferm/safe-rm
        - user: root
        - group: root
        - mode: 755

/etc/safe-rm.conf:
    file.managed:
        - source: salt://saferm/safe-rm.conf
        - user: root
        - group: root
        - mode: 644
        - backup: minion

saferm:
    cmd.run:
        - name: 'ln -s /usr/local/bin/safe-rm /usr/local/bin/rm; sed -i "s/PATH=/
PATH=\/usr\/local\/bin:/" /root/.bash_profile; source /root/.bash_profile;'
        - watch:
            - file: /usr/local/bin/safe-rm
            - file: /etc/safe-rm.conf
        # 同时监测 Minion 端的 /usr/local/bin/safe-rm 和 /etc/safe-rm.conf 文件，如果有变
化，则执行 name 字段定义好的 Shell 命令
```

safe-rm.conf 是我们预先定义好的保证目录，其内容如下所示：

```
/
/*
/bin
/boot
```

```
/dev
/etc
/home
/initrd
/lib
/lib32
/lib64
/proc
/root
/sbin
/sys
/usr
/usr/bin
/usr/include
/usr/lib
/usr/local
/usr/local/bin
/usr/local/include
/usr/local/sbin
/usr/local/share
/usr/sbin
/usr/share
/usr/src
/var
/etc/salt/minion.d/_schedule.conf
/etc/salt/minion
/usr/bin/salt-minion
/etc/init.d/salt-minion
/data/logs
```

执行完“ salt '*' state.highstate”命令以后，随便进到某一台 Minion 机器上，然后执行下列命令：

```
rm—rf /data/logs/
```

命令执行不成功，输出结果如下所示：

```
safe-rm: skipping /data/logs
```

上述输出结果证明 saferm 模块已经配置成功了。

（3）saltcheck 模块配置

saltcheck 模块是我们自己定义的，主要是通过 Crontab 计划任务每隔 5 分钟检查一次 salt-minion 服务，如果发现 salt-minion 服务被人为中止了，就重新启动。还是像以往一样，我们首先关注的是 saltcheck.sls 文件，其内容如下所示：

```
/usr/bin/salt.sh:
    file.managed:
        - source: salt://saltcheck/saltcheck.sh
        - user: root
```

```
            - group: root
            - mode: 755
            - backup: minion

/etc/cron.d/salt_agent.cron:
    file.managed:
        - source: salt://saltcheck/salt_agent.cron
        - user: root
        - group: root
        - mode: 644
- backup: minion
```

此处的配置内容与前面的内容大部分都是一样的，这里就不一一解释了。saltcheck.sh文件的内容如下所示：

```
#!/bin/bash
# Salt-minion program check

export PATH=/usr/local/sbin:/usr/local/bin:/sbin:/bin:/usr/sbin:/usr/bin:/root/bin
salt_client=`ps -ef |grep 'salt-minion' |grep -v grep|wc -l`

salt_check() {
    if [ $salt_client -ge 1 ]
        then
            echo "ok"
    else
        /etc/init.d/salt-minion restart
    fi
}

salt_check
```

salt_agent.cron 的内容如下所示：

```
*/5 * * * * root /usr/bin/saltcheck.sh >>/var/log/salt.log
# 即每隔 5 分钟就执行一次 /usr/bin/saltecheck.sh 命令来检查下 salt-minion 服务
```

每次执行之前都可以用如下命令来检查新加模块的 sls 文件的语法正确性，还可以确定 Salt 会执行哪些操作及状态到 Minion 端的服务器上，命令如下所示：

```
salt '*' state.highstate test=True
```

截止此处，base 环境基本上就配置完成了，我们可以用“tree”命令来查看其目录的详细目录路径，命令如下所示：

```
tree /srv/salt/base
```

命令显示结果如下所示：

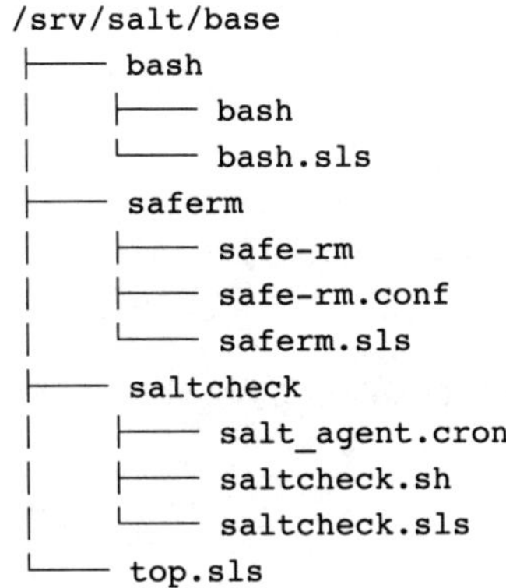

```
/srv/salt/base
├── bash
│   ├── bash
│   └── bash.sls
├── saferm
│   ├── safe-rm
│   ├── safe-rm.conf
│   └── saferm.sls
├── saltcheck
│   ├── salt_agent.cron
│   ├── saltcheck.sh
│   └── saltcheck.sls
└── top.sls
```

6.3.2　prod 环境配置

prod 环境主要是指线上的业务环境，按照角色进行划分的话，其主要包含如下几种业务角色。

- LVS 负载均衡机器。
- Hadoop 和 ElasticSearch（以下简称为 ES）大数据机器。
- Rsyslog 日志集中管理服务。
- Nginx（Web 官网）。
- Nginx+Lua（WAF）。

nodegroup.conf 是前文提到的线上业务划分角色的配置文件，是 Python 程序每隔 30 分钟就同步 CMDB 系统自动生成的配置文件，其具体路径为 /etc/salt/master.d/nodegroup.conf。

（1）LVS 角色配置相关

LVS 机器主要是 LVS+Keepalived 相关配置，我们主要是利用 keepalived 模块来进行配置，下面就来关注下 keepalived 模块，其 sls 配置信息如下所示：

```
keepalived:
    file.managed:
        - name: /root/keepalived.sh
        # 请注意此处的 name 指明了 Minion 端保存文件的详细路径
        - source: salt://keepalived/keepalived.sh
        - user: root
        - group: root
        - mode: 644
        - backup: minion
    cmd.run:
        - name: bash /root/keepalived.sh
        # 此处的 name 则是指明了 Minion 端执行的详细的 Shell 命令
```

keepalived.sh 是根据线上的业务环境而编写的 Shell 命令，内容较为简单，这里略过。

而 top.sls 中关于 LVS 的相关内容如下所示：

```
prod:
    'lvs':
        - match: nodegroup
        - keepalived.keepalived
```

（2）Hadoop 和 ElasticSearch 大数据机器

这里使用的主要是 rsyslog 模块和 host 模块，首先我们需要关注的是 rsyslog.sls 配置文件，其内容如下所示：

```
/etc/rsyslog.conf:
    file.managed:
        - source: salt://rsyslog/rsyslog.conf
        - user: root
        - group: root
        - mode: 644
        - backup: minion

rsyslog:
    service.running:
        - enable: True
        - watch:
            - file: /etc/rsyslog.conf
        #watch 选项会监控 Minion 端的 /etc/rsyslog.conf 文件，如果内容发生改变的话，那么
    #rsyslog 服务也会重新启动
```

另外，host 模块中 hosts_allow.sls 的配置内容具体如下所示：

```
/etc/hosts.allow:
    file.managed:
        - source: salt://host/hosts.allow
        - user: root
        - group: root
        - mode: 644
        - backup: minion

hosts_allow:
    cmd.run:
        - name: 'md5sum /etc/hosts.allow'
        - watch:
            - file: /etc/hosts.allow
```

hosts.allow 中主要定义的是 Hadoop 和 ES 内部之间允许互相连接 IP 地址，除了这些机器以外，其他机器之间均是不允许进行 SSH 连接的。

下面就来关注下其在 top.sls 里面的配置内容，具体如下所示：

```
'hadoop':
    - match:nodegroup
```

```
        - rsyslog:rsyslog
    'es':
        - match:nodegroup
        - rsyslog:rsyslog
```

（3）Nginx 服务

此处的 Nginx 服务主是针对官网和其他客服网站的，这里只是单纯的 Nginx 服务，所以配置较为简单，我们只需要关心其 nginx.sls 日志内容即可，日志内容具体如下所示：

```
nginx_install:
    file.managed:
        - source: salt://nginx/nginx_install.sh
        - name: /root/anzhuang.sh
        - user: root
        - group: root
        - mode: 644
```

这里的 nginx_instlal.sh 是我们自行定义的安装 Nginx 服务的脚本，通过内部 YUM 服务器进行部署安装，比较快捷方便，过程较为简单，这里略过。

（4）WAF 服务

这里的 WAF 机器是我们提供核心安全的业务机器，主要是 Nginx+Lua 业务，其 waf.sls 内容如下所示：

```
/usr/local/waf/lualib/ng/config.lua:
    file.managed:
        - source: salt://waf/config.lua
        - user: root
        - group: root
        - mode: 644
        - backup: minion

nginxluareload:
    cmd.run:
        - name: '/usr/local/waf/nginx/sbin/nginx -c /usr/local/waf/nginx/conf/
nginx.conf -t && /usr/local/ndserver/nginx/sbin/nginx -s reload'
        - watch:
            - file: /usr/local/waf/lualib/ng/config.lua
        #Minion 端会监控 /usr/local/waf/lualib/ng/config.lua 文件，如果发生改变的话，则
会执行 name 字段定义好的 Shell 命令集
```

其他线上业务可以参考以上的做法进行添加，全部添加完毕以后我们可以用 tree 来查看 /srv/salt 的目录结构，结果如下所示：

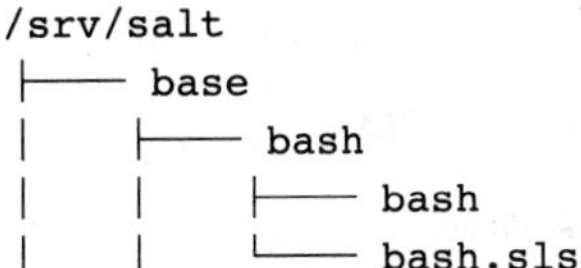

```
/srv/salt
├── base
│   ├── bash
│   │   ├── bash
│   │   └── bash.sls
```

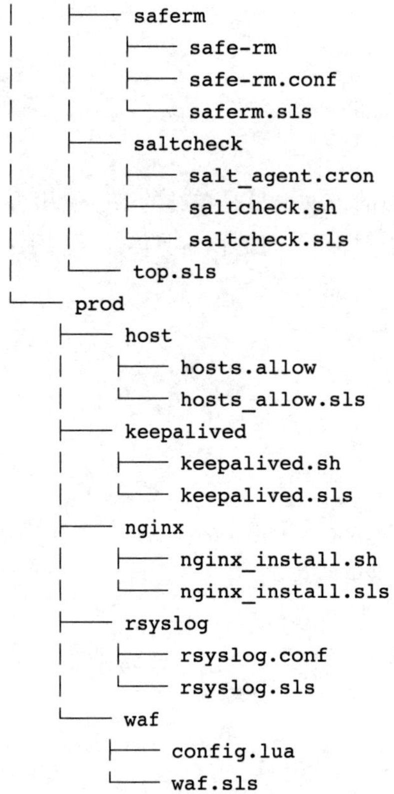

```
|    ├── saferm
|    |    ├── safe-rm
|    |    ├── safe-rm.conf
|    |    └── saferm.sls
|    ├── saltcheck
|    |    ├── salt_agent.cron
|    |    ├── saltcheck.sh
|    |    └── saltcheck.sls
|    └── top.sls
└── prod
     ├── host
     |    ├── hosts.allow
     |    └── hosts_allow.sls
     ├── keepalived
     |    ├── keepalived.sh
     |    └── keepalived.sls
     ├── nginx
     |    ├── nginx_install.sh
     |    └── nginx_install.sls
     ├── rsyslog
     |    ├── rsyslog.conf
     |    └── rsyslog.sls
     └── waf
          ├── config.lua
          └── waf.sls
```

可以通过如下命令按照角色分组将Minion端的状态统一一下，还是与之前一样，先测试，再执行，命令如下所示：

```
salt-N 'hadoop'state.highstate test=True
salt-N 'hadoop' state.highstate
salt-N 'waf' state.highstate test=True
salt-N 'waf' state.highstate
```

其他角色分组以此类推。

6.4 Salt多Master搭建

如前面章节内容提到的，我们的线上环境采用的是双Master Salt，主要是防止单Master出现硬件故障的时候，会无法管理线上的Minion客户端。这里我们还是在前面的环境中再增加一台Vagrant1机器，机器主机名为server2，IP为192.168.185.99（并且提前安装好salt-master服务），下面就向大家演示下如何配置Salt多Master环境。

我们这里首先介绍下此环境下各主机的基本情况，如表6-4所示。

表 6-4 双 Master 环境下各主机的基本情况

机器主机名	角色	IP	系统
server	Master	192.168.185.96	CentOS6.8 x86_64
vagrant1	Minion	192.168.185.97	CentOS6.8 x86_64
vagrant2	Minion	192.168.185.98	CentOS6.8 x86_64
server2	Master	192.168.185.99	CentOS6.8 x86_64

步骤 a：Master 端的配置情况

Salt 本身是没有相应的同步机制来同步多 Master 的各种数据的，这就需要我们自己想办法来同步各种 Master 之间的数据。那么，我们需要同步 Master 上的哪些数据呢，具体包括如下几种。

（1）Master 配置文件

我们之前已经配置好了 Master 机器的 /etc/salt/master 及 master.d 目录里的配置文件（包含 nodegroup 分组配置文件），我们需要将其同步到后面的 server2 机器上。

（2）Master 的公私钥文件

Master 的 public key 默认保存在 /etc/salt/pki/master/master.pub 中，private key 则保存在 /etc/salt/pki/master/master.pem 里，我们将其复制出来，覆盖掉 server2 启动时自动生成的 key 文件。

注意 操作此步时需要确保新增的 Master 并没有 Minion 机器连接进来。

（3）Minion Keys

Minion 的 Keys 需要每个 Master 都进行 accept，我们在这里需要保证在 Master 端之间进行 key 目录的同步，需要同步的几个目录具体如下：

```
/etc/salt/pki/master/minions
/etc/salt/pki/master/minions_pre
/etc/salt/pki/master/minions_rejected
```

（4）file_roots 和 pillar_roots

这两个目录都不需要多说了，都需要在 Master 端之间保持一致。

步骤 b：Minion 端的配置情况

Minion 端的配置也比较简单，主要是修改 /etc/salt/minion 文件即可，文件内容如下所示：

```
master:
    - 10.0.0.15
    - 10.0.0.18
```

修改完毕以后，我们需要重启 salt-minion 服务，命令如下所示：

```
service salt-minion restart
```

如果后期还需要增加 Master 机器，那么我们只需要参考上面的步骤 a 和步骤 b 即可。这里还有一点需要我们注意的是，如果后期 Minion 端机器持续性地增加，达到数以万计的时候，单用 Master 就会非常吃力了，我们需要考虑性能方面的问题，此时大家可以考虑下 Salt Syndic 方案。由于笔者维护的这项安全 CDN 项目的机器数量基本上维持在 500 ～ 600 台左右，因此暂时没有这方面的要求，等后续有了实际的维护经验再来与大家分享。

6.5 Salt API 介绍

事实上，很多时候我们并不希望在 Master 端或 Minion 端手动执行命令操作，这个时候就需要第三方来调用 Salt，Salt 本身就提供了两类 API（也称为接口）与之交互。

1）只有在 Master 端或 Minion 端机器上才能调用的 Python API。

2）可以在远程通过 HTTP 调用的 Restful API。

Salt 命令及与之相应的 Python API 的关系如表 6-5 所示，大家可以参考一下。

两种 API 的场景和使用方式各有不同，下面我们将分别介绍这两种 API 的使用方法。

表 6-5　Salt 命令与 Salt API 的对应关系

Salt 命令	Salt API
salt	salt.client.LocalClient
salt-minion	salt.minion.Minion
satl-cp	salt.cli.cp.SaltCP
salt-key	salt.key.KeyCLI
salt-call	salt.cli.caller.caller
salt-run	salt.runner.Runner
salt-ssh	salt.client.ssh.SSH

6.5.1 Python API 介绍

Python API 是给 Python 使用的 API，而 Python 作为后端语言还需要有相应的运行环境，即需要在后端服务器上运行，而且由于内部通信机制的限制，其必须在 Salt Master 端或 Minion 端上运行，下面我们分别介绍一下工作中常用的几种 API。

（1）LocalClient

该接口是最常用的接口之一，salt（/usr/bin/salt）默认使用该接口，该接口默认只能在 Salt Master 的本机上调用，下面在 Python 环境下向大家演示如何使用该接口执行 uptime 命令，这里的演示环境还是前面的 vagrant 环境，一个 Master 机器加上两台名为 vagrant1 和 vagrant2 的 Minion 机器。

然后为了保证环境一致，所有的 vagrant 机器都是默认的 Python 2.6.6 环境。如果我们执行 import salt.client 命令时出现如下报错信息：

```
ImportError: No module named salt.scripts
```

那么具体原因是一般是我们升级了 Python 版本，而 salt 命令默认还是安装在 Python 2.6 环境下，所以我们得修改 /usr/bin/salt 命令，将第一行修改为：

```
#!/usr/bin/python2.6
```

这里笔者为了统一环境，所有的vagrant机器都没有升级Python环境，都是Python 2.6.6，下面在Python命令行输入以下命令，具体结果如下所示：

```
import salt.client
local = salt.client.LocalClient()
local.cmd('*','cmd.run',['uptime'])
```

命令执行结果如下所示：

```
{'vagrant1': ' 11:01:38 up  2:00,  1 user,  load average: 0.00, 0.00, 0.00',
'vagrant2': ' 11:01:39 up  2:00,  1 user,  load average: 0.00, 0.00, 0.00'}
```

local.cmd后面带的参数具体如下。

目标对象：执行该命令的目标机器、字符串或列表。

模块命令：目标对象后面紧跟的就是模块命令了，比如类似cmd.run这种。

模块参数：模块命令后面紧跟的就是模块参数了，一般我们将其放在“[]”里。

（2）Salt Caller

Salt Caller的功能是在Minion端通过API调用Salt，salt-call（/usr/bin/salt-call）后端调用的就是这个接口。

例如，我们在vagrant2机器上，通过此接口来执行uptime命令，过程如下所示：

```
import salt.client
caller = salt.client.Caller()
caller.function('test.ping')
```

命令执行结果如下所示：

```
True
```

（3）RunnerClient

RunnerClient（任务异步）的功能是在Master端通过Python调用runner，salt-run(/usr/bin/salt-run)调用的即为此接口。

下面利用此接口来实现查看当前任务列表的功能，代码如下所示：

```
import salt.runner
opts = salt.config.master_config('/etc/salt/master')
runner = salt.runner.RunnerClient(opts)
# 所有的任务号，以及执行的记录审计
runner.cmd('jobs.list_jobs', [])
# 通过任务号得出结果
runner.cmd('jobs.lookup_jid', ['20171229090810958208''])
```

上文只是介绍了我们工作中常用的三种API的使用方法，更多详细资料请参考官方文档：

https://docs.saltstack.com/en/latest/ref/clients/index.html#client-apis

6.5.2 Restful API 介绍

当我们配合前端同事一起进行运维自动化需求开发时，通过 Salt 的 Python API 就不是很方便了，这个时候我们需要基于 Restful API 风格的 HTTP API。而 Salt 正好就提供了这些模块，即 sal-api，其在官方也有独立的项目地址，项目地址为 https://github.com/saltstack/salt-api。

1. salt-api 的安装及测试

其详细部署过程具体如下所示。

（1）安装

可以用如下命令来安装 salt-api，代码如下所示：

```
yum -y install salt-api
```

（2）添加用户

salt-api 使用的是 eauth 验证系统（使用 API 所在机器的账户进行验证，这里就是 salt-master 机器），最好为 salt-api 单独添加一个账号，命令如下所示：

```
useradd -M -s /sbin/nologin salt
echo "salt@12321@test" | passwd salt --stdin
```

请记住此账户和密码，在下面的 API 登录过程中会用到该信息。

（3）配置证书文件

基于安全方面的考虑，官方文档建议使用 HTTPS 进行加密通信（如果部署在公网下的话，那么强烈建议采用 HTTPS）。这时候需要生成自签名的证书（如果你有通用的证书，那么可以直接使用）。

首先我们建立 /etc/ssl/private 目录，命令如下：

```
mkdir /etc/ssl/private
```

生成 key：

```
openssl genrsa -out /etc/ssl/private/key.pem 4096
```

生成证书：

```
openssl req -new -x509 -key /etc/ssl/private/key.pem -out /etc/ssl/private/cert.
pem -days 1826
```

我们在这里填上相匹配的值即可。

建议为 salt-api 单独创建配置文件，/etc/salt/master 默认会导入 master.d/*.conf，所以只要 touch /etc/salt/master.d/salt-api.conf 就可以了。文件内容具体如下所示：

```
external_auth:
    pam:
        salt:
            - .*
            - '@whell'# 允许调用 whell 模块
            - '@runner'# 允许调用 runner 模块
            - '@jobs'# 允许调用 jobs 模块

rest_cherrypy:
    port: 8080
    host: 0.0.0.0
    ssl_crt: /etc/ssl/private/cert.pem
    ssl_key: /etc/ssl/private/key.pem

    #disable_ssl: True
    # 如果不需要 https，直接使用 http，这里可以去掉本行最前面的注释
    ssl_crt: /etc/ssl/private/cert.pem
    ssl_key: /etc/ssl/private/key.pem
```

然后重启 salt-master 和 salt-api 服务，命令如下所示：

```
service salt-master restart
service salt-api restart
```

（4）API 测试验证

至此，我们配置的 salt-apiy 就已经可以使用了。在使用之前还有最后一步工作要做，即获取 Token，也就是登录，代码如下：

```
curl -k https://127.0.0.1:8080/login -H "Accept: application/json" -d
username='salt' -d password='salt@12321@test' -d eauth='pam' | jq .
```

返回的结果如下所示：

```
  % Total    % Received % Xferd  Average Speed   Time    Time     Time  Current
                                 Dload  Upload   Total   Spent    Left  Speed
126   204  102   204    0    48    579    136 --:--:-- --:--:-- --:--:--   886
{
    "return": [
        {
            "eauth": "pam",
            "user": "salt",
            "expire": 1514600674.232068,
            "token": "3f8c348ec5b6c16daedc457b20e770a0e6427ad7",
            "start": 1514557474.232023,
            "perms": [
                ".*",
                "@whell",
                "@runner",
                "@jobs"
            ]
```

```
        }
    ]
}
```

拿到 Token 之后，两种使用方式具体如下。

1）基于 Cookie 的 Session 会话，比如浏览器或者 requests.Session。

2）在 HTTP 请求的 header 加上 X-Auth-Token: ffe458c40afad9aff2641d5623b8e9c11dc64317。

我们在这里采用第二种方式，这里使用上面的 Token 在另外的机器上执行以下的命令就非常简单了：

```
curl -k https://localhost:8080/ -H "Accept: application/json"  -H "X-Auth-Token: ffe458c40afad9aff2641d5623b8e9c11dc64317" -d client='local' -d tgt='192.168.185.160' -d fun="cmd.run" -d arg="uname -a" | jq .
```

返回结果具体如下：

```
    % Total    % Received % Xferd  Average Speed   Time    Time     Time  Current
                                   Dload  Upload   Total   Spent    Left  Speed
204   147  147   147    0     57    473    183 --:--:-- --:--:-- --:--:--   426
{
    "return": [
        {
            "192.168.185.160": "Linux 192.168.185.160 2.6.32-573.el6.x86_64 #1 SMP Thu Jul 23 15:44:03 UTC 2015 x86_64 x86_64 x86_64 GNU/Linux"
        }
    ]
}
```

现在调用 API 来执行此脚本，代码如下所示：

```
curl -k https://10.0.0.15:8080/ -H "Accept: application/json"  -H "X-Auth-Token: 3f8c348ec5b6c16daedc457b20e770a0e6427ad7" -d client='local' -d tgt='vagrant1' -d fun="cmd.run" -d arg="uptime" | jq .
```

命令如下所示：

```
    % Total    % Received % Xferd  Average Speed   Time    Time     Time  Current
                                   Dload  Upload   Total   Spent    Left  Speed
    0    90    0    90    0     48    209    111 --:--:-- --:--:-- --:--:--   163
{
        "return": [
            {
                "vagrant1": " 14:35:11 up  5:34,  1 user,  load average: 0.08, 0.02, 0.01"
            }
        ]
}
```

我们关注 return 返回值的内容即可。

2. 使用 salt-api 实现常规操作

我们可以通过操作 Restful API 实现日常 salt 操作，具体步骤如下所示：

1）运行远程模块。

2）查询指定的 job。

3）运行 runner。

这里会用到 Linux 下的一个工具，称为 jq，这里先提前介绍一下。

JSON 是前端编程经常用到的格式，对于 PHP 或者 Python，解析 JSON 并不是什么大事，尤其是 PHP 的 json_encode 和 json_decode 非常好用。Linux 下也有这样的神器即 jq 命令，其对于运维人员平常处理 JSON 格式的文件有很大的帮助。对于 JSON 格式而言，jq 就像 sed、awk、grep 这些神器一样的方便，而且 jq 没有多余的依赖，只需要一个 binary 文件 jq 就足矣。

jq 安装代码如下所示：

```
yum -y install jq
```

（1）使用

格式化 JSON

我们这里以一个各为 json_test.txt 文件为例，其文件内容如下所示：

```
{"name":"WuDi","location":{"street":"ZhongShanLu","city":"BeiJing","age":"26","country":"CN"},"employees":[{"name":"Mark","division":"DevOps"},{"name":"Lucy","division":"HR"},{"name":"Elise","division":"Marketing"}]}
```

上面的 JSON 是 PHP json_encode 之后，echo 出来的字符串，很明显，上述代码可读性太差。笔者曾经需要将前后段 JSON 写入文档，当时使用的是网上的 JSON 格式化工具来做的。事实上，jq 就可以检查 JSON 的合法性，并把 JSON 格式化成更友好、可读性更强的格式：

```
cat  json_test.txt  |  jq .
```

命令显示结果如下所示：

```
{
    "employees": [
        {
            "division": "DevOps",
            "name": "Mark"
        },
        {
            "division": "HR",
            "name": "Lucy"
        },
```

```
        {
            "division": "Marketing",
            "name": "Elise"
        }
    ],
    "location": {
        "country": "CN",
        "age": "26",
        "city": "BeiJing",
        "street": "ZhongShanLu"
    },
    "name": "WuDi"
}
```

（2）API 性能

Salt 执行命令是并行的，而 salt-api 测试下来不是并发的。

Chrerrypy 本身的性能很高，不考虑网络影响的话，基本在 ms 级（与 ab 测试结果一致）。

6.6 小结

本章以笔者自己维护的安全 CDN 项目为例来说明生产环境下的 Saltstack（以下简称为 Salt）的用法，对 Salt 的通信原理、优势及基础语法各方面都进行了比较全面的介绍，读者可以将本章介绍的 Salt 与前面章节的 Ansible 进行对比，思考下哪种自动化运维场景更适合于使用 Salt，哪种更适合于使用 Ansible。随着项目机器的增加，单 Salt 维护 3000 ～ 5000 台左右的 Minion 机器也完全不是问题，其性能和强大性可见一斑，希望大家能够熟练掌握其用法，使自己的项目也能够付诸应用。

第 7 章 Chapter 7

Docker 和 Jenkins 在 DevOps 中的应用

Docker 是现阶段最流行的容器技术，主要用于隔离，因为 Docker 镜像、容器运行简单便捷，适合于将应用快速部署上线、快速弹性扩充，所以 Docker 是非常适合 DevOps 的。而 Jenkins 是一个开源的、提供友好操作界面的持续集成（CI）工具，起源于 Hudson（Hudson 是商用的），主要用于持续、自动地构建或测试软件项目、监控外部任务的运行（这个比较抽象，暂且写上，不做解释）。Jenkins 用 Java 语言编写，可在 Tomcat 等流行的 Servlet 容器中运行，也可独立运行，通常与版本控制工具（SCM）、构建工具结合使用；常用的版本控制工具有 SVN、GIT，构建工具有 Maven、Ant、Gradle。在很多产品 Docker 化的场景中，我们可以利用 Docker 结合 Jenkins 来自动化地打包镜像、上传镜像及发布应用，整个过程是全自动化的，对于提升工作效率是大有裨益的。

这里我们首先来介绍一下 Docker。

我们可以对比一下 Docker 容器与传统虚拟机的特性，如表 7-1 所示。

表 7-1 Docker 与传统虚拟机的对比

特　性	Docker 容器	虚　拟　机
启动速度	秒级	分钟级
硬盘使用	一般为 MB	一般为 GB
性能	接近原生系统	弱于原生系统
系统支持量	单机支持上千个容器	单机最大量为几十个
隔离性	完全隔离	完全隔离

虚拟机在性能上有较大损耗的原因如下：

虚拟机是在硬件层面实现虚拟化，需要有额外的虚拟机管理应用和虚拟机操作系统层，而 Docker 容器是在操作系统层面上实现虚拟化，直接复用本地主机的操作系统，所以性能上更接近于原生，基本上是没有任何损耗的。

Docker 容器除了运行其中的应用之外，基本上不消耗额外的系统资源，在保证应用性能的同时，尽量减小系统开销。以传统虚拟机方式运行 N 个不同的应用就要启动 N 个虚拟机（每个虚拟机需要单独分配独占的内存、磁盘等资源），而 Docker 只需要启动 N 个隔离的容器，并将应用放到容器内即可。这也是为什么单机上只能运行十几个虚拟机，却能运行上千个容器的原因。

前面已经提到，DevOps 的核心理念在于研发、运维及测试团队之间高效沟通与协作，以解决以下常见问题：

- 更频繁的需求变更和持续部署。
- 生产环境不受开发人员控制。
- 开发与运维不能紧密切合。
- 现在虚拟机不能满足开发与运营人员的协作。
- 研发部署流程需要更多的成本和时间。

事实上，我们可以在 DevOps 的持续集成 / 持续（CI/CD）部署阶段就引入 Docker，用 Docker 来实现操作系统、测试环境及生产环境的镜像封装，从而实现快速开发和部署，其流程如图 7-1 所示。

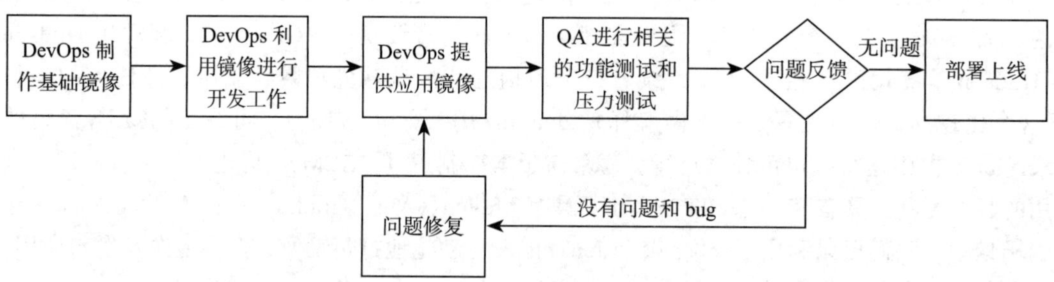

图 7-1　引入 Docker 以后在 DevOps 的 CI/CD 部署阶段的工作流程图

与传统模式相比，我们至少需要部署测试环境（test）、开发环境（dev）和线上环境（prod）（有的公司还会部署 stage 环境，即预发布环境作为压测环境），不论哪一个环境在细节上出了问题，比如第三方库，开发人员都需要介入，这根本满足不了我们需要快速开发和部署的需求，而按照上面的流程，架构师的作用贯穿整个开发、测试及生产环节，利用 Docker 来生成镜像，正好解决这些问题。另外，关于各个环境的配置文件的问题，可以结合实际情况来选择合适的方案。

方案一　我们前面提到的 3 种环境（或 4 种环境）全部用同一个基础镜像，然后我们引入配置中心统一管理这些环境的配置文件。

方案二　3 种环境（或 4 种环境）将配置文件利用 Dockerfile 打进镜像里，有几种环境就对应使用几个镜像，这里可以省略配置中心的环节。

大家可以根据自己公司的实际情况来选择。

既然 Docker 能给 DevOps 操作带来这么多的便利，那么我们为什么不更深入地理解、研究它呢？另外，Docker 的设计上很多地方都借鉴了 Git 的设计思想，所以强烈建议大家在平时的工作和学习中熟悉 Git 的操作流程及原理。下面我们就从最基础的 Docker 安装和核心概念开始介绍。

7.1 Docker 的基础安装

Docker 容器最早受到 RHEL 完善的支持是从最近的 CentOS 7.0 开始的，官方说明是只能运行于 64 位架构平台，需要注意的是 CentOS 6.x 与 7.0 的安装过程是不同的，CentOS 6.x 上 Docker 的安装包叫作 docker-io，并且来源于 Fedora epel 库，这个库维护了大量的没有包含在发行版中的软件，所以要先安装 epel，而 CentOS 7 的 Docker 直接包含在官方镜像源的 Extras 仓库。

下面以 CentOS 7.4 x86_64 物理机器来举例说明。

1. 准备工作

1）禁用 SELinux，命令如下所示：

```
getenforce
```

命令显示结果如下所示：

```
enforcing
```

这里采取永久方案，编辑 /etc/selinux/config 文件，修改文件，内容如下所示：

```
SELINUX=disabled
```

然后用 reboot 命令重启机器。

2）/etc/yum.repos.d/CentOS-Base.repo 下的 [extras] 节 enable=1 启用，默认是启用状态，但要注意检查一下，如果此项是 0，应调整成 1。

3）检查内核版本等：

```
uname -r
```

命令显示结果如下所示：

```
3.10.0-693.el7.x86_64
```

查看下系统版本：

```
cat /etc/redhat-release
```

命令显示结果如下所示：

```
CentOS Linux release 7.4.1708 (Core)
```

Docker 的存储驱动是 Device Mapper，看一下我们的驱动是否符合，命令如下所示：

```
grep device-mapper /proc/devices
```

命令显示结果如下所示：

```
253 device-mapper
```

2. 正式安装环节

1）接下来我们就进入正式的安装步骤了，输入命令开始安装，如下所示：

```
yum -y install docker
```

2）安装成功以后，可以用如下命令查看 Docker 版本：

```
docker --version
```

命令显示结果如下所示：

```
Client:
    Version:         1.13.1
    API version:     1.26
    Package version: docker-1.13.1-63.git94f4240.el7.centos.x86_64
    Go version:      go1.9.4
    Git commit:      94f4240/1.13.1
    Built:           Fri May 18 15:44:33 2018
    OS/Arch:         linux/amd64

Server:
    Version:         1.13.1
    API version:     1.26 (minimum version 1.12)
    Package version: docker-1.13.1-63.git94f4240.el7.centos.x86_64
    Go version:      go1.9.4
    Git commit:      94f4240/1.13.1
    Built:           Fri May 18 15:44:33 2018
    OS/Arch:         linux/amd64
    Experimental:    false
```

上面的命令结果是在已经启动了 Docker 服务的前提下产生的，如果没有启动 Docker 服务，将只能显示 Docker Client 版本号，如下所示：

```
Client:
    Version:         1.13.1
    API version:     1.26
    Package version:
Cannot connect to the Docker daemon at unix:///var/run/docker.sock. Is the
docker daemon running?
```

3）安装完 Docker 以后，启动 Docker 服务并配置成开机启动，命令如下所示：

```
systemctl  start docker.service
```

```
systemctl  enable docker.service
```

4）这里通过指定标签来下载 Docker Hub 的 Ubuntu 仓库的某一个镜像，例如 14.04 标签的镜像，如下所示：

```
docker pull ubuntu:14.04
```

5）镜像下载速度非常慢，这里更换一下仓库，具体操作如下所示：

修改 /etc/docker/daemon.json 文件并添加 registry-mirrors 键值，如下所示：

```
{
    "registry-mirrors": ["https://registry.docker-cn.com"]
}
```

重启 Docker 服务，如下所示：

```
systemctl restart docker.service
```

继续执行前面的命令，镜像下载速度明显快多了，显示结果如下所示：

```
Trying to pull repository docker.io/library/ubuntu ...
14.04: Pulling from docker.io/library/ubuntu
c2c80a08aa8c: Pull complete
6ace04d7a4a2: Pull complete
f03114bcfb25: Pull complete
99df43987812: Pull complete
9c646cd4d155: Pull complete
Digest: sha256:b92dc7814b2656da61a52a50020443223445fdc2caf1ea0c51fa38381d5608ad
Status: Downloaded newer image for docker.io/ubuntu:14.04
```

6）成功下载镜像到本地以后，就可以利用该镜像创建一个容器，在其中运行 bash 应用，命令如下所示：

```
docker run -t -i ubuntu:14.04  /bin/bash
```

此命令也可以简写为如下形式：

```
docker run —ti  ubuntu:14.04 /bin/bash
```

命令显示结果如下所示（表示已经成功进入容器中了）：

```
root@d95e135ccf31:/#
```

我们还可以下载其他镜像，命令如下所示：

```
docker pull centos:6.8
```

成功下载后可以用下列命令查看本地的所有镜像，命令如下所示：

```
docker images
```

命令显示结果如下所示：

```
REPOSITORY          TAG        IMAGE ID          CREATED            SIZE
docker.io/ubuntu     14.04       3b853789146f       11 days ago        223 MB
docker.io/centos     6.8         6704d778b3ba       5 months ago       195 MB
```

到目前为止，Docker 的安装过程基本上就结束了。有一点需要注意，Docker 从 1.13 版本之后采用时间线的方式作为版本号，分为社区版 Docker CE 和企业版 Docker EE。Docker CE 是免费提供给个人开发者和小型团体使用的，Docker EE 会提供额外的收费服务，比如经过官方测试认证过的基础设施、容器、插件等。Docker CE 是免费的 Docker 产品的新名称，Docker CE 包含了完整的 Docker 平台，非常适合开发人员和运维团队构建容器 APP。事实上，Docker CE 17.03 可理解为 Docker 1.13.1 的 Bug 修复版本。因此，从 Docker 1.13 升级到 Docker CE 17.03 风险相对是较小的。

7.2 Docker 的三大核心概念

Docker 的三大核心概念列举如下：

- ❑ 镜像（Image）
- ❑ 容器（Container）
- ❑ 仓库（Repository）

建议大家理解这三个核心概念，就能顺利地理解 Docker 的整个生命周期，下面就简单地说明一下：

1. 镜像

Docker 镜像类似于虚拟机镜像，可以将其理解为一个面向 Docker 引擎的只读模板，包含了文件系统。

例如，一个镜像可以只包含一个完整的 Ubuntu 操作系统环境，可以把它称为一个 Ubuntu 镜像；镜像也可以是安装了 Nginx 的应用程序，可以把它称之为一个 Nginx 镜像。

镜像是创建 Docker 容器的基础，可以通过公有仓库或私有仓库下载已经做好的应用镜像，并且通过简单的命令就可以直接使用。镜像本身是只读的。

2. 容器

容器类似于一个轻量级的沙箱，Docker 利用容器来运行和隔离应用。容器是从镜像创建的应用运行实例，可以对其进行启动、开始、停止、删除操作，而这些容器都是相互隔离、互不可见的。可以把容器看作一个简易版的 Linux 系统环境（这包括 root 用户权限、进程空间、用户空间和网络空间等），以及运行在其中的应用程序打包而成的应用盒子。当我们利用 docker run 来创建并启动容器时，Docker 在后台运行的标准操作包含如下步骤：

1）检查本地是否存在指定的镜像，不存在就从公有仓库下载。

2）利用镜像创建并启动一个容器。

3）分配一个文件系统，并在只读的镜像层外面挂载一层可读写层。

4）从宿主主机配置的网桥接口桥接一个虚拟接口到容器中去。

5）从地址池配置一个 IP 地址给容器。

6）执行用户指定的应用程序。

7）执行完毕后容器运行被终止。

注意　容器 = 镜像 + 读写层，并且容器的定义并没有提及是否要运行容器。

3. 仓库

Docker 仓库是 Docker 集中存放镜像文件的场所。我们经常接触到的注册服务器就是存放仓库的地方，其中往往存放着多个仓库。每个仓库集中存放某一类镜像，往往包含多个镜像文件，通过不同的标签（TAG）来进行区分。

另外，根据所存储的镜像公开分享与否，Docker 仓库又分为公开仓库和私有仓库两种形式。国内除了腾讯云和阿里云的私有仓库以外，我们也在试用 DaoClound 的私有仓库。大家可以根据自己的实际需求来选择适合自己业务的私有仓库。

镜像和容器是初学者不容易理解的概念，这里稍作进一步说明（见图 7-2）。

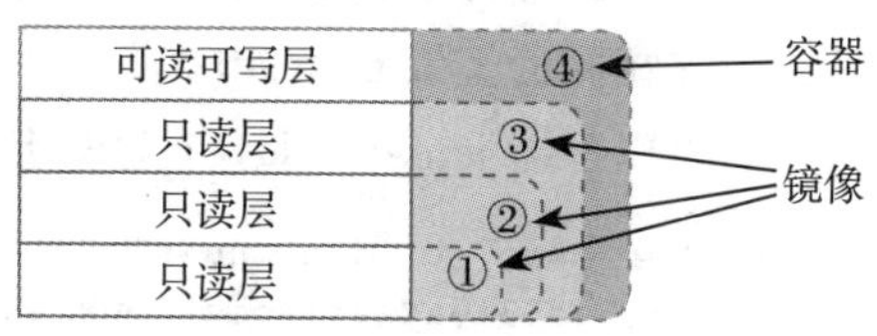

图 7-2　镜像与容器

镜像就是一些只读层（read-only layer）的统一视角，它其实由数个只读层重叠在一起，除了最下面一层，其他层都会有一个指针指向下一层。这些层是 Docker 内部的实现细节，并且能够在宿主机的文件系统上访问到。统一文件系统（Advanced Union File System，AUFS）技术能够将不同的层整合成一个文件系统，为这些层提供了一个统一的视角，这样就隐藏了多层的存在，从用户的角度看来，只存在一个文件系统。

而容器的定义和镜像几乎一样，也是一些层的统一视角，唯一区别在于容器最上面的那一层是可读可写的。

我们可以总结如下：

Docker 镜像是完全不可写的，Docker 容器是可写的，两者之间有着千丝万缕的关系。从 Docker 容器文件系统的角度来认识两者，相信会对大家有很大的帮助。

另外，我们再关注一下容器的隔离技术。容器是一种便携式、轻量级的操作系统级虚拟化技术。它使用 namespace 隔离不同的软件运行环境，并通过镜像自包含软件的运行环境，从而可以很方便地在任何地方运行。由于容器体积小且启动快，因此可以在每个容器镜像中打包一个应用程序。这种一对一的应用镜像关系拥有很多好处。使用容器，不需要与外部的基础架构环境绑定，因为每一个应用程序都不需要外部依赖，更不需要依赖外部的基础架构环境，这完美地解决了从开发到生产环境的一致性问题。容器比虚拟机更加透明，这有助于监测和管理，尤其是容器进程的生命周期由基础设施管理，而不是由容器内的进程对外隐藏时更是如此。最后，每个应用程序用容器封装，管理容器部署就等同于管理应用程序部署。正是容器采用文件系统隔离技术，使得Docker成为了一个很有发展前景的技术。下面我们就以工作的镜像及容器来验证这个观点。

这里笔者用线上的某台机器，以相同的镜像文件yuhongchun/jenkins-slave-docker:2.0开了3个容器，并开放不同的端口，如下所示：

```
docker ps
```

命令显示结果如下所示：

```
    CONTAINER ID        IMAGE                                   COMMAND
CREATED             STATUS              PORTS                   NAMES
    94bf2a1d1644        yuhongchun/jenkins-slave-docker:v2.0    "setup-sshd 'ssh-r..."
2 days ago          Up 2 days           0.0.0.0:2224->22/tcp    jenkins-slave3
    593ff272e8aa        yuhongchun/jenkins-slave-docker:v2.0    "setup-sshd 'ssh-r..."
2 days ago          Up 2 days           0.0.0.0:2223->22/tcp    jenkins-slave2
    b5ec59a0ade4        yuhongchun/jenkins-slave-docker:v2.0    "setup-sshd 'ssh-r..."
2 days ago          Up 2 days           0.0.0.0:2222->22/tcp    jenkins-slave1
```

这里将容器分别命名为jenkins-slave1、jenkins-slave2及jenkins-slave3。分别进入各容器，建立相同的文件mytest.txt。

这里以容器jenkins-slave1为例进行说明，执行命令如下所示：

```
docker exec -ti jenkins-slave1 /bin/bash
root@b5ec59a0ade4:/home/jenkins# touch mytest.txt
```

容器jenkins-slave2和jenkins-slave3与之类似，这里不再重复。

然后我们进入宿主机，执行如下命令查找mytest.txt文件，如下所示：

```
find / -name mytest.txt
```

命令显示结果如下所示：

```
    /var/lib/docker/volumes/7cf88c22505ab412c647d17664d89c47193dbc18f23d70603ffef87e
24dde509/_data/mytest.txt
    /var/lib/docker/volumes/a25724cfdc9cac55f55ae03158c7541b9fecc5eb1675b71ae4744116
eb5d966e/_data/mytest.txt
    /var/lib/docker/volumes/8a8dfa31e5af0738ae293d26783fe94b4ecbb6d78f24c3743b64a737
e346381a/_data/mytest.txt
```

可以清楚地发现，mytest.txt分别置于宿主机的/var/lib/docker/volumes目录下面的不同位置。事实上，在后续的工作中我们也发现，修改各自的mytest.txt文件不会对其他容器文件内容产生任何改变，虽然是同名文件，但容器已将其隔离开了。

7.3 Docker的基本架构

Docker的基本架构如图7-3所示。

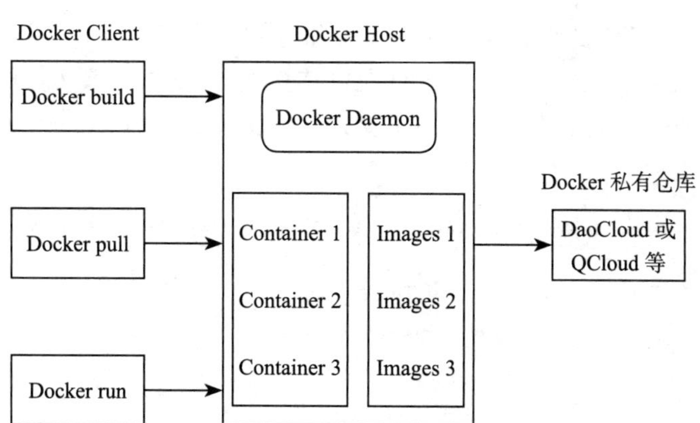

图 7-3 Docker 基本架构图

Docker 是一个 C/S 模式的架构，后端是一个松耦合架构，各模块各司其职。

用户使用 Docker Client 与 Docker Daemon 建立通信，并发送请求给后者。

Docker Daemon 作为 Docker 架构中的主体部分，首先提供 Server 的功能使其可以接受 Docker Client 的请求。

Engine 执行 Docker 内部的一系列工作，每一项工作都是以一个 job 的形式存在的。job 运行的过程中，当需要容器镜像时，则从 Docker Registry 中下载镜像，并通过镜像管理驱动 graphdriver 将下载镜像以 Graph 的形式存储。

当需要为 Docker 创建网络环境时，通过网络管理驱动 networkdriver 创建并配置 Docker 容器网络环境。

当需要限制 Docker 容器运行资源或执行用户指令等操作时，则通过 execdriver 来完成。

libcontainer 是一项独立的容器管理包，networkdriver 以及 execdriver 都是通过 libcontainer 来实现具体对容器进行的操作。

下面我们再来看看 Docker Client 向 Docker Host 端发起请求的流程，如下所示：

1）Docker Client 发起请求。Docker Client 是和 Docker Daemon 建立通信的客户端。用户使用的可执行文件为 docker（类似可执行脚本的命令），docker 命令后接参数的形式来实现一个完整的请求命令（例如 docker images，其中 docker 为命令，不可变，images 为参数，可变）。Docker Client 可以通过以下三种方式和 Docker Daemon 建立通信，即 Port、Socket 和 Socketfd。

2）Docker Client 发送容器管理请求后，由 Docker Daemon 接受并处理请求，当 Docker Client 接收返回的请求响应并简单处理后，Docker Client 一次完整的生命周期就结束了。

可将 Docker Client 一次完整的请求过程概括为发送请求 → 处理请求 → 返回结果，与传统的 C/S 架构请求流程并无不同。

Docker Host 默认监听本地的 uninx://var/run/docker.sock 套接字，只允许本地的 root 用

户访问，如果是远程机器要访问本地的Docker服务呢？我们可以通过-H选项来修改监听的方式，例如，让Docker Host监听本地的TCP连接端口12321，具体操作如下所示：

编辑/lib/systemd/system/docker.service文件，注释掉原先的ExecStart选项，更改为如下形式：

```
ExecStart=/usr/bin/dockerd -H unix://var/run/docker.sock -H tcp://0.0.0.0:12321
```

然后重启Docker服务，命令如下所示：

```
systemctl daemon-reload
systemctl restart docker.service
```

之后在本地的机器中输入命令加以验证，如下所示：

```
ps aux | grep dockerd | grep -v grep
```

命令显示结果如下所示：

```
root 11234  3.6  5.1 1016840 52352 ? Ssl  10:36 0:28 /usr/bin/dockerd-current -H
unix://var/run/docker.sock -H tcp://0.0.0.0:12321
```

重新在此局域网内开一台机器（记得提前用命令systemctl stop firewalld.service关闭两台机器的防火墙），然后用docker命令访问之前的Docker Host，命令如下所示：

```
docker -H tcp://10.0.0.43:12321 images
```

命令显示结果如下所示：

```
REPOSITORY          TAG         IMAGE ID            CREATED           SIZE
docker.io/ubuntu    14.04       8789038981bc        11 days ago       188 MB
```

还可以用curl命令来访问，如下所示：

```
curl 10.0.0.43:12321/info | python -m json.tool
```

因结果过长，这里就不摘录了。事实上，这种方式就相当远程连接本地Docker Restful API的方式，生产环境开启会极大地增加不安全性：由于开了监听端口，任何人都可以通过远程连接到本地的Docker Daemon服务器进行操作，所以操作此步骤时需要谨慎，这里还是推荐采用本地Socket的方式来运行Docker。

7.4 Docker网络实现原理

Docker的网络实现基本上就是利用了Linux的网络命令空间和虚拟网络设备（即veth设备对），熟悉这两部分的基本概念，有助于理解Docker网络的实现过程。Docker中的网络接口默认都是虚拟接口，虚拟接口的最大优势就是转发效率极高，这是因为Linux通过在内核中进行数据复制来实现虚拟接口之间的数据转发，即发送接口的发送缓存中的数据包将直接复制到接收接口的接收缓存中，而无须通过外部物理设备进行交换。对于本地系统和容器内系统，虚拟接口与一个正常的以太网卡相比并无区别，只是它的速度要快得多。Docker 的网络实现物理拓扑图如图 7-4 所示。

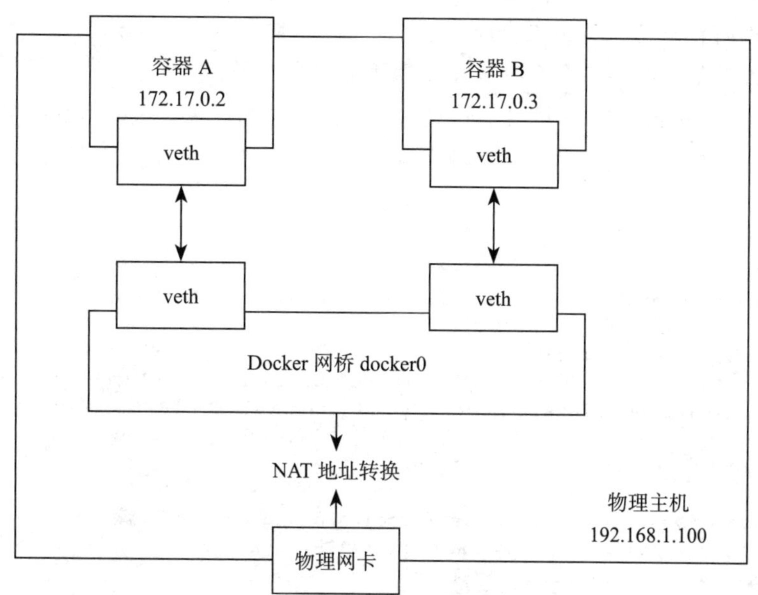

图 7-4　Docker 的网络实现物理拓扑图

可以发现，不同容器之间的网络建立了连接并实现了各主机之间的通信，这是通过 Docker 网桥 docker0 实现的。网桥是一个二层的虚拟网络设备，能把若干个网络接口“连接”起来，以使得接口之间的报文能够互相转发。

下面我们来具体看一下 Docker 创建一个容器的时候，会具体执行哪些操作：

1）创建一对虚拟接口（veth），分别放到本地 Docker 宿主机和新容器的命名空间中。

2）本地 Docker 宿主机一端的虚拟接口连接到默认的 docker0 网桥或指定网桥上，并具有一个以 veth 开头的唯一名字，例如 veth1。

3）容器这边的虚拟接口将放到新创建的容器中，并修改名字为 eth0，这个接口只在容器的命令空间中可见。

4）Docker 宿主机从自身的网络可用地址中获取一个空闲地址分配给容器的 eth0（例如 172.17.0.2/16），并设置默认路由网关为 docker0 网卡的内部接口的 IP 地址（172.17.0.1/16，此 IP 地址为虚拟网桥的 IP 地址）。

5）完成这些操作以后，容器就可以使用它能看到的 eth0 虚拟网卡来访问外部网络（SNAT），或者外部网络访问新建容器（DNAT）。SNAT 和 DNAT 机制通过 Docker 宿主机本身的 iptables 防火墙来实现。

7.5 利用 Dockerfile 文件技巧打包 Docker 镜像

事实上，目前我们的 APP 项目已经全部 Docker 化，不仅如此，像其他很多的应用一样，例如 Jumper、Jenkins 及 GitLab 等都是以 Docker 容器的形式运行的，所以，熟练掌握 Dockerifle 文件打包技巧来生成 Docker 镜像是一件非常有意义的工作，这里我们首先介绍 Dockerfile 文件的基础部分。下面以 Nginx 为例来说明一下。

首先我们在“/home/yhc”目录下建立自己的镜像工作目录，这里将其命名为 mydemo，然后生成 Dockerfile 文件，文件内容如下所示：

```
FROM centos

# MAINTAINER
MAINTAINER yuhongchun027@gmail.com

# running required command
RUN yum install -y gcc gcc-c++ glibc make autoconf openssl openssl-devel wget
RUN yum install -y libxslt-devel -y gd gd-devel GeoIP GeoIP-devel pcre pcre-devel
RUN useradd -M -s /sbin/nologin nginx

# put nginx-1.9.8.tar.gz into /usr/local/src and unpack nginx
RUN wget http://nginx.org/download/nginx-1.9.8.tar.gz
ADD nginx-1.9.8.tar.gz /usr/local/src

# mount a dir to container
VOLUME ["/data"]

# change dir to /usr/local/src/nginx-1.9.8
WORKDIR /usr/local/src/nginx-1.9.8

# execute command to compile nginx
RUN ./configure --user=nginx --group=nginx --prefix=/usr/local/nginx
--with-file-aio --with-http_ssl_module --with-http_realip_module
--with-http_addition_module --with-http_xslt_module --with-http_image_filter_module
--with-http_geoip_module --with-http_sub_module --with-http_dav_module
--with-http_flv_module --with-http_mp4_module --with-http_gunzip_module
--with-http_gzip_static_module --with-http_auth_request_module
--with-http_random_index_module --with-http_secure_link_module --with-http_
degradation_module --with-http_stub_status_module && make && make install

# setup PATH
ENV PATH /usr/local/nginx/sbin:$PATH

# EXPOSE
EXPOSE 80

# the command of entrypoint
ENTRYPOINT ["nginx"]

CMD ["-g","daemon off;"]
```

下面解释一下配置文件的内容，具体如下。

- FROM：设置基础镜像，这里是“FROM:centos”，因为 centos 后面没有带 TAG，所以这里默认会以最新版本（即 latest）为准。
- MAINTAINE：指定镜像的作者和联系方式等信息。
- RUN：RUN 可以运行任何一个被基础镜像支持的命令，还可以执行组合命令，命令格式如下。

```
RUN ["executable", "param1", "param2" ... ]
```

例如：

```
RUN["/bin/bash","-c","ehco hello"]
```

- VOLUME：指定挂载点。

使容器中的一个目录具有持久化存储数据的功能，容器本身可以使用该目录，也可以将该目录共享给其他容器使用。我们知道容器使用的是 AUFS，这种文件系统不能持久化数据，当容器关闭后，所有的更改都会丢失。当容器中的应用具有持久化数据的需求时，可以在 Dockerfile 中使用该指令，我们这里使用的是 VOLUME:/data。

运行通过该 Dockerfile 构建镜像的容器，可以发现“ /data”目录中的数据在容器关闭后，里面的数据还存在。

如果另一个容器也有持久化数据的需求，且也想使用上述容器共享的“ /data”目录，那么可以运行下面的命令启动一个容器：

```
docker run -it -rm -volumes-from jenkins1 jinkins2   /bin/bash
```

其中，jenkins1 为第一个容器的 ID，jinkins2 为第二个容器运行 jenkins1 起的名字。

- WORKDIR：可以进行多次切换（相当于 cd 命令），对 RUN、CMD、ENTRYPOINT 生效。
- ADD：所有复制到容器中的文件和文件夹的权限均为 0755，uid 和 gid 均为 0；如果是一个目录，那么该目录下的所有文件都将复制到容器所在目录下，不包括目录，请注意与另一个命令 COPY 进行区分。

COPY 指令与 ADD 指令的唯一区别在于是否支持从远程 URL 获取资源。COPY 指令只能从执行 docker build 所在的主机上读取资源并复制到镜像中。而 ADD 指令还支持通过 URL 从远程服务器读取资源并复制到镜像中。

注意　我们经常将 Dockerfile 与项目放在 GitLab 的同一项目下，所以我们用“git clone”命令进行下载的时候，Dockerfile 文件经常与项目保存在同一目录下，这里可以用“ADD ./”的方式来复制文件（Dockerfile 中的 ADD 命令支持所有 Golang 风格的通配符）；另外，还可以到项目的上级目录中，以“-f project/Dockerfile”的方式来打包镜像。

❑ ENV：用于设置镜像境变量。

❑ EXPOSE：指定容器需要映射到宿主机的端口。

该指令会将容器中的端口映射成宿主机中的某个端口。当我们需要访问容器的时候，可以不使用容器的 IP 地址，而是使用宿主机的 IP 地址和映射后的宿主机端口。

ENTRYPOINT 是配置容器启动后执行的命令，并且不可被 RUN 提供的参数覆盖。

当 ENTRYPOINT 和 CMD 连用时，CMD 的命令是 ENTRYPOINT 命令的参数，两者连用相当于 nginx -g "daemon off;"，若要一起连用，则命令格式最好一致。

注意　为什么要在 Docker 中加上 daemon off，Nginx 容器才能运行正常呢？这是因为 Docker 容器默认会把容器内部第一个进程，也就是 pid 为 1 的程序作为 Docker 容器是否正在运行的依据，如果 Docker 容器 pid 为 1 的进程挂起，那么 Docker 容器便会直接退出，这是 Docker 机制的问题。通俗地说，Docker 容器在后台运行，就必须有一个前台进程。比如这里用“nginx -g”以后台进程模式运行，就导致了 Docker 前台没有运行的应用，这样容器在将 Nginx 以后台模式启动后会立即“自杀”，因为容器觉得自己没事可做了。所以，最佳的解决方法是将我们要运行的程序以前台进程的形式运行，即 nginx -g“daemon off;”。

我们使用下面的命令打包镜像并创建标签，命令如下所示：

```
docker build -t yuhongchun/testmydemo:v1.0 .
```

成功以后我们再用下面的命令来查看有无镜像文件，命令如下所示：

```
docker images  | grep v1.0
```

结果显示镜像已经成功创建了，命令如下所示：

```
yuhongchun/testmydemo v1.0   eedab8b20c84   About a minute ago 518 MB
```

最后我们用此镜像创建名为 nginx 的容器，命令如下所示：

```
docker run -d -p 80:80 --name nginx yuhongchun/testmydemo:v1.0
```

结果如下所示：

```
3a37454882ac3247de524df4839ad10c1037644180546726a4ae5349239c7529
```

结果表明容器也能够成功创建，我们访问宿主机的 80 端口就能正常显示 Nginx 的成功页面。

7.6　利用 Docker-Compose 编排和管理多容器

在很多工作场景中我们需要使用多容器，比如在某项工作中需要使用 5 个容器，3 个使用已有镜像，2 个使用 Dockerfile 构建的镜像，逐个启动很麻烦。那么有没有简单的方法呢？我们可以使用 Docker 集群管理三剑客之一的 Docker-Compose（有时也简称之为 Compose）来编排容器。Compose 是用 Python 语言开发的 Docker 集群管理的工具和轻量级编排工具，我们通过编写 YAML 文件可以对一组容器进行编排，其语法简洁明了、操作简单，堪称 Docker 容器编排的“神器”。

7.6.1　Docker-Compose 的基本语法

这里先来看一份 docker-compose.yml 示例文件，如下所示：

```
version: '2'services:
    web:
        image: dockercloud/hello-world
        ports:
            - 8080
        networks:
            - front-tier
            - back-tier

    redis:
        image: redis
        links:
            - web
        networks:
            - back-tier

    lb:
        image: dockercloud/haproxy
        ports:
            - 80:80
        links:
            - web
        networks:
            - front-tier
            - back-tier
        volumes:
            - /var/run/docker.sock:/var/run/docker.sock

networks:
    front-tier:
        driver: bridge
    back-tier:
driver: bridge
```

我们可以看到一份标准配置文件应该包含 version、services、networks 三大部分，其中最关键的就是 services 和 networks 两部分，下面首先来看 services 的书写规则。

1. image

```
services:
```

```
    web:
        image: hello-world
```

在 services 标签下的第二级标签是 web，这个名字是用户自定义的，即服务名称。

image 则是指定服务的镜像名称或镜像 ID。如果镜像在本地不存在，Docker-Compose 将会尝试拉取这个镜像。

例如，下面这些格式都是可用的：

```
image: redis
image: ubuntu:14.04
image: tutum/influxdb
image: example-registry.com:4000/postgresql
image: a4bc65fd
```

2. build

服务除了可以基于指定的镜像，还可以基于 Dockerfile，在使用 up 启动时执行构建任务，这个构建标签就是 build，它可以指定 Dockerfile 所在文件夹的路径。Compose 将会利用它自动构建这个镜像，然后使用这个镜像启动服务容器，如下所示：

```
build: /path/to/build/dir
```

也可以是相对路径，只要上下文确定就可以读取到 Dockerfile，如下所示：

```
build: ./dir
```

设定上下文根目录，然后以该目录为准指定 Dockerfile，如下所示：

```
build:
    context: ../
    dockerfile: path/of/Dockerfile
```

注意，这里的 build 都是目录，如果我们要指定 Dockerfile 文件，需要在 build 标签的子级标签中使用 dockerfile 标签指定，如上面的例子所示。

如果我们同时指定了 image 和 build 两个标签，那么 Compose 会构建镜像并且把镜像命名为 image 后面的那个名字，代码如下所示：

```
build: ./dir
image: webapp:tag
```

既然可以在 docker-compose.yml 中定义构建任务，那么一定会用到 arg 这个标签，就像 Dockerfile 中的 ARG 指令，它可以在构建过程中指定环境变量，但是在构建成功后取消，在 docker-compose.yml 文件中也支持这样的写法：

```
build:
    context: .
    args:
        buildno: 1
```

```
        password: secret
```

下面这种写法也是支持的，一般来说下面的写法更适合阅读。

```
build:
    context: .
    args:
        - buildno=1
        - password=secret
```

与 ENV 不同的是，ARG 是允许空值的，例如：

```
args:
    - buildno
    - password
```

这样构建过程可以向它们赋值。

注意 YAML 的布尔值（true | false | yes | no | on | off）必须使用引号引起来（单引号、双引号均可），否则会被当成字符串解析。

3. command

使用 command 可以覆盖容器启动后默认执行的命令，如下所示：

```
command: bundle exec thin -p 3000
```

也可以写成类似 Dockerfile 中的格式：

```
command: [bundle, exec, thin, -p, 3000]
```

4. container_name

前面说过 Compose 的容器名称格式是“<项目名称><服务名称><序号>”。

虽然可以自定义项目名称、服务名称，但是如果想完全控制容器的命名，可以使用这个标签指定，如下所示：

```
container_name: app
```

这样容器的名字就指定为 app 了。

5. depends_on

在使用 Compose 时，最大的好处就是可以少输入启动命令，但是一般项目容器启动的顺序是有要求的，如果直接从上到下启动容器，必然会因为容器依赖问题而导致启动失败。

例如，在没启动数据库容器的时候启动了应用容器，这时候应用容器会因为找不到数据库而退出，为了避免这种情况，我们需要加入一个标签——depends_on，这个标签解决了容器的依赖、启动先后的问题。

例如，下面的容器会先启动 redis 和 db 两个服务，最后才启动 Web 服务：

```
version: '2'
services:
    web:
        build: .
        depends_on:
            - db
            - redis
    redis:
        image: redis
    db:
        image: postgres
```

需要注意的是，默认情况下使用 docker-compose up web 这样的方式启动 Web 服务时，也会启动 redis 和 db 两个服务，因为在配置文件中定义了依赖关系。

6. dns

dns 参数的格式如下：

```
dns: 8.8.8.8
```

也可以是一个列表：

```
dns:
    - 8.8.8.8
    - 9.9.9.9
```

此外，dns_search 的配置也类似，如下所示：

```
dns_search: example.com
dns_search:
    - dc1.example.com
    - dc2.example.com
```

7. tmpfs

tmpfs 用于挂载临时目录到容器内部，与 run 的参数效果一样，如下所示：

```
tmpfs: /run
tmpfs:
    - /run
    - /tmp
```

8. entrypoint

Dockerfile 中的 entrypoint 指令用于指定接入点，在 docker-compose.yml 中可以定义接入点，覆盖 Dockerfile 中的定义：

```
entrypoint: /code/entrypoint.sh
```

其格式和 Dockerfile 类似，不过还可以写成如下形式：

```
    entrypoint:
        - php
        - -d
        - zend_extension=/usr/local/lib/php/extensions/no-debug-non-zts-20100525/
xdebug.so
        - -d
        - memory_limit=-1
        - vendor/bin/phpunit
```

9. env_file

前面提到 .env 文件可以设置 Compose 的变量，在 docker-compose.yml 中，则可以定义一个专门存放变量的文件。

如果通过“ docker-compose -f FILE”指定了配置文件，则“ env_file”中的路径会使用配置文件的路径。

如果有变量名称与 environment 指令冲突，则以后者为准。格式如下：

```
env_file: .env
```

或者根据 docker-compose.yml 设置多个：

```
env_file:
    - ./common.env
    - ./apps/web.env
    - /opt/secrets.env
```

需要注意的是，这里所说的环境变量是对宿主机的 Compose 而言的，如果在配置文件中有 build 操作，这些变量并不会进入构建过程中，如果要在构建过程中使用变量，还是首选 arg 标签。

10. environment

environment 与上面的 env_file 标签完全不同，反而和 arg 有几分类似，这个标签的作用是设置镜像变量，它可以保存变量到镜像文件中，也就是说启动的容器也会包含这些变量设置，这是与 arg 最大的不同之处。

一般 arg 标签的变量仅用在构建过程中，而 environment 和 Dockerfile 中的 ENV 指令一样会把变量一直保存在镜像、容器中，类似 docker run -e 的效果，如下所示：

```
environment:
    RACK_ENV: development
    SHOW: 'true'
    SESSION_SECRET:
environment:
    - RACK_ENV=development
    - SHOW=true
    - SESSION_SECRET
```

11. expose

expose 标签与 Dockerfile 中的 EXPOSE 指令一样，用于指定暴露的端口，但是只是作为一种参考，实际上 docker-compose.yml 的端口映射还是要用到 ports 这样的标签。

```
expose:
    - "3000"
    - "8000"
```

12. external_links

在使用 Docker 的过程中，我们会有许多单独使用 docker run 启动的容器，为了使 Compose 能够连接这些不在 docker-compose.yml 中定义的容器，我们需要一个特殊的标签，就是 external_links，它可以让 Compose 项目中的容器连接到项目配置外部的容器（前提是外部容器中必须至少有一个容器连接到与项目内的服务所在网络相同的网络）。

命令格式如下：

```
external_links:
    - redis_1
    - project_db_1:mysql
    - project_db_1:postgresql
```

13. extra_hosts

添加主机名的标签，就是向 /etc/hosts 文件中添加一些记录，与 Docker Client 的 --add-host 类似，如下所示：

```
extra_hosts:
    - "somehost:162.242.195.82"
    - "otherhost:50.31.209.229"
```

启动之后我们可以查看容器内部的 /etc/hosts 文件。

14. labels

labels 标签用于向容器中添加元数据，和 Dockerfile 的 LABEL 指令类似，格式如下：

```
labels:
    com.example.description: "Accounting webapp"
    com.example.department: "Finance"
    com.example.label-with-empty-value: ""
labels:
    - "com.example.description=Accounting webapp"
    - "com.example.department=Finance"
    - "com.example.label-with-empty-value"
```

15. links

前面的 depends_on 标签解决的是启动顺序问题，而 links 标签解决的是容器连接问题，与 Docker Client 的 --link 效果一样，会连接到其他服务中的容器。格式如下：

```
links:
    - db
    - db:database
    - redis
```

使用的别名将会自动在服务容器中的 /etc/hosts 里创建。例如：

```
172.12.2.186  db
172.12.2.186  database
172.12.2.187  redis
```

16. logging

logging 标签用于配置日志服务。格式如下：

```
logging:
    driver: syslog
    options:
        syslog-address: "tcp://192.168.0.42:123"
```

默认的 driver 是 json-file。只有 json-file 和 journald 可以通过 docker-compose logs 显示日志，其他类型则有其他日志查看方式，但目前 Compose 不支持。对于可选值，可以使用 options 指定。

更多相关信息可以查阅官方文档：

https://docs.docker.com/engine/admin/logging/overview/

17. pid

容器使用 pid 标签，将能够访问和操纵其他容器和宿主机的名称空间。将 PID 模式设置为主机 PID 模式，可与主机系统共享进程命名空间，格式如下：

```
pid: "host"
```

18. ports

ports 标签用于映射端口。使用 HOST:CONTAINER 格式或者只是指定容器的端口，宿主机会随机映射端口，格式如下：

```
ports:
    - "3000"
    - "8000:8000"
    - "49100:22"
    - "127.0.0.1:8001:8001"
```

注意　当使用 HOST:CONTAINER 格式来映射端口时，如果使用的容器端口小于 60，可能会得到错误的结果，因为 YAML 将会解析 xx:yy 这种数字格式为六十进制。所以建议采用字符串格式。

接着我们再来看 networks 的选项。

19. networks

networks 用于加入指定网络，格式如下：

```
services:
    some-service:
        networks:
        - some-network
        - other-network
```

关于这个标签还有一个特别的子标签 aliases，这是一个用来设置服务别名的标签，例如：

```
services:
    some-service:
        networks:
            some-network:
                aliases:
                - alias1
                - alias3
            other-network:
                aliases:
                - alias2
```

相同的服务可以在不同的网络中有不同的名称。

20. network_mode

network_mode 用于设置网络模式，与 Docker Client 的 --net 参数类似，只是相对多了一个 service:[service name] 的格式。例如：

```
network_mode: "bridge"
network_mode: "host"
network_mode: "none"
network_mode: "service:[service name]"
network_mode: "container:[container name/id]"
```

可以指定使用服务或者容器的网络。

参考文档：

https://www.jianshu.com/p/2217cfed29d7

https://docs.docker.com/engine/admin/logging/overview

7.6.2 Docker-Compose 常用命令

Docker-Compose 中的常用命令如下所示：

```
docker-compose up -d nginx
```

上述命令格式用于构建启动 Nignx 容器，如果后面不带 Nginx 服务名的话，则是启动 docker-compose.yaml 中所有的服务对应的容器。

以下命令用于登录 Nginx 容器：

```
docker-compose exec nginx bash
```

以下命令用于删除所有 Nginx 容器、镜像：

```
docker-compose down
```

以下命令用于显示所有容器：

```
docker-compose ps
```

以下命令用于重新启动 Nginx 容器：

```
docker-compose restart nginx
```

以下命令用于在 php-fpm 中不启动关联容器，并在 php -v 执行完成后删除容器：

```
docker-compose run --no-deps --rm php-fpm php -v
```

以下命令用于构建镜像：

```
docker-compose build nginx
```

以下命令用于构建不带缓存的容器：

```
docker-compose build --no-cache nginx
```

以下命令用于查看 Nginx 的日志：

```
docker-compose logs nginx
```

以下命令用于查看 Nginx 的实时日志：

```
docker-compose logs -f nginx
```

以下命令用于验证 docker-compose.yml 文件配置，当配置正确时，不输出任何内容，当文件配置错误时，则输出错误信息：

```
docker-compose config  -q
```

以下命令用于以 json 的形式输出 Nginx 的 docker 日志：

```
docker-compose events --json nginx
```

以下命令用于暂停 Nginx 容器：

```
docker-compose pause nginx
```

以下命令用于恢复 Nginx 容器：

```
docker-compose unpause nginx
```

以下命令用于删除容器（删除前必须关闭容器）：

```
docker-compose rm nginx
```

以下命令用于停止 Nginx 容器：

```
docker-compose stop nginx
```

以下命令用于启动 Nginx 容器：

```
docker-compose start nginx
```

7.6.3 使用 Docker-Compose 运行 Python Web 项目

在开始运行 Python Web 项目之前，我们先安装 Docker-Compose，步骤如下所示：

1）可以直接从 github 下载 Docker-Compose（Docker 版本要在 1.9.1 以上），如下所示：

```
curl -L https://github.com/docker/compose/releases/download/1.22.0/docker-compose-`uname -s`-`uname -m` > /usr/local/bin/docker-compose
chmod +x /usr/local/bin/docker-compose
```

此软件更新很快，如果上述下载地址不可用，建议直接到地址 https://github.com/docker/compose/releases 下载。

2）我们这里还是在 /home/yhc 工作目录下新建一个 mydemo 目录，其目录和文件结构树如下所示：

```
mydemo
├── app
│   ├── api.py
│   ├── requirements.txt
│   └── run.sh
└── docker-compose.yml

1 directory, 4 files
```

依次看一下这些文件的内容。api.py 文件的内容如下所示：

```
#-*- encoding:utf-8 -*-
from flask import Flask, request
# 创建一个服务，赋值给 APP
app = Flask(__name__)

# 指定接口访问的路径，支持什么请求方式 get，post
@app.route('/HelloWorld', methods=['post', 'get'])
# 请求后直接拼接入参方式
def get_ss():
    # 使用 request.args.get 方式获取拼接的入参数据
```

```
    name = request.args.get('name')
    return 'Hello World! ' + name

app.run(host='0.0.0.0', port=5000, debug=True)
#'0.0.0.0' 可以接受任意网卡信息，而不仅仅只包含 127.0.0.1
```

requirements.txt 文件的内容如下所示：

```
flask
requests
```

run.sh 文件的内容如下所示：

```
#!/bin/bash
# 使用阿里云源安装第三方类库
pip install -i https://mirrors.aliyun.com/pypi/simple/ -r /app/requirements.txt
python /app/api.py
```

最后我们再来看一下 docker-compose.yml 文件的内容，如下所示：

```
version: '2' # docker-compose 版本
services:
    docker-python-demo: # docker-compose 编排名称，一般同微服务名称，注意不要与其他服务重名
        image: "python:2.7" # docker 镜像名及版本
        hostname: docker-python-demo # docker 容器主机名
        container_name: docker-python-demo # docker 容器名
        volumes: # 挂载目录
        - /home/yhc/mydemo/app:/app # 项目相关
        ports: # 端口映射
        - "5000:5000"
        environment: # 配置环境变量
        - TZ=Asia/Shanghai # 设置时区
        command: bash /app/run.sh # 设置启动命令
        network_mode: bridge # 网络模式：host、bridge、none 等，我们使用 bridge
```

3）在 /home/yhc/mydemo 目录中执行如下命令：

```
docker-compose up —d
```

在本地用 curl 命令进行验证，如下所示：

```
curl http://127.0.0.1:5000/HelloWorld?name=2018
```

命令显示结果如下所示：

```
Hello World! 2018
```

7.6.4　使用 Docker-Compose 的过程中遇到的问题

虽然 Docker-Compose 为多容器管理带来很多方便，但在实际使用的过程中还是会遇到一些问题，现摘录如下：

1. Docker-Compose 如何重启某服务

如果我们通过 docker-compose.yml 文件启动了多容器，这时改动了 Docker-Compose 中配置文件的某个服务，想要重启但又不影响其他服务的话，则具体操作如下所示：

1）用 docker 命令停掉需要重启的容器。

2）建立服务（服务名要与容器名字保持一致），举例如下：

```
docker-compose create jenkins-slave-sbt2
```

3）启动服务，举例如下：

```
docker-compose start jenkins-slave-sbt2
```

2. 使用 Docker-Compose 过程中遇到"endpoint already exists"的问题

造成此问题的原因是在使用" docker rm -f id"命令的时候，命令还没运行完就被强制退出或用户按了 Ctrl+C 快捷键。

使用 Docker 时，当启动一个容器时，有时会遇到如下问题：

```
docker: Error response from daemon: service endpoint with name mytest already
exists.
```

出现该错误，说明此端口已经被名为 mytest 的容器占用了。

解决上述问题的步骤如下所示：

1）停止所有的容器，命令如下：

```
docker stop $(docker ps -q)
```

2）强制移除此容器，命令如下：

```
docker rm -f mytest
```

3）清理此容器的网络占用，命令格式如下：

```
docker network disconnect --force 网络模式 容器名称
```

例如：

```
docker network disconnect --force bridge mytest
```

4）检查是否还有同名容器占用，命令格式如下：

```
docker network inspect 网络模式
```

例如：

```
docker network inspect bridge
```

5）重新构建容器。

另外，解决这个问题还有一种比较极端的方式，即重启 Docker 容器，命令如下：

```
systemctl restart docker.service
```

7.7　利用 Docker 搭建 Jenkins Master/Slave 分布式环境

笔者目前所在公司的业务中采用的是混合云的方案，物理机、腾讯云和阿里云都在采用，如果 Jenkins 采用的是 Master-Slave 分布式架构并且部署在物理机器上，则部署将是一件比较麻烦的事情，特别是在涉及增加 Slave 节点或者机器迁移的情况下；但是 Jenkins 如果以 Docker 的形式运行就不一样了，将会部署简单，迁移方便，增加多个 Slave 节点可能只需要 3 ～ 5 分钟。而且，以 Docker 形式运行也是 Jenkins 官方推荐的方式之一。除此之外，用 Docker 来部署 Jenkins 的好处还有以下几点：

1）避免冲突：在运行 sbt 构建任务时有时会遇到这样的情况——如果同时有两个并发任务执行，可能会同时使用一个文件，这就会产生冲突从而导致任务构建失败。Jenkins 采用 Docker 化的方式，由于容器文件具有独立性，从而可以规避这个问题。

2）部署和滚动更新方便：由于采用的全部是容器化部署的方式，而且机器的容器也是集群化部署，所以后期滚动更新也很方便。

在 Jenkins Master/Slave 分布式架构中，Master 机器主要用来分发构建任务给 Slave，实际的执行和操作均在 Slave 机器中进行。Master 监控 Slave 的状态，并收集展示构建的结果。但是在实际情况中，Master 同样可以执行构建任务。

整个步骤如下所示：

1）Jenkins Docker 机器作为 Docker Slave 物理节点，如果使用 jenkins/ssh-slave 作为 base image，需要在启动时使用 inject public key，即注入式 public key。生成 public key（记得此时用户是 jenkins）的步骤如下所示：

```
cd ~/.ssh
ssh-keygen -t rsa  -C "Jenkins key"
cat jenkins.pub
```

然后，创建一个 docker container 作为测试之用，使用 jenkins/ssh-slave 作为 image，如下所示（这里只作测试之用，后面要配置的过程比这个复杂）：

```
docker pull jenkins/ssh-slave
docker run  -d -P --name slave-test jenkins/ssh-slave "<publick key>"
```

假设端口 22 暴露在端口 32769，可以使用如下命令登录：

```
ssh -p 32769 jenkins@localhost
```

找到这个 container 对应的 IP，我们可以检查一下，命令如下所示：

```
docker inspect slave-test
```

2）在 Master 机器上配置 Jenkins Salve 节点，具体操作流程为 Jenkins→Manage Jenkins→Manage Node→New Node，填入一个节点名，然后配置 Slave 节点，之后开始进行测试。

在这种分布式构建过程中，Jenkins 提供了对代理节点的监控，如果 Jenkins 发现某台

Slave 节点机器不可用，则会主动将其下线，避免后续的任务被分配到该节点上。

7.7.1 部署 Jenkins Master/Slave 分布式环境需要解决的问题

首先，在部署 Jenkins Master/Slave、Slave 以容器方式运行的过程中，有个技术问题必须提前解决。在物理 Jenkins 机器上，我们首先是将项目利用 Maven 或 sbt 编译成 JAR 包，然后将其打包成 Docker 镜像上传到 DaoClound，在物理机器上，这些实现都没有任何问题，但如果现在是以容器的方式来运行 Jenkins 的话，相应地我们要在容器中执行 Docker 命令，即“Docker in Docker”，这里我们给出两种解决方案。

方案一 我们首先直接以挂载的方式调用宿主机 Docker，但后来发现这种方案不可行，因为宿主机系统是 CentOS 7.4 x86_64，而容器系统是 Debian 9 x86_64，除了挂载宿主机命令和 Socket 以外，还得共享 Docker 的库文件，所以这种方法不可行。

方案二 我们参考前面的 Docker 架构，容器这边是以 Docker Client 的方式运行，而宿主机是 Docker Server，我们只需要挂载宿主机的 Socket 文件即可，而不需要硬性规定两边的操作系统是一样的，而且兼容性很好。

Docker 的二进制文件下载地址为 https://download.docker.com/linux/static/stable/x86_64/，我们可以下载 docker-17.30.0-ce 版本的二进制文件，具体地址为 https://download.docker.com/linux/static/stable/x86_64/docker-17.03.0-ce.tgz。

Jenkins Slave 的镜像文件 Dockerfile 的内容如下所示（这里以 sbt 容器、专门运行 sbt 的构建任务为例说明）：

```
FROM jenkins/ssh-slave
ADD docker /usr/local/bin
RUN usermod -G root jenkins
RUN apt-get update && apt-get install -y unzip make gcc pkg-config libglib2.0-dev xz-utils curl && rm -rf /var/lib/apt/lists/*
# 下面是将 sbt 需要的缓存文件直接打包进镜像文件，以免构建任务的时候从外网下载，浪费构建时间
RUN mkdir /home/jenkins/.ivy2 /home/jenkins/.sbt
ADD ".ivy2" "/home/jenkins/.ivy2"
ADD ".sbt"  "/home/jenkins/.sbt"
RUN chmod -R 775 /home/jenkins/.ivy2
RUN chmod -R 775 /home/jenkins/.sbt
# 源码下载及安装 sbt
RUN wget https://dl.bintray.com/sbt/native-packages/sbt/0.13.13/sbt-0.13.13.tgz --no-check-certificate \
    && tar zxvf sbt-0.13.13.tgz -C /usr/local && mv /usr/local/sbt-launcher-packaging-0.13.13 /usr/local/sbt
```

需要注意权限问题：

```
ADD docker /usr/local/bin
RUN usermod -G root jenkins
```

上面两行代码的意思是将其 Docker 添加进镜像的“/usr/local/bin”目录，并给予用户

jenkins root 组的权限。当容器以 jenkins 用户运行时，如果没有 root 组的权限，则会产生如下报错：

```
jenkins@0b0919ccdabc:~$ docker images
Got permission denied while trying to connect to the Docker daemon socket at unix:///var/run/docker.sock: Get http://%2Fvar%2Frun%2Fdocker.sock/v1.26/images/json: dial unix /var/run/docker.sock: connect: permission denied
```

接下来打包镜像文件，命令如下所示：

```
jenkins build -t yuhongchun/jenkins-slave-sbt:v1.0
```

然后在 jenkins-slave-sbt:v1.0 版本的镜像里启动容器，命令如下所示：

```
run -d -p 2222:22 -v /etc/localtime:/etc/localtime -v /var/run/docker.sock:/var/run/docker.sock --name jenkins-test yuhongchun/jenkins-slave-sbt:v1.0 "ssh-rsa AAAAB3NzaC1yc2EAAAADAQABAAABAQCuc1M0LKFFL+T4BVX96oXC0vQjVBAflaWmz+yZKOCzHYZhxe7sI3Bo/10SA7vS2semZbrk0rMHQPV9A/viOl5TQCGBH/JszmayZ8tHK2wzIHOcdZOXHRm+Q9977u6FNDbGyTdNLGL6AmGxifv926s54+CbmMt8BjumGZfJPzZYgURv7JfcKhhYO2UI3VZ+pcMlLah5sqF6p3s6GXZqyFhpNhazEvkc+hSY9RSyqpA5rak6bFQvUyBo+/tmfJwatWM6fEUY7l jenkins@92a8a67"
```

之后我们就可以在容器里调用宿主机的 Docker 来执行各种 Docker 操作了，上面的技术问题得以顺利解决。

另外，我们来看一下原始的 jenkins/ssh-slave 的 Dockerfile 文件，内容如下所示：

```
FROM openjdk:8-jdk
LABEL MAINTAINER="Nicolas De Loof <nicolas.deloof@gmail.com>"
ARG user=jenkins
ARG group=jenkins
ARG uid=1000
ARG gid=1000
ARG JENKINS_AGENT_HOME=/home/${user}
ENV JENKINS_AGENT_HOME ${JENKINS_AGENT_HOME}

RUN groupadd -g ${gid} ${group} \
    && useradd -d "${JENKINS_AGENT_HOME}" -u "${uid}" -g "${gid}" -m -s /bin/bash "${user}"
# 配置 SSH 服务器
RUN apt-get update \
    && apt-get install --no-install-recommends -y openssh-server \
    && rm -rf /var/lib/apt/lists/*
RUN sed -i /etc/ssh/sshd_config \
        -e 's/#PermitRootLogin.*/PermitRootLogin no/' \
        -e 's/#RSAAuthentication.*/RSAAuthentication yes/'  \
        -e 's/#PasswordAuthentication.*/PasswordAuthentication no/' \
        -e 's/#SyslogFacility.*/SyslogFacility AUTH/' \
        -e 's/#LogLevel.*/LogLevel INFO/' && \
    mkdir /var/run/sshd

VOLUME "${JENKINS_AGENT_HOME}" "/tmp" "/run" "/var/run"
```

```
WORKDIR "${JENKINS_AGENT_HOME}"
COPY setup-sshd /usr/local/bin/setup-sshd
EXPOSE 22
ENTRYPOINT ["setup-sshd"]
```

这里我们看到"VOLUME "${JENKINS_AGENT_HOME}""这行内容，即 VOLUME /home/jenkins，上面的命令会将"/home/jenkins"挂载到容器中，并绕过联合文件系统，我们可以在主机上直接操作该目录。虽然这样做可以解决 Jenkins 容器文件持久化的问题，但同时也会导致权限问题，我们的 sbt 缓存文件 .ivy2 和 .sbt 里的可执行文件需要以 775 的权限执行（因为这里的 Jenkins 容器是以 jenkins 用户运行的），如果这里以 volume 挂载的形式运行的话，我们发现 .ivy2 和 .sbt 的权限始终都是 755，从而导致 sbt 构建任务失败，所以这里建议去掉此行或将注释掉，即：

```
#VOLUME "${JENKINS_AGENT_HOME}" "/tmp" "/run" "/var/run"
```

然后我们再重新利用此镜像文件打包镜像，设置镜像 tag 名为"yuhongchun-ssh-slave"，命令如下所示：

```
docker build –t yuhongchun-ssh-slave
```

7.7.2 Jenkins Master/Slave 的详细部署过程

下面将详细介绍 Jenkins Master/Slave 的部署过程。

1. 以 Docker 方式部署 Jenkins Master

步骤如下：

1）Jenkins 官网是提供 Docker 镜像下载的，我们可以用以下命令来下载 Docker 镜像文件：

```
docker pull jenkins
```

2）为了使 Jenkins 配置数据持久化，当我们把宿主机当前目录下的 data 文件夹挂载到容器中的目录"/var/jenkins_home"中的时候，问题出现了。运行以下命令挂载 data 文件夹：

```
docker run -d -p 8080:8080 -v /data:/var/jenkins_home --name jenkins jenkins
```

错误日志如下：

```
touch: cannot touch '/var/jenkins_home/copy_reference_file.log': Permission denied
Can not write to /var/jenkins_home/copy_reference_file.log. Wrong volume permissions?
```

这里由于镜像是以 Jenkins 用户运行的，而"/data"目录在宿主组上默认是 root 建立的，所以隶属于 root，我们用下面的命令来验证一下，如下所示：

```
docker run -ti --rm --entrypoint="/bin/bash" jenkins -c "ls -ld /var/jenkins_home"
```

然后我们查找 Docker 机器中 Jenkins 用户的 ID 号，命令如下所示：

```
docker run -ti --rm --entrypoint="/bin/bash" jenkins -c "whoami && id" jenkins
```

显示结果如下所示：

```
uid=1000(jenkins) gid=1000(jenkins) groups=1000(jenkins)
```

3）明确原因以后，就可以赋予“/data”目录 Jenkins 属主读写权限，如下所示：

```
chown -R 1000:1000 /data
```

我们再执行 Docker 机器启动命令，如下所示：

```
docker run -d -p 8080:8080 -v /data:/var/jenkins_home --name jenkins jenkins
```

这样，运行结果就是正常的。

4）我们再以此镜像来启动容器，宿主机 IP 为 192.168.10.118，启动命令如下：

```
docker run -d -p 8080:8080 -p 50000:50000 -v /data:/var/jenkins_home --name
jenkins jenkins
```

然后我们就可以直接配置 Jenkins 了，打开网址 http://192.168.10.118:8080。

正确打开 Jenkins 以后，我们需要做一些基础的配置工作，这里不再重复。

注意　记得关闭宿主机中的 SELinux，不然上面的流程是不可行的。

2. 以 Docker 方式部署 Jenkins Slave

步骤如下：

1）Slave 机器默认以 Jenkins 用户运行，这里涉及后面构建项目时需要调用 .ivy2 及 .sbt 的缓存文件，还要运行 Docker 程序，所以要特别注意权限问题。如果觉得麻烦，这里可以不将 .ivy2 和 .sbt 缓存文件打包进镜像。此处我们用到的构建工具有 sbt、maven 和 npm（为了节约资源，这里以 jmeter 容器的形式一起运行），成形后的节点分布如图 7-5 所示。

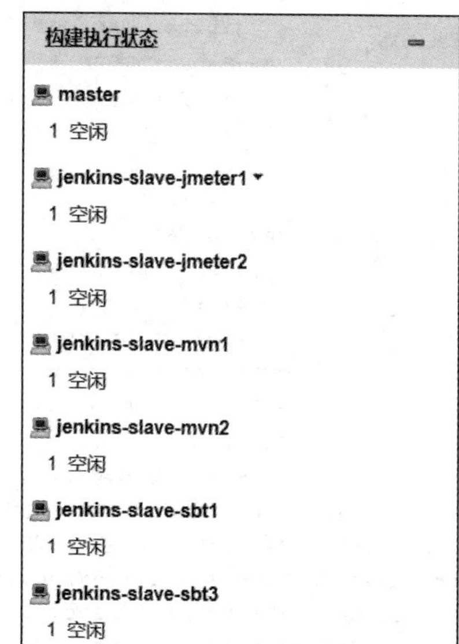

图 7-5　节点分布

2）Slave 机器首先需要在宿主机中建立镜像，这里以 jenkins/ssh-slave 作为 image，Dockerfile 文件（这里以 maven 容器举例说明）的内容如下所示：

```
FROM yuhongchun-ssh-slave

# Make sure the package repository is up to
```

```
date.
    #RUN apt-get update && apt-get install -y openssh-server
    # install gcc/make design environment
    RUN apt-get update && apt-get install -y unzip make gcc pkg-config libglib2.0-
dev xz-utils curl

    #install maven
    RUN curl -sSL http://archive.apache.org/dist/maven/maven-3/3.5.3/binaries/
apache-maven-3.5.3-bin.tar.gz | tar xzf - -C /usr/local \
        && mv /usr/local/apache-maven-3.5.3  /usr/local/maven
```

我们用 docker build 命令打包镜像，命令如下所示：

```
docker build –t yuhongchun/Jenkins-slave-maven:v1.0
```

另外，这里因为涉及多容器的管理，这里推荐采用 docker-compose.yml 文件的方式，可以看一下该文件的详细内容，如下所示：

```
version: '2'
services:
    jenkins-master:
        image: jenkins
        container_name: jenkins-master
        ports:
        - "8080:8080"
        environment:
        - TZ=Asia/Shanghai
        volumes:
        - /work/jenkins_master:/var/jenkins_home
        extra_hosts:
        - "gitlab.bmkp.cn:10.186.6.170"
    jenkins-slave-jmeter1:
        image: yuhongchun/jenkins-slave-docker-jmeter:v1.0
        container_name: jenkins-slave-jmeter1
        ports:
        - "2226:22"
        environment:
        - TZ=Asia/Shanghai
        volumes:
        - /var/run/docker.sock:/var/run/docker.sock
        extra_hosts:
        - "gitlab.bmkp.cn:10.186.6.170"
        command:
        - "ssh-rsa B3NzaC1yc2EAAAADAQABAAABAQDQZb1vjKLkWAUOJaua/8CSFSID6L+8Mbgu
tffdBqIeyoUvLUPpH2NkFAxKf8hW3Dj0lGkQ36hutsM23Jcs8b7rjhScmx2obyp7J1s7wic1GE3xaQY1Y0q
waxL3LIkmkrqkTdYyiVnD0Qv4PCx5GBTLQT2Xhf7wjE6oQcTOaIVu/RkooBv7sfEbcGMLwZmzFqqGtY0zEv/
tbsvusVg7GPMFTvMw1r9l1C1G5Rxgcz76Vy+4MNskxdBsOZDWoX4gGulkbCBNP5Hf4WsvfH1HzPaoc3PTPUw
ht7/U2OtLNzO2C1rphRA6A4Eksyc3KI8OCSbku0KnGyM836QKtOv6UyR3 jenkins@1314520d"
    jenkins-slave-mvn1:
        image: yuhongchun/jenkins-slave-docker-maven:v1.0
```

```
        container_name: jenkins-slave-mvn1
        ports:
        - "2222:22"
        environment:
        - TZ=Asia/Shanghai
        volumes:
        - /var/run/docker.sock:/var/run/docker.sock
        extra_hosts:
        - "gitlab.bmkp.cn:10.186.6.170"
        command:
        - "ssh-rsa B3NzaC1yc2EAAAADAQABAAABAQDQZb1vjKLkWAUOJaua/8CSFSID6L+8Mbgu
tffdBqIeyoUvLUPpH2NkFAxKf8hW3Dj0lGkQ36hutsM23Jcs8b7rjhScmx2obyp7J1s7wic1GE3xaQY1Y0q
waxL3LIkmkrqkTdYyiVnD0Qv4PCx5GBTLQT2Xhf7wjE6oQcTOaIVu/RkooBv7sfEbcGMLwZmzFqqGtY0zEv/
tbsvusVg7GPMFTvMw1r9l1C1G5Rxgcz76Vy+4MNskxdBsOZDWoX4gGulkbCBNP5Hf4WsvfH1HzPaoc3PTPUw
ht7/U2OtLNzO2C1rphRA6A4Eksyc3KI8OCSbku0KnGyM836QKtOv6UyR3 jenkins@1314520d"
    jenkins-slave-sbt1:
        image: yuhongchun/jenkins-slave-sbt:1.0
        container_name: jenkins-slave-sbt1
        ports:
        - "2224:22"
        environment:
        - TZ=Asia/Shanghai
        volumes:
        - /var/run/docker.sock:/var/run/docker.sock
        extra_hosts:
        - "gitlab.bmkp.cn:10.186.6.170"
        networks:
        - default
        command:
        - "ssh-rsa B3NzaC1yc2EAAAADAQABAAABAQDQZb1vjKLkWAUOJaua/8CSFSID6L+8Mbgu
tffdBqIeyoUvLUPpH2NkFAxKf8hW3Dj0lGkQ36hutsM23Jcs8b7rjhScmx2obyp7J1s7wic1GE3xaQY1Y0q
waxL3LIkmkrqkTdYyiVnD0Qv4PCx5GBTLQT2Xhf7wjE6oQcTOaIVu/RkooBv7sfEbcGMLwZmzFqqGtY0zEv/
tbsvusVg7GPMFTvMw1r9l1C1G5Rxgcz76Vy+4MNskxdBsOZDWoX4gGulkbCBNP5Hf4WsvfH1HzPaoc3PTPUw
ht7/U2OtLNzO2C1rphRA6A4Eksyc3KI8OCSbku0KnGyM836QKtOv6UyR3 jenkins@1314520d"
```

如果我们在 Slave 的物理机器上部署 Jenkins Slave 容器，注意去掉 jenkins-master 的相关配置。

配置成功以后，我们可以在相关物理机器上执行如下命令来启动这些容器：

```
docker-compose up -d
```

7.7.3　Jenkins Master/Slave 以集群形式运行任务

在 Master Jenkins 机器上进行配置，这里以 3 个 Jenkins Slave 容器作为 3 个节点，怎么让 Jenkins Master 处理多任务时自动分发 3 个 Slave 呢（以集群的形式来实现任务的负载均衡）？这里将 Jenkins-docker-slave1 机器设置标签 jenkins-slave，后面的机器，即 Jenkins-docker-slave2 和 Jenkins-docker-slave3 也设置同样的标签，如图 7-6 所示。

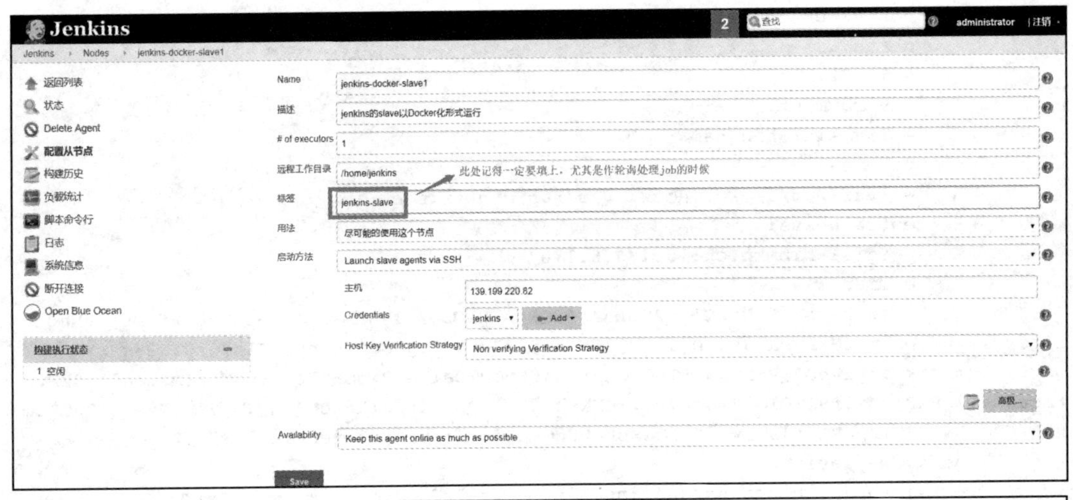

图 7-6 查看 Jenkins 任务明细

然后，我们以任务“maven-test”为例加以说明，首先选择菜单“Restrict where this project can be run”，然后在“Lable Expression”处填上“jenkins-slave”，这时系统将自动识别出 3 个 jenkis-slave 节点机器，如图 7-7 所示。

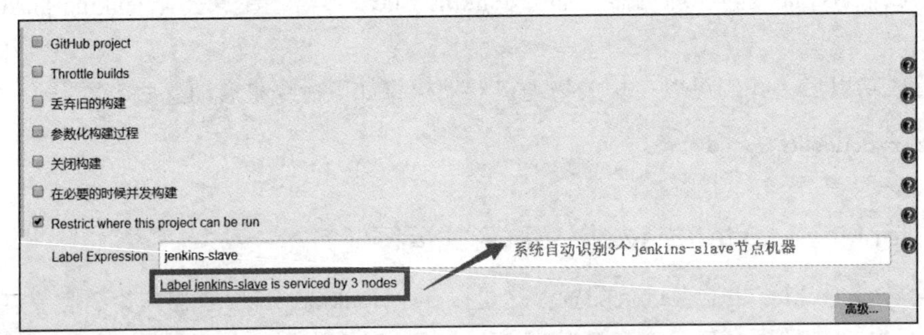

图 7-7 Jenkins 自动识别节点机器

然后我们在构建“maven-test”项目时，大家会发现 Master 会自动把任务分发到 3 台

Jenkins Slave 机器上，在多任务的场景中，任务会自动下发到空闲的机器上面。

其他像 sbt 和 jmeter 多容器的集群处理方式与此方法类似，这里不再重复了。

7.8　实际运行 Jenkins 时遇到的问题及使用心得

Jenkins Master/Slave 分布式环境在实际运行中也会出现一些小问题，其实这也是 Jenkins 中应该注意的问题，现在也做了一些整理工作，这里与大家分享一下。

1. Jenkins 的机器磁盘很容易爆满

Jenkins 系统的日志中就有 logratate（轮询）的相关配置，而且 jenkins.log 占用的磁盘空间不大，但如果发生 dnsquery 错误，这个日志所占的空间就会呈 GB 级增长，导致机器磁盘空间被占满，错误信息如图 7-8 所示。

```
question:      [DNSQuestion@2381445 type: TYPE_IGNORE index 0, class: CLASS_UNKNOWN index 0, name: ]
question:      [DNSQuestion@288342065 type: TYPE_IGNORE index 0, class: CLASS_UNKNOWN index 0, name: ]
question:      [DNSQuestion@902663679 type: TYPE_IGNORE index 0, class: CLASS_UNKNOWN index 0, name: ]
question:      [DNSQuestion@1528281058 type: TYPE_IGNORE index 0, class: CLASS_UNKNOWN index 0, name: ]
question:      [DNSQuestion@2032489083 type: TYPE_IGNORE index 0, class: CLASS_UNKNOWN index 0, name: ]
question:      [DNSQuestion@384052006 type: TYPE_IGNORE index 0, class: CLASS_UNKNOWN index 0, name: ]
question:      [DNSQuestion@1335885424 type: TYPE_IGNORE index 0, class: CLASS_UNKNOWN index 0, name: ]
question:      [DNSQuestion@701622470 type: TYPE_IGNORE index 0, class: CLASS_UNKNOWN index 0, name: ]
question:      [DNSQuestion@2058670349 type: TYPE_IGNORE index 0, class: CLASS_UNKNOWN index 0, name: ]
question:      [DNSQuestion@1295935590 type: TYPE_IGNORE index 0, class: CLASS_UNKNOWN index 0, name: ]
question:      [DNSQuestion@2103600079 type: TYPE_IGNORE index 0, class: CLASS_UNKNOWN index 0, name: ]
question:      [DNSQuestion@1532179325 type: TYPE_IGNORE index 0, class: CLASS_UNKNOWN index 0, name: ]
question:      [DNSQuestion@120831395 type: TYPE_IGNORE index 0, class: CLASS_UNKNOWN index 0, name: ]
question:      [DNSQuestion@963680379 type: TYPE_IGNORE index 0, class: CLASS_UNKNOWN index 0, name: ]
question:      [DNSQuestion@1474492545 type: TYPE_IGNORE index 0, class: CLASS_UNKNOWN index 0, name: ]
question:      [DNSQuestion@367587803 type: TYPE_IGNORE index 0, class: CLASS_UNKNOWN index 0, name: ]
question:      [DNSQuestion@262965344 type: TYPE_IGNORE index 0, class: CLASS_UNKNOWN index 0, name: ]
question:      [DNSQuestion@849504942 type: TYPE_IGNORE index 0, class: CLASS_UNKNOWN index 0, name: ]
question:      [DNSQuestion@1917106827 type: TYPE_IGNORE index 0, class: CLASS_UNKNOWN index 0, name: ]
question:      [DNSQuestion@544271153 type: TYPE_IGNORE index 0, class: CLASS_UNKNOWN index 0, name: ]
question:      [DNSQuestion@1265932503 type: TYPE_IGNORE index 0, class: CLASS_UNKNOWN index 0, name: ]
question:      [DNSQuestion@1789033485 type: TYPE_IGNORE index 0, class: CLASS_UNKNOWN index 0, name: ]
question:      [DNSQuestion@1038418736 type: TYPE_IGNORE index 0, class: CLASS_UNKNOWN index 0, name: ]
question:      [DNSQuestion@451632862 type: TYPE_IGNORE index 0, class: CLASS_UNKNOWN index 0, name: ]
question:      [DNSQuestion@1974919028 type: TYPE_IGNORE index 0, class: CLASS_UNKNOWN index 0, name: ]
question:      [DNSQuestion@210601947 type: TYPE_IGNORE index 0, class: CLASS_UNKNOWN index 0, name: ]
question:      [DNSQuestion@434436601 type: TYPE_IGNORE index 0, class: CLASS_UNKNOWN index 0, name: ]
question:      [DNSQuestion@1496930741 type: TYPE_IGNORE index 0, class: CLASS_UNKNOWN index 0, name: ]
question:      [DNSQuestion@448225433 type: TYPE_IGNORE index 0, class: CLASS_UNKNOWN index 0, name: ]
question:      [DNSQuestion@2053414731 type: TYPE_IGNORE index 0, class: CLASS_UNKNOWN index 0, name: ]
question:      [DNSQuestion@1156684495 type: TYPE_IGNORE index 0, class: CLASS_UNKNOWN index 0, name: ]
question:      [DNSQuestion@1469486869 type: TYPE_IGNORE index 0, class: CLASS_UNKNOWN index 0, name: ]
question:      [DNSQuestion@1980012246 type: TYPE_IGNORE index 0, class: CLASS_UNKNOWN index 0, name: ]
```

图 7-8　发生 dnsquery 错误时的报错信息

所以这里需要调整一下，我们在 Jenkins 中选择“系统管理”→“System log”命令，然后按照图 7-9 所示进行配置。

图 7-9　配置 Jenkins 系统的日志

业务镜像也会导致磁盘空间占用过多。

虽然我们前期已经做了一些工作，比如新增大容量磁盘，并且将 Docker 的工作区移到了新增磁盘上，但我们的构建工作是非常频繁的，这也导致了大量以“daocloud.io”和“ccr.ccs.

tencentyun.com”开头的镜像文件堆积在磁盘中，这里可以写一个自动清理磁盘的job任务，如下所示：

```
docker system prune -f
docker images | grep -E "(daocloud.io|ccr.ccs.tencentyun.com|none)" | awk '{print $3}' | uniq | xargs -i docker rmi --force {}
```

此job绑定了我们线上的所有物理Jenkins节点，分别于星期二、四、六、日凌晨4:00固定清理一次磁盘，就目前来看效果不错，短期内没有再发生“too many link”和“no space left on device”的报错。

“docker system prune”命令可以用于清理磁盘，删除关闭的容器、无用的数据卷和网络，以及dangling镜像（即无tag的镜像）。“docker system prune -a”命令清理得更加彻底，可以将没有容器使用的Docker镜像都删除。注意，这两个命令会将暂时关闭的容器以及暂时没有用到的Docker镜像都删掉，所以在使用之前一定要考虑清楚。

2. Jenkins的权限控制

这里将项目或产品所处环境分成三种，即测试环境（test）、研发环境（dev）和线上环境（prod）。

另外，大家一般都以小组的形式来对接项目或需求，比如测试组、后端组及前端组等，像平台组的权限一般较多，我们如何来控制Jenkins权限呢？这里建议采用Jenkins的Role-based Authorization Strategy插件中的“Manage and Assign Roles”功能来进行控制，每种环境的Jenkins job只能由相关项目组的人员使用，比如测试部门的同事只能访问测试的job任务，组长具有stage环境的相关权限，其他环境以此类推，具体实现如图7-10所示。

Global roles

Role	Overall		Credentials					Agent							任务							
	Administer	Read	Create	Delete	ManageDomains	Update	View	Build	Configure	Connect	Create	Delete	Disconnect	Provision	Build	Cancel	Configure	Create	Delete	Discover	Move	Read
admin	✔	✔	✔	✔	✔	✔	✔	✔	✔	✔	✔	✔	✔	✔	✔	✔	✔	✔	✔	✔	✔	✔
istio	☐	✔	✔	✔	☐	☐	☐	☐	☐	☐	☐	☐	☐	☐	✔	✔	✔	✔	✔	✔	✔	✔
ops	☐	✔	☐	☐	☐	☐	☐	☐	☐	☐	☐	☐	☐	☐	✔	✔	✔	✔	✔	✔	✔	✔
others	☐	✔	☐	☐	☐	☐	☐	☐	☐	☐	☐	☐	☐	☐	☐	☐	☐	☐	☐	☐	☐	☐

Role	Pattern									
stage_users	stage-.*	☐	☐	☐	☐	☐	✔	✔	☐	☐
stage_users_readonly	stage-.*	☐	☐	☐	☐	☐	☐	☐	☐	☐
test_self_user	test-api-.*	☐	☐	☐	☐	☐	✔	✔	✔	✔
test_users	test-.*	☐	☐	☐	☐	☐	✔	✔	☐	☐
test_users_readonly	test-.*	☐	☐	☐	☐	☐	☐	☐	☐	☐
wycsync_users	wyc-sync-.*	☐	☐	☐	☐	☐	✔	✔	☐	☐

图7-10　设置Jenkins中的控制权限

3. Jenkins Shell控制台中文乱码

在Jenkins的Shell控制台中使用英文字符不会出现乱码的情况，但是如果使用中文，则会出现乱码，这里选择一个Slave节点机器来解决这一问题，相关配置如图7-11所示。

注意图7-11中“JVM选项”的内容。此处有两个“UTF-8”，其中第一个表示文件编码，第二个表示内容编码，这两个“UTF-8”都需要修改，否则配置不能生效。

4. 用于了解 Jenkins 中 job 是否构建成功的插件

要知道 Jenkins 中构建 job 成功与否，我们可以安装“钉钉通知器”插件。钉钉通知器中带有 Jenkins 的部署项目、版本号及详细部署信息，然后将结果发送给测试团队，其代码如下所示（对 access_token 进行了无害处理）：

端口	2224
Java 路径	
JVM 选项	-Dfile.encoding=UTF-8 -Dsun.jnu.encoding=UTF-8
Prefix Start Slave Command	

图 7-11　配置 Slave 节点机器

```
#!/usr/bin/python
#coding=utf-8
import urllib
import urllib2
import json
import sys
import socket

reload(sys)
sys.setdefaultencoding('utf8')

# 获取钉钉消息
def extractionMessage() :
    with open('/home/jenkins/jenkins.log','r') as f:
        return f.read()
    #拼接需要发送的消息
#     return "##### <font color=orange> 钉钉 message </font>"

#发送钉钉消息
def sendDingDingMessage(url, data):
    req = urllib2.Request(url)
    req.add_header("Content-Type", "application/json; charset=utf-8")
    opener = urllib2.build_opener(urllib2.HTTPCookieProcessor())
    response = opener.open(req, json.dumps(data))
    return response.read()
#主函数
def main():
    posturl = "https://oapi.dingtalk.com/robot/send?access_token=token_key"
    data = {"msgtype": "markdown", "markdown": {"text": extractionMessage(),"tit
le":"Jenkins","isAtAll": "false"}}
    sendDingDingMessage(posturl, data)
```

7.9 小结

本章主要向大家介绍了 Docker 和 Jenkins 在 DevOps 中的应用，尤其是 Docker，从 Docker 的基础一直到 Docker 基本架构及网络实现均有涉及，还介绍了 Docker-Compose 在工作中的实际应用，最后给大家分享了 Jenkins Master/Slave 分布式环境的实际应用，希望大家在工作中牢牢掌握 Docker 和 Jenkins 的应用方法，这样能为我们运用 DevOps 带来很大帮助。

第 8 章 Chapter 8

自动化运维的后续思考

其实，在不同的公司，因为业务、团队及技术方面的差异性，大家对自动化运维的理解都是有所不同的。事实上，自动化运维是指将 IT 运维中日常的、大量的重复性工作自动化，把过去的手动执行转为自动化操作。自动化是 IT 运维工作的升华，自动化运维不单纯是一个维护过程，更是一个管理的提升过程，是 IT 运维的较高层次。

8.1 自动化运维系统中应该实现的系统

无论大家如何设计自己的自动化运维平台或体系，笔者认为下面三个系统在自动化运维体系中是不可缺少的：

- ❑ CMDB 管理系统。
- ❑ 持续集成系统。
- ❑ 运维调度管理系统。

1. CMDB 管理系统

事实上，无论自动化运维的建议走到哪一层、哪一步，都要有一个中心，来保证所有平台的一致性，即大家熟悉的 CMDB（Configuration Mananement Database），因为业务的不同，每个公司的 CMDB 记录机器资产的情况是不一样的，但大致上这几个方面是相同的，即机器主机名、IP 名、业务角色、隶属平台、机器类型、归属线路。另外，考虑到后期的架构扩展及机器的频繁上下架等综合因素，我们的 CMDB 必须具备一定的开放性，比如笔者目前所在的 CDN 公司，因为机器的上下架非常频繁，所以我们设计了 API，以程序的形式自动更新机器的详细设备信息并开放给资产部的同事，方便他们每天或每周定时巡检，而且开放了相应的写权限，方便在必要的时候可以手动更新；此外，现在很多业务都需要是有弹性的，所以类似 AWS 或阿里云主机我们都会使用（当然，用于临时分布式计算的 Spot Instance 不在考虑之列），这些都属于公司的固态资产，如果再加上公司业务需要的物理机器，其实就是混合了云的概念在里面了，那么怎样灵活、有效地管理这些机器，是我们应该思考的。CMDB 设计好以后，就可以调用前面介绍的自动化配置管理工具的 API，例如 Ansible 或 Saltstack，来设计自动化运维流程，这样，即使不是运维人员，也能调用图形化界面来完成自动化运维的工作。

2. 持续集成系统

这里选择的持续集成系统是开源的 Jenkins，但我们也在 Jenkins 的基础上做了大量的改造工作，例如我们采用的是 Jenkins 的 Master/Slave 分布式架构，而且 Slave 节点全部是由 Docker 来实现，即将 Jenkins 置于 Docker 容器内运行。由于 Docker 技术的引入，现在持续部署的工作也很容易实现，笔者以目前公司开发的某款 APP 为例说明其流程，详细流程图如图 8-1 所示。

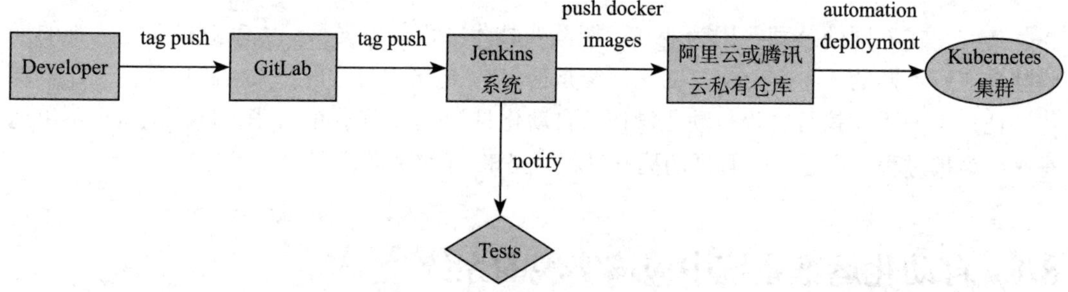

图 8-1　CI/CD（持续集成 / 持续部署）详细流程图

详细流程说明如下：

1）Developer 以 tag 的方式向内部的 GitLab 网站提交代码。

2）Jenkins 系统通过 Web Hook 插件（此插件可选，不选的话需要手动构建）检测到了代码有变化，执行自动化构建过程，通过 Dockerfile 文件打包镜像。

3）Jenkins 系统在自动化构建脚本中调用 docker 命令将构建好的镜像 push 到腾讯云或阿里云私有仓库。

4）可以及时将构建成功与否的结果推送给相关人员（推荐安装钉钉通知器插件，并使钉钉通知器里带有 Jenkins 的部署项目和版本号），比如测试人员，以安排测试。

5）像腾迅云或阿里云等的私有仓库中，都有类似镜像触发器的规则，此时触发规则，会自动将新镜像部署到 DevOps 环境的 Kubernetes 集群机器上。

6）等应用成功更新镜像版本以后，研发人员可以通过程序获取应用的 API（或者代码层面提供版本健康检查路由），或通过直接访问应用方式来查看变化。比如可以访问 https://

dev.example.cn/backend/v4.12/healthCheck，正常情况下应该返回 ok，这样就表示 DevOps 环境中的应用部署是成功的。为了方便，也可以写一段检测脚本，以便测试组和研发人员的检测结果，代码如下所示：

```
#!/usr/bin/python
#-*- encoding:utf-8 -*-
# 此脚本是模拟测试组同事用浏览器登录backend后的显示结果，如果有“同意授权”字样，则表明登录是成
# 功的
import requests
import re

loginurl='http://192.168.1.185:8080/oauth2/authorize'
formData={'j_username':'admin',
        'j_password':'password',
        'AUTH_STATE':'abcd911-bfcd-4369-9167-abcd988',
        'redirectUri':' https://example'
}

headers={'User-Agent':'Mozilla/5.0 (Windows NT 6.1; WOW64; rv:9.0.1) Gecko/
20100101 Firefox/52.0'}
res=requests.post(loginurl,data=formData,headers=headers)
info=res.text
mystring=info.encode("utf-8")
result = re.search(' 同意授权 ',mystring)
if result is not None:
    print result.group()
```

事实上，我们在测试环境和开发环境中已经引入了 Kubernetes（以下简称为 k8s），我们利用它来实现新的镜像，进而实现部署自动化。k8s 的滚动升级可以使得服务近乎无缝地平滑升级，即在不停止对外服务的前提下完成应用的更新，目前我们在测试和开发环境上面都已部署了 k8s，后续准备在生产环境下推广 k8s。

3. 运维调度管理系统

运维调度管理系统，有的公司也称之为“运营系统”，该系统是对复杂运维事务的封装，个人觉得运维调度管理系统是上述所有子平台中最有技术含量的，我们在运维过程中会接触到很多复杂的运维场景，比如容灾切换、服务迁移、熔断机制、扩容或缩容等，这些都不是简单地通过单一运维动作就能够完成的，需要综合考虑很多因素（最直接有效的监控指标就是业务参数和大数据日志分析），这也是我们需要花精力思考和总结的地方。

8.2 自动化运维经历的阶段

事实上，不管面向怎样的业务，自动化运维一般都会经历以下几个阶段，各团队一般会结合公司的实际情况，来达成如下目标，如图 8-2 所示。

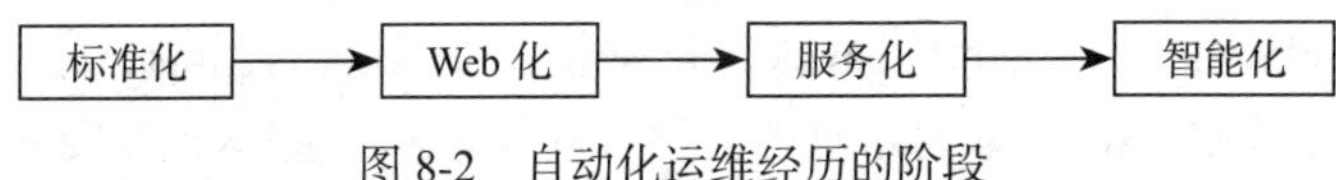

图 8-2　自动化运维经历的阶段

由图 8-2 可知，自动化运维的第一阶段是运维的标准化，这一点相信大家都能理解，因为标准化是自动化运维必须完成的第一步，只有操作系统、软件包的版本、安装路径及程序路径全部标准化了，后期我们才能使用自动化运维工具或脚本来进行批量处理，不然不仅会加大自动化的实施难度，而且会大大增加自动化运维故障的出现概率。而且如果不进行标准化，那么出现定位故障也将是一件很麻烦的事情。

自动化运维的第二阶段是 Web 化，相信每个公司都会根据自己的实际情况设有自己的管理平台，通过这个平台我们可以控制登录人员的权限，规范运维流程、运维的标准化流程，还有 case 的收集及整理等，通过这些我们能解决运维中的痛点，并且通过将运维 Web 化，很多运维操作不仅仅运维人员可以执行，其他人员通过平台的 Web 操作也能完成运维人员的标准化流程操作。

自动化运维的第三阶段，即服务化（API 化），这个阶段的很多操作都会被记录或写入日志，这时可以让运维平台与公司其他平台进行交互，所以需要我们提供对外的 API 来进行数据交互，而且此时是不需要开放平台的登录权限的，只需要公开一些 API 以便公司其他平台调用这些数据即可，所以这个阶段还是有许多细节工作可以做的。

自动化运维的第四阶段，即智能化运维，这是最高级别的运维自动化。一般来说，此时的平台或系统都已经有了机器学习的能力，能根据当前的业务级别来自动扩容或缩容、进行故障的自动修复等，但这些工作也是非常复杂的，需要大量收集业务运营指标，然后通过机器学习的手段来自动地进行智能调整，这也需要技术团队做大量的工作，这也是目前自动化运维努力的目标。

8.3　自动化运维的必备技能：定制 RPM 包

RPM 的全称是 Red Hat Package Manager（Red Hat 包管理器）。几乎所有的 Linux 发行版本都使用这种形式的软件包管理软件，如安装、更新和卸载软件。

在早期的运维工作体系中，我们一般喜欢使用源码安装软件包，但现在由于机器数量急剧增加，我们需要自动化的安装体系，所以一般来说，现在我们都是先将业务软件以 RPM 包的形式打包，建立自己的 yum 源，通过 Ansible、SaltStack 或 Puppet 来管理这些 RPM 包。

其实，制作 RPM 软件包并不是一项复杂的工作，其中的关键在于编写 SPEC 软件包描述文件。要想制作一个 RPM 软件包，就必须编写一个软件包描述文件（SPEC）。这个文件中包含了软件包的诸多信息，如软件包的名称、版本、类别、说明摘要、创建时要执行什么指令、安装时要执行什么操作，以及软件包所要包含的文件列表等。

描述文件的说明具体如下：

（1）文件头

一般的 spec 文件头包含以下几个域：

- Summary：用一句话尽可能多地概括该软件包的信息。
- Name：软件包的名称，最终 RPM 软件包将使用该名称与版本号、释出号及体系号来命名软件包。
- Version：软件版本号。仅当软件包相较以前有较大改变时才增加版本号。
- Release：软件包释出号。一般在对该软件包加了一些小补丁的时候就应该把释出号加 1。
- Vendor：软件开发者的名字。
- Copyright：软件包所采用的版权规则。具体包括 GPL（自由软件）、BSD、MIT、Public Domain（公共域）、Distributable（贡献）、Commercial（商业）、Share（共享）等，一般的开发都写 GPL。
- Group：软件包所属类别，具体类别包括文档、娱乐游戏、数据库、编辑器、工程等。
- Source：源程序软件包的名字，如 stardict-2.0.tar.gz。
- %description：软件包的详细说明，可写在多个行上。

（2）%prep 段

%prep 段是预处理段，通常用来执行一些用于解开源程序包的命令，为下一步的编译安装做准备。%prep 段和下面的 %build、%install 段一样，除了可以执行 RPM 所定义的宏命令（以 % 开头）以外，还可以执行 SHELL 命令，命令可以有很多行，如我们常写的 tar 解包命令。

（3）%build 段

%build 段是建立段，所要执行的命令为生成软件包的服务，如 make 命令。

（4）%install 段

%install 段是安装段，其中的命令时在安装软件包将执行，如 make install 命令。

（5）%files 段

%files 段是文件段，用于定义软件包所包含的文件，分为三类：说明文档（doc）、配置文件（config）及执行程序，该段还可定义文件存取权限、拥有者及组别。

（6）%changelog 段

%changelog 段是修改日志段。可以将软件每次的修改日志记录到这里，保存到发布的软件包中，以便查询。每一个修改日志都有这样一种格式：第一行格式是“* 星期 月 日 年 修改人 电子信箱”。其中，星期、月份均使用英文形式的前 3 个字母，若用中文则会报错。接下来的行中记录的是修改了什么位置，可写多行。一般以减号开始，以便于后续查阅。

大家可以通过将最简单的程序打成 RPM 包进行练习，比如我们自己常用的 Python 程序或 Shell 程序，熟悉其打包流程以后，就可以将核心业务包都打包成 RPM 的形式来发布，

RPM 的优势将在自动化运维中体现出来。

参考文档：

https://www.ibm.com/developerworks/cn/linux/l-rpm/

8.4 因地制宜地选择自动化运维方案

每个公司的业务情况都是不一样的，比如说有的公司是做电子商务系统的，有的公司是做游戏的，而笔者所在的公司主要是做 CDN 业务的。另外，有的公司全部采用云平台，有的则全部采用物理机，有的则采用物理机 + 云平台（即混合云），所以这里没有一种通用的自动化运维方案是适合所有公司的，我们应该结合自己公司的实际情况来推动自动化运维。

现在有很多技术分享交流会，尤其是 BAT 和一线互联网公司的技术分享交流会，其中分享的都是非常有用的架构体系，但是这里我们只能学习和参考，千万不能生搬硬套，毕竟一般的公司并不具备类似 BAT 的开发实力和业务规模，在流量和业务方面也不具备其量级，所以这里可以将它们作为参考和学习的目标。

其次，我们这里推荐的自动化运维也有两种，第一种就是开源软件的二次开发，第二种是纯自研方案，相比第二种方案，第一种方案的开发成本较低，很多开源软件都提供了成熟的 RestFul API 以供调用，而且基于 Python 的自动化配置工具也有很多，例如 Ansible 和 SaltStack。这里我们还是得结合实际情况来决定，首先要根据公司的业务机器的规模和实际情况，比如说如果我们选用的都是云主机，比如 AWS 云主机或阿里云，那么这个时候我们需要选择一款支持 sudo 的自动化配置管理工具，还要方便进行二次开发，如果是这种场景的话，那么这里推荐用 Ansible 来作为其自动化配置管理工具。如果数据中心比较分散，而且又要考虑网络方面的问题和二次开发的问题，那么这里会推荐大家采用 SaltStack。对于持续集成 / 持续部署，我们可以考虑引入 Jenkins 和 Docker，对于版本管理，可以选择 SVN 或 Git，就笔者目前的经验来看，资历较老的程序员们反而喜欢 SVN，但是更适合项目和版本快速迭代的是 Git，这里推荐大家掌握 GitLab 的使用及原理。适合自动化运维的开源软件也非常多，我们在选择软件应用于自己的工作场景时，一定要慎重考虑，多阅读原理性的资料和源码，多发现问题，如果有能力的话就解决问题，规避风险，平时可以在团队之间（尤其是跟研发部门）多开展技术交流工作，让大家都能熟悉其原理，这样更方便开展工作。

现在我们的 APP 项目的架构方案主要是容器微服务化，Docker 发布和 k8s 都在项目中使用，尤其是 Docker，前端和后端程序均采用 Docker 化的方式来进行部署和发布。这对于运维人员的运维方式来说也是一个巨大的改变，而且 Docker 容器的自动化部署较依赖于 k8s，随着 k8s 的深入使用，我们发现 k8s 在很多方面占据了巨大的优势，例如容器编排、水平自动扩展、滚动升级、负载均衡还有资源监控，这也坚定了我们在生产环境下持续部署和使用 k8s 的决心。

另外，如果团队的技术和研发实力比较过硬，那么我们可以考虑自行开发适合自己业务的自动化运维平台，这项工作比较烦琐并且耗时较长，需要不断地结合业务和实际情况来迭代，正确的做法是结合当前的实际需求和业务来开发一套能用的平台，然后在此基础上不断迭代和完善，不要幻想一开始就能生成一套完美的平台或系统，能满足所有的自动化运维的需求。这期间要多与研发团队沟通，以业务需求为导向即可。

事实上，打造自动化运维平台，最难的不是如何开发，而是积累场景，长期积累各种业务场景才能打造出最合适的自动化运维平台。自动化运维不是终点，积累场景和大数据才是关键，所以自动化运维的每一步中都应该做好对数据和场景的积累。等到将来场景模型完全建立起来，我们才能实现最终的自动化运维目标。

8.5　小结

本章是笔者结合自己所在公司的实际情况，来针对自动作运维进行的更深一步的思考，阐述了自动化运维系统应该实现的子系统，并且解释了 RPM 在自动化运维中的应用，最后也希望大家结合自己的实际情况和业务来因地制宜地推动适合自己的自动化运维方案。

Chapter A 附录 A

GitLab 在 DevOps 工作中的实际应用

GitLab 是利用 Ruby on Rails 开发的一个开源的应用程序，其实现了一个自托管的 Git 项目仓库，可通过 Web 界面访问公开的或者私有的项目。GitLab 拥有与 GitHub 类似的功能，能够浏览源代码，管理缺陷和注释，还可以管理团队对仓库的访问。GitLab 非常便于浏览提交过的版本并提供一个文件历史库。团队成员可以利用 GitLab 内置的简单聊天程序（Wall）进行交流。GitLab 还提供了一个代码片段收集功能用于轻松实现代码复用，以便于日后有需要的时候进行查找。开源中国代码托管平台（git.oschina.net）就是基于 GitLab 项目搭建（GitLab 开始启用全新的 Logo，是一个看起来有点像狐狸头的 Logo 设计，如图 A-1 所示）的。

图 A-1　GitLab 的可爱小狐狸图标

A.1　GitLab 的优势所在

与传统的 SVN 版本管理软件相比，GIT 又存在哪些优势呢？

Git 与 SVN 的区别具体如下。

1）Git 的速度是明显快于 SVN 的。

2）Git 天生就是分布式的。它包含本地版本库的概念，是可以离线提交代码的（这一点是相对于 SVN 集中式管理的优势）。

3）强大的分支管理功能，非常方便多人协同开发。

4）GIT 的内容存储使用的是 SHA-1 哈希算法。这样能够确保代码内容的完整性，确保在遇到磁盘故障和网络问题时降低对版本库的破坏。

目前基于 Git 做版本控制的代码托管平台，除了 GitLab 之外还有 GitHub，那么它们的区别在哪里呢？

1）GitHub 如果包含了私人的项目，则是需要收费的；而 GitLab 是免费的，只需要控制下访问权限就行，iptables 防火墙很容易就能实现访问权限的设置。

2）GitHub 的机器位于国外，如果在 DevOps 工作中需要经常 git pull 或 git push，则会因为网络连接缓慢的问题而影响工作效率；我们部署的 GitLab 可以放在内网中，也可以放在自己的 BGP 机房内，其在网络速度上是占有绝对优势的。

3）GitLab 有中文汉化版本，其对中文的支持是优于 GitHub 的。

A.2 GitLab 的工作流程

基本以上种种原因，我们选择 GitLab 作为代码托管平台。GitLab 的工作流具体如下。

如果在没有网络（比如在高铁上出差的特殊场景）的情况下，则可以先提交到本地版本库（git clone 是可以下载一个完整的 clone 到本地工作仓库的），其工作流如图 A-2 所示。

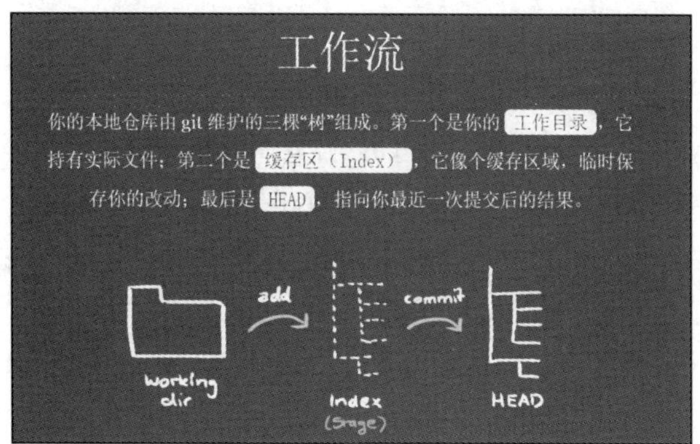

图 A-2 GitLab 提交本地版本库工作流程图

在有网络的情况下，正常的 GitLab 工作流（Repository 在这里表示本地版本仓库），如图 A-3 所示。

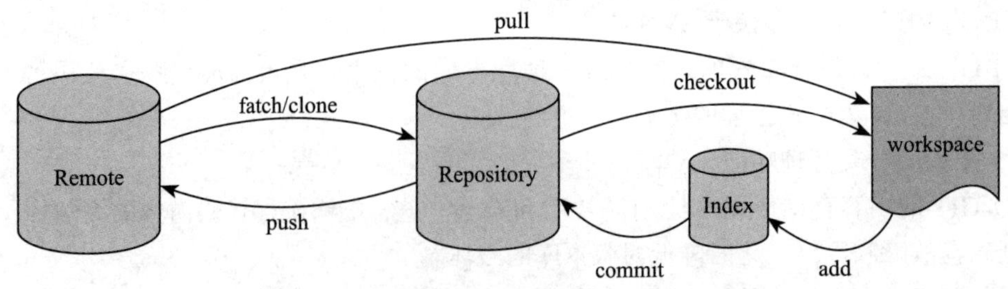

图 A-3　GitLab 提交远程版本库工作流程图

另外，如果大家的工作机器上面包含几套公私钥的话，那么最好还是指定下“～/.ssh/config”文件，代码如下所示，不然通过 SSH 协议连接 GitLab 时会报错。config 配置文件内容如下所示：

```
Host www.github.com
    IdentityFile ~/.ssh/github
Host devops.gl.cachecn.net
    IdentityFile ~/.ssh/gitlab
```

关于 GitLab 的搭建，如果是源码安装的话则会非常烦琐，这里推荐采用以 Dockers 化的方式进行部署，具体过程这里略过，下面具体来说下 GitLab 的操作流程。

下面，Git 的操作流程以用户 yuhc、项目名字为 pushconf、项目地址为 git@devops.example.net:1232/automanage/pushconf.git 为例进行说明。

如果大家的个人办公电脑与笔者一样，使用的也是 Windows 10 系列的话，这里推荐用 Git For Windows 工具来管理 GitLab 相关项目代码，其地址为 https://git-for-windows.github.io/，安装完成以后，本地就有了 git bash，可以方便地使用命令行来进行 git 的操作命令了。

1）首先我们进入自己的工作目录，生成公私钥，命令如下所示：

```
ssh-keygen -t rsa
```

其他就是不停地按默认键，这样就会生成默认的公私钥了。

2）然后将用户 yuhc 的 id_rsa.pub 文件的内容复制和粘贴到我们内部的 GitLab 机器上去，地址为 http:// devops.example.net /profile/keys，选择菜单“Add SSH key”，如图 A-4 所示。

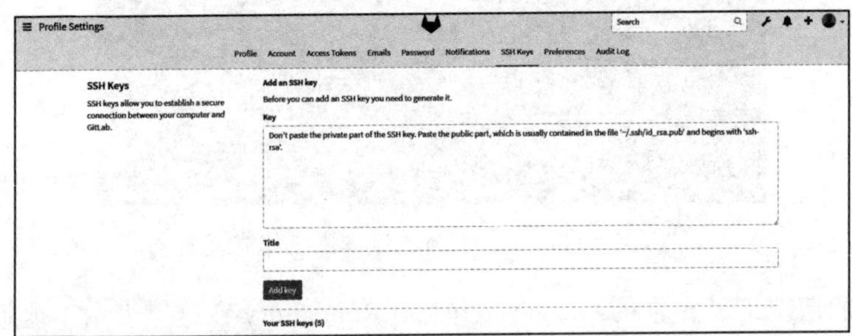

图 A-4　添加用户的 SSH 公钥到 GitLab Server 机器上

3）成功以后还需要配置与GitLab相关的连接配置，可以在自己的根目录的“.ssh”目录下建立config文件，路径位置如下所示（如果此机器仅仅只连接此GitLab而不连接别的GitHub，则此步操作可以略过）。

文件内容如下所示：

```
Host 60.1.2.3
    IdentityFile ～/.ssh/id_rsa
```

4）我们可以在自己的目录下建立fcd_conf项目库的clone了，我们在这里传输git数据采用的是SSH协议，命令如下所示：

```
    sudo git clone
ssh://git@devops.example.net:1232/automanage/pushconf.git
```

输出结果如下所示：

```
Initialized empty Git repository in /work/yuhc/pushconf/.git/
remote: Counting objects: 50, done.
remote: Compressing objects: 100% (50/50), done.
remote: Total 50 (delta 20), reused 0 (delta 0)
Receiving objects: 100% (50/50), 636.89 KiB, done.
Resolving deltas: 100% (20/20), done.
```

这样，笔者所在的/work/yuhc工作目录下面就有一个git clone了，即/work/yuhc/pushconf，大家可以将其理解为本地版本库。

Git可以使用四种主要的协议来传输数据，分别为本地传输（Local）、SSH协议、Git协议和HTTP（包含HTTPS）。Git协议的速度在这四种协议中是最快的。Git使用的传输协议中最常见的可能就是SSH了。这是因为大多数环境已经支持通过SSH对服务器进行访问（即便还没有，架设起来也很容易）。SSH也是唯一一个同时支持读写操作的网络协议。另外两个网络协议（HTTP和Git）通常都是只读的，所以虽然二者对大多数人都可用，但执行写操作时还是需要SSH。SSH同时也是一个验证授权的网络协议；而且因为其普遍性，架设和使用一般都很容易。

A.3　GitLab的基础操作命令

我们可以进入本地版本库的目录，命令如下所示：

```
cd /work/yuhc/pushconf/
```

事实上我们有了本地版本库以后，很多常用的基础操作都是在此时完成的，建议大家熟练掌握下面的命令，具体命令如下所示：

```
git add readme.txt
```

将 readme.txt 添加到暂存区里，命令如下所示：

```
git status
```

未提交时出现提醒字样，命令如下所示：

```
git commit -m '提交时的注释描述'
```

这里我们也可以理解成打上 git log 日志标识：

```
git status
```

提交后出现新的提醒，例如 " Your branch is ahead of 'origin/master' by 1 commit"，此处提醒的是本地版本库比远程版本库先进一个 commit，此时我们可以用 git push origin master 向远程版本库提交。

查看修改前后的对比，在有修改时使用，命令如下所示：

```
git diff readme.txt
```

查看提交历史，默认为倒序记录（信息主要包括提交版本号、作者、时间、提交内容），命令如下所示：

```
git log
```

简要查看历史，将每次的修改显示在一行，命令如下所示：

```
git log –pretty=oneline
```

把当前的版本回退到上 1 个版本，命令如下所示：

```
git reset --hard HEAD^
```

把当前的版本回退到上 2 个版本，命令如下所示：

```
git reset --hard HEAD^^
```

把当前的版本回退到上 10 个版本，命令如下所示：

```
git reset --hard HEAD ~ 10
```

把当前版本回退到指定版本号的版本，命令如下所示：

```
git reset -hard 版本号
```

神奇的命令，可以记录我们的每一次命令及与其相对应的版本，这样我们就可以在不同的版本号之间跳来跳去了，命令具体如下所示：

```
git reflog
```

另外，下面来说明一下 Git 中非常有用的一项命令——Tag，Git 中 Tag 的作用及用法具体如下。

Git 中的 Tag 指向一次 commit 的 id，通常用于为开发分支做一个标记，如标记一个版本号。

但是，版本中的分支一般是已经合并过的。当版本中只留有 master 和个别版本时，若想要获取中间的某个版本，那么该怎么办呢？此时就要用到 git tag 命令。

下面就来说一下 Tag 的具体用法。

添加标签，命令如下所示：

```
git tag -a version -m "note"
```

注意　git tag 是打标签的命令，"-a"是添加标签，其后要跟新标签号，"-m"及后面的字符串是对该标签的注释。

提交标签到远程仓库，命令如下所示：

```
git push origin -tags
```

注意　就像 git push origin master 是把本地修改提交到远程仓库一样，"-tags"可以把本地打的标签全部提交到远程仓库。

删除标签，命令如下所示：

```
git tag -d version
```

注意　"-d"表示删除，后面跟要删除的 tag 的名字。

删除远程标签，命令如下所示：

```
git push origin :refs/tags/version
```

注意　就像 git push origin :branch_1 可以删除远程仓库的分支 branch_1 一样，冒号前为空表示删除远程仓库的 tag。

查看标签，命令如下所示：

```
git tag 或者 git tag -l
```

在进行 Jenkins 与 GitLab 版本库的连接时，主要是以 Tag 来区分每次版本的变动。这里请大家理解 Tag 与分支的区别，Tag 分得更细，我们在实际开发工作中不可能每一次提交就去重建一个新的分支。

A.4　GitLab 的 Git Flow 操作流程

什么是 Git Flow？

Git Flow 就是为项目开发一个新功能需要的操作流程，具体如下。

1）创建新的功能分支。

2）逐渐实现功能，做成一个的新版本。

3）发起 merge request。

4）大家一起来看看这些代码怎么样，即 Code Review。

5）若大家感觉没问题了，将功能分支合并到 master 分支，并删除功能分支。

上述的操作流程就是标准的 Git Flow。

下面来详细说明 GitLab 的 Git Flow 具体的操作流程，如下所示。

1）假设笔者是用户 yuhc，首先笔者进入自己的工作目录 /work/yuhc，由于前面已经操作了 git clone，所以对应也有了 master 分支，我们首先建立一个分支，这里将其命名为 dev-yhc，并切换至 dev-yhc 分支：

```
git branch dev-yhc && git checkout dev-yhc
```

2）修改特定的文件并且提交至本地分支。这里假设是 example.go 文件，下面进行一些改动（具体过程略过）。

在修改之前，因为我们的配置文件是多个同事协同进行修改操作，因此建议首先执行下面的命令来比较其与 master 的差异，命令如下所示：

```
git diff master
```

如果本地存在着多分支的情况，就用如下的命令：

```
git diff master..dev-yhc
```

比较下当前分支配置文件与 master 分支的差异，然后再将其添加到缓存区（即“INDEX”区），命令如下所示：

```
git add example.go
```

如果有多个文件需要添加，则可以使用“git add -A”命令，然后再将其提交到“HEAD”区域，命令如下所示：

```
git commit -m "fix bug"
```

3）将本地分支提交至远程分支，命令如下所示：

```
git push origin dev-yhc
```

4）然后此时向负责人（一般为开发团队的 Team Leader 或项目负责人）提交 merge request 请求，此时需要进入 GitLab 界面来进行具体操作了，截图如图 A-5 所示。

Team Leader 或项目负责人同意“merge request”（合并请求）的时候，建议删除源分支，请注意选择“Remove source branch”选项，如图 A-6 所示。

这样合并以后，dev-yhc 分支就不存在了。

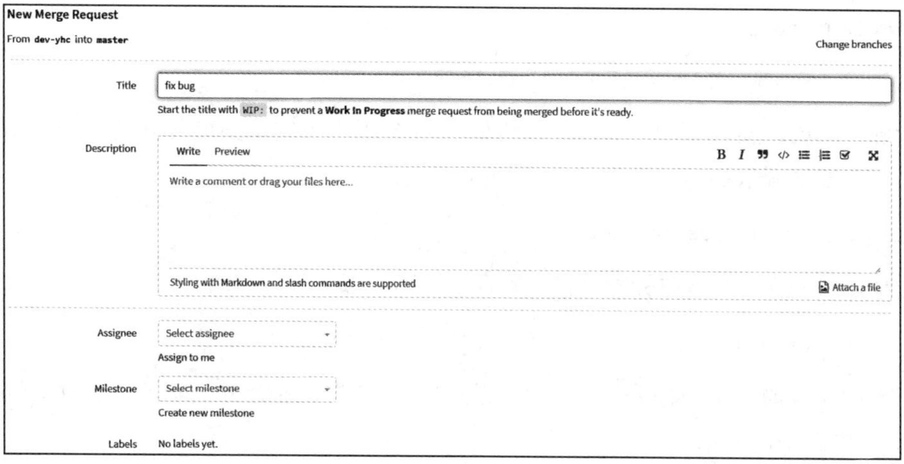

图 A-5 GitLab 提交“merge request”请求

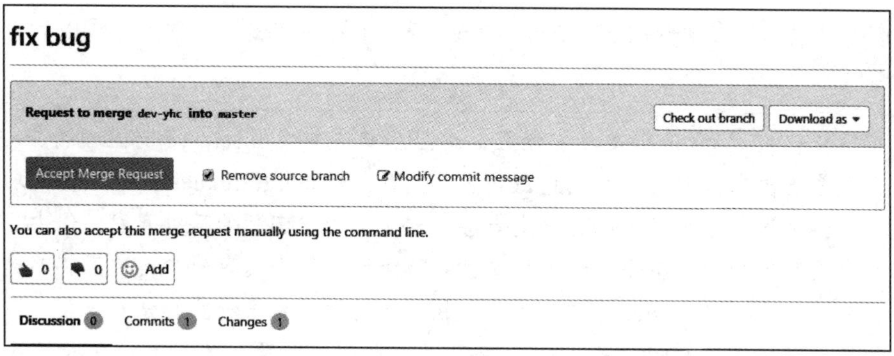

图 A-6 同意合并“merge request”请求

5）待这一切都成功以后，我们在自己的工作目录里，切换到 master 分支下面，删除 dev-yhc 分支，操作如下所示：

```
git checkout master
git branch -D dev-yhc
```

6）如果本地再有第二次更新提交，请注意保持本地 master 分支为最新更新状态，命令如下所示：

```
git pull origin master:master
```

如果此时在本地的 master 分支下（可以用命令 git branch 查看），则命令可以简写为：

```
git pull origin master
```

其他步骤请参考以上步骤 1）～ 5）的过程。

git pull 命令的作用是，取回远程主机某个分支的更新，再与本地指定的分支合并。其完整格式如下所示：

```
git pull <远程主机名> <远程分支名>:<本地分支名>
```

比如，上面的命令是取回origin主机的next分支，再与本地的master分支合并，需要写入的命令如下所示：

```
git pull origin next:master
```

如果远程分支是与当前分支合并，则冒号后面的部分可以省略：

```
git pull origin next
```

上面的命令表示，取回origin/next分支，再与当前分支合并。实质上，这等同于先做git fetch，再做git merge：

```
git fetch origin
git merge origin/next
```

工作中可以尽量多地使用git fetch/merge，等git的基础操作非常熟练了以后，再使用git pull。

注意 实际上，按照git的正常开发流程，这里应该是先从master分支里面再分一个dev开发分支出来，团队一起在此dev分支上面进行merge request，最后等到功能稳定以后再来正式合并到master分支上去。这里由于在实际的运维开发工作中，部门的研发人数较少，能够分配到参与项目新功能开发的人员也较少，这里将略过dev开发分支，直接在master分支上面进行操作（实际上真正研发的分支是非常多的，比如dev、hostfix及release等），大家可以根据公司或项目的实际情况来选择对应的开发方式。

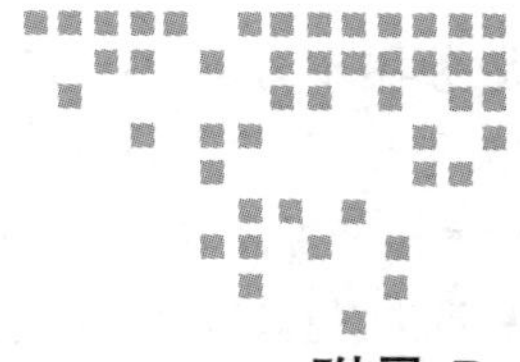

附录B Chapter B

用 Gunicorn 部署高性能 Python WSGI 服务器

在介绍 Gunicorn 之前，我们首先需要了解什么是 WSGI 服务。相信大家都已经了解了 HTTP 和 HTML 文档，那么我们就能明白一个 Web 应用的本质了，具体如下。

1）浏览器发送一个 HTTP 请求。

2）服务器收到请求，生成一个 HTML 文档。

3）服务器把 HTML 文档作为 HTTP 响应的 Body 发送给浏览器。

4）浏览器收到 HTTP 响应，从 HTTP Body 中取出 HTML 文档并显示。

所以，最简单的 Web 应用就是先用文件将 HTML 保存好，用一个现成的 HTTP 服务器软件，接收用户的请求，从文件中读取 HTML 并返回。Apache、Nginx、Lighttpd 等这些常见的静态服务器就是用来处理这些事情的。

如果要动态生成 HTML，则需要自行实现上述步骤。不过，接受 HTTP 请求、解析 HTTP 请求、发送 HTTP 响应都是苦力活，如果我们自己来编写这些底层代码，那么造成的结果将是还没开始编写动态 HTML 代码，就得花费大量时间去了解和熟悉 HTTP 规范。

正确的做法是底层代码由专门的服务器软件来实现，我们专注于用 Python 代码生成 HTML 文档。因为我们不希望接触到 TCP 连接、HTTP 原始请求和响应格式，所以，还需要一个统一的接口，让我们可以专心地用 Python 编写 Web 业务。这个接口就是 WSGI，即 Web Server Gateway Interface。

而 Python 项目中性能较好的软件就是 Gunicorn，Gunicorn 也称为“绿色独角兽”，是一个使用广泛的、高性能的 Python WSGI UNIX HTTP 服务器，移植自 Ruby 的独角兽（Unicorn）项目，使用 pre-fork worker 模式，具有使用非常简单，轻量级的资源消耗，以及高性能等特点。

Gunicorn 服务器作为 WSGI APP 的容器，能够与各种 Web 框架兼容（Flask、Django 及其他 Web 框架等），得益于 gevent 等技术，使用 Gunicorn 能够在基本不改变 WSGI APP 代码的前提下，大幅度提高 WSGI APP 的性能。

下面我们先来看下其详细配置，具体如下。

config

-c CONFIG，--config CONFIG

Gunicorn 配置文件路径，路径形式的字符串格式，示例命令如下所示：

```
gunicorn -c gunicorn.conf manager:app
```

bind

-b ADDRESS，--bind ADDRESS

Gunicorn 绑定服务器套接字，Host 形式的字符串格式。Gunicorn 可绑定多个套接字，示例命令如下所示：

```
gunicorn -b 127.0.0.1:8000 -b [::1]:9000 manager:app
```

backlog

--backlog

未决连接的最大数量，即等待服务的客户的数量。必须是正整数，取值设定在 64 ～ 2048 的范围内，一般设置为 2048，超过这个数字将导致客户端在尝试连接时出现错误。

workers

-w INT，--workers INT

用于处理工作进程的数量，为正整数，默认为 1。worker 推荐的数量为当前 CPU 的个数。

计算当前 CPU 个数的方法：

worker_class

-k STRTING，--worker-class STRTING

要使用的工作模式，默认为 sync，即同步阻塞工作模式。可引用以下常见类型“字符串”作为捆绑类。

sync

eventlet：需要下载 eventlet>=0.97

gevent：需要下载 gevent>=0.13

tornado：需要下载 tornado>=0.2

gthread

gaiohttp：需要 Python 3.4，并且 aiohttp>=0.21.5

threads

--threads INT

处理请求的工作线程数，使用指定数量的线程运行每个 worker。取值为正整数，默认为 1。

worker_connections

--worker-connections INT

最大客户端并发数量，默认情况下该值取值为 1000。此设置将影响 gevent 和 eventlet 工作模式。

max_requests

--max-requests INT

重新启动之前，工作将处理的最大请求数，默认值为 0。

max_requests_jitter

--max-requests-jitter INT

要添加到 max_requests 的最大抖动。抖动将导致各项工作的重启均被随机化，这是为了避免所有工作都被重启。

timeout

-t INT，--timeout INT

超过这么多秒后工作将被杀掉，并重新启动，一般设定为 30 秒。

graceful_timeout

--graceful-timeout INT

优雅的人工超时时间，默认情况下，该值为 30。收到重启信号后，工作人员有那么多时间来完成服务请求。在超时（从接收到重启信号开始）之后仍然活着的工作将被强行杀死。

keepalive

--keep-alive INT

在 keep-alive 连接上等待请求的秒数，默认情况下，该值为 2，一般设定在 1 ～ 5 秒之间。

limit_request_line

--limit-request-line INT

HTTP 请求行的最大大小，此参数用于限制 HTTP 请求行的允许大小，默认情况下，该值为 4094，值是 0 ～ 8190 的数字。此参数可以防止任何 DDOS 攻击。

limit_request_fields

--limit-request-fields INT

限制 HTTP 请求中请求头字段的数量。此字段用于限制请求头字段的数量以防止

DDOS 攻击，与 limit-request-field-size 一起使用可以提高安全性。默认情况下，这个值为 100，并且这个值不能超过 32 768。

limit_request_field_size

--limit-request-field-size INT

限制 HTTP 请求中请求头的大小，默认情况下这个值为 8190。该值是一个整数或者 0，当该值为 0 时，表示将不对请求头大小进行限制。

reload

--reload

代码更新时将重启工作，默认为 False。此设置用于开发，每当应用程序发生更改时，都会导致工作重新启动。

reload_engine

--reload-engine STRTING

选择重载的引擎，支持的有如下三种：

auto

pull

inotity（需要下载）

spew

--spew

打印服务器执行过的每一条语句，默认为 False。此选择为原子性的，即要么全部打印，要么全部不打印。

check_config

--check-config

显示现在的配置，默认值为 False，即显示。

preload_app

--preload

在工作进程被复制（派生）之前加载应用程序代码，默认为 False。通过预加载应用程序，你可以节省 RAM 资源，并且加快服务器启动时间。

chdir

--chdir

加载应用程序之前将 chdir 目录指定到指定目录。

daemon

--daemon

守护 Gunicorn 进程，默认为 False。

raw_env

-e ENV，--env ENV
设置环境变量（key=value），将变量传递给执行环境，示例代码如下所示：

```
gunicorin -b 127.0.0.1:8000 -e abc=123 manager:app
```

在配置文件中写法具体如下：

```
raw_env=["abc=123"]
```

pidfile

-p FILE，--pid FILE
设置 pid 文件的文件名，如果不设置则不会创建 pid 文件。

worker_tmp_dir

--worker-tmp-dir DIR
设置工作临时文件目录，如果不设置则会采用默认值。

accesslog

--access-logfile FILE
要写入的访问日志目录。

access_log_format

--access-logformat STRING

errorlog

--error-logfile FILE，--log-file FILE
要写入错误日志的文件目录。

loglevel

--log-level LEVEL
错误日志输出等级。
支持的级别名称具体如下。

- debug（调试）
- info（信息）
- warning（警告）
- error（错误）
- critical（危急）

那么我们究竟应该如何使用 Gunicorn 呢？下面列举一个简单的例子来说明下，这里先提前安装好 flask 和 gunicorn，命令如下所示：

```
pip install flask gunicorn
```

将这里的示例文件（即入口文件）命名为 mypro.py，内容如下所示：

```
from flask import Flask
app = Flask(__name__)
@app.route('/')
def hellow_world():
    return 'hello world!'

if __name__ == '__main__':
    app.run()
```

这里采用 gunicorn 来启动，命令如下所示：

```
gunicorn -b 0.0.0.0:5000 -w 4 mypro:app
```

启动后命令结果如下所示：

```
[2018-06-26 14:24:41 +0000] [36686] [INFO] Starting gunicorn 19.8.1
[2018-06-26 14:24:41 +0000] [36686] [INFO] Listening at: http://0.0.0.0:5000
(36686)
[2018-06-26 14:24:41 +0000] [36686] [INFO] Using worker: sync
[2018-06-26 14:24:41 +0000] [36691] [INFO] Booting worker with pid: 36691
[2018-06-26 14:24:41 +0000] [36692] [INFO] Booting worker with pid: 36692
[2018-06-26 14:24:41 +0000] [36697] [INFO] Booting worker with pid: 36697
[2018-06-26 14:24:41 +0000] [36698] [INFO] Booting worker with pid: 36698
```

下面以线上的实际 Python 项目部署为例，我们均采用 Docker 化的方式来部署上线，其 Dockerifle 文件内容如下所示：

```
FROM python:2.7
RUN mkdir -p  /work
WORKDIR /work

ADD ./ /work/
# 这里采用豆瓣提供的源文件来安装所需要的 Python 第三方类库，全部写在 requirements.txt 文件里面了
RUN cd /work && virtualenv ./env && ./env/bin/pip install -r requirements.txt -i
https://pypi.doubanio.com/simple/
EXPOSE 8888
#ENTRYPOINT env/bin/python manager.py
# gunicorn 记得以前台的形式运行，如果是以后台的方式运行，则容器会在正常启动以后退出
ENTRYPOINT env/bin/gunicorn manager:app -w 8 -b 0.0.0.0:8882
```

在不改动 Flask 项目源码的情况下，Gunicorn 将改变以前的 Flask 单进程单线程的运行方式，而是改成多进程 + 协程的方式来运行，这样做极大地提升了性能。

参考文档：

http://docs.gunicorn.org/en/stable/settings.html#server-mechanics

附录 C Chapter C

Supervisor 在 DevOps 工作中的应用

Supervisor，简单来说就是 Python 编写的一个多进程管理工具。虽然在 Shell 下面我们可以用 nohup 命令的方式将程序放在后台执行，一个或几个可能还比较方便，但如果有很多重要的进程需要管理的话，那就不方便了。我们的线上机器，后台一般都运行有大量的重要的 Python 程序，大家可以试想一下十几或二十几个重要的 Python 程序在后台运行的场景，这个时候采用 Supervisor 来进行批量管理就非常方便了。工作中很常见的一个问题是，比如服务器不幸出现 Crash 崩溃问题或人为因素导致的重启，导致所有应用程序都退出了，这个时候，大家是愿意逐个输入命令启动还是用一个方便的多进程管理工具使这些程序自动启动呢？

此时我们可以用 Supervisor 同时启动所有的程序而不是逐个地输入命令启动。

1. Supervisor 的安装

因为笔者的机器提前安装了 epel 源，所以安装就非常方便了，命令如下所示（测试机器为 CentOS 6.8 x86_64）：

```
yum -y install supervisor
```

启动 Supervisor 的命令也很简单，代码如下所示：

```
supervisord -c /etc/supervisord.conf
```

Supervisor 的配置文件为 /etc/supervisord.conf，比较简单，其详细配置文档可以参考官方文档。这里不再详细说明。

我们可以根据需要修改里面的配置。比如说，这里每个不同的项目，都使用了一个单独的配置的文件，放置在 /etc/supervisor/ 下面，于是修改 /etc/supervisord.conf，加上如下内容：

```
[include]
files = /etc/supervisor/*.conf
```

这样做的好处就是如果有很多进程需要管理，可以进行批量管理，这是一种方法；或者直接在 /etc/supervisor.conf 文件里添加多个进程管理，这也是可以的。下面就以工作中的机器进行举例说明，/etc/supervisord.conf 文件内容如下所示。

我们用 cat 命令查看 supervisord.conf 文件，命令如下所示：

```
cat /etc/supervisord.conf  | grep -v "^;"
```

输出结果如下所示：

```
[supervisord]
http_port=/var/tmp/supervisor.sock ; (default is to run a UNIX domain socket server)
logfile=/var/log/supervisor/supervisord.log ; (main log file;default $CWD/supervisord.log)
logfile_maxbytes=50MB        ; (max main logfile bytes b4 rotation;default 50MB)
logfile_backups=10           ; (num of main logfile rotation backups;default 10)
loglevel=info                ; (logging level;default info; others: debug,warn)
pidfile=/var/run/supervisord.pid ; (supervisord pidfile;default supervisord.pid)
nodaemon=false               ; (start in foreground if true;default false)
minfds=1024                  ; (min. avail startup file descriptors;default 1024)
minprocs=200                 ; (min. avail process descriptors;default 200)
[supervisorctl]
serverurl=unix:///var/tmp/supervisor.sock ; use a unix:// URL  for a unix socket
```

2. Supervisor 配置文件说明

这里首先说明下配置文件中比较重要的内容，命令如下所示：

```
[unix_http_server]
file=/tmp/supervisor.sock
```

这里显示的是 socket 文件路径，采用的是 socket 的方式进行管理而非端口，相较于后者而言，socket 更为安全。

接下来是 Supervisord 配置选项里的内容了，下面逐步进行说明。

Supervisor 日志文件路径：

```
logfile=/tmp/supervisord.log
```

Supervisor 日志文件大小，超出会 rotate：

```
logfile_maxbytes=50MB
```

日志文件保留备份数量，默认值为 10：

```
logfile_backups=10
```

Supervisor 日志级别，这里为 info：

```
loglevel=info
```

SupervisorD 的 pid 文件路径：

```
pidfile=/tmp/supervisord.pid
```

Supervisor 以 daemon 的方式运行：

```
nodaemon=false
```

可以打开的文件描述符的最小值，这里为 1024：

```
minfds=1024
```

可以打开的进程数的最小值，这里为 200：

```
minprocs=200
```

通过 unix socket 连接 Supervisor：

```
[supervisorctl]
serverurl=unix:///tmp/supervisor.sock
```

Supervisor 配置文件至少需要一个 [program:x] 部分的配置，来告诉 Supervisor 需要管理哪个进程。[program:x] 语法中的 x 表示程序的名字，将会显示在客户端（supervisorctl 界面），supervisorctl 通过这个值来对程序进行 start、restart、stop 等操作，示例代码如下所示：

```
[program:index]
command=/usr/bin/python index.py  ;程序的启动命令
directory=/home/yhc/ContentEngine/api ;程序的启动目录
autostart=true ;在 Supervisor 启动的时候也自动启动
autorestart=true ;程序异常退出时自动重启
user=yhc ;程序用哪个用户启动
redirect_stderr=true ;把 stderr 重定向到 stdout，即对错误日志进行重定向
stdout_logfile=/data/log/service_index.log ;stdout 日志输出路径
```

注意　这里的程序、用户名及启动目录、日志目录都必须是真实存在的，不然 Supervisor 程序在启动时会报错。

可以输入 supervisorctl 命令进入 supervisorctl 的 Shell 界面，然后就可以执行不同的命令了，显示结果如下所示：

```
index                              RUNNING   pid 1714, uptime 0:00:05
supervisor>
```

supervisorctl 命令及用途如表 C-1 所示。

表 C-1　supervisorctl 命令明细表

supervisorctl 命令	命令用途
status	查看程序状态
stop index	关闭 index 程序
start index	启动 index 程序
restart index	重启 index 程序
reread	读取有更新（增加）的配置文件，不会启动新添加的程序
update	重启配置文件修改过的程序

另外，再与大家分享下线上的 supervisord.conf 配置文件，我们用其管理 4 个 redis 实例，配置如下所示：

```
[unix_http_server]
file=/tmp/supervisor.sock

[supervisord]
nodaemon=false

[rpcinterface:supervisor]
supervisor.rpcinterface_factory = supervisor.rpcinterface:make_main_rpcinterface

[supervisorctl]
serverurl=unix:///tmp/supervisor.sock

[program:redis_6376]
command=/usr/local/bin/redis-server /etc/redis_6376.conf
stdout_logfile=/var/log/supervisor/%(program_name)s.log
stderr_logfile=/var/log/supervisor/%(program_name)s.log
process_name=%(program_name)s
numprocs=1
directory=/tmp
umask=022
priority=999
autostart=true
autorestart=true

[program:redis_6377]
command=/usr/local/bin/redis-server /etc/redis_6377.conf
stdout_logfile=/var/log/supervisor/%(program_name)s.log
stderr_logfile=/var/log/supervisor/%(program_name)s.log
process_name=%(program_name)s
numprocs=1
directory=/tmp
umask=022
priority=999
```

```
autostart=true
autorestart=true

[program:redis_6378]
command=/usr/local/bin/redis-server /etc/redis_6378.conf
stdout_logfile=/var/log/supervisor/%(program_name)s.log
stderr_logfile=/var/log/supervisor/%(program_name)s.log
process_name=%(program_name)s
numprocs=1
directory=/tmp
umask=022
priority=999
autostart=true
autorestart=true

[program:redis_6379]
command=/usr/local/bin/redis-server /etc/redis_6379.conf
stdout_logfile=/var/log/supervisor/%(program_name)s.log
stderr_logfile=/var/log/supervisor/%(program_name)s.log
process_name=%(program_name)s
numprocs=1
directory=/tmp
umask=022
priority=999
autostart=true
autorestart=true
```

3. Docker 中利用 Supervisor 管理多进程

Docker 容器在启动的时候一般是开启单个进程，例如，一个 SSH 或者 Apache 的 Daemon 服务。但我们在工作中，经常需要在一个机器上开启多个服务，做到这一点可以有很多种方法，最简单的方法就是把多个启动命令放到一个启动脚本里面，启动时直接启动这个脚本即可。另外，最好的方法就是利用 Supervisor 来管理容器中的多个进程。使用 Supervisor，我们可以更好地控制、管理、重启我们希望运行的进程。在这里笔者向大家演示一下如何同时使用 SSH 和 Nginx 服务。

supervisord.conf 文件内容如下所示：

```
[supervisord]
nodaemon=true
[program:sshd]
command=/usr/sbin/sshd -D
[program:nginx]
command=/usr/sbin/nginx -g "daemon off;"
priority=900
stdout_logfile= /dev/stdout
stdout_logfile_maxbytes=0
stderr_logfile=/dev/stderr
stderr_logfile_maxbytes=0
```

```
autorestart=true
```

Dokerfile 文件内容如下所示：

```
FROM ubuntu:16.04
MAINTAINER yuhongchun027@gmail.com
RUN apt-get update

RUN apt-get install -y openssh-server nginx supervisor
RUN rm -rf /var/lib/apt/lists/*
RUN mkdir -p /var/log/supervisor

COPY supervisord.conf /etc/supervisor/conf.d/supervisord.conf

CMD ["/usr/bin/supervisord"]
```

具体的镜像打包命令和启动容器的方法这里暂且略过，大家可自行尝试。在 DevOps 工作中我们将会发现，熟练使用 Supervisor 可以极大地提升工作效率，希望大家能够熟练掌握其用法。

参考文档：

http://supervisord.org/configuration.html

附录 D Chapter D

分布式队列管理 Cerely 简介

Celery 是一个基于 Python 开发的分布式异步消息任务队列，其可以有助于轻松地实现任务的异步处理。如果在我们的业务场景中需要用到异步任务，则可以考虑使用 Celery，下面列举一个工作中常见的例子。

比如说，我们想对 200 台机器执行一条批量命令，可能会花费很长时间，但不想让程序等待返回结果，这个时候我们就可以考虑使用 Cerely；Cerely 会向我们返回一个任务 ID，过一段时间之后我们只需要拿着这个任务 ID 就可以拿到任务执行结果，在任务执行的过程中，大家可以继续做其他的事情。

Celery 的优点具体如下。

- 简单：熟悉了 Celery 的工作流程之后，配置和使用还是比较简单的。
- 高可用：当任务执行失败或执行过程中发生连接中断时，Celery 会自动尝试重新执行任务。
- 快速：一个单进程的 Celery 每分钟可以处理上百万个任务。
- 灵活：Cerely 的每个组件几乎都可以被扩展及自定制。

Celery 的工作流程如图 D-1 所示。

下面介绍 Cerely 的几个基础概念，具体如下所示。

- brokers：中间人，brokers 就是生产者和消费者存放 / 拿取产品的地方（队列），常见的 brokers 有 RabbitMQ 和 redis 等。
- backend：存储结果的地方，比如 redis。
- works：就是 Cerely 中的工作者，类似于生产 / 消费模型中的消费者，即从队列中取出任务并执行。

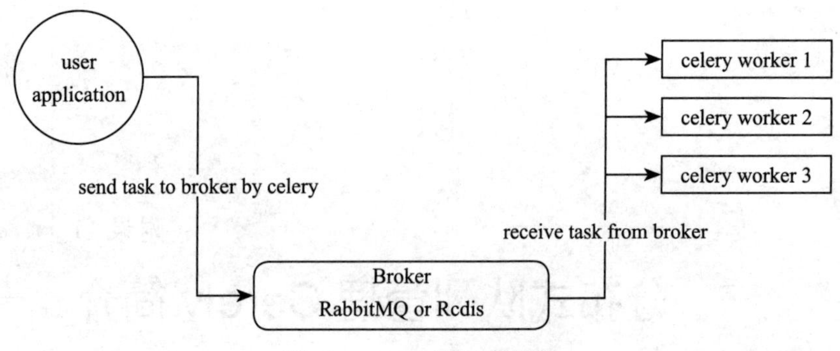

图 D-1　Celery 的工作流程

- tasks：即我们想在队列中进行的任务，一般由用户、触发器或其他操作将任务入队，然后交由 works 进行处理。

下面以 CentOS 6.8 x864_64，Python2.7.9 环境来进行演示说明，这里已经提前安装好了 EPEL 源。

通过 yum 安装 redis，命令如下所示：

```
yum install redis
```

安装完毕后，即可使用下面的命令启动 redis 服务并设置为开机自动启动：

```
service redis start
chkconfig redis on
```

安装 redis 服务及 Celery 等，这里已提前通过源码安装好了 redis 并启动，lsof 命令可以查看到 redis 的常规端口 6379 已被占用，命令如下所示：

```
COMMAND     PID  USER    FD   TYPE DEVICE SIZE/OFF NODE NAME
redis-ser 15021 redis    4u  IPv4  50795      0t0  TCP depoly:6379 (LISTEN)
```

pip 命令可用来安装 Celery 及 celery-with-redis，命令如下所示：

```
pip install celery
pip install celery-with-redis
```

下面开始编写任务脚本，命名为 tasks.py，内容如下所示：

```
# tasks.py
import time
from celery import Celery

celery = Celery('tasks', broker='redis://localhost:6379/0')

@celery.task
def sendmail(mail):
    print 'sending mail to %s...' % mail['to']
    time.sleep(2.0)
    print 'mail sent.'
```

然后，我们启动 Cerely 处理任务，命令如下所示：

```
/usr/local/python/bin/celery -A tasks worker --loglevel=info
```

正常前提下，这样做是没有问题的，出现任何报错我们都需要在程序上面查找原因，比如 redis 服务没有启动、不是在 task.py 所在的目录下执行此程序等。正常启动的界面如图 D-2 所示。

```
 uid=uid, euid=euid, gid=gid, egid=egid,

 -------------- celery@depoly v4.1.0 (latentcall)
---- **** -----
--- * ***  * -- Linux-2.6.32-573.7.1.el6.x86_64-x86_64-with-centos-6.7-Final 2018-04-28 11:55:33
-- * - **** ---
- ** ---------- [config]
- ** ---------- .> app:         tasks:0x7ff29dd26150
- ** ---------- .> transport:   redis://localhost:6379/0
- ** ---------- .> results:     disabled://
- *** --- * --- .> concurrency: 2 (prefork)
-- ******* ---- .> task events: OFF (enable -E to monitor tasks in this worker)
--- ***** -----
 -------------- [queues]
                .> celery           exchange=celery(direct) key=celery


[tasks]
  . tasks.sendmail

[2018-04-28 11:55:33,125: INFO/MainProcess] Connected to redis://localhost:6379/0
[2018-04-28 11:55:33,143: INFO/MainProcess] mingle: searching for neighbors
[2018-04-28 11:55:34,185: INFO/MainProcess] mingle: all alone
[2018-04-28 11:55:34,208: INFO/MainProcess] celery@depoly ready.
```

图 D-2　Celery 正常启动界面图示

那么应该如何发送任务呢？

在 IPython 下执行如下命令，代码如下所示：

```
In [1]: from tasks import sendmail
In [2]: sendmail.delay(dict(to='yuhongchun027@gmail.com'))
Out[2]: <AsyncResult: e857624c-c576-49c5-b269-4a6a33ef278a>
```

然后在另一个终端下观察此命令的执行结果，输出结果显示如下：

```
[2018-04-28 11:53:41,432: INFO/MainProcess] Received task: tasks.sendmail[73f36835-56c3-423e-8623-25acc4f93db9]
[2018-04-28 11:53:41,436: WARNING/ForkPoolWorker-2] sending mail to yuhongchun027@gmail.com...
[2018-04-28 11:53:43,438: WARNING/ForkPoolWorker-2] mail sent.
[2018-04-28 11:53:43,439: INFO/ForkPoolWorker-2] Task tasks.sendmail[73f36835-56c3-423e-8623-25acc4f93db9] succeeded in 2.003882035s: None
```

Celery 的默认设置就能满足基本的要求。Worker 以 Pool 模式启动，默认大小为 CPU 核心数量，序列化机制默认是 pickle，但也可以指定为 JSON。由于 Python 调用 Linux 比较容易，所以将 Celery 作为异步任务框架非常合适。

参考文档：

https://www.liaoxuefeng.com/article/00137760323922531a8582c08814fb09e9930cede45e3cc000

推荐阅读

NetDevOps
入门与实践

DevOps
原理、方法与实践

DevOps
软件架构师行动指南

Citrix XenServer
企业运维实战

IT 基础架构
系统运维实践

大规模Linux
集群架构最佳实践
Best Practice of Managing
Massive Linux Cluster

Linux
跟老男孩
学Linux运维
核心基础篇（上）

Linux
跟老男孩
学Linux运维
核心系统命令实战

Python Linux
系统管理与自动化运维
Python for Linux System Administration
and Automated Operation